◎本书获得浙江海洋大学出版基金资助

李良玉教授与其博士生文丛

Liliangyu Jiaoshou Yu Qi Boshisheng Wencong

Subei Diqu Zhongda Shuli Jianshe Yanjiu

苏北地区重大水利建设研究

(1949—1966)

赵筱侠 著

合肥工業大學出版社

图书在版编目(CIP)数据

苏北地区重大水利建设研究:1949～1966/赵筱侠著.—合肥:合肥工业大学出版社,2016.2
ISBN 978－7－5650－2682－9

Ⅰ.①苏…　Ⅱ.①赵…　Ⅲ.①水利史—研究—苏北地区—1949～1966
Ⅳ.①TV－092

中国版本图书馆CIP数据核字(2016)第034777号

苏北地区重大水利建设研究(1949—1966)

赵筱侠　著　　　　责任编辑　朱移山

出　版	合肥工业大学出版社	版　次	2016年2月第1版
地　址	合肥市屯溪路193号	印　次	2017年2月第1次印刷
邮　编	230009	开　本	710毫米×1000毫米　1/16
电　话	总　编　室:0551－62903038	印　张	26.75
	市场营销部:0551－62903198	字　数	508千字
网　址	www.hfutpress.com.cn	印　刷	安徽联众印刷有限公司
E-mail	hfutpress@163.com	发　行	全国新华书店

ISBN 978－7－5650－2682－9　　　　定价:58.00元

总　序

“李良玉教授及其博士生学术文丛”原由知识产权出版社出版，2007 年 9 月起，改由合肥工业大学出版社继续出版。为了既体现丛书的连续性，又显示新一家出版社的气象，丛书名改为“李良玉教授与其博士生文丛”。

2005 年 8 月至 2006 年 8 月，在知识产权出版社领导的大力支持下，特别是在副总编辑王润贵先生和编辑牛洁颖女士的直接主持下，共有《李良玉历史研究与教育文选》和我的 5 位学生的博士论文出版。我衷心感谢所有关心和参与这套丛书的朋友们的远见卓识和辛勤劳动，也特别珍惜和他们相处过程中所获得的真诚。记得我在给牛洁颖的一封电子邮件中说过：“人文社会科学的东西，仁者见仁、智者见智而已。我很欢迎和你推心置腹地讨论问题，目标是一致的，就是把书出好；立场是一致的，就是以诚相见；我想效果自然也是可以预见的，就是互相更加信任，友谊愈笃。”这段文字代表了我们的共识。

1999 年，南京大学通过有关程序确认我具备博士生指导教师资格，次年起我开始招收学生。假如按今天官本位条件下博导的实际社会地位、声誉及其所承担的职责等多项指标来衡量，成为博士生导师或许并非幸事。然而，我仍然感谢学校领导、研究生院和所有参加评审工作的校内校外专家，他们给了我一份可能，如同我在第一届学生答辩的时候所说：“使我有机会获得培养青年、提携才俊的创造性工作的快乐”。它来源于教育的诚实、神奇和自我满足。

把我指导的学生的论文结集出版博士论文丛书，是我招收博士生伊始就定下来的努力方向，也是一开始就向同学们提出来的目标。这是一个艰难的目标。现在，这套丛书已经拥有 29 种著作，预计今后几年内将达到 50 种左右的规模。假如有人问我，丛书的价值何在？我依然回答：任何著作一经出版，对它的评判权从来就不属于作者。只有读者和时间的检验，才能最终决定其命运。

除了我的书以外，这套丛书的著作，多是我的学生的博士论文。读他们的书，能读到一些锐气，自然也会有一些幼稚。同学们努力学习的风范是值得夸奖的，从这个角度上说，丛书为了解当前博士生教育提供了一例个案，不论这一个案有没有价值。

回顾招收博士生以来的教书生活，我从内心深处感激我的学生。无论来自何方、年龄大小、从事过什么工作，他们为了读书求知的共同目标走到一起来了。我们坦诚相处，教学相长，虽然也会有艰难或者隔阂，但毕竟能够获得一些理解与成长的经验。我始终认为，生活的本质在于真实。基于这样的理念，我曾对同学说过，追求真实而不追求虚伪，追求幸福而不追求痛苦，追求理解而不追求怨恨。博士生的学习生活是一种知识、道德和能力的全面提高过程，它既是学生的提高过程，也是老师的提高过程。对于我们每个人来说，都是由日常生活的点点滴滴所积累起来的进步。

在同学们的身上，我们能够感受到新时代学术的朝气。尽管他们各自人生阅历、知识背景、生活目标不尽相同，但是读书生活却给了他们同样的学术传统、学术理念、学术规范与方法的熏陶。在这里，我个人的能力是有限的。不过，我们拥有传统人文的深厚资源、外来学术的精彩信息和百年老校的丰富积淀。它们浩如大海，蔚为壮观。也许，现代与传统的衔接，师道与学统的交汇，个人与时代的融合，才是他们不断自我觉悟、自我更新、自我发展的内在精神动力。

博士论文，是博士生学习的主要成果，也是当代学术进步的重要标志之一。引导同学完成博士论文的过程，是师生之间知识交流、思想交流、情感交流的完整过程。对老师来说，同学的敏锐、勤奋与活力，是那么的宝贵；对于同学来说，每一类学术题材的发现，每一种学术思路的开拓，每一个细节问题的解决，都会带来学问启蒙和心灵震撼的作用，甚至包括对人生意义的新认识。20 多年来，有相当多的博士论文开辟了各自学术领域的新境界。它告诉我们，博士论文质量的根本标志，是按照学术规范研究解决问题所达到的水平，或者说，是解决问题的难度及其所包含的开拓性成就。有鉴于此，我们才应该把博士论文看作是一种文化创造，一种当下社会和时代应当能够留下来的精神产品。要求所有博士论文都达到这样的水平也许很难，但是，提出这样的要求是必要的，鼓励每一位博士生向这样的目标努力前进也是有意义的。

是为序。

李良玉

2011 年 8 月 30 日于南京大学港龙园

摘　　要

本文着重探讨新中国成立后，中共中央和苏北区党委（1953 年前）、中共江苏省委（1953 年后）和江苏省水利厅关于治理淮河、沂沭泗水系的战略决策形成的背景、治理规划的制定、重大水利工程的上马与付诸实施，论述“大跃进”对苏北地区水利建设的特殊影响，以及水利建设中的社会动员问题。

江苏省苏北地区地处黄海之滨，位于江、淮、沂沭泗三大水系的下游。自南宋黄河夺泗、夺淮事件发生以后，古淮河和古沂、沭、泗河的水系被打乱，失去了原有的入海出路。由于淮、沂、沭、泗诸河出水无路，位于下游的苏北地区成为诸河泛滥的众矢之的。所以，黄河夺淮是造成苏北地区水利问题的根源所在。这是本文第一章所阐述的主要观点。

第二章论述新中国成立后，中共中央有关治理淮河的决定，以及 1949—1966 年间苏北地区对淮河水系的治理。黄河夺淮以后，淮河在今盱眙、准阴一带的湖洼地区滞蓄形成洪泽湖。洪泽湖以下，出水无路。因此，治理淮河，必须在洪泽湖上做文章。1949—1966 年间，苏北地区先后开挖了苏北灌溉总渠，兴筑了洪泽湖的控制性工程三河闸，整治了淮河入江水道，兴建了洪泽湖蓄洪工程，从“蓄”和“泄”两方面入手，全面解决淮河下游出路不足的问题。经过初步整治，形成了“一湖两河”的控制局面，使洪水得到了一定的控制。

第三章讨论关于治理沂沭泗水系的战略措施，以及导沂整沭工程的实施。沂、沭、泗河原是古淮河的支流，黄河夺泗侵占了泗河入淮的故道，使沂、沭、泗河脱离淮河水系，成为独立水系。变迁后的沂沭泗水系，亦因出水无路而频频泛滥。华东局水利部制定了导沭整沂的治理方案，开辟新沭河使沭河直接入海；又按照这一思路，自骆马湖出口嶂山闸至燕尾港入海口，开辟了新沂河，引沂河洪水直接入海。这样，沂沭泗下游有了多条入海出路，减轻了徐淮地区的防洪压力。

第四章关注里下河“锅底洼”的治理。20 世纪 50 年代中前期，通过整修堤防、联圩并圩、兴建沿海挡潮闸等措施，集中解决里下河洼地的内涝问题，为 60 年代里下河地区的综合治理创造了条件。经过多年的治理，有效地缓解了里下河“四水投塘”的问题，并逐渐形成了“四分开，两控制”和“大引，大排，大调度”的工程格局。

第五章和第六章，从“功”与“过”两个方面，论述“大跃进”对苏北地区水利建设的特殊影响。一方面，1958—1960 年，苏北地区兴建了一大批骨干工程，特别是“淮水北调”和“江水北调”两项大型跨流域调水工程的实施，将江、淮、沂沭泗三大水系沟通，实现了水源的互调互剂，奠定了全省水系的新格局；这个时期兴建的大量的水利工程，很大一部分保留了下来，至今仍在发挥作用。另一方面，水利方面所开展“梯级河网化”运动，是江苏省“大跃进”运动的主要场所之一，这场运动集中体现了“五风”的时代特征，不仅留下了很多遗留问题，更使广大的苏北农民遭受了极大的损失，并为随后到来的经济困难和大饥荒埋下了隐患。

第七章还原江都水利枢纽工程从设计规划到施工兴建的历史过程。江都水利枢纽工程兴建于 1960 年代，从 1961 年开始，共和国进入到包括水利建设在内的国民经济全面调整的时期。这一时期的工程重点，在于兴建续建配套工程，以解决“大跃进”时期的遗留工程问题。江都水利枢纽工程是这一时期苏北地区唯一的新建工程。江都水利枢纽工程是江水北调的源头，具有调水、灌溉、排涝、泄洪等多方面的功能。工程自建成以来，发挥了巨大的经济效益。

当代苏北地区的水利建设，离不开千千万万的建设者，即水利民工；还涉及被征地户和搬家户的动员、赔偿、安置等问题。第八章就来阐述水利建设中的社会动员问题，包括民工的动员、组织和施工管理方式，工资标准问题，以及土地征用的补偿标准与办法、水利移民的安置问题。本文提出，社会动员是水利建设的重要一环，20 世纪 50 年代初期苏北地区水利建设中的社会动员，规模大、水平高，且行之有效，是各项重大水利工程得以顺利开工和按时完成的保证。“大跃进”打乱了社会动员工作的正常进行，直到 1960 年代初期，社会动员才重新回到正轨。

综上所述，1949—1966 年，苏北地区的水利建设取得了很大的成绩，解决了淮河下游和沂河、沭河下游的出路问题，调整了局部的水系，兴建了大量的田间沟洫工程，改变了全省的水利面貌。

近年来，随着新能源的开发和自然条件的恶化，我国水旱灾害呈现出频发和交替发生的局面。苏北地区的水利条件虽得到根本的改善，但是洪涝灾害的威胁尚未得到彻底的解除，水旱灾害仍然是制约苏北地区农业发展的一大瓶颈。苏北地区应当吸取以往水利建设的经验和教训，在现有水利设施的基础之上，继续改进和完善水利条件，为农业生产的发展提供更为有利的条件。

关键词： 苏北地区；黄河夺淮；洪泽湖；水利纠纷；梯级河网化；社会动员；水利移民

Abstract

After the founding of new China, the CPC Central Committee has made the decision to governance of the Huaihe River and Yi. Su. Si River. This thesis discusses the formation background of the strategicdecision and the formulation of the management and planning which were made by Jiangsu Provincial Committee. This thesis also focuses on the major water projects launched and implemented, and the special influence of the "Great Leap Forward" for the water conservancy construction, as well as the social mobilization of the Northern Jiangsu area.

Northern Jiangsu area is located in the seaside of the Yellow Sea. It is the downstream of Yangtze, Huaihe and Yi. Su. Si River. After the Yellow River had captured the Huaihe and Sihe River during the Southern Song Dynasty, the ancient Huaihe and Sihe River's water system has been destroyed, then lost the original river outlet. So Northern Jiangsu area has become a target for all the rivers. This is the root cause of the inundation of Northern Jiangsu area. These are the main ideas elaborated in the first chapter.

The second chapter discusses the decisions on governance of the Huaihe River which made by the CPC Central Committee after the founding of new China. Form1949 to 1966, Northern Jiangsu has processed the river training measures. After the Yellow River captured the Huaihe River, the Hongze Lake has been formed. To governance the Hongze Lake is the key of the Huaihe project. Form 1949 to 1966, the Northern Jiangsu area has constructed the Northern Jiangsu Irrigation Canal, Sanhe Sluice, the Yangtze-entering channel, and the flood storage project of Hongze Lake. These projects have comprehensive solute the problems of the Huaihe River.

The third chapter discusses the strategic and measures of governance the Yi. Su. Si River. The Yi. Su. Si River were the tributaries of the ancient Huaihe River. After the

Yellow River captured the Sihe River, Yi. Su. Si River had break away the Huaihe River, and then has became an independent water system. People of Northern Jiangsu area have excavated the new Shehe and new Yihe, which aimed to resolving the flood disaster of the Yi. Su. Si River.

The fourth chapter focuses on the governance of the inner Lixiahe Region. In the early 1950s, by the measures of renovating of dikes, associating dikes and dikes, and constructing two tidal gates —— the Sheyanghe and Xinyanggang tidal gates and so on, the waterlogging problem has been solved. These projects have created the conditions of the comprehensivetreatment during the 1960s. Through the continous management, the Lixiahe Region has decreased the foreign flood effectivelly and gradually formed an engineering layout which named "four separates, two controls" and "diversion, drainage, transfer".

The fifth and sixth chapters discuss the special influence of the "Great Leap Forward" for the water conservancy construction of the Northern Jiangsu area ---- from the achievement and the fault two sides. On the one hand, Form 1958 to 1960, the Northern Jiangsu area have build a large number of major projects, laying the new pattern of the province' s water systems. On the other hand, the water conservancy construction is the major campaign of the "Great Leap Forward", which led to many troubles.

The seventh chapter try to reappear the historical process from planning to construction of the Jiangdu Water Control Project. The project constructed in 1960s. From 1961, China has carried out the adjustmend policy on the national economy. The focus of this period is continued constructions and conveyance systems, except build a new project —— the Jiangdu Water Control Project. Since its completed, the Jiangdu Water Control Project has played a huge economic benefits.

The eighth chapter focus on the social mobilization in the water conservancy construction, including the mobilization, organizing and construction management of migrant workers, the wage, as well as the compensation standards and methods of land acquisition, the resettlement issues of water immigrants. In the author' s opinion, the social mobilization is an important part of the water conservancy construction. The social mobilization of the Northern Jiangsu area' s water conservancy construction in early

1950s has a large scale, high level and good effective. The social mobilization was disrupted by the "Great Leap Forward" movement, until the period of adjustment of the national economy, the work has back on track again.

Above all, the water conservancy construction of the Northern Jiangsu area has obtained great results during1949 to 1966. Today, the Northern Jiangsu should learn from the experiences and lessons of the past, and continue to improve water conditions, in order to provide more favorable conditions for the agricultural production.

Keywords: Northern Jiangsu area; the Yellow River captured Huai River; Hongze Lake ; water dispute; a network of waterways; social mobilization; immigrants

目　　录

绪　论

2009年，是我人生中重要的一年，因为是年9月，我考入了南京大学，成为历史学系的一名博士生。不仅因为南京大学是百年名校、重点高校，更重要的是，我成了李良玉教授的学生。李老师的教学方式和方法，将我带入了历史学研究的一片新天地。应该说，师从李教授，是我学术生涯的一个重要转折。

一、选题缘起

在新学期伊始的新生见面会上，李老师给我们每位新生布置了两项重要任务：一是认真研读“学习参考资料”，二是于本学期期末交出三份博士论文选题报告。

第一学年的上学期，可以说，除了上课以外，我的大部分时间都花在读六册“学习参考资料”上。这套资料收录了师生间的通信邮件、读书会的发言记录、博士论文的开题报告、论文初稿等许多内容，对我们全面了解和尽快适应这里的新的学习环境起了很大的帮助作用。通过阅读学习资料，我了解到李老师治史十分重视史料，他一再强调研究历史要“论从史料出”。对于中国当代史、社会史的研究，档案材料就显得尤为重要。李老师也要求弟子们贯彻这种治学方法，这从弟子们的论文都利用了大量的档案资料可以看出。

10月9日，我曾就选题问题给老师发过一封邮件。我本来打算继续做思想史研究（因为我硕士的研究方向是中国近现代思想史），比如写某一位思想家。但是，李老师建议我放弃思想史，改做当代史。他说：当代史是史学研究的一个新领域，治中国当代史，不像思想史那样，不需要你坐在那里，瞻前顾后地提炼观点，去思考那些抽象的东西，只要你肯下功夫，能够搜集到有价值的一手材料，就能写出东西来，所以年轻人在这个领域更容易做出成绩。尤其是女性研究者，感性思维太强，理性思维又不足，所以不适合做思想史。关于论文选题，李老师说有两种方式：一是先有选题，然后去搜集相关材料；二是先有材料，后有选题。对于缺乏研究经验的青年学生来说，多数属于后一种情况，即先从搜集材料入手，根据材料提炼选题。所以，老师要求我先收集材料。

利用档案资料研究历史，对我来说是一种全新的治学方法。因为我以前从未接触过档案，不知道通过什么途径去搜集档案，也不懂得档案资料的价值所在。就这一问题，我不断向师兄师姐们请教。柳森师兄告诉我，江苏省档案馆可谓我们李门弟子的"大本营"，许多选题就是在江苏省档案馆里"泡"出来的。

从11月底开始，我在档案馆里看目录，到12月中旬，我大体搜集到了这样几个选题：江苏省建设厅的档案，可做城市建设方面的内容；中共江苏省委办公厅的档案，有关于"三反"、"五反"、反右派、"四清"运动、计划经济等方面的档案；江苏省计划经济委员会的档案也很丰富，柳森师兄做的也是经济史研究。

正想找时间和李老师汇报一下这半个月在档案馆搜集资料的情况，12月30日陈国庆师兄和翟洪峰师兄请大家去吃饭。席间，两位师兄问起我们选题的情况，我把我的想法跟师兄们说了，师兄们说我选的这几方面的东西都比较陈旧。然后，师兄们就讨论开了。我做了记录，有这样几个方面：江苏省的水患治理、知青返城后的相关问题研究、流民的安置问题，陈师兄还建议我可以做一些地方特色的课题，比如青岛的海洋经济、胶济铁路研究等。与师兄们交流后，我感到收获很大，持续了一段时间的焦虑心理舒缓了。

第二天，即12月31日，我来到档案馆找找看有没有师兄们说的课题的相关档案。发现了一宗江苏省水利厅的档案，打开一看，共有四本大册子，5900多卷，文件的起止时间是1953年至1968年。归纳了一下，其主要内容涉及：水利计划与规划、水文、水资源勘测、水利工程管理、防洪抗旱、水利纠纷、水利工程统计和财务等8大块。我瞬间有种如获至宝的感觉，便摘录了几十条目录。

2010年1月3日，我和龙观华师兄在老师家校对稿子。校对完成后，李老师便询问起我们的选题的进展。我便向老师汇报了最近在档案馆搜集资料的情况，并把抄写的目录给老师看，老师默默地看了几分钟后，说："就目前这些资料来看，可以做1949年到1966年'文革'之前江苏省的水利建设。"李老师让我调档看看具体的内容。

2010年3月底到6月，李老师就该选题和查阅档案的方法，先后与我谈话六次，最终确定了该选题。在第六次谈话时，李老师初步确定了论文的题目为"'文革'前江苏当代重大水利工程建设研究"。后来，进一步将研究范围锁定于苏北地区。

二、词义界定

"水利"这个词的含义，历史上有一个不断演化的过程。《吕氏春秋》中

“掘地财，取水利”① 的记载，是“水”“利”的首次并用，高诱注曰：“水利，濯灌”，即取水灌溉或捕鱼之利之意。《史记·河渠书》载：“蜀守冰凿离碓，辟沫水之害，穿二江成都之中。此渠皆可行舟，有余则用溉浸，百姓飨其利。”② 可见，西汉时期，“水利”已经涵盖了防洪、灌溉和航运等除害兴利的含义。该书又曰：“自事之后，用事者争言水利，朔方、西河、河西、酒泉皆引河及川谷以灌田。”③ 说明当时引水灌溉已十分普遍。《明史》载：明太祖二十七年（1394年）秋八月，“乙亥，遣国子监生分行天下，督吏民修水利”④。《清史稿》中有“近年水旱为灾，民生重困，皆因水利失修，致误农工”⑤ 的记载。从这两则材料可以看出，至迟在明清时期，人们将为开发水力资源，以达到除害兴利目的而兴建的水利工程，也纳入“水利”范畴了。

随着社会经济的发展，水利所涵盖的内容越来越广泛。1933 年，中国水利工程学会第三届年会指明“水利”的范围应该包括“防洪、排水、灌溉、航运、水力、水道、给水、污渠、港工”等八项工程。20 世纪后半叶，现代社会的“水利”内涵更加丰富，增加了水土保持、水资源保护、环境水利和水利渔业等新的内容。《中国大百科全书》将“水利”定义为：“人类社会为了生存和发展的需要，采取各种措施，对自然界的水和水域进行控制和调配，以防治水旱灾害，开发利用和保护水资源。”简言之，水利就是“利用水力资源和防止水的灾害”。而“用于控制和调配自然界的地表水和地下水，以达到除害兴利目的而修建的工程”，称为水利工程⑥。

三、选题意义

本文的研究对象是重大水利工程建设，范畴限定在苏北地区，时间限定在1949 年至 1966 年。

首先，本文选择研究水利史的原因在于：中国是一个农本国家，水利工程建设历来是中国农村、农业经济发展的命脉。从古至今，中国的治水脚步未曾间断过。“大禹治水”说明我国治水历史的悠久，郑国渠、都江堰、灵渠等水利工程也是举世闻名。新中国成立以后，水利建设也一直是国民经济和国家基本设施建

---

① ［秦］吕不韦撰，［汉］高诱注：《吕氏春秋》第十四卷《孝行览·慎人》，岳麓书社，1989 年版，第 104 页。

② 《史记·河渠书》，中华书局，1982 年版，第 387－388 页。

③ 《史记·河渠书》，第 391 页。

④ ［清］张廷玉：《明史》卷三《本纪第三·太祖三》，中华书局，1974 年版，第 24 页。

⑤ 赵尔巽等撰：《清史稿》志一百十一《河渠四》，中华书局，1976—1977 年版，第 2100 页。

⑥ 中国大百科全书总编辑委员会，《水利》编辑委员会，中国大百科全书出版社编辑部编：《中国大百科全书·水利》，中国大百科全书出版社，1992 年版，第 1 页。

设的重点。

特别是近年来，随着社会经济的发展，能源的过度开发利用，使自然环境不断恶化，人与自然的矛盾问题日益严重，水的问题尤为突出。从当前和长远来看，我国水的问题主要包括三大方面：洪涝灾害依然是中华民族的心腹之患；水资源供需矛盾突出已成为制约经济发展的主要瓶颈；水生态环境不断恶化，影响可持续发展。自20世纪90年代以来，我国极端气象灾害频繁发生，对国民经济的发展和人民生命财产的安全带来极大威胁。90年代，我国洪灾造成的直接经济损失约为1.2万亿元，仅1998年就高达2600亿元。水灾损失占国民经济总产值的4%，是美国、日本等发达国家的10~20倍。治水仍然是我们的当务之急。

尤其是近10年来，我国出现水旱灾害交替发生的状况。在这种情况下，水利问题再次引起了中共中央和国家领导的高度关注。2010年，温家宝总理在视察西南五省大旱后，作出指示，要“从长计议，大力加强水利设施建设”。为了查清我国江河湖泊的基本情况，全面了解水利发展状况，提高水利服务于经济社会发展能力，实现水资源可持续开发、利用和保护，2010年国务院通过了第一次全国水利普查的决议，决定从2010年至2012年，对我国境内的所有的江河湖泊、水利工程、水利机构以及重点社会经济取用水户，进行一次全面的普查。目前，已有多省着手水利普查的准备及试点工作。

2011年，中央一号文件聚焦水利，明确了新形势下水利的战略地位以及水利改革发展的指导思想、基本原则、目标任务、工作重点和政策举措。这份题为《中共中央国务院关于加快水利改革发展的决定》的文件要求：“把水利作为国家基础设施建设的优先领域，把农田水利作为农村基础设施建设的重点任务，把严格水资源管理作为加快转变经济发展方式的战略举措，注重科学治水、依法治水，突出加强薄弱环节建设，大力发展民生水利，不断深化水利改革，加快建设节水型社会，促进水利可持续发展，努力走出一条中国特色水利现代化道路。”这是第一次在党的重要文件中全面阐述水利的重要地位，也是新中国成立62年来，中共中央首个系统部署水利改革和全面发展工作的决定。

文件要求，要全面加快水利基础设施的建设，继续实施大江大河的治理，进一步治理淮河。要大兴农田水利建设，计划到2020年，基本完成大型灌区、重点中型灌区的续建配套和节水改造任务。要加大公共财政对水利的投资，多渠道筹集资金，力争今后10年全社会水利年均投入比2010年高出一倍。这就意味着，未来10年，我国的水利投资将达到4万亿元！

根据文件精神，各省、自治区、直辖市加大了水利建设的力度和投资的幅度。2011年是“十二五”的开局之年，“十二五”期间多个省份的水利发展规划投资都达到“十一五”期间的2~3倍，有些省份甚至超过4倍。如新疆“十二五”水利规划总投资1310.88亿元，是“十一五”的4.33倍；黑龙江“十二五”水利规划投资达1500亿元，是“十一五”累计投资357亿元的4.2倍。

2011年2月22日，国务院常务会议作出了“加固小型病险水库”的决定。会议要求，在继续巩固大中型和重点小型病险水库除险加固成果的基础上，要加快其余小型病险水库除险加固步伐，全面消除水库安全隐患。为此，分四步实施：2012年年底前，完成5400座小（1）型水库除险加固。每座平均投资约450万元，总投资约244亿元，其中重要财政补助投资168亿元；2013年年底前，完成坝高10米以上、库容20万立方米以上的1.59万座重点小（2）型水库除险加固。每座平均投资约240万元，总投资381.38亿元，全部由中央财政安排；2015年年底前，完成其余2.5万座小（2）型水库除险加固；对新出现的大中型病险水库，加快推进除险加固工作，力争2013年年底前完成。

中央一号文件锁定水利，必将迎来我国水利建设的新高潮。在2010年3月22日中国水利博物馆开馆仪式上，李长春指出：“我国治水历史源远流长，水利成就举世瞩目，水文化博大精深，值得深入研究、广泛宣传和大力传承。”知古鉴今，在水利建设即将迎来新的高潮之际，研究以往的水利建设实践，特别是新中国成立之后水利建设的情况，客观地总结当年水利建设的正误得失，总结其中的经验与教训，对于当前的水利建设，具有很大的借鉴意义。

其次，本文将时间限定在1949至1966年，是出于三方面的原因：第一，研究中国当代史，容易选择这个时间段，因为这17年具有非常鲜明的时代主题。这17年，依次经历了国民经济恢复、社会主义改造、“大跃进”和国民经济调整4个时期，每个时期有每个时期的主题，构成特有的时代背景。政治运动对国家经济建设具有特殊的影响，因此，每个时代背景下，国家进行水利建设的情况，也各有重点和特色。反过来说，研究这17年的水利史，能够从水利建设这一角度，反观这17年的时代主题，这是本文的切入点和研究视角，也是本选题的理论意义。第二，史料方面的原因。本文所依据的史料，大部分来源于江苏省档案局馆藏的江苏省水利厅档案，仅开放到1966年。应当指出，“文革”时期，国家也兴建了大量的水利工程，但因收集不到第一手史料，故将本文的研究下限定在1966年。

再次，选择苏北地区作为研究范畴，是因为苏北地区的水利建设就全国范围来说，具有典型性。苏北地区位于黄海之滨，地处长江、淮河、沂沭泗三大流域的下游。因其所处的特殊地理位置，加之历史上黄河变迁、夺淮夺泗的影响，苏北地区经常遭受洪水灾害，素有“洪水走廊”之称。水患是很长一个时期制约苏北地区经济社会和农业发展的瓶颈。新中国成立之后，水利建设一直是苏北地区国民经济基础建设的重要一环，国家投入了大量的资金，用于苏北地区的治水事业，而且，这17年当中，苏北治水的成效也是十分显著的。所以，本文以苏北地区的水利建设为切入点，反映新中国成立以后至“文革”前的17年中，国家在水患的治理和水利工程的兴修上，所付出的努力和取得的成就。

以上是本选题的现实意义和理论意义。

四、研究回顾

（一）民国时期水利史研究状况

民国时期，由于黄河、淮河泛滥频繁，国民政府和社会各界进步人士较为关注水利事业的发展，首先表现为建立了若干水利事业管理机构。

从1914年起，出于稳定局势的需要，国民政府先后设置了几大水系的水利委员会，分管各个流域的水利事务，主要有掌管广东水利的珠江水利局①，掌管华北地区水利的顺直水利委员会②，掌管江浙地区水系的太湖流域水利委员会③，

① 珠江水利局：珠江流域性水利机构始于1914年12月设立的“督办广东治河事宜处”（简称广东治河处），1929年7月，改称为广东治河委员会，并公布组织条例。条例规定：广东治河委员会掌管广东全省河海之疏浚、筑堤、建港等工程事项。1936年10月，治河委员会改称广东水利局，次年又改称珠江水利局，其任务范围也扩展至珠江全流域以及韩江等干支流的兴利除害工程。

② 顺直水利委员会：1918年2月，北洋政府在天津成立顺直水利委员会，熊希龄任会长，负责河海、黄河流域的水利行政。1925年制定的《顺直河道治本计划报告书》是海河流域的第一个全面治理规划。1928年，顺直水利委员会改为华北水利委员会，以华北各河湖流域及沿海区域为管辖范围，开展防洪、灌溉、航运、水力及水利工程，在治河史上有较高地位。在《顺直河道治本计划报告书》的基础上，编制《永定河治本计划》，包括蓄洪水库、减河、海河尾闾治理、堤防修筑、放淤灌溉等工程的总体规划和初步设计等内容。该会还创办《华北水利》月刊，内容包括各种水利工程学术论著及译述、有关水利的政府法令、华北水利各项规划、业务报告与会议纪要、经费收支报告、调查报告及调查记录等，为较早的水利刊物，抗战爆发后，迁往重庆，各项工作被迫停止，委员会名存实亡。

③ 太湖流域水利机构：1920年10月，北洋政府成立督办苏浙太湖水利工程局，管理太湖地区江苏省境23个县和浙江省境16个县的河道和湖区水利事务。1927年5月，该局与江南水利局和浙西水利议事会合并，成立太湖流域水利工程处。1929年1月，太湖流域水利工程处更名为太湖流域水利委员会，统筹流域水利建设。1935年并入扬子江水利委员会。

掌管长江流域的扬子江水利委员会①，负责淮河流域的导淮委员会②，以及处理黄河事务的黄河水利委员会③。起初，由于国家没有建立水利建设的管理机构，所以这些水利机构的统属庞杂。至 1934 年，全国经济委员会始设水利委员会主持全国水利工作，各流域的水利机构先后归属，水利行政由此统一。这些水利机构成立后，虽以治理、发展各流域水利事务为任务，但因战火连年，国民政府无暇专心于兴修水利，因此这些水利机关所制定的各流域发展计划大部分未能实施，其实际的治河功能未能得到充分发挥。虽然其治河的实际成效不大，但各水利机关开始注重流域规划，标志着治河方式的转变；在水利知识的宣传和资料的收集整理方面，起到了一定的作用。

其次，在水利规划和勘测方面，国民政府也做出了一定的工作。

1931 年 5 月，导淮委员会工务处处长兼总工程师李仪祉，向国民政府提交了《导淮工程计划》，提出了具体的导淮计划，包括开辟淮河下游入江水道，修建蒋坝洪泽湖口活动坝，建洪泽湖蓄水库，疏浚洪泽湖以上淮河干流及其主要支流并修建堤防等 17 项工程计划，以消除淮河水患。蒋介石为该计划题词。

1944 年，国民政府资源委员会聘请美国垦务局总设计工程师萨凡奇来华考察水力资源。萨凡奇在考察了长江及其支流后，拟出了《扬子江三峡计划初步报告》。报告提出后，国民政府立即组织了扬子江三峡勘测处，下设总务、工务、会计 3 个科，专门负责三峡工程的勘测。1946 年 2 月，勘测处派出工程师唐凤喆、副工程师刘主青、助理工程师冯吉璋，由总工程师柯南登率领，赴宜昌工地查勘。经过查勘，提出了《三峡水力发电计划报告》（1946 年 4 月 28 日）、《扬子江三峡计划概要》（1948 年 3 月）、《长江三峡水库测勘报告》（1948 年 6 月）

---

① 长江流域水利机构：长江流域水利机构的设置始于 1922 年 1 月成立的扬子江水道讨论会，1928 年改组为扬子江水道整理委员会，会址设在南京。1935 年 4 月，太湖流域水利委员会并入该会，更名为扬子江水利委员会。其主要任务为“水灾之防御，农田之灌溉，航道之改进及发展水力等”。20 世纪 30 年代起，该会着手长江上游及各支流的水电开发规划；抗战期间迁往重庆，着重开发上游各省水利。

② 导淮委员会：淮河流域水利机构可溯源于宣统元年（1909），当年按张謇建议成立江苏水利公司，民国初改称水利测量局，负责测量淮河流域各河道的地形、水位、流量。1929 年 7 月，在南京成立导淮委员会，蒋介石兼任导淮委员会委员长，李仪祉任总工程师。该会的任务是“掌管淮河流域测量，改良水道，发展水利及一切筹款、征地、施工事务”。机构几经沿革，于 1947 年撤销，改名为淮河水利工程总局，局址设于安徽蚌埠。1931 年，该会编制完成包括防洪工程和运河工程两大部分的《导淮工程计划》和《入海水道计划》，主持兴修了邵伯、淮阴、刘老涧三船闸、导淮入海水道、三和活动坝等工程。该会在收集整理淮河历史资料，研究淮河治理问题等方面做了一定贡献，但由于国民政府的腐败和战争的破坏，未能对淮河进行有效的治理。

③ 黄河流域水利机构：民国初年，黄河流域的水利事务原由顺直水利委员会负责。1929 年，国民政府公布《民国政府黄河水利委员会组织条例》，组织黄河水利委员会，但未能实施。1933 年 9 月，南京政府成立黄河水利委员会，李仪祉任委员长，负责黄河及渭水、洛水等支流的一切兴利、施工事务，以及沿河地形的水准测量和水文气象等基础资料的搜集整理工作。

等规划、报告。这些规划、报告中所述计划虽未予以实施，但其中对长江三峡的科学考察及其所得到的科学资料，意义重大。

民国时期的水利史研究，取得了一定的成果，主要包括以下几个方面：

第一，在水利史著述方面，以李仪祉为代表的中国近代水利学家，在总结传统水利科学的基础上，引进西方现代水利科技，撰写了一批新著，开创了中国近代水利史研究的先河。

郑肇经①的《中国水利史》（商务印书馆，1939 年版），按河流分类，共分为八章：黄河、扬子江、淮河、永定河、运河、灌溉、海塘、水利官职，系统叙述了中国各大河流历代水利建设及变迁概况。因我国河流“以黄河最称难治，灾害靡代岁有”，而且黄河流经的地区“为自古中原之地”，影响“颇为繁复”，所以该书的记载以黄河流域为主，详细记叙了黄河六次大迁徙及近代黄河的情况，对治河人物亦有记载，是黄河改道史叙述最全的著作。扬子江、淮河、永定河、运河各章，亦以时间为序，记历代的治理情况。灌溉一章将全国按省份划分为18 个灌溉区域，海塘一章记叙江苏和浙江两省之海塘。水利官职一章，亦按时间顺序，系统叙述自尧舜禹时期至民国的历代水官，涉及水官的设置、官职的名称、职责、俸禄等，对人们了解历代水利官职有很高的参考价值。该书叙事完备，“是一部带有总结性的水利通史”②。

张念祖的《中国历代水利述要》（华北水利委员会图书室 1932 年版），本着“抄集我中国关于水利之往事及言论于一编”的宗旨，以朝代的更替作为水利发展的分期，叙述了上古及周秦、两汉、魏晋南北朝隋唐等朝代、宋、辽金、元、明、清等 8 个时期兴修水利和利用水利的史事，以及我国典籍方志中有关水利的事迹和言论。

由王云五总编、诸水利专家合著的《中国水利问题》（商务印书馆，1937 年3 月版），按流域和地域分为 10 篇，分别是：中国水利问题概论（李书田著）、华北水利问题（徐世大著）、黄河问题（张含英著）、西北水利问题（李仪祉著）、导淮问题（须恺著）、扬子江水利问题（宋希尚著）、太湖流域水利问题（孙辅世著）、整理运河问题（汪胡桢著）、珠江流域水利问题（黄谦益著）、中国水利行政问题（郑肇经著）。该书不仅对中国水利事业的发展以及研究成果进行了全面的总结，亦对未来中国水利的发展做出了展望。该书资料丰富，体例独

---

① 郑肇经（1894—1989），江苏泰兴人。历任河海大学教授、全国经济委员会水利处处长、中央水利实验处处长等职。创建了中国第一个水文研究机构和水利文献编纂委员会。他尤为重视长江的治理，被誉为“中国水利之父”。

② 王志刚、张伟兵：《从〈史记·河渠志〉说到当代中国水利通史的编纂》，《史学史研究》2009 年第 1 期。

特，论述可靠，是民国时期中国水利研究方面的权威著作。

《李仪祉水利论著选集》（李仪祉原著，黄河水利委员会编，水利水电出版社，1988年）是新中国成立后，黄河水利委员会收集李仪祉①的遗作编辑而成，于1988年11月出版发行。该书收录的是作者写于1919—1937年的水利论著102篇，内容包括黄河治理39篇、西北水利27篇、江淮水利18篇、华北水利7篇、水工学术及其他11篇等五大部分，既有治河的方略，亦有工程技术的记述，均为作者多年治水经验的总结，是了解民国时期中国水利基本情况及治水方略的重要文献。书中开篇的钱正英、张含英、汪胡桢等人的文章，是1982年中国水利学会召开的纪念李仪祉先生诞辰一百周年大会上的发言稿，书末附有《李仪祉年谱》。

胡焕庸的《两淮水利》（正中书局1947年再版），为民国二十三年（1934）暑期，中央大学地理系组织两淮考察队，赴江苏江北淮扬徐海通各地考察后所写的报告。反映了当时扬州的水文地貌，有民国二十三年的地图《里运河归江十坝总图》，为珍贵的历史档案。该书对淮河的区域、气象、水文、直支流，以及淮河与运河、盐运的关系，做了全面考察和分析，尤其是书中提到扬州境内的“归江十坝”，图文并茂，对其历史、功能、价值作了深刻论述。

第二，在水利文献的编纂方面，1936年，由郑肇经主持纂修，武同举、赵世暹等编辑的《再续行水金鉴》，是继《行水金鉴》和《续行水金鉴》后又一部关于清代官方治河档案和有关治河文献的汇编，汇集了从道光到宣统年间（1821—1911）共90年的史实，主要记述长江、淮河、黄河、运河、永定河干支流和与之相通的重要湖泊，以及海河、珠江、辽河等的自然状况和治理历史。《行水金鉴》是康熙年间由傅泽洪主编，郑元庆纂辑而成，共175卷，收录上起大禹治水，下讫康熙六十年（1721年）数千年的治河史料，以时代顺序编排，内容按河流分类，计河水60卷，淮水10卷，汉水、江水10卷，济水5卷，运河水70卷，两河总说8卷和官司、夫役12卷，卷首收有各河流域图。该书所收录的文献资料达370多种，且均注明出处，参考价值很大。《续行水金鉴》是道光年间由俞正燮编修而成，所辑史料与正篇衔接，自雍正元年至嘉庆二十五年，共156卷，计河水50卷，淮水14卷，运河68卷，永定河13卷和江水11卷，每类河流先述《原委》，次载《章牍》，殿以《工程》。其中《章牍》共121卷，为大量原始的工程技术档案。《再续行水金鉴》与《行水金鉴》及续篇合成一体，

---

① 李仪祉（1882—1938），名协，字仪祉，陕西蒲城人，曾任陕西省水利局局长、华北水利委员会委员长、导淮委员会委员，兼任西北大学校长等职。他主张治理黄河要上中下游并重，防洪、航运、灌溉和水电兼顾，改变了单纯着眼于黄河下游的治水思想，把治黄理论和方略推进了一大步。他亲自主持建设陕西泾、渭、洛、梅四大惠渠，树立起我国现代灌溉工程样板，被誉为陕西水利的奠基人。

共1000多万字，构成我国最系统、最权威的治水文献汇编。

第三，对各个流域的研究和地区性水利史研究方面，也有不少著述问世。

首先，黄河屡次泛滥，引起政府及大众的关注。由吴贯孙主编，成书于1921年的《豫河志》，共28卷，收集了清顺治元年至宣统三年（1644—1911）年间的黄河及沁河的相关资料。1925年，陈善同等续编成《豫河续志》（共21卷），1931年陈汝珍等又续成《豫河三志》（共14卷）。这三部书收入清代至民国年间的珍贵史料，是了解自远古至民国时期河南省黄河的水利专志。

1934年，国民政府考试院院长戴季陶发起编纂《黄河志》（国立编译馆，1937年版），汇集朱家骅、胡焕庸、张含英等一批水利专家共同编写。厘定全志共七篇，气象、地质、水文与工程、人文与地理、文献、动物、植物。至民国二十六年（1937年）共完成出版了三篇，依次为张含英承编的第三篇“水文与工程”、胡焕庸承编的第一篇“气象”和侯德封承编的第二篇“地质”。

此外，沈怡、赵世暹、郑道隆合编的《黄河年表》（军事委员会、资源委员会1935年版）详列唐尧80年（公元前2278年）至民国二十二年（1933年）的黄河洪水、河患、治河、通河、引河、决河、徙、溢、涨、赈灾、开渠、河议等史料，共计13万多字，参考价值极大。

其次，运河史研究方面，1944年重庆史学书局出版了史念海著的《中国的运河》，该书以朝代为序分为8章，上起先秦，下讫民国，叙述系统，史实考证详细，是民国时期第一部从历史学角度研究我国运河发展过程的专著。新中国成立后，作者对旧著重新修订和补充，于1988年由陕西人民出版社再版重印。

再次，地区性的水利专著也有不少成果，比如《陕西省水利概况》《新疆之水利》《宁夏省水利专刊》等，著作尚多，不能一一列举。这里，着重提一下民国时期江苏省的水利史研究。

第四，谈到民国时期江苏的水利史研究，首当推崇武同举。武同举（1871—1944），民国时期著名的水利专家，对淮河水利史有独到的研究，也是我国最早研究沂、沭、泗水利问题的专家。他曾任《江苏水利协会杂志》主编、国民政府江苏省长公署水利署主任等职，主管全省水利工作，还曾兼河海工科大学水利史教授。他一生致力于水利事业，发表了大量的水利论著，主要涉及江苏省境内的淮河流域（《淮系年表全编》《淮水图表说明》《导淮罪言》《导淮入江入海之研究》《淮南水道历史与今日现势之比较》《淮北水道历史与今日现势之比较》）、沂沭泗流域（《泗、沂、沭分治合治之研究》《沂沭偏重筹泄淮泗宜蓄泄兼筹论》）、运河研究（《会勘江北运河日记》《江北运河为水道系统论》），以及苏北水利（《吁兴苏北水利文》《江北行水今昔观》《淮北水利纲要说》）等方面。《江苏水利全书》（南京水利实验处1949年刊印）和《淮系年表全编》（1928年刊行）是其代表性的著作。《江苏水利全书》为武同举历时13年编纂而成，全书共七篇四十三卷，计百余万言，包括长江、淮河、运河、太湖水利、江南海塘、里下河及盐垦区水利、淮北沂沭流域水利，记载翔实，堪称江苏水利资料之宝库。《淮系年表全编》分为图、表和全淮水道三部。其中图的部分共有淮系全图1幅；淮系历史总图14幅，为历代淮河水系演变的总体状况；淮系历史分图80幅，分别表示淮河、黄河和运河分时期、分河段的演变情况；淮系现势测图45幅。各图以现代实测地图为底图，着重以图形反映水系变迁和工程兴废。年表共14个部分，从先秦到清末，按年代列表分述各期的水灾和治理情况。全淮水道部分将淮河全段分为7段，将关于淮河的主要历史典籍中对于各段河道水系变迁和水道利病的记载加以汇编。全书资料丰富，编排新颖，是淮河历史的系统资料汇编。

民国时期，出现了一批积极倡导兴修水利的水利专家，他们奔走呼喊，身体力行，促使我国水利建设的近代化转型；他们总结经验，著书立说，迈出了我国近代水利史研究的步伐。

（二）新中国成立后的研究现状

新中国成立以来水利史研究，是当代史研究的一项重要内容，可以分为三个阶段：1949年至1966年为中国水利史研究的第一个阶段，随着国家大规模治水运动的开始，水利史研究起步；1966年至1977年的“文革”十年，学术界进展缓慢；1978年改革开放以后，学术界逐渐活跃起来，水利史研究同其他各学科各专业的研究领域一样，取得了丰硕的成果。

1931年，中国水利工程学会在南京成立，学会以“联络水利工程同志，研究水利学术，促进水利建设”为宗旨，设立论文奖和奖学金，注重水利科技的发展和人才的培养；以召开年会等形式进行学术研究，促进学术交流。会刊《水利》月刊，自1931年7月创刊至1948年3月，共出十五卷八十三期，刊登各种文章近500篇，包括基本理论、实验方法、工程总结、研究报告、管理经验、水利史料、治河方略、国外技术、水利新闻、书刊介绍等内容，并分别出版了泥沙、灌溉、黄河、北方大港、黄河堵口、水利行政以及年会论文等专号。这是中国第一份水利技术专刊。学会还收集元明清时期9部珍贵的水利专著，编辑为《中国水利珍本丛书》两辑。学会的成立，对于促进中国近代水利科技和水利事业的发展发挥了重要的作用。1957年，学会更名为中国水利学会，会址迁至北京。中国水利工程学会是中国第一个全国性的、专业的水利学术团体，对于促进近代水利史的研究发挥了巨大的推动作用。

新中国成立后，中国水利工程学会于1957年更名为中国水利学会。学会本着“团结全国水利科学技术工作者，开展学术活动，为社会主义建设服务”的宗旨，继往开来，继续从事水利的研究工作，下设水文、泥沙、水力学、岩土力学、农田水利、水工结构、施工、港口河道、工程管理等9个专业委员会及水利经济、环境水利、水利史等3个研究会，共12个二级学会。学会发行会刊《水利学报》。其下设的专业委员会水利史研究会，是全国性的水利史研究学术团体之一。研究会每年召开专题学术讨论会，研究内容涉及黄河、太湖、淮河、长江等流域，都江堰、芍陂、灵渠等重大水利工程等，并出版论文集，还组织出版了不少水利史研究专著，为促进新中国水利史的研究起了重要作用。

水利部水利水电科学研究院水利史研究室，是目前国内唯一从事水利历史研究的专门机构。其前身是1936年由国民政府全国经济委员会下属水利委员会所成立的整理水利文献委员会，聘请专人从事水利历史文献的编辑工作。1956年7月该机构迁至北京并扩建为水利史研究所，1961年改称水利史研究室；1969年水利水电科学研究院被撤销，水利史研究室也随之解散，1978年才与研究院同时恢复。研究室主要从事水利史志和水文化研究、信息技术在水利史研究中的应用、水利史应用领域研究、水旱灾害及减灾方略、水资源与水环境演变等方面的研究工作。在新时期的研究工作中，研究室取得了一系列重要成果，主要包括：整理出版《行水金鉴、续行水金鉴分类索引》；从清代故宫档案中整理出约14万件水利资料；进行了16—19世纪中国历史干旱和洪涝规律研究；整理再版了《治水筌蹄》（朱更翎，1985）、《漕河图志》（谭徐明，1989）、《二十五史河渠志注释》（周魁一，1990）等重要的水利古籍；召开学术讨论会，并出版了《水利史研究室五十周年论文集》（水利水电出版社1986年版）。经数十年的积累，该室有丰富的文献收藏，已成为水利史研究的资料中心。

1. 资料与工具书类

为便于对于水利史的研究，史学工作者着手于资料集的汇编工作，编纂了几部大部头的水利史资料汇编。

《二十五史水利资料综汇》是张芳历时12年编纂而成的一部资料汇编。正史当中有相当丰富的有关水利方面的记载，是研究中国古代水利史的基本资料。这些水利资料，除《河渠志》和《沟洫志》等水利专篇有独立的记载外，纪、传、志、表中的水利记载尤为繁多。由于这些资料分散，查找耗费时间和精力，为了便于利用，张芳从1979年开始，从事卷帙浩大的“二十五史”水利资料的收集工作，将散见于各史篇章中的水利记载按顺序摘录出来，汇成一书，于1991年完成，名之为《二十五史水利资料综汇》。该书所录水利资料时间上起尧舜，下讫清朝宣统末年，范围主要包括水利政令、漕运、海运、防洪、治河、治运、农田水利、城市水利、军事用水攻防，兼及水利官职、水利著作和屯田资料等。该书反映了4000余年古代中国水利活动的主要史实，有着重要的史料价值，是从事水利史、经济史、农业史等研究工作不可缺少的基本资料。该书于2007年5月，由中国三峡出版社出版发行。

《中国水利百科全书》是一部大部头的水利学工具书。1985年由水利水电部发起，与中国水利学会、中国水力发电工程学会、水利电力部科技司和水利水电出版社共同编辑出版的。全书共4卷，总篇幅600余万字，内容包括水利建设的19个分支学科（总论，水利史，水力学、河流及海岸动力学，工程力学、岩土力学、工程结构及材料，水文与水资源，水利勘测与工程地质，水利规划，水工建筑物，水利工程施工，水利管理，防洪，灌溉与排水，水力发电，航道与港口，城镇供水与排水，水土保持，环境水利，水利经济，水利科研、教育、情报、出版等），收录条目4100余条，因该书内容既全面、专业，又通俗易懂，因此被誉为“没有围墙的水利大学”。

《中国农业百科全书·水利卷》由中国农业百科全书总编辑委员会水利卷编辑委员会和中国农业百科全书编辑部共同编著，共上下两册，分为水利总论、水利史、水利基础科学、水文及水资源、水利规划、防洪、灌溉和排水、水土保持、水利工程设计、水利工程施工、水利工程管理等11个部分，更加注重水利与农业的有关内容。

《中国大百科全书·水利卷》全卷设有895个条目，彩色照片216幅，随文黑白插图466幅，共计147万字。内容包括水利史、水利科学基础、水利勘测、水利规划、水工建筑物、水利工程施工、水利管理、水利经济、防洪、灌溉和排水、水力发电、航道和港口、水土保持，以及水资源、水政、水法、水利科学研究与教育等，全面系统地概述了水利科学技术知识。值得一提的是，书中列有中外现代著名水利工程条目近百条，中外现代水利人物、著作数十条，集中反映了当代水利科学技术的发展现状。

近两年来，国家对于水利建设的重视，水利史研究必将再次成为学术研究的热点。鉴于此，为方便新时期水利史的研究工作，中国水利水电出版社目前正在筹备《中国水利史典》的编纂工作，该项已被国家出版基金管理办公室列为首批资助项目。编撰《中国水利史典》对于我国古籍文献整理、水文化建设具有重要意义；对于水利史研究者来说，也无疑是一个好消息。

2. 通史类

新中国成立后，尤其是20世纪80年代以后，随着各学科的蓬勃发展，建立在现代的史学和科学基础上的中国水利通史的编纂取得了长足进展。水利通史呈现出以下几个方面的特点：第一，从通史的角度出发，系统梳理了中国水利发展史，在划分水利史发展阶段的标准上有所创新；第二，以近现代的水利工程学为参照，科学地评价传统水利；第三，关注当代科学发展和生态文明建设的需要，将审视中国水利史同科学哲学和环境史相结合；第四，对中国水利史的反思，呈现出鲜明的经世致用等史学意识，关注水利史发展规律的探索和经验的总结①。

《中国水利史稿》一书，由水利水电科学研究院和武汉水利电力学院历时15年联合编写而成。全书分为上、中、下三册，按水利发展的不同阶段分章，各章按专业门类分节，用辩证唯物主义和历史唯物主义的观点，阐述中国水利发展的客观进程，以及水利和社会、政治、经济发展之间的关系；用现代科学技术分析各个历史时期水利科学技术的发展水平，探讨其客观规律。该书于1989年由水利水电出版社出版发行，是新中国水利史研究的一座里程碑。

《中华水利史》由沈百先、章光彩等编著，于1979年由台湾商务印书馆出版发行。全书分为中国河川、水利事业、水利测量与水利实验、水利教育、水利学术及制作、水利行政与水利经费等6篇，各篇之下设有具体章节，条目清晰，内容全面。除第一章旨在介绍中国的自然水文地理外，其余各章则贯通古今，以叙述民国时期的水利建设为主。本书的特点在于，在各章节中均有台湾水利史事及资料的记载，是了解台湾水利史的重要著作。

《中国水利史纲要》是水利史研究的又一阶段性成果。该书由中国水利学会水利史研究会会长姚汉源著成，共50余万言，在水利史发展阶段的划分标准问题上有独到的见解。作者认为，中国古代的水利以治河防洪、农田水利和航运工程三者为主，并以这三者发展阶段的起讫为标准，将公元前21世纪至1949年的中国水利史划分为六个时期：即：①水利事业的初步发展（夏商周三代）；②以黄河流域为主的水利大发展（自秦灭周至东汉献帝初平元年）；③黄河流域衰落向江淮流域发展（自东汉献帝初平元年至隋政权建立）；④北方水利兴衰起伏、南方持续发展（隋至北宋）；⑤向东南沿海及珠江流域发展（南宋至明嘉靖末）；⑥全国水利普遍开展到衰落和西方水利技术引进（明隆庆元年至民国末年）。这种分期方法，超越了以往朝代更替模式的分期标准。全书以每个时期为1章，加绪论共7章，各章中又按治河防洪、农田水利、航运工程等几块内容分节，以工程的修建为中心，兼以海塘工程、城市水利、水利科技、水利文献和人物等，呈现了中国水利事业的发展，并且着重分析水利工程的兴衰与政治经济的关系。该书提供了中国水利史发展的新的分期方法，条理清晰，史料翔实；唯缺乏史料考证性的论述。该书于1987年由水利水电出版社出版发行。

《水利辉煌50年》一书是1999年为庆祝中华人民共和国成立50周年，水利部组成编纂委员会编纂而成，全面叙述了新中国50年来防洪、抗旱减灾、江河

---

① 王志刚、张伟兵：《从〈史记·河渠志〉说到当代中国水利通史的编纂》，《史学史研究》2009年第1期。

治理、水利投资、水资源、水文、水利工程建设、水利管理、农田水利建设、乡镇供水与人畜饮水、水土保持、小水电建设、水利科技、水利教育及队伍建设、水库移民、水利信息化、水利国际化、水利法制建设、精神文明建设、治水思路与方略等20类的水利事业的发展概况，约43万字。但严格来说，该书属于宣传性的介绍，不能算作学术著作。

3. 流域史

自古以来，黄河便是一条“善淤、善决、善徙”的河流，频繁发生的洪水一直是中华民族的心腹之患。关于黄河的治理问题和经验的总结介绍，依然是人们关注重点之一。新中国成立后，一批研究黄河水利史的著作相继问世，1957年6月由人民出版社出版的岑仲勉的《黄河变迁史》，是“关于黄河历史研究的奠基之作”[①]。该书叙事时间上限是禹贡时期，下限至抗战之前，对数千年来尤其是元代以前黄河的河患和河道的变迁作了详细的考述；对前代的治河技术和治河主张进行了较为公允的评价。该书所举材料经过甄别和考证，注释详明，具有重要价值。但是，其研究重点在于黄河变迁，对黄河的水利言之甚少；在论述内容上“详古而略今”，对元代以后的记述不够充分。

黄河水利委员会编写的《黄河水利史述要》，是研究历代黄河治理和开发的一部通史。全书共分十章，约34万字，上起先秦，下讫民国，系统阐述了黄河流域的水旱灾害、河道的变迁、历代治黄的理论和技术、治河事业的进展、治河人物的观点、农田水利工程和航运事业的兴废等，内容较为全面、系统，唯有对建国后的治黄事业没有论及。

侯全亮主编的《民国黄河史》，是一部反映民国时期黄河及治理的断代史，采用了编年体与纪事本末体相结合的体例，运用历史唯物主义的观点，概述了1912年1月到1949年10月黄河的水灾、迁徙及治理情况。

程有为著的《黄河中下游地区水利史》，是近年来黄河水利史研究的一部新作。该书上起原始社会末期，下至20世纪末，分为上古三代、春秋战国、秦汉、魏晋南北朝、隋唐五代、宋金元、明、清、民国、社会主义建设时期和改革开放新时期等11章，37万余字，系统论述了黄河中下游地区的水利发展史，包括生态环境、河道变迁及其治理、水患及其防治、农田水利、航运、水利水电工程、水土保持、治理规划、水利科技等。特别值得一提的是，该书下限至2000年，着重阐述了新中国治理黄河50多年的成就，并总结其经验教训，填补了黄河水利史新中国成立后的这段空白。二是注意吸收20世纪末一些新研究成果，如刘

---

① 来源于全国哲学社会科学规划办公室：http：//www. npopss-cn. gov. cn/chgxj/zs/zglsw25_20080530. htm。

东生等在中国黄土研究方面的成果，特别是关于黄土高原形成问题的“新风成说”；史念海关于黄土高原生态环境的变迁和人类对环境变化所起的作用方面的研究成果；邹逸麟关于黄淮海平原生态环境的研究成果；姚汉源关于黄河水利史的研究成果等。三是超越了单纯从水患水利方面研究水利问题的局限，把水利事业纳入人类与自然的关系中去考察，从人口、资源、环境、经济、社会这一新视野，研究水旱等自然灾害的发生、水患的治理、水利的开发，着力探讨人与自然的关系的和谐、环境生态的平衡，从而在水利问题上形成了一些不同于前人的新认识。四是对几千年来黄河中下游地区生态环境的演变作了系统的考察，分析了生态环境变化的主要原因，特别是人类活动对生态环境变化的影响，阐述了生态环境恶化与水旱等自然灾害的关系。

长江水利史研究方面，由长江流域规划办公室、《长江水利史略》编写组撰写的《长江水利史略》，采用编年体例，根据长江水利发展的历史状况，主要记述了长江的防洪、灌溉、航运、湖泊治理等各类水利工程的形成和兴废，论述的重点在于工程技术方面，对近代的水利建设事业也有所涉及。

地区性水利史的研究方面，这里主要介绍与本文有密切关系的江苏水利史的研究成果。陈克天的《江苏治水回忆录》是一部反映新中国成立后江苏50年治水运动的专著。陈克天，1916年生于江苏建湖，新中国成立后担任过中共江苏省水利厅党组书记、厅长，亲历了50年来江苏治水的历史过程。退休后，陈老着手于《江苏治水回忆录》的写作。全书共分十七个部分，除开篇和结尾，主体章节主要记述了淮河下游的洪水治理、洪泽湖的综合治理和开发、沂沭泗下游的治理、骆马湖的治理与开发、长江干支流的整治、太湖的治理、梯级河网化建设、跨流域调水、京杭大运河的整治、江都水利枢纽的建设、里下河的治理、通榆河的建设、群众性的农田水利建设和机电灌排网的建设，洋洋洒洒30余万字，系统记叙了江苏水利建设中重大工程项目的立项缘由、方案的选择、兴办的过程、矛盾的处理，以及经验和总结，生动地再现了新中国成立后江苏治水的波澜壮阔的历史过程，展现了50年来江苏治水所取得的成就。因为作者是当时水利建设的当局者，对上至重大决策、下至具体工程的实施大都亲身经历，所以书中既有原始的档案资料，又有作为亲历者的回忆，资料可靠、翔实生动，是一部关于当代江苏治水史不可多得的珍贵著作。

建国后，郑肇经撰写的《太湖水利技术史》，采用按水工门类作专题论述的体例，系统论述各方面的技术成就和经验教训。全书分为10章，分别就太湖水利发展的历史、主要水系的历史变迁、上游丘陵平原地区的水利开发、下游塘浦圩田的形成和破坏、环湖溇港圩田的开拓、圩区的规划治理、治圩的技术措施、人工运河的开凿和变迁、海塘工程技术的发展，以及历代水旱灾害分析等问题，进行了较为详细的阐述。文末还附有历代治理太湖的主要文献。

4. 农田水利类

20世纪50年代以后，农田水利史的专著大批涌现。周魁一的《农田水利史略》是我国第一部农田水利通史。该书介绍了历代著名水利工程及其历史作用、各地区水利的特点、古代水利技术成就等，以展示数千年来中国农田水利的发展历程。

汪家伦、张芳的《中国农田水利史》，依据古代农田水利发展的基本趋势，分六个阶段对农田水利发展的主要成就、基本特点及其对农业生产的影响作了系统的探讨。

1999年3月，水利部农村水利司编著《新中国农田水利史略（1949—1998)》一书。该书分为两篇，综合篇论述了新中国农田水利的发展阶段，并从农田灌溉与排水、机电排灌、地下水的开发利用、牧区水利、节水灌溉、灌溉管理、农村饮水与乡镇供水、农田水利科技与教育、机构与体制等几个方面，分章节论述全国农田水利发展的一般情况；地方篇则介绍了全国29个省、自治区和直辖市的农田水利的发展过程和特点等；书末还附有农田水利工作大事记，是了解新中国农田水利发展的重要著作。但是，本书无一处注释，大大降低了该书的学术价值。

谭徐明主编的《中国灌溉与防洪史》，记述了自夏商至民国时期灌溉与防洪的史事。张芳的《明清农田水利研究》则聚焦于明清两代，论述了各地区农田水利发展的过程、特点及其对农业的影响。此外，黄耀能的《中国古代农业水利史研究》、郑肇经的《太湖水利技术史》、廖启愉的《太湖塘浦圩田史研究》等著作中，亦有农田水利方面的论述。

5. 其他

新中国成立后水利史研究的一个重要思路，是了解传统社会的水利状况，为现时的水利建设提供借鉴，因此注重水利科技的研究。由卢嘉锡主编、周魁一著的《中国科学技术史·水利卷》，将水利史的应用性研究和基础性研究融为一体，全书分为两编共6章，以水利基础科学为经，论述水文学、水力学、泥沙运动学、土力学、水利测量学，以及水利规划、设计、施工、管理中所包括的水利基础科学理论；以水利工程技术为纬，分为防洪治河、农田灌溉、运河、海塘、城市水利和水力机械等专业技术门类。该书内容以水利科技为主，范围涉及历史、地理、经济、文化等领域，内容丰富，论述详尽。该书是“迄今为止我国近年来最为系统详尽的水利技术史研究专著”①。

---

① 晏雪平：《二十世纪八十年代以来中国水利史研究综述》，《农业考古》2009年第1期。

关于治水人物方面的著作，主要有曹应旺的《周恩来与治水》。曹应旺系中央文献研究室副研究员，为写此书，他先后采访了新中国水利战线仍健在的老领导钱正英、李葆华、林一山等，并查找了较为丰富的资料撰成该书，记叙了1949年至1957年间周恩来领导治水的思想与实践。林一山编的《高峡出平湖：长江三峡工程》，以及林一山等著的《功盖大禹》两书，用较多的篇幅记叙了毛泽东、周恩来在新中国的治水思想和活动，并有一些粗浅的分析，但基本上是作者的回忆录。

五、研究设想与方法

本文的立足点在于，再现20世纪五六十年代江苏水利建设的历史过程，包括水利工程的立项、水利规划的制订、工程标准的设计、施工场景的再现、相关社会问题的处理等方面。对于历史事实的叙述，是历史学的基本功；对于江苏水系分布的介绍，需要地理学的知识；评价当时水利规划的正确性与局限性、讨论水工建筑物的设计标准及其构造，是水利学的范畴；研究当时江苏对于水利工程遗留问题的处理，以及人民群众的心理反应，则牵扯社会学的相关理论。因此，本文的研究需要多门学科的综合运用，这对作者来说是个很大的挑战。

正确认识中国过去水利建设的过程和意义，对于客观地总结经济建设的经验和教训十分重要，也直接关系到我们对待历史的科学性和严肃性。水利史的研究，首先重在对于历史事实的尊重，应该用辩证唯物主义的研究方法，从历史事实出发，客观地叙述过去水利建设的过程；同时，以历史主义的态度，从中国水利史的高度，来研究这个时期水利建设的发展进程，公正地评价其成败得失，以反思和探讨当今水利建设的方向。

结合时代背景，解读江苏的水利建设。地方性的水利规划和建设，都是在国家相关政策的指导下进行的。因此，要研究江苏的水利工程建设，必须了解当时国家水利建设的相关政策；而水利建设，又与农业发展和经济建设密切相关，所以，还必须了解当时农业发展规划；此时期正值“一五”至“三五”计划时期，对五年计划中有关水利建设的规定也要有所掌握。总之，本文的研究，要将江苏的水利建设置于国家的时代背景之下，通过江苏这个缩影，从一个侧面折射出当代中国历史的发展。

六、资料来源

本文的选题，是根据导师“先有材料，后有选题”的原则确定的。在江苏省档案馆“挖”选题的过程中，我发现馆藏的江苏省水利厅档案十分丰富，共有5948卷。因江苏省水利厅是1953年1月由原苏南水利局和苏北水利局合并而成，故资料主要集中于1953年以后，1949年10月至1952年的档案较少；又因档案只开放到“文革”之前，故文章的下限为1968年。这就为本文的研究划定了时间范围。档案的内容也相当系统、全面，主要包括水利设计和规划、水文、水资源勘测、水利工程管理、防洪抗旱、水利纠纷、水利工程统计、财务、机构编制、人事劳动等，本文的研究内容也将围绕这些方面展开论述。这些原始档案的利用，克服了现有研究成果在选择和使用史料方面的不足。需要说明的是，本文对所引用档案的注释，均采取“全宗号—保管期限—案卷号”的格式，其中，“保管期限”用“1”代表“永久”，“2”代表“长期”，“3”代表“短期”。

作为历史学专业的学生，为了对水利学有更加深刻的认识，本人还进行了口述资料的收集。访问了现江苏省水利厅主任、原河海大学客座教授潘杰先生和我国著名水利学家、中国工程院院士周君亮老人。周老先生回忆了20世纪50年代新中国治水的经历，谈及几项水利规划的制订和出台、水利工程的技术设计等；潘先生主要讲述了近年来江苏省的水利规划和建设。这些访问内容对于增强文章的可读性具有一定的帮助。

报纸是历史发展的见证。本文还选用当年《人民日报》《新华日报》等报刊资料，来反映当年政策的下达和宣传、群众性水利建设的历史场景。

当时江苏省主要领导人的回忆录亦是重要的文献来源。时任省水利厅厅长陈克天所著《江苏省治水回忆录》，是反映新中国成立后江苏治水历史的重要文献。时任省委第一书记江渭清的《七十年征程——江渭清回忆录》，时任省委书记处书记刘顺元的《刘顺元文集》中亦有相关内容的记述。

此外，《江苏省志·水利志》是一部专门介绍江苏省水利各个方面的志书，为本文的写作提供了许多有价值的资料。江苏省各地的县志、地方志中亦有大量水利建设方面的史事记载。

第一章　苏北地区概况及水系分布

江苏省苏北地区，一般是相对于苏南地区而言的。习惯上江苏分为三个区域：长江以南为苏南地区；今徐州、淮安、盐城、宿迁、连云港5个市为苏北地区；今淮安、盐城市以南、长江以北为苏中地区，含南通、扬州、泰州3个市。本文所指的苏北地区，涉及淮河流域和沂河、沭河、泗河流域这两大流域，所以实际上是指江苏省长江以北的广大地区，包括今徐州、淮安、宿迁、连云港、盐城、扬州、南通和泰州8个市所辖地区，土地面积约8.2万平方公里。

苏北地区地处江、淮、沂沭泗等三大水系的下游，区内河流纵横，湖荡众多。长江为该区域的南缘，淮河横穿腹部，沂、沭、泗河纵汇于其北部，又有京杭运河纵贯南北，微山湖、骆马湖、洪泽湖、高邮湖等湖泊分布其间。区域内以废黄河为界，分苏北地区为两大水系，废黄河以南属淮河水系，面积3.97万平方公里，以北属沂沭泗水系，面积2.58万平方公里，两大流域面积共6.55万平方公里。除此之外，还有滨江的苏北沿江水系（苏北沿江水系本文暂不涉及）。苏北地区的地理位置及自然水系分布，成为其易受洪涝灾害威胁的重要原因之一。

第一节　江苏的建置沿革

江苏省位于中国东部，简称苏，地处北纬30°46′（吴江县桃源乡油车墩南）至35°07′（赣榆县马站乡西吉荡北绣针河畔），东经116°22′（丰县赵庄乡前刘菜园西）至121°55′（启东县寅阳乡连兴镇东）之间，位居长江和淮河流域下游，东临黄海，南邻上海和浙江，西连安徽，北接山东。全省面积10.26万平方公里，占全国总面积的1.04%。其中水域面积占全省总面积的16.9%，水面积所占比重之大居全国各省、区之首，素有“水乡江苏”之称。

江苏作为省一级的行政区划建置，是从明清时期开始的。明代以前，由于历代行政建置的不同，江苏地区的行政隶属关系比较复杂。

明初建都南京，为江苏成为一个省的建置奠定了基础。元至正二十八年（1368 年）正月，朱元璋在应天府即皇帝位，定国号大明，建元洪武，初拟迁都开封，故建开封府为北京，称应天府为南京。洪武十一年（1378 年），开封府罢称北京，改南京为京师。明成祖永乐十九年（1421 年），迁都顺天府，改顺天府为京师，南京为留都。清初废南京称号，改应天府为江宁府。

终明之世，除京师和南京为直隶之外，分全国为 13 个布政使司。至永乐元年（1403 年），南京领 14 个府（应天府、凤阳府、淮安府、扬州府、苏州府、松江府、常州府、镇江府、庐州府、安庆府、太平府、池州府、宁国府、徽州府）和 4 个直隶州（徐州、滁州、和州、广德州），共 17 个属州、97 个县①。当时南京的范围，囊括了今江苏、安徽、上海两省一市，并含河南、江西、山东、浙江、湖北五省的部分接壤地区。

清顺治二年（1645 年），废南京称号，设江南省，设布政使司，置两江总督辖江南、江西两省，驻江宁。改应天府为江宁府，治所在苏州。顺治十八年（1661 年），析分江南省，分设左右两个布政使司，分驻江宁和苏州。康熙六年（1667 年），改左布政使司为安徽布政使司，驻江宁；右布政使司亦更名，取江宁、苏州二布政使司的首字，名为江苏布政使司，治苏州，统江宁、苏州、常州、松江、镇江、扬州、淮安 7 个府和徐州直隶州②。至此，江苏独立建省，成为省一级的建置。后又历经变更，乾隆二十五年（1760 年），江苏领江宁、苏州、松江、常州、镇江、淮安、扬州、徐州八府，太仓、海州、通州三直隶州和海门一直隶厅③，各州、府辖区，基本与今日之江苏相当（见表 1－1）。清代所置江苏省，成为今日江苏省的定型，所定“江苏”之名，历数百年而至今未易。

表 1－1　清代江苏的行政区划表

一级行政单位	附郭县	散州、厅	县
江宁府	江宁县、上元县	—	句容县、溧水县、高淳县、江浦县、六合县
苏州府	吴县、长洲县、元和县	—	常熟县、昭文县、吴江县、震泽县、昆山县、新阳县

① ［清］张廷玉等撰：《明史》卷四十志第十六《地理志一·南京》，中华书局，1974 年版，第 910 页。

② 赵尔巽：《清史稿》卷五十八志三十三《地理五·江苏》。

③ ［清］穆彰阿撰：《大清一统志（嘉庆朝本）》卷七十二《江苏统部》，第 1163 页。

（续表）

一级行政单位	附郭县	散州、厅	县
松江府	华亭县、娄县	川沙厅	上海县、青浦县、金山县、南汇县、奉贤县
常州府	武进县、阳湖县	—	无锡县、金匮县、宜兴县、荆溪县、江阴县、靖江县
镇江府	丹徒县	—	丹阳县、金坛县、溧阳县
淮安府	山阳县	—	清河县、盐城县、阜宁县、安东县、桃源县
扬州府	江都县、甘泉县	泰州、高邮州	仪征县、宝应县、兴化县、东台县
徐州府	铜山县	邳州	宿迁县、睢宁县、丰县、沛县、砀山县、萧县
太仓直隶州	镇洋县	—	嘉定县、宝山县、崇明县
通州直隶州	—	—	如皋县、泰兴县
海州直隶州	—	—	沭阳县、赣榆县
海门直隶厅	—	—	—

民国时期，江苏境内区划几经变更，至 1927 年国民政府成立，定都南京，析上海、宝山、嘉定、松江四县置上海市。1934 年 3 月至 1936 年 3 月，陆续设置无锡、松江、南通、淮阴、盐城、东海、铜山、江宁 8 个行政督察区。

抗日战争爆发后，1937 年 12 月 13 日南京沦陷，至 1938 年省境大部分地区沦陷。中共新四军和八路军先后进入江苏农村地区，在苏南、苏北各地先后建立了一些根据地和地方政权。

解放战争后期，随着全省各地区的陆续解放，中国人民解放军在新解放的城市相继成立了军事管制委员会。后为加强江苏境内解放区的统一领导，以长江为界，划分为苏北、苏南两个行署区，并设南京市人民政府。苏北行政公署成立于 1949 年 4 月 21 日，始驻泰州市，贺希明任主任①；苏南行政公署成立于同年 5 月 1 日，驻无锡市，管文蔚任主任；同月 10 日，南京市人民政府成立，刘伯承任市长。在南京市和苏北、苏南行署诞生之际，相继成立中共南京市党委和中共苏北区、苏南区党委，分别由刘伯承、肖望东、陈丕显任书记。

① 1950 年 1 月 10 日，苏北行政公署迁驻扬州市，惠浴宇接任主任。

当时，苏北行署辖扬州、泰州[1]、南通、盐城、淮阴5个专区，下辖39个县（市），5629个乡（镇），全区人口2080余万，面积6.22万平方公里（见图1－1）；苏南行署辖无锡市和镇江、常州、苏州、松江4个专区，下属29个县（市），1335个乡（镇），人口1250余万，面积2.5万平方公里[2]；南京市下辖13个区，103.69万人[3]。

1950年4月，苏北、苏南行政公署分别改名为江苏省苏北人民行政公署、江苏省苏南人民行政公署。

图1－1　1950年3月苏北区行政区划图[4]

南京市、苏北区、苏南区在成立之初，归华东局、华东军政委员会管辖。随着国民经济的恢复和发展，以及政权的逐步稳定，1952年11月15日，中央人民政府委员会第十九次会议通过了《关于调整省、区建制的决议》，其中第三项规定："成立江苏省人民政府，并于该省人民政府成立后，撤销苏北人民行政公署、苏南人民行政公署。现属山东、安徽两省原为江苏省旧辖之地区，均划回江苏省属。江苏省人民政府设于南京。"这次会议还决定任命谭震林为江苏省人民政府主席，柯庆施、管文蔚、冷遹为副主席。

同年12月17日，根据中央人民政府委员会的决议，政务院发布的《关于成立江苏省政府的命令》，并决定"原属华东军政委员会直辖之南京市，改为江苏

---

① 1950年1月1日，扬州、泰州两专区合并。

② 《当代中国的江苏》（上），中国社会科学出版社，1989年9月第1版，第45页。

③ 人口数为1949年年底数。《南京简志》，江苏古籍出版社，1986年版，第91页。

④ 图片来源：《苏北政报》，1950年第一卷。档案中的原图不清楚。

省人民政府直辖市”。1953年元旦，江苏省人民政府委员会举行第一次会议，谭震林主席宣布江苏省人民政府正式成立，驻南京市，江苏省级统一政区最终形成。在此之前，中共江苏省委员会已于1952年11月7日成立，柯庆施任第一书记，江渭清任第二书记，肖望东、管文蔚任副书记。

江苏省人民政府成立后，苏北、苏南行署随即撤销。原属江苏的萧县、砀山、江浦3个县，从安徽省划回江苏省；徐州市、新海连市和丰县、沛县、邳县、华山、铜北、东海、赣榆7个县，从山东省划回江苏省。同时对行政区划进行了调整。调整后，全省共辖徐州、淮阴、盐城、南通、扬州、镇江、苏州、松江8个专区，南京、无锡、徐州、常州、苏州、南通6个省辖市，7个专区辖市以及72个县（包括1个盐区），9783个乡（镇），人口共4085万①（1953年1月江苏省行政区划表，见附录表1）。江苏省现行行政区划见表1－2所列。

表1－2　江苏省现行行政区划表

地区	地级市	市辖区	县级市	县
	南京市	玄武区、白下区、秦淮区、建邺区、鼓楼区、下关区、浦口区、栖霞区、雨花台区、江宁区、六合区	—	溧水县、高淳县
	镇江市	京口区、润州区、丹徒区	丹阳市、扬中市、句容市	—
	苏州市	沧浪区、平江区、金阊区、虎丘区、吴中区、相城区	常熟市、昆山市、吴江市、太仓市、张家港市	—
	无锡市	滨湖区、南长区、北塘区、锡山区、惠山区、崇安区	江阴市、宜兴市	—
	常州市	天宁区、钟楼区、戚墅堰区、新北区、武进区	溧阳市、金坛市	—

① 《当代中国的江苏》（上），中国社会科学出版社，1989年9月第1版，第50页。

（续表）

地区	地级市	市辖区	县级市	县
苏北	徐州市	鼓楼区、云龙区、贾汪区、泉山区、铜山区	邳州市、新沂市	丰县、沛县、睢宁县
	淮安市	清河区、清浦区、楚州区、淮阴区	—	涟水县、金湖县、洪泽县、盱眙县
	盐城市	亭湖区、盐都区	东台市、大丰市	射阳县、建湖县、阜宁县、滨海县、响水县
	宿迁市	宿城区、宿豫区	—	沭阳县、泗阳县、泗洪县
	连云港市	新浦区、连云区、海州区	—	东海县、赣榆县、灌云县、灌南县
	扬州市	广陵区、邗江区、维扬区	江都市、仪征市、高邮市	宝应县
	南通市	崇川区、港闸区、通州区	启东市、海门市、如皋市	如东县、海安县
	泰州市	海陵区、高港区	靖江市、兴化市、泰兴市、姜堰市	—

说明：为使读者有苏北地区的印象，本表将苏北地区单列。

第二节　苏北地区的水系变迁

江苏全省分属长江、淮河两大流域，按水道系统，全省主要河流和湖泊可划分为淮河水系、沂水、沭水、泗水（以下简称沂沭泗水系）、太湖水系和长江水系4大水系。就苏北地区而言，区内分布着长江、淮河和沂沭泗3大水系。历史上的苏北地区水系丰富且明晰，淮河从其腹部穿流而过，南部为长江水系①，北

① 苏北沿江地区的地理范围是：仪（征）六（合）丘陵山区经江都、（南）通扬（州）运河至如（皋）泰（州）运河一线以南、长江以北的地区。

部有泗水自山东而下。丰富的水资源，特别是淮河水系，为苏北地区的发展提供了天然的有利条件，民间流传着“走千走万，不如淮河两岸”的说法。但自宋、金始，黄河改道，夺淮入海，打乱了苏北地区的水环境，使原本明晰的水系变得错综复杂，水患频发。黄河夺淮的巨大变故，加之人类治理淮河水患的活动，大大改变了苏北地区的水环境（江苏水系旧貌图，见附录图1）。

一、宋、金以来黄河夺淮的历史

黄河是中国的第二大河，被尊为“四渎之宗”①。它发源于青海省巴颜喀拉山北麓，蜿蜒东流，穿过青海、四川、甘肃、宁夏、内蒙古、山西、陕西、河南、山东9个省（自治区），今在山东省东营市的垦利县注入渤海。

历史上，黄河又以“善淤、善决、善徙”而闻名。其河道的决溢泛滥和改道迁徙，集中于下游平原地区。据统计，在1949年之前的2500多年里，有明确记载的黄河泛滥达1500多次，改道26次。在这些泛滥、改道中，包含着多次黄河夺淮的事件。

所谓“黄河夺淮”，指的是黄河干流多次改道，南泛入淮，经淮河河道注入黄海的历史过程。

关于黄河改道、夺淮入海的历史变迁过程，学界在起始时间、分流入海情况等问题上看法不一，但主流观点一般认为，大规模的黄河夺淮，发生在南宋、金朝时期。根据典籍中的相关记载，黄河夺淮史上的重要年代和事件，主要有以下几个：

迄今所见黄河南泛、侵占淮河水系的最早记载，发生于西汉文帝十二年（公元前168年）。《史记·封禅书》云：“今河溢通泗”②。36年之后，即汉武帝元光三年（公元前132年），黄河于瓠子（今河南濮阳县境）决口，“东南注巨野，通于淮、泗”③。这次泛滥，波及16个郡县，长达24年之久。

南宋建炎二年（1128年），东京（今河南开封）留守杜充企图阻止金兵南下，以水代兵，人为地“决黄河，自泗入淮，以阻金兵”④。根据乾道五年（1169年），南宋使者入金渡河的地点，推断决口处在今河南省滑县李固渡以西。新道东流出李固渡，经滑县南，穿濮阳、东明之间，再经鄄城、巨野、嘉祥、金

① 古籍中称江、河、淮、济为“四渎”。《汉书·沟洫志》云：“中国川原以百数，莫著于四渎，而河为宗。”

② ［汉］司马迁撰：《史记·封禅书》，中华书局，1959年9月第1版，第1383页。

③ ［汉］司马迁撰：《史记·河渠书》，中华书局，1959年9月第1版，第1409页。

④ ［元］脱脱等撰：《宋史·高宗本纪》，中华书局，1975年版，第306页。

乡一带，汇入泗水，由泗入淮[1]。杜充的决河举措，不仅没能达到其军事目的，反而造成黄河改道，不再经东北流入渤海，以东南流入泗、淮为常。此为黄河历史上长期南泛入淮的开始。

宋绍熙五年（亦金明昌五年，公元1194年），“河决阳武故堤，灌封丘而东”[2]。黄河在河南阳武决口以后，分为南北二支，北支由北清河入渤海，南支由南清河入淮，即泗水故道，由清口汇淮河入黄海。泗水源自山东沂蒙山区，南下至淮阴西清口入淮。此后，河水十之二、三由北清河入海，十之七、八由南清河（泗水）入淮。南支水势逐渐大于北支，形成黄河全流夺淮之势。至金末，黄河长期在淮北、苏北地区泛滥，经由泗水、汴水、睢水、涡河、颍河等5条泛道南下夺淮。

至明朝中叶，黄河所挟泥沙使入淮的河道淤塞，导致上游频频决口，水向北漫溢。明弘治二年（1489年）五月，黄河决口于开封和金龙口（也作荆隆口，今河南封丘县西南），冲击山东张秋运河，数邑受灾，尤以汴梁为重，甚至有人提议迁开封城以避河患。为治水患，九月，明孝宗任命白昂为户部侍郎，修治河道。白昂“自淮河相度水势”，发现上游决口处“水入南岸者十三，入北岸者十七”[3]，为此提出了“南北分治，北堵南疏”的治河方策：北岸“宜淤北流所经七县，筑为堤岸，以卫张秋”，遂征发役夫25万，筑起阳武长堤；南岸则采取疏导的方式，“疏月河十余以泄水，塞决口三十六，使河流入汴、汴入睢、睢入泗，泗入淮，以达海”[4]，即将南岸的几条水道连接起来，引导黄水经淮河入海。黄河南泛入淮的河道被疏通，恢复南北分流的局面。

明弘治七年（1494年），明政府为保漕运，命副都御使刘大夏治河。刘大夏沿用了白昂的治河思想，采用“遏制北流、分水南下入淮”的方策，堵塞了黄陵冈（今山东曹县西南废黄河北岸）、金龙口等七处口门，在北岸筑起360里长的太行堤。筑断黄陵冈和兴建太行堤的结果是，“北流于是永绝”，黄河“复归兰阳、考城，分流迳徐州、归德、宿迁，南入运河，会淮水，东注于海”[5]。

弘治年间治河工程主要是加强北岸堤防，南岸既不堵口，也不筑堤，因此

---

① 参见邹逸麟、谭其骧、史念海：《历史时期的水系变迁·黄河》，中国科学院《中国自然地理》编辑委员会：《中国自然地理·历史自然地理》，科学出版社，1982年1月第1版，第38－86页。

② ［元］脱脱等撰：《金史·河渠》，中华书局，2000年版，第678页。

③ ［清］张廷玉等撰：《明史》卷八十三志第五十九《河渠一·黄河上》，中华书局聚珍仿宋版印，第5页。

④ ［清］张廷玉等撰：《明史》卷八十三志第五十九《河渠一·黄河上》，中华书局聚珍仿宋版印，第6页。

⑤ ［清］张廷玉等撰：《明史》卷八十三志第五十九《河渠一·黄河上》，中华书局聚珍仿宋版印，第7页。

睢、涡、颍等股分流仍并存，影响徐州以下干道。明嘉靖年间，疏导河道，并堵塞南岸分流水口，至嘉靖二十五年（1546年），黄河夺淮才由上述五股泛道改变为由泗水一股泛淮。据《明神宗实录》第308卷万历二十五年三月条记载："至嘉靖二十五年以后，南流故道始尽塞……五十年来，全河尽出徐、邳，夺泗入淮"。从此，黄河夺淮的历史，进入黄河全流夺淮入海的时期，即黄河不再北流进入渤海，而是全部南流经淮河水道汇入黄海（黄河夺淮路线示意图，见附录图3）。

这种情况一直持续到清朝咸丰五年（1855年）。是年，黄河在兰阳铜瓦厢决口，水道北上，重新回到由渤海湾入海的局面。黄河夺淮的历史宣告结束。

二、黄河夺淮对苏北水环境的影响

自1128年至1855年，长达727年之久的黄河改道，对淮河水系产生了重大影响。由于黄河改道主要是侵占淮河入海水道，所以黄河夺淮对淮河水系的影响主要集中在淮河下游地区，即江苏省苏北地区。

苏北地区分布着长江、淮河和沂、沭、泗（原属淮河水系，黄河夺淮后自成体系）三大水系。黄河改道对于淮河和沂沭泗水系的影响无可估量。这两大水系在黄河夺淮的影响下，或河道被截断改道，或因出水无路而潴积成湖，甚至部分河段泯灭。这使得原本清晰的水系变得紊乱，每遇大水年份，极易引发洪水灾害，苏北地区因此而变得多灾多难，严重制约着农业和社会的发展。对苏北的长江水系也有不小影响，不仅促使江淮相通，形成了淮水入江的系列通道，也使淮河实际上成了长江的支流。

（一）黄河夺淮对苏北河流环境的影响

黄河夺淮对苏北河流环境的影响，主要表现在四个方面：一是使淮河因失去入海水道而经常泛滥；二是促成了淮河入江水道的形成；三是造成沂沭泗水系的巨大变迁；四是留下了一条废黄河。

1. 黄河夺淮使淮河下游变得洪灾频发

淮河古称淮水，亦为四渎之一。所谓"四渎"，即四条独流入海的大河。《水经注》对古淮河的发源和流向，有详细的记载：

> 淮水出南阳平氏县胎簪山，东北过桐柏山，又东过江夏平春县北，又东过新息县南，又东过期思县北，又东过原鹿县南，汝水从西北来注之。又东过庐江安丰县东北，决水从北来注之。又东北至九江寿春县西，沘水、泄水合北注之。又东，颍水从西北来流注之。又东过寿春县北，肥水从县东北流注之。又东过当涂县北，涡水从西北来注之。又东过钟离县北，又东北至下邳淮阴县西，泗水从西北来流注之。又东过淮阴县北，中渎水出白马湖，东北注之。又东，两小水流注

之。又东至广陵淮浦县入于海①。

按照《水经注》的解释，古淮河的走向基本上是清楚的：它源于河南省南阳桐柏山主峰胎簪山，今称大复山。有专家称，桐柏山北麓的固庙镇建有大禹庙，庙后有一口井，叫作“淮源井”，被认为是淮源之所出②。古淮河出桐柏山后，向东流经河南省的息县、淮滨县等地，安徽省的寿县、凤阳县等地，经江苏省淮阴（今淮安市），至涟水入黄海（见图1－2）。

据《水经注》记载，古淮河自桐柏山发源，至涟水入海，沿途有近30条支流汇入，比较大的支流有：大木水、慎水、汝水、颍水、涡水、沘水（今淠河）、决水（今史河）、泄水、肥水（今东淝河）、泗水、睢水、浉水、中渎水等。

根据《水经注》对淮水的叙述，古淮河流域水系分明，其干流从源头至入海口，河道通畅，独流入海，利多害少。

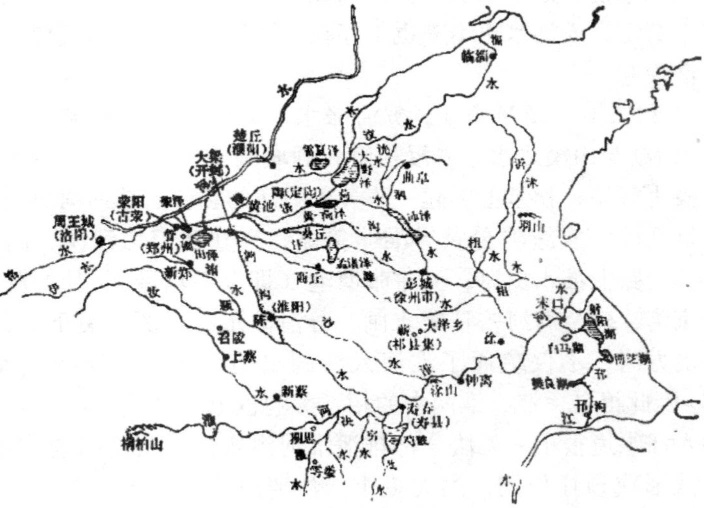

图1－2　古代淮河流域水系图③

古淮河的这种状况，在黄河夺淮后发生了明显的变化。黄河南徙，泛入淮河，由于黄强淮弱、黄高淮低，因此淮阴境内的古淮河水道只泄黄水入海；淮水

---

①　［北魏］郦道元著：《水经注》，时代文艺出版社，2001年1月第1版，第230－236页。

②　陈桥驿：《淮河流域》，上海春明出版社，1952年10月第1版，第16页。

③　图片来源：水利部淮河水利委员会《淮河水利简史》编写组：《淮河水利简史》，水利电力出版社，1990年8月第1版，第11页。

则被逼出入海水道，在苏北平原恣意漫流，造成这一带经常遭受洪水灾害。据统计，自南宋至清末，有记载的淮河全流域400余次较大水灾中，殃及苏北地区的占一半以上①。民国至新中国成立初期，淮河水患更加剧烈。1921年和1931年的大水，每次都使数县沦为泽国，人畜死伤无数。如1931年7月，淮河流域普降暴雨，河水陡涨，多处堤防溃决，洪水冲入苏北平原，淹没庄稼，冲毁房屋，人畜尸体顺水漂浮。高邮县挡军楼一处就淹死2000人，兴化县全县一夜间全部淹没。官庄100多户人家，只有5人幸存，其余全部被洪水卷走。由弯头到仙女庙的运河中和邵伯镇的街头上，漂浮的尸体满目皆是。大水退后，幸存下来的农民也已倾家荡产，无以为生②。频发且严重的水灾，对苏北地区的农业生产造成极大影响，粮食产量不能稳定增长，使其农业乃至经济和社会的发展都长时期落后于苏南地区。

2. 黄河夺淮促成了淮河入江水道的形成

淮河的入江水道，是淮河洪水流入长江所经由的一条通道。如前文所述，淮河与长江本不交汇，入江水道本来也不存在。淮河经由入江水道流入长江，还是要从黄河夺淮说起。

明万历二十二年（1594年），黄河涨水，清口淤淀，淮水不能东下，于是“挟上源阜陵诸湖与山溪之水，暴浸祖陵，泗城淹没”③。这次河患淹没了泗州祖陵，明神宗极为震怒，朝堂上引起一阵关于治河的热议。总河尚书杨一魁和给事中张企程力排众议，实施“分黄导淮”策略，兴建武家墩河闸、高良涧和周桥减水石闸，分三路泄淮水出海；又建茆塘港（即今毛塘港），使高邮湖和邵伯湖相通；开金家湾，建金湾河芒稻减水闸，分泄淮水经过两湖后下泄芒稻河入江。杨一魁的整治方略，不仅疏通了淮河入海的出路，还使淮河始有入江的通道。“入江水道”因此得名，江、淮两水的相互影响也由此开始。

这时的入江水道很小，无法全部排泄淮河洪水，其余的只能决堤分洪漫流，若遇江水高涨形成顶托作用，洪灾更重。从清康熙元年至十二年（1662—1673年）的12年间，9年大水，运河大堤决口8次。清廷在保漕运的同时，开始重视对归江河道的疏通，曾动员民力开挖、拓浚六闸以下的河道，如金湾河、运盐河、太平河等。至道光年间，在入江水道的末端，已形成6条河通入长江，即运

① 根据《淮河水利简史》附表2-6的数据统计。水利部淮河委员会《淮河水利简史》编写组：《淮河水利简史》，水利电力出版社，1990年8月第1版，第340-370页。

② 水利部淮河水利委员会《淮河水利简史》编写组：《淮河水利简史》，水利电力出版社，1990年8月第1版，第16页。

③ ［清］张廷玉等撰：《明史》卷八十四志第六十《河渠二·黄河下》，中华书局聚珍仿宋版印，第7页。

盐河、金湾河、太平河、凤凰河、新河和淮扬运河（即今里运河）。随着河水的不断冲刷，六闸以下一些沙土河道如芒稻河、廖家沟、董家沟等，不断冲刷扩大。6条归江河道汇水于廖家沟、芒稻河。入江水道的下段已经形成。

清咸丰元年（1851年），黄、淮暴涨，洪泽湖大堤上的礼坝被冲决，堤外冲成深塘（即三河），洪水从决口处东流至金沟镇，一股东南行经金沟河入高邮湖，一股东北行经宝应湖折向高邮湖。两股洪流出高宝湖区后，过六闸进入各归江河道，继而经廖家沟、芒稻河，最后至三江营入江。从此，洪水经三河改道入江，入江水道成为淮河新的尾闾。

为控制淮水的蓄泄与河湖的水位，维持江淮之间的漕运，沿线居民便在江边打坝，到清朝末年，归江河道上形成了著名的“归江十坝”①（见图1－3）。当淮河上游来大水时，便拆坝放水，水退后再堵坝蓄水。

民国时期，这条归江河道的路线基本上固定下来。据《导淮工程计划》记载，淮河的入江路线，“系由洪泽湖经三河、高宝、邵伯诸湖，至六闸，穿运河，出归江十坝，取道董家沟、廖家沟，至三江营而达于江”③。因洪泽湖泄入长江水量无建筑物控制，加之汛期又往往开放归江十坝泄洪，洪水便在宝应湖、高邮湖区漫流，使得全省主要水稻耕作区之一的里下河地区④经常遭受灭顶之灾。

因黄河侵占淮河入海出路，为开辟淮水新的出路而形成的淮河入江水道至今仍然存在。尤其是新中国成立以后，对入江水道进行了3次大规模的整治，清除坝埂、草滩等行水障碍物、疏通行洪路线、裁弯取直，使入江水道的泄水能力大大增强。如今，入江水道已成为淮河主要的泄洪通道之一。

3. 使沂沭泗水系发生重大变迁

沂沭泗水系年代久远，据《尚书·禹贡》记载：“导淮自桐柏，东会于沂泗，东流入海。”可见，泗水为淮河的一大支流。南宋时，黄河夺淮泛泗，破坏了原有水系，沂、沭、泗诸水被迫改道，不再汇入淮河，从此与淮河分流，自成体系。

泗河古称泗水，又名清水，为沂沭泗水系的主干。关于泗水的起源和流向，《水经注·卷二十五》记载：

---

① 归江十坝即壁虎坝（湾头镇并壁虎河上）、新河坝（新河口）、凤凰坝（凤凰河口）、金湾坝（金湾河口以南约1公里处）、东湾坝（太平河上游东湾河口）、西湾坝（太平河上游西湾河口）、拦江坝（芒稻河上游人字河头）、褚山坝（仙女镇西北）、老坝（湾头镇南，古运河东岸）和沙河坝（古运河东岸，沙河口）。

② 图片来源：扬州市水利局编：《扬州水利志》，中华书局，1999年11月第1版，第129页。

③ 导淮委员会编：《导淮工程计划》，文宝橡皮印刷公司印刷，1932年版，第27页。

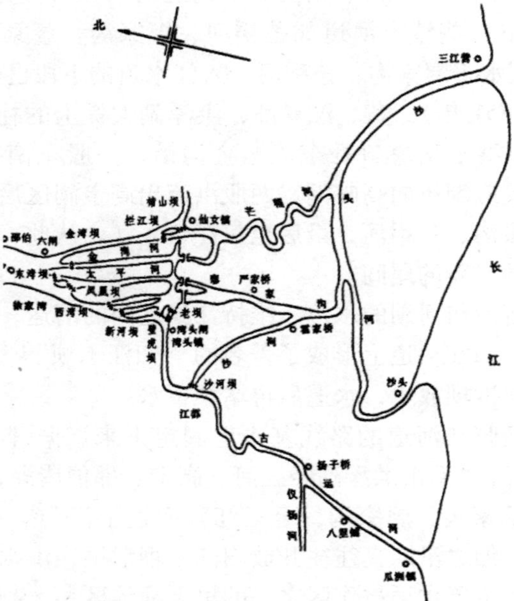

注：1. 沙头河即夹江。　2. 江都即今扬州。

图 1－3　1932 年归江十坝位置图①

泗水出鲁卞县北山，西南过鲁县北，又西过瑕丘县，东屈，从县东南流，漷水从东来注之，又南过平阳县西；又南过高平县西，洸水从西北来注之；又南过方与县东，菏水从西来注之；又屈东南过湖陆县南，涓涓水从东北来流注之；又东过沛县东；又东南过彭城县东北，又东南过吕县南，又东南过下邳县西，又东南入于淮②。

从《水经注》的记载可知，泗水源于今山东省泗水县，流经曲阜、兖州、邹县、微山县、鱼台县，进入江苏省沛县，过邳州西，从东南方向注入淮河。这对古泗水上游走向的记载是清晰的。《水经注》只提到泗水过下邳县（今邳州）西东南方向入淮，但具体的入淮地点不清。清人胡渭根据《尚书·禹贡》的记载考证："泗水自泗水县，历曲阜、滋阳、济宁、邹县、鱼台、藤县、沛县、徐州、邳州、宿迁、桃源，至清河县入淮。此禹迹也"③。清河县即淮阴。由此可见，淮阴是淮河与泗水交汇的地方。

---

① 苏北里下河地区，包括苏北灌溉总渠以南、通扬 328 国道及如泰运河以北、里运河以东、海堤以西的地区，含淮安、扬州、泰州、南通、盐城 5 市 17 县（区）21342 平方公里的面积。

② ［北魏］郦道元著：《水经注》，时代文艺出版社，2001 年 1 月第 1 版，第 193－199 页。

③ ［清］胡渭著，邹逸麟整理：《禹贡锥指》，上海古籍出版社，2006 年 7 月第 1 版，第 141 页。

泗水自源头至淮阴入淮口，沿途有洙水、小沂水、洸水、菏水、洧涓水、郭水、泡水、汴水、泇水、沂水、沭水、睢水等支流汇入。其中沂水、沭水、睢水是较大的三支。

沂河古称沂水，发源于泰山盖县艾山（今沂源县鲁山南麓），南流经今沂水县西、临沂市东、郯城县西，至今睢宁古邳镇东注入泗水，是沂沭泗水系中最大的山区河道。

沭水源出山东沂山南麓泰薄顶，曲折南流，在邳州直河口入泗。上游山地丘陵段，河道稳定，郯城以下平原地区经历代治理，走向、流势变迁较大。清康熙二十七年（1688 年），建竹络坝于郯城禹王台，障沭水向西出。此后，沭水南下，在郯城红花埠入江苏省境，经新安镇至口头折向东，在沭阳龙埝分为两支：北支称为分水沙河，入青伊湖。南支东行又分为二：北为后沭河，向北亦流入青伊湖，与分水沙河共出青伊湖，分别由临洪口、埒子口入海；南称前沭河，经沭阳城南流入砂姜河，辗转入海。

睢水源于河南陈留、杞县（今开封南）一带，东行经今睢县、商丘、萧县，折向东南经宿县、灵璧入睢宁县境，东北流经县城北至高作、沙集出徐州境，于宿迁南入泗水。

1194 年，黄河在河南阳武决口后，南支泛入古泗水。此后，黄河来水长期占据泗水故道。黄河夹带的大量泥沙，使泗水故道河床不断淤高，导致徐州以北的泗水和徐州以东的沂水、沭水出路均受阻。泗水的变迁最大，徐州至济宁的泗水中段，潴蓄成湖；徐州以下的泗水故道全部湮废；济宁以上的泗水上源，只存鲁桥以上河段，即今日的泗河。胡渭在《禹贡锥指》中记载黄河夺泗夺淮后，泗水的情况为："今其故道自徐城以南，悉为黄河所占，而淮不得擅会泗之名矣"①。

黄河大堤形成后，沂水不能入泗；沭河入淮通道淤塞，向东另辟出路，尾闾与沂河尾闾串通，从临洪口、埒子口及灌河口入海。从此，沂、沭、泗水系与淮河流域脱离，自成体系，辗转入海。睢水入泗亦受阻，转道南流注入洪泽湖，不再属于沂沭泗流域。

变迁后的沂水和沭水，以及由泗水潴积成的南四湖的来水，最终都要经过临洪口、埒子口和灌河口入海，这三个入海口的总流量不足 2000 立方米/秒。而沂、沭河的上游为山区，山岭起伏、源高流急、水势凶猛，据 1950 年实测，即使是普通洪水年份，洪水来量也高达 7000 ~ 8000 立方米/秒，大水年份来量更猛。由于下游的泄水量远远低于上游来水量，所以沂沭泗流域极易发生流域性大

① ［清］胡渭著，邹逸麟整理：《禹贡锥指》，上海古籍出版社，2006 年 7 月第 1 版，第 141 页。

洪水。新中国成立后的前五年，除1952年为小水年外，其余4年每年的水灾面积都在1000万亩以上，灾区占苏北总耕地面积的比例，依次为21%、16%、14%、4%和17%①。

4. 黄河北归后留下了一条废黄河

废黄河是黄河夺泗、夺淮入海的故道。在长达727年黄河夺淮的历史中，黄河泛入古泗水，从古泗水的入淮口——淮阴清口侵入古淮水，并长期占据淮阴以东淮水的入海河道。直到清咸丰五年（1855年），黄河在兰阳铜瓦厢决口后归故，重新回到入渤海的状态。黄河归故后，被黄河侵占的古泗水、古淮水的故道，就被称为“废黄河”。

废黄河西起今河南省兰考县，向东偏南行经兰考和民权北部，宁陵、商丘、虞城北界，山东省东明、曹县、单县南界，流经安徽省砀山县、萧县；穿过山东、安徽省境后，又沿江苏省丰县边界南行，于丰县二坝进入江苏省；过铜山县境；再向东南经徐州后，又入铜山境；再向东南至睢宁，经宿迁、泗阳、淮阴、转东北经淮安、涟水、阜宁、响水、滨海等县市，至套子口入黄海。全长728.3公里，流域面积4291平方公里，其中江苏境内长515.3公里，流域面积1720平方公里。

黄河北归后，尽管废黄河被腾出，但是，泗河和淮河并没有回到黄河夺淮前的故态。这是因为，黄河所带来的大量泥沙，沉积在河床底，黄河北归后，原河床已高出两侧地面数米，徐州以上河段高出地面6~8米，徐州以下高出地面4~6米，外水不能进入。所以，淮河不能经废黄河入海。

废黄河仅汇集原河床范围内的径流和降雨，水源短缺，旱时无雨则泓涸见底。因无支流汇入，废黄河成为独立水系（废黄河水系图见附录图4）；又因其成为高出地面的“悬河”，并将沂沭泗水系和淮河水系隔断，成为两大水系的分水岭。习惯上，将废黄河以北的苏北地区称为沂沭泗水系、以南为淮河水系。

总之，持续727年之久的黄河夺淮的历史，在苏北地区留下了深深的烙印。在这一历史时期中，因原本明晰的水系被打乱，每遇大水年份，洪水便在苏北平原恣意漫流，造成严重灾害。苏北地区因此而得“洪水走廊”之名。频繁而严重的洪涝灾害，严重制约着苏北地区的经济和社会的发展。

（二）黄河夺淮对苏北湖泊环境的影响

位于苏北平原的洪泽湖、骆马湖，苏、鲁交界处的南四湖，是淮河流域的三大湖泊。这三大湖泊的形成与扩大，都与黄河夺淮有着直接的关系。三大湖泊形

① 治淮委员会：《沂沭汶泗流域洪水出一初步意见》，水利部治淮委员会、治淮汇刊编辑委员会编印：《治淮汇刊（第四辑）》，1954年刊印，内部资料，第299页。

成后，至今仍发挥着防洪、灌溉和航运等作用。

洪泽湖是今江苏境内重要的集蓄洪、灌溉、航运、生态养殖于一体的综合性湖泊。在唐代以前的地理著作中，并没有洪泽湖的记载。这一带原是古淮河下游所流经的地方，是一块地势低洼呈起伏状态的冲积平原，沿淮两岸散布着许多小的湖泊，见诸史册的有破釜涧（又称破釜塘）、白水塘、富陵湖、泥墩湖、万家湖等。

关于洪泽湖的形成，有两种说法：一种是认为洪泽湖本来就有，是古淮河沿岸诸多湖荡中的一个，只因规模很小，不足以引起重视，所以史书上并无记载。如清光绪《盱眙县志稿》引《河渠考》云："洪泽湖之名不列薮泽之数，汉陈登筑堰以兴水利，洪泽之名无征……愚故疑陈登筑堰时洪泽之为湖甚小也"。

另一种说法是，"洪泽"本无其名，是隋唐时期得名的。"洪泽"之名，是隋炀帝所赐。隋朝大业十二年（616 年），隋炀帝游扬州，经盱眙的破釜涧时，久旱遇雨，塘蓄雨水，才使龙舟顺利通过。隋炀帝遂改名"洪泽浦"，以避"破釜"之不祥。可见，隋朝始有"洪泽"之名，时称"洪泽浦"。而"洪泽湖"的形成，据武同举考证，是由破釜塘和白水塘汇聚而成，并因在此置官屯而始见于史册。《淮系年表全编》载："唐代宗大历三年，射阳湖洪泽湖并置官屯"，武同举注："洪泽湖之名始见。时破釜、白水二塘不修，流汛成湖。"

虽然洪泽湖的成因与得名未有定论，但学术界公认：黄河夺淮导致洪泽湖湖面不断扩大，加之高家堰的修建，使其逐渐形成今日的规模。

1194 年，黄河在阳武决口后，南支泛泗，所挟大量泥沙使泗水的入淮口清口逐渐淤垫，导致淮水下泄受阻。尤其是 1546 年以后，黄河全河夺泗夺淮，更加剧了淮阴清口以东淮河下游入海水道的淤积程度。淮水无出路，便在盱眙、淮阴一带潴积漫溢，逐渐将盱眙以北、洪泽以西、泗阳以南、泗洪以东地区的多处湖洼连一片，成为一个大湖。据清光绪《盱眙县志稿》卷二《山川》载："绍熙五年，当金明昌五年，河夺淮流而洪泽始大。"

黄水、淮水潴积在洪泽湖区，无路入海。每遇黄、淮水涨，洪泽湖容蓄不下，便四处横冲直撞，造成水灾。因此，治黄、治淮，关键在于疏通黄淮入海的通道。明清时期，多在洪泽湖上做文章。

明代万历年间，河臣潘季驯提出了"蓄清刷黄、束水攻沙"的治理黄河方针。潘氏提出，要治黄、治淮，首先要疏通清口以东的淮河河道，使之能畅通入海。他认为，搬走清口泥沙的最好办法，就是"蓄清刷黄"，即：使淮河清澄之水，专注清口，以增强对清口以下河床的冲刷力，使沙随水走。要做到这一点，水量必须充足，使之有足够的力量冲刷泥沙，即所谓的"束水攻沙"。在这一思想的指导下，潘季驯在洪泽湖东岸大筑高家堰。

高家堰原是破釜塘的湖堰，为东汉典农校尉陈登于东汉建安五年（200 年）所筑，以防止古淮水南下里下河地区。陈登所筑土堤，又称捍淮堰。陈登筑堰阻水的策略，被后世治水者所遵用。唐筑唐堰，即今洪泽湖大堤中段的旧址。高家堰的成型是明代。永乐年间，河臣用了 20 年（1403—1424 年），将土堤不断加高、延伸。永乐十三年（1415 年），平江伯陈瑄筑高家堰 30 余里，循陈登捍淮堰南延与唐堰旧址连接。至永乐二十年（1422 年），土堤延伸至周桥以北，成为今洪泽湖大堤的雏形。

潘季驯推行“束水攻沙”的治河方针，于明万历七年（1579 年），筑成北起头堡南至周桥以南大堤；次年，开始在高家堰用三四百斤大条石筑石工墙，墙高 7 米。大堤筑成后，切断了湖周岔流，抬高了洪泽湖的水位，使之专出清口，以造成对清口以东淮河原河道泥沙的冲刷。

潘氏的“蓄清刷黄”治河方法，被清代河道总督靳辅所推崇。清康熙十七年至十八年（1678—1679 年），靳辅筑成洪泽湖南段大堤。至乾隆十六年（1751 年），经过明清两代长达 171 年（1579—1751 年）的修筑，基本筑成北起淮阴县码头镇附近的老坝头，南至蒋坝镇船坞口，全长 60.1 公里的临湖面砥墙。墙顶宽 0.8 米，高程 17 米左右，大堤顶宽 50 米。随着湖堰的修筑，湖水位不断壅高，湖面也越来越大，至光绪三十一年（1906 年）实测，洪泽湖面积为 3668 平方公里，库容为 95 亿立方米①，是当时中外罕见的水利工程。

“蓄清刷黄”方针的长期实行，一方面抬高了洪泽湖水位，对淮河原东流河道有所冲刷，但冲刷效果甚微，黄河夺淮问题没有得到根本解决；另一方面产生了一些意外的结果：洪泽湖东岸不断抬高堤坝，湖底不断淤积，使洪泽湖成为地地道道的“悬湖”。湖底比里下河地区的地面，高出 4～8 米。据统计，从 1575 到 1855 年的 280 年间，洪泽湖大堤溃决 140 多次。每次决堤，里下河地区尽成泽国，人民尽成鱼鳖。这应该是黄河、淮河、洪泽湖生态环境破坏之后，当地人民所遭受的头等灾难。

在苏、鲁两省交界的沂沭泗流域，受黄河夺淮的影响，形成了两大湖泊，即南四湖与骆马湖。

南四湖的形成是泗水变迁使然。元代以前，南四湖区大致上是古泗水流经的一片平原洼地。如前所述，1194 年黄河南支泛入古泗水后，因其所夹带的大量泥沙不断壅高泗水故道，导致徐州以北的泗水出路受阻。泗水因无出路，便在徐州至济宁段潴蓄起来，积水成湖。因黄河水量不断增加，宣泄不畅，遂使湖区向

① 水利部淮河水利委员会《淮河水利简史》编写组：《淮河水利简史》，水利电力出版社，1990 年 8 月第 1 版，第 218 页。

四周扩展，淹没了大片农田，变陆为湖，先后形成了昭阳湖、独山湖、南阳湖和微山湖。明清时期，在四湖上不断兴修水利工程，使四湖之间的界限逐渐模糊，至清同治年间，四湖已连成一片，统称“南四湖”。

由泗水潴蓄而成的南四湖，湖面积达1280平方公里，南北长125公里，东西宽6～25公里。流域总面积涵盖山东、江苏、河南、安徽4省32个县（市），共约3.12万平方公里，其在江苏境内的范围为南四湖以西、废黄河以北，包括丰县、沛县全部和铜山县、徐州市的一部分，面积3382平方公里。

受地形等因素影响，南四湖湖周地区极易成灾。湖西为平原，由于不断受到黄泛影响，河床淤浅，断面狭小，水系紊乱，泄洪能力极弱；又受到湖水顶托，每逢暴雨，到处漫流。湖东为丘陵山区，河道源短流急，河身上大下小，汇流快、来势猛，每逢山洪暴发，堤岸溃决，为害极大，是淮河流域中的重灾区之一。

更由于南四湖地处苏、鲁边界，湖面浩渺，历来是淮河流域水利矛盾最突出的地方。近代以来，每当发洪水时，江苏紧闭湖口蔺家坝等闸，不让湖水下泄，山东境内则泛滥成灾；而大旱少水时，山东又堵住湖水，涓滴不放。因此两省的水利纠纷愈演愈烈，为南四湖的治理增大了困难。

南四湖形成后，徐州以下的泗水故道全部湮废。因泗水汇集沂水入海，泗水下段泯灭后，沂水便因不得入泗而水无出路，被迫改道东南，在宿迁马陵山的西侧的一片平原洼地积蓄起来。加之东面受到马陵山阻隔，水流不畅，潴壅成湖，被称为“骆马湖”。骆马湖形成后，又相继开通了泇河和中运河，起初在骆马湖行运，后又利用骆马湖水济运，致使湖面不断扩大，到清代已成为苏北地区的一个“周二万五千八百三十丈，南北长七十里，东西宽三四十里”[①] 的大湖。

由沂河潴蓄而成的骆马湖，是江苏省四大湖泊之一，位于今新沂市、宿迁市宿豫区结合部，上承沂河及中运河来水，流域面积5.2万平方公里。骆马湖形成后，成为沂沭泗流域的滞洪区之一；新中国成立后经过规划治理，骆马湖被改建为常年蓄水库，发挥着调蓄沂河洪水以减轻下游排洪水道压力的作用。

黄河夺淮对苏北湖泊环境的影响，相较于河流环境的改变，对苏北生态环境的变迁应当说是有利之处更多一些。因为在新中国成立以后，江苏省对洪泽湖、南四湖和骆马湖进行了集中整治和综合开发，使三湖成为蓄水、灌溉、防洪、航运等综合利用性湖泊，对苏北地区的水灾的防治和农业发展，起到了重要的作用。

---

① 《续行水金鉴》卷七十转引自：《淮河水利简史》，水利电力出版社，1990年8月第1版，第223－224页。

综合来看，黄河夺淮直接或间接地造成了苏北水系的巨大变迁。淮河失去入海水道、入江水道的初步形成、沂沭两河与淮河水系的分离、泗水下段的泯灭、废黄河的形成，以及三大湖泊的形成，这些都是黄河夺淮对苏北水系的直接影响。这些变迁使得苏北原有的水系被打乱，从而不时造成洪水泛滥，破坏了苏北既有的水环境及生态格局，严重阻碍了苏北地区经济社会的发展。为了治理黄河夺淮后带来的水患，新中国成立后对入江水道的整治以及新沂河、新沭河、苏北灌溉总渠等河道的开辟，刷新了苏北的水系图，加之对三大湖泊的综合开发利用，重新梳理了淮河和沂沭泗两大水系，大大减轻了水灾的为害程度。这些为治理水灾而兴建的水利工程，自身亦成为苏北水系的重要组成部分，成为影响苏北生态及经济社会发展的重要因子。

第二章　淮河下游水系重大水利建设

黄河夺淮、侵占淮河原入海出路以后，淮水滞蓄在洪泽湖，唯有入江水道一条出路，但入江水道浅狭多湾，泄水量极小。因此，要解决淮河的出水问题，必须在洪泽湖上做文章。

一方面，要解决洪泽湖的出水问题。既然黄河已经北归，将古淮河的入海通道“腾”了出来，那么，人们自然想到要恢复古淮河的这条入海出路，使淮河出洪泽湖后，依然由原有河床入海。新中国成立以后，治淮委员会及水利专家，对废黄河进行了查勘，发现废黄河不仅淤积高出平地数米，且土质坚硬、难以开挖，若疏通这条河道，工程量巨大。由此提出了在废黄河西侧，沿废黄河走向，开辟一条新的河道，使淮水经由这条新的河道入海的治理方案。1951 年 11 月，苏北灌溉总渠工程全线开工。除入海通道外，为了充分泄水，还有必要利用已有的入江水道，分淮水入江。1954 年 7、8 月间，对入江水道的第一次治理工程开工。于是，淮河有了两条出路：一是通过苏北灌溉总渠入海，二是经由入江水道入长江。

另一方面，要充分利用好洪泽湖这个天然的蓄水库，使之容蓄一部分淮水，既能减轻淮河下游的排洪压力，又可做灌溉之用，还可以发展水产养殖业，可谓一举多得。

以上便是 1949 年至 1957 年，苏北地区治淮的主要思路。

第一节　新中国成立初期淮河流域的严重灾情及治淮方针的确定

新中国成立前后，淮河流域的洪水灾害频繁发生，不仅波及范围广泛，受灾程度也十分严重。洪水所经之处，河防崩溃，房屋倒塌，农田淹没，损失不计其数。灾情的严重性引起了中共中央的高度关注，中共中央先后召开了两次大型水利工作会议，研究治淮的方针，组织治淮领导机构，制定治理规划，迈出了新中国全面治理大江大河的第一步。

一、淮河流域的严重灾情

从1949年夏至1951年，淮河流域水患不断。由于河防年久失修，沿淮各地的抗灾能力极弱，造成灾情的普遍发生，下游的苏北地区受灾尤为严重。

1949年6、7月间，由于雨量较大，各大江、河、湖水位不断上涨。黄河水位在陕州（今河南省三门峡市陕县）1万立方米/秒以上的流量持续时间长达99个小时，5000立方米/秒以上的流量持续了239个小时，洪水总量高达78亿立方米，较1933年①的27亿立方米超出近2倍②；长江的洪水位是1931年以后最高的一次。河北若干河流的流量也打破了历年来的纪录，如滦河流量达到24000立方米/秒③。黄河夺淮以后，打乱了淮河流域各河流系统，更造成豫东、皖北历年的水患。

在各大河流频频决口、屡屡告急的情况下，以淮河流域的形势最为严峻，且水患连年发生。1950年6月下旬至7月初，受西南暖湿气流的影响，淮河上中游及江苏徐淮地区普降大到暴雨，雨量大，且持续时间长。各地雨量与1931年7月雨量记录比较见表2－1所列。

表2－1　淮河流域1950年与1931年雨量比较表　（单位：毫米）

站　名	1950年降雨情况		931年7月全月雨量	差　数
	起讫时间	降雨量		
新蔡	6月26日—7月5日	375	320	多55
正阳关	6月27日—7月19日	628.3	490.9	多137.4
蚌埠	6月26日—7月20日	532	488.5	多43.5
浮山	6月26日—7月16日	420	—	—
宿县	6月19日—7月15日	428	—	—

数据来源：冷遹：《一九五〇年淮河灾情及抢救防汛工作报告》（1950年8月），《治淮汇刊·第一辑（1950年）》，内部刊物，第73页。

---

① 1933年，黄河发生近20年来最大洪水年，陕县测流量为23000立方米/秒，洪水总量达27亿立方米，下游决口72处。

② 傅作义：《各解放区水利联席会议开幕词》（1949年11月8日），《历次全国水利会议报告文件（1949—1957）》，《当代中国的水利事业》编辑部1987年1月内部发行，第5－6页。

③ 傅作义：《各解放区水利联席会议的总结报告》（1949年11月18日），《历次全国水利会议报告文件（1949—1957）》，《当代中国的水利事业》编辑部1987年1月内部发行，第16页。

受暴雨的影响，淮河流域发生空前严重的大洪水。从1950年6月29日起，淮河开始涨水，因暴雨集中，上游阜阳水位和中游正阳关水位上涨迅猛，接连形成多次洪峰。各支流受淮水顶托，漫溢出槽，造成阜阳、颍上、怀远一带遍地汪洋。沿线堤防虽经奋力抢险，却因水势凶猛、水头过高，各处干支堤防相继决口崩溃。仅据8月初的不完全统计，干支流溃堤就达82处之多（见表2－2）。

表2－2　淮河干支堤防漫决统计表（1950年8月1日）

河名	淮河	颍河	淠河	涡河	濉河	唐河	合计
溃决处数	39	18	9	1	8	7	82

资料来源：刘宠光：《一九五〇年皖北淮河灾区视察报告》，《治淮汇刊·第一辑（1950年）》，内部刊物。

1949年的全国性大水灾，无论是从地域上，还是从严重程度上来看，都是十分惊人的。灾情遍及16个省、区，其中较重的是河北、安徽、江苏、山东、河南、平原①6个省（淮河流域三省全部为重灾区）②。据统计，全国被淹耕地面积达1亿余亩，减产粮食约120亿斤，有4000余万人口受灾，其中重灾区③灾民达1000万人。仅华东区被淹面积即达5000余万亩，约占其耕地总面积的1/5，其中有2000余万亩颗粒无收；粮食减产70余亿斤；灾民1600万人，因饿、病致死者1300余人④。其他牲畜、房屋、财产损失，不计其数。

1950年沿淮各地的灾情更为严重。政务委员曾山到灾区视察时看到，津浦铁路两旁一片汪洋，一眼几十里都是如此，沿路数百里的河道全部失去作用，村庄被淹没倒塌，怀远县县城的城墙也看不到了，许多灾民挤在一块块高地上求生，干部情绪低落⑤。有人描述："豫东湟川、皖北阜阳两地区水气森森，连成几百里汪洋……遍野嚎哭，其状凄惨至极"⑥。据初步统计，当时淮河流域受灾面积达3162万亩，灾民约998万人，其中断粮户581万人，房屋倒塌不计其数，

① 平原省，旧省名。1949年8月1日，华北人民政府通令成立平原省；8月20日，平原省正式成立，驻新乡市。中华人民共和国成立后，平原省由中共中央直接领导，辖新乡、安阳、湖西、菏泽、聊城、濮阳6个专区。1952年11月15日，平原省建制撤销，新乡、安阳、濮阳划入河南省；菏泽、聊城、湖西划归山东省。

② 孟昭华：《中国灾荒史记》，中国社会出版社，1991年1月第1版，第766页。

③ 灾情的轻重程度的划分，按照中共中央的有关指示：凡收成在二成以下至无收者为重灾；收成在二成至五成者，为轻灾；六成以上收成者不为灾。以下同。

④ 《中央人民政府政务院关于生产救灾的指示》，《人民日报》，1949年12月20日，第1版。

⑤ 政务院第44次政务会议记录，1950年8月4日。

⑥ 钱刚、耿庆国：《二十世纪中国重灾百录》，人民出版社，1999年1月第1版，第456页。

生活资料尽行损失，灾区之广泛，灾情之严重，“为百来年所仅见”[①]。

苏北地区因位于淮河下游，每遇大洪水，往往首当其冲。在1949年的水灾中，淮阴县受灾严重。这一年，由于沂沭泗流域也发生了大洪水，造成整个淮阴专区的灾情都十分严重[②]。全区被淹耕地5642877亩，其中2744846亩失收，失收面积占全部耕地面积的16%；冲毁房屋30万间，房屋倒塌压死340人，伤1259人，压死牲畜4072头[③]。其受灾程度在苏北为最重。

1950年，灾情继续发展。据淮阴专区4月中旬的统计，全区灾民由2月底的242万人，猛增到696万人；断炊户由317万人增至389万人，较前增加20%以上；病死、饿死的灾民约235人，病灾民达11.25万人[④]。重灾区沭阳还发生了卖孩子现象，卖掉小孩33个[⑤]。

1951年6月，苏北部分地区又遇干旱。当各地还在紧张抗旱的时候，7月份突然下起大雨，狂风大作，全区又受到雨、风、潮灾，造成旱涝急转的情况。据统计，全区受灾群众180万人，受灾农田665余万亩，倒塌房屋7.1余万间，死伤233人，牲畜985头；农作物除部分失收外，一般减产4成[⑥]。灾区面积虽较1950年缩小，但由于自这年春季以后，县以上机关忙于“三反”，对救灾工作一度放松，加之疫病流行，致使灾情有了不同程度的发展，尤其是重灾区的灾情还是相当严重的。

---

① 冷遹：《一九五〇年淮河灾情及抢救防汛工作报告》（1950年8月），治淮委员会、治淮汇刊编辑委员会编印：《治淮汇刊·第一辑（1950年）》，内部刊物，第74页。

② 淮阴专区当时分属于淮河和沂沭泗两个流域。以废黄河为界，淮阴县和泗阳县位于废黄河以南，属于淮河流域；沭阳县、灌云县、宿迁县和涟水县，位于废黄河以北，属于沂沭泗流域。

③ 《苏北灾情图》（1950年4月），江苏省档案馆馆藏档案：3067－1－0066。

④ 苏北人民行政公署：《关于三四月份生产救灾工作报告》（1950年5月10日），《苏北政报》第三期，苏北人民行政公署秘书处编，1950年6月20日出版，第52页。

⑤ 《苏北灾情图》（1950年4月），江苏省档案馆馆藏档案：3067－1－0066。

⑥ 苏北人民行政公署民政处：《苏北区关于去冬今春生产救灾工作的初步总结和今冬明春生产救灾工作的意见》（1952年10月7日），江苏省档案馆馆藏档案：3067－1－0083。

表 2－3　苏北地区 1949—1951 年受灾情况统计表

项目		1949 年	1950 年	1951 年	合计
受灾田亩（亩）		17761672	13083750	6651864	37497286
其中：减产田亩		10551473	6404323	3842255	20798051
全部失收田亩		7210199	5446164	1199255	13855618
受灾人口	受灾人数总计（人）	4500000	4389528	1800000	10689528
	其中：死	793	327	56	1176
	伤	1698	783	177	2658
	死伤人数小计	2491	1110	233	3834
倒塌房屋（间）		1049322	150188	71000	1270510

资料来源：《苏北情况汇编》，中共苏北区党委办公厅，1952 年 10 月编印，内部资料。

苏北地区连年遭遇严重的洪水灾害，但民间的抗灾能力非常弱。这主要是因为苏北在抗日战争和解放战争期间的损失太大。据不完全统计：在 8 年抗日战争中，全区被烧毁房屋 140 万间，损失牛驴 16 万头，被抢粮食 5200 万担。在解放战争中，仅据南通、如东、海门、启东 4 个县不完全的统计，就被烧毁房屋 1.6 万间，损失粮食 2700 万斤，抢走耕牛 2100 头①。所以农民普遍“家底子空”，使苏北在连年灾害中的抗灾能力很弱。

由于大部分农户家中没有余粮，一旦庄稼失收，就面临着饥饿的困境。许多灾民只能以麦麸、米糠和挖野菜、草根充饥，造成贫血、营养缺乏性水肿等营养不良的状况极为普遍。尤其是在淮阴、南通专区的重灾区特别明显。据淮阴专区沭阳县 1952 年初统计，全县共 1107 个村，732893 人，其中，脸走色者 3659 人，肿脸者 829 人，因饿致重病者 2997 人。一小学教员全家 7 口，饭中搅拌半斤麦麸烧粥，就算第一等户了；一农会会长饿到数天未起，全家 7 口都饿变了色②。由于该区连续 5 年水灾，长期饥饿，对于儿童发育的影响很大，身高体重大都低于应有的标准。婴儿软骨病和成人的夜盲症也有个别发现③。灾民中患非传染性消化系病的也非常多，主要是消化不良，胃酸过多、急性和慢性肠胃炎、便秘、结肠炎等病。

灾民不仅缺粮，缺衣现象也很普遍。很多妇孺身着破烂露体的单衣，数口之

---

① 《我们初步战胜了灾荒——为纪念国庆一周年而作》，《苏北人民·创刊号》，人民苏北出版社编，新华书店苏北分店发行，1950 年 10 月 10 日出版，第 8 页。

② 《关于苏北灾情口头报告纪要》（1952 年 1 月 9 日），江苏省档案馆馆藏档案：3067－1－0083。

③ 《苏北灾区卫生状况》，《苏北政报·创刊号》，第 26 页。

家仅一条棉被且破烂不堪。

由于缺粮缺衣，生活难以为继，不少灾民纷纷外逃讨饭。灾民外逃现象在重灾区淮阴地区尤为严重。据张集区的统计，截至1950年12月底，该区滨海乡、丁庄、许庄三个村，全家外逃或部分外逃的共有64户、254人，占总人口的10%以上；其中许庄村外逃10户、57人，占总人口的25%①。此外，卖妻鬻子、自杀现象，以及盗劫抢粮骚动事件，在各灾区亦屡有发生②，给苏北区的社会经济的恢复带来很多不安定的因素。

可见，1950年前后，淮河流域的水患几乎连年发生，这不仅给灾区人民的生命和财产造成极大的威胁，也使农业生产遭到极大的损失，这就直接影响了国民经济的恢复。认识到了这一点，新生的政权必须有所行动。

二、中共中央两次水利工作会议的召开

淮河流域的水灾，引起了中共中央的高度重视，建国伊始便将治淮工作提上了议事日程。1949年下半年至1950年夏，中共中央先后召开了两次大型水利工作会议，研究治水有关事宜。

第一次会议是1949年11月8日至18日召开的各解放区水利联席会议。会议由刚刚成立的中央人民政府水利部组织召开，部长傅作义、副部长李葆华以及各地区负责水利工作的人员与会，朱德、董必武、薄一波到会指导。会议着重讨论了三个问题：当前水利建设的方针与任务、1950年工作计划和水利工作的组织与领导。

会议研究和确定了新中国水利建设的方针是“防止水患，兴修水利，以达到大量发展生产的目的”。水利建设的任务是，“依照国家经济建设计划和人民的需要，根据不同的情况和人力、财力及技术等条件，分别轻重缓急，有计划有步骤地恢复并发展防洪、灌溉、排水、放淤、水力、疏浚河流、兴修运河等水利事业”③。

会议指出，1950年的水利工作，要根据各地不同情况，受洪水威胁的地区，应以加强现有堤防为原则，着重于防洪排水；在内涝严重的地区，以解决雨涝积水及决口积水为重点；干旱地区，则应着重开渠灌溉，一方面恢复与继续完成未

① 《苏北淮阴联合调查组关于淮阴区灾情检查报告》（1950年12月21日），江苏省档案馆馆藏档案：3067-1-0077。

② 《苏北人民行政公署关于加强生产救灾工作的紧急指示》（1950年2月28日），《苏北政报·创刊号》，第9页。

③ 李葆华：《当前水利建设的方针与任务》，《历次全国水利会议报告文件（1949—1957）》，《当代中国的水利事业》编辑部1987年1月内部发行，第10页。

完工程，另一方面可适当开辟新工程，以保障与增加农业生产。同时，要加强水利事业的调查研究工作，以打下今后长期水利建设的基础；关于水利工程以及航道整理、运河开凿等工程，要根据实际需要和人力、物力、财力、技术等具体条件兴建或准备兴建①。

各地代表根据以上原则，经讨论，确定了 1950 年兴建的主要工程，其中涉及苏北地区的工程有：长江、淮河等堵口复堤工程，长江、淮河涵闸工程，沂沭河治导工程，苏浙沪海塘工程，以及各水系查勘测量、水文、水土试验等基本工作。

关于今后水利工作的组织与领导问题，会议确定要设立各级水利机构：为统筹规划各重要水道的水利事业，拟先设置黄河水利委员会、长江水利委员和淮河水利工程总局，由水利部直接领导；各大行政区及内蒙古自治区人民政府设水利机构，为各该区人民政府的组成部分；各省设水利局，各县视工作需要设水利科（或局），为省专县政府的组成部分。在领导关系上，各大行政区水利机构及省专县水利机构，对上为双重领导关系，即各大行政区水利机构，除受本区政府的领导外，在业务与技术上并受中央水利部的领导；省水利机关，除受本省政府的领导外，在业务与技术上并受各大行政区水利机构的领导②。

这次会议召开之时，全国大部分地区已经解放，所以虽名为“各解放区水利联席会议”，实则是一次全国性质的水利大会③。这次水利大会，是在新中国成立仅 1 个月的时间召开的，这不仅表现了新生政权对水利事业的重视，同时也向全国人民表明了治水的决心，并为新中国大规模治水事业的开展奏响了前奏。

第二次大型水利工作会议，是 1950 年 8 月 25 日至 9 月 12 日召开的中央治淮工作会议。1950 年的淮河大水灾是这次会议召开的原因。

1950 年 7 月 18 日，淮河流域干支流全面涨水，情势告急。当日，华东防汛总指挥部急电中共中央：“淮河中游水势仍在猛涨，估计可能超过 1931 年最高洪

① 李葆华：《当前水利建设的方针与任务》，《历次全国水利会议报告文件（1949—1957）》，《当代中国的水利事业》编辑部 1987 年 1 月内部发行，第 11 页。

② 傅作义：《各解放区水利联席会议的总结报告》，《历次全国水利会议报告文件（1949—1957）》，《当代中国的水利事业》编辑部 1987 年 1 月内部发行，第 23－24 页。

③ 这是新中国成立以后，首次召开的全国性质的水利会议。之所以名为“各解放区水利联席会议”，中央人民政府水利部部长傅作义在这次会议的开幕式上，解释原因说：“全国水利会议是政务院财经委员会计划召集的各种专业会议之一。当水利部还没有成立的时候，前华北水利委员会已经发出通知，并积极从事准备。水利部成立还不满十天，组织既未健全，资料亦不充分……我们在筹备会中决定把这个会议定名为各解放区水利联席会议，表明主要依靠各解放区供给情况，提出问题，作为明年召开全国水利会议的准备会议。”见傅作义：《各解放区水利联席会议开幕词》（1949 年 11 月 8 日），《历次全国水利会议报告文件（1949—1957）》，《当代中国的水利事业》编辑部 1987 年 1 月内部发行，第 7 页。

水位。”20 日，毛泽东读到了这封电报，当即批转周恩来：

除目前防救外，须考虑根治办法，现在开始准备，秋起即组织大规模导淮工程，期以一年完成导淮，免去明年水患。请邀集有关人员讨论（一）目前防救、（二）根本导淮两问题。如何，请酌办①。

淮河水情继续发展，上中游受灾情况日益严重。8 月 5 日，中共皖北区党委书记曾希圣急电毛泽东，紧急报告皖北的灾情：“今年水势之大，受灾之惨，不仅重于去年，且为百年来所未有。淮北 20 个县、淮南沿岸 7 个县均受淹。被淹田亩总计 3100 余万亩，占皖北全区 1/2 强。房屋被冲倒或淹塌已报告者 80 余万间，其中不少是全村沉没。耕牛、农具损失极重（群众口粮也被淹没）。由于水势凶猛，群众来不及逃走，或攀登树上，失足坠水（有在树上被毒蛇咬死者），或船小浪大，翻船而死者，统计 489 人，受灾人口共 990 余万，约占皖北人口之半……由于这些原因，干群均极悲观，灾民遇到干部多抱头大哭，干部亦垂头流泪。”②

毛泽东批示周恩来：

请令水利部限日作出导淮计划，送我一阅。此计划八月份务须作好，由政务院③通过，秋初即开始动工。如何，望酌办④。

为具体落实毛泽东关于治理淮河的批示，1950 年 8 月 25 日至 9 月 12 日，中央人民政府水利部在北京召开了治淮工作会议。参加会议的有华东、中南军政委员会水利部和淮河水利工程总局⑤，以及河南、皖北、苏北三个省区的负责人和有关专家 40 余人。周恩来亲自指导并参加了会议。这是新中国成立后第一次召开的治淮专项会议。

会议分析研究了淮河的最大流量和淮河各段的危险水量，决定以“蓄泄兼筹”为治淮方针，确定上游“以拦蓄洪水发展水利为长远目标”，中游蓄泄并重，下游则开辟入海水道，以利宣泄。

---

① 《关于根治淮河的批语》（1950 年 7 月 20 日），《建国以来毛泽东文稿》（第一册），中央文献出版社，1987 年 11 月第 1 版，第 440 页。

② 曹应旺：《周恩来与治水》，中央文献出版社，1991 年 8 月第 1 版，第 14－15 页。

③ 即中央人民政府政务院，1949 年 10 月成立。1954 年 9 月，根据第一届全国人民代表大会第一次会议通过的《中华人民共和国宪法》，改设中华人民共和国国务院。

④ 《关于限期作出导淮计划的批语》（1950 年 8 月 5 日），《建国以来毛泽东文稿》（第一册），中央文献出版社，1987 年 11 月第 1 版，第 456 页。

⑤ 淮河水利工程总局是 1949 年 10 月在南京成立的，其前身是国民党政府的淮河水利工程总局。淮河水利工程总局直属中央水利部领导，掌握淮河流域水利建设事宜，下设淮河上游、中游、下游工程局，内设秘书处、规划处、工务处、测验处和人事室。1950 年 11 月，治淮委员会成立时撤销。

会议制定了治淮工程的实施步骤，建议1950年12月以前，以勘测工作为重心，上游和下游以查勘蓄洪工程和入海水道工程为重点，同时进行放宽堤距、疏浚河道、建闸等方面的勘测工作；中游工程在整个计划内，选择对上、下游关系较小的部分工程，结合以工代赈于10月下旬先行开工。

由于治淮关系到上、中、下游不同地区的切身利益，故豫、皖、苏三省在治淮策略上存在着意见分歧。河南、安徽希望以泄水为主，把水泄到下游去，以减轻内涝；下游江苏则十分反对上中游的意见。8月28日苏北区党委报送的报告中说："鉴于今年浮山仅7000多流量，已使洪湖大堆[①]、运河及新淮河非常吃紧，运河南段二度出险，几乎决口。若上游导淮后浮山流量较现在增加，即无其他意外，今后洪湖大堆、运河及新淮河必会更加吃紧。"可见，苏北担心洪水来量过大，不能顺利出海，必将加深苏北水患。所以，毛泽东在审阅电报之后，提出了"三省同时动手"的团结治水思想。

根据团结治水思想，为统一三省在治淮方法上的意见，周恩来在治淮会议期间，反复召集各地负责人讨论、协商，进行协调和统一思想的工作。他先后三次听取水利部部长傅作义和华东水利部副部长刘庞光，以及河南省政府主席吴芝圃、皖北区党委书记曾希圣、苏北区党委书记肖望东等参加的关于淮河流域灾情和治理规划的汇报，协调三省的治淮思想。他对三省区负责人说：只要你们三个诸侯统一了，就好办了[②]。经过总理的协调，终于统一了意见，确定以"蓄泄兼筹"作为初期治淮的基本方针。

中央治淮工作会议结束后，根据会议讨论结果，水利部起草了《关于治淮工作的决定》，它是日后政务院所颁布《关于治理淮河的决定》的草案。

这两次会议的召开，为新中国的治淮工作打开了局面。

三、治淮方针与原则的确定

1950年8月中央治淮工作会议召开之际，全国的土地改革运动已经拉开了序幕，成为各地工作的中心，部分地区尚在整顿社会秩序。因此，有些地区对在这个时候开展导淮工作，存在顾虑。如苏北区党委就提出：

> 如今年即行导淮，则势必要动员苏北党政军民全部力量，苏北今年整个工作方针要重新考虑，既定的土改、复员等工作部署必须改变，这在我们今年工作上转弯是有困难的；且治淮技术上、人力组织上、思想动员上及河床搬家，及其他

---

① 洪湖大堆，即指洪泽湖大堤。

② 曹应旺：《周恩来与治水》，中央文献出版社，1987年11月第1版，第17页。

物资条件准备等等，均感仓促，对下半年农业生产及治沂均受很大影响[①]。

这是苏北区党委在关于治淮意见的报告里的一条意见。这一意见，真实地道出了那时开展导淮工作的种种困难。这不仅仅是苏北一个地区的困难，推而广之，是全国上下在治水与进行其他工作之间所面临的矛盾。1950 年的中国确实不平静。国内扭转国民经济的继续萎缩、肃清反动势力的残余、领导生产救灾运动等事务，纷繁复杂；国际方面，朝鲜的局势也日益威胁到中国东北边疆的安全，入朝作战，必将投入大量的经费和人力。

这个时候，中共中央的态度就起了决定性的作用。8 月 28 日，华东军政委员会向周恩来转报了苏北区党委的这封报告；31 日电报送达毛泽东手中，毛立即作出批示：

此电第三项有关改变苏北工作计划问题，请加注意。导淮必苏、皖、豫三省同时动手，三省党委的工作计划，均须以此为中心，并早日告诉他们[②]。

治淮工程需要大量的物资，粮食是其中最重要的物质保证。9 月 16 日，即中央治淮工作会议结束后的第 4 天，曾希圣打报告给华东军政委员会主席饶漱石，并转报周恩来、董必武等，请示中央向安徽、河南、苏北三个省区的治淮工地紧急调运粮食。21 日，毛泽东批示：

现已九月底，治淮开工期不宜久延，请督促早日勘测，早日做好计划，早日开工[③]。

次日，接到毛泽东的批示后，周恩来立即转送中央财政经济委员会主任陈云、副主任薄一波、李富春阅办，同时致信给他们，并转告水利部傅作义、李葆华和张含英：

治淮工程不宜延搁。故凡紧急工程依照计划需提前拨款者，亦望水利部呈报中财委核支；凡需经政务院令各部门各地方调拨人员物资者，望水利部迅即代拟文电交院核发[④]。

在周恩来的安排下，中央在当年 11 月批准预拨治淮工程款原粮 4.5 亿斤、

---

① 这是华东军政委员会 1950 年 8 月 28 日向周恩来转报的中共苏北地区党委关于治淮的意见。见《建国以来毛泽东文稿》（第一册），中央文献出版社，1987 年 11 月第 1 版，第 491 页。

② 《关于导淮问题的批语》（1950 年 8 月 31 日），《建国以来毛泽东文稿》（第一册），中央文献出版社，1987 年 11 月第 1 版，第 491 页。

③ 《关于督促治淮工程早日开工的批语》（1950 年 9 月 21 日），《建国以来毛泽东文稿》（第一册），中央文献出版社，1987 年 11 月第 1 版，第 530 页。

④ 《治淮工程不宜延搁——致陈云、薄一波等》（1950 年 9 月 22 日），《周恩来书信选集》，中央文献出版社，1988 年 1 月第 1 版，第 435 页。

小麦2000万斤①，保证了治淮工程的按时开工。

随着各地治淮工程的相继开展，确定治淮的方针和原则以指导工程的开展，成为中央在治水方面的当务之急。关于治淮的方针问题，中央治淮工作会议已作出了讨论意见，并上报政务院。根据水利部起草的《关于治淮工作的决定》，中央人民政府政务院于1950年10月14日，发布了由周恩来签署的《中央人民政府政务院关于治理淮河的决定》（以下简称《政务院治淮决定》）。

《政务院治淮决定》分为六个部分，分别阐述了治淮的方针、上中下游的治理措施、豫皖苏三省的相互配合、治淮领导机构、工程经费和审批权限的问题。

关于治理淮河的方针，文件指出：

关于治理淮河的方针，应蓄泄兼筹，以达根治之目的。上游应筹建水库，普遍推行水土保持，以拦蓄洪水发展水利为长远目标，目前则应一方面尽量利用山谷及洼地拦蓄洪水；一方面在照顾中、下游的原则下，进行适当的防洪与疏浚。中游蓄泄并重，按照最大洪水来量，一方面利用湖沼洼地，拦蓄干支洪水；一方面整理河槽，承泄拦蓄以外的全部洪水。下游开辟入海水道，以利宣泄；同时巩固运河堤防，以策安全。洪泽湖仍作为中、下游调节水量之用。淮河流域，内涝成灾，亦至严重，应同时注意防止，并列为今冬明春施工重点之一。首先保障明年的麦收②。

根据上述方针，确定1951年应先行兴建下述工程：

上游：低洼地区临时蓄洪工程，蓄洪量应超过二十亿公方③。整理淮、洪、汝、颍、双洎各河河道，包括堵口、复堤、放宽堤距及疏浚，以防泛滥。低洼地区配合麦作期排水需要，择要举办沟洫涵闸工程。塘坝谷坊，先行试办，筹划推广。山谷水库尽速进行测勘研究，争取早日兴工。

中游：湖沼洼地蓄洪工程，蓄洪量应争取五十亿公方。正阳关以上，淮河干堤，按最大洪水设计，堵口复堤，部分退建。正阳关以下，北堤高度应按最大洪水设计，在必要修筑遥堤地段，其原堤堤顶高度平于一九五〇年洪水位。南堤堤顶高度，除正阳关、蚌埠、淮南煤矿三地区，应按最大洪水设计，其余暂以平于一九三一年洪水位为原则。干支流低水河槽的淤塞部分，在照顾下游原则下，进

---

① 中共中央文献研究室编：《毛泽东传（1949—1976）》，中央文献出版社，2003年12月第1版，第95页。

② 《中央人民政府政务院关于治理淮河的决定》（1950年10月14日），《历次全国水利会议报告文件（1949—1957）》，中央文献出版社，1987年11月第1版，第365－366页。以下“决定”的内容，皆引自于此，不再一一作注。

③ 公方，旧时体积计量单位，也用于计量水库的库容。等于今法定计量单位中的立方米，即1公方＝1立方米，以下引文中再出现“公方”时，不再一一作注。

行疏浚。阜阳、宿县两专区配合麦作期排水需要，择要开辟沟洫，修建涵闸。淮河上游蓄洪及整理河道，应配合同时举办。

下游：应即进行开辟入海水道，加强运河堤防，及建筑三河活动坝等工程。入海水道工程浩大，一九五一年先完成第一期工程，一九五二年汛期放水。在入海水道辟成放水前，仍暂以入江水道为泄水尾闾，洪泽湖入江最高泄量暂以八千五百秒公方①为度。万一如遇江淮并涨，水位过高，仍开归海坝，以保运堤安全。运河入江水道及里下河入海港道部分疏浚工程，亦应配合举办。

治淮工作需要上、中、下游三省的相互配合。这一点，《政务院治淮决定》规定：

为确保豫、皖、苏三省的安全，上述各项工程的设计施工与先后缓急，均须作到互相配合，互相照顾。因此，上、中游蓄洪工程，应就技术与准备的可能，尽速举办，并争取增加蓄洪容量。下游入海水道，应早日完成选线设计，并根据长远利益，研究确定入江入海流量之分配，以避免临时性工程中发生不必要的浪费。关于干支各河洪水流量之估计，亦应继续搜集资料，进行更为精确的推算，以求各项工程的经济与安全。

《政务院治淮决定》还对成立治淮领导机构的问题，作出了规定：

为加强统一领导，贯彻治淮方针，应加强治淮机构，以现有淮河水利工程总局为基础，成立治淮委员会，由华东、中南两军政委员会及有关省、区人民政府指派代表参加，统一领导治淮工作。主任、副主任及委员人选由政务院任命。下分设河南、皖北、苏北三省区治淮指挥部。另设上、中、下游三工程局，分别参加各指挥部为其组成部分。

关于治淮工程经费问题，要求“治淮委员会会同各地区，尽速根据实际情况，补充勘测，负责提出切实可靠之工程计划与财务计划；并由地方行政机关及水利机关负责人共同签字，经中央人民政府水利部转请政务院财政经济委员会核定”，“为配合当前以工代赈需要，可先拨一部粮款”。

关于治淮工程的审批权限，规定：

凡属重要的，上、下游密切相关的，或技术性较高的工程，均须依照前项规定，经过查勘设计与批准后再行动工。至于局部性的工程，在根治计划范围以内者，可以责成治淮委员会及各地区人民政府商定后先行施工。

---

① 秒公方，旧时计量单位，用于计量水流速度，即今法定计量单位中的立方米/秒，以下引文中再出现“秒立方”时，不再一一作注。

《政务院治淮决定》是新中国成立后中央人民政府正式颁布的第一个治淮文件，是治淮规划的纲领。它关于治淮方针的表述，是当时治淮规划的主要轮廓，也是以后数十年来治淮工作的主要方针。可是，在工程的安排方面，是以防洪为重点的，除涝与兴利则放在次要或长远的目标上，这给初期治淮具体规划的制定带来了一定的影响。

《政务院治淮决定》下达后，政务院立即召开会议，集中讨论治淮决定及治淮有关问题。在1950年11月3日召开的第57次政务会议上，周恩来又进一步提出了治理淮河的五项原则，即统筹兼顾，标本兼施；有福同享，有难同当；分期完成，加紧进行；集中领导，分工合作；以工代赈，重点治淮①。对于这五项原则，周恩来具体解释为：所谓“统筹兼顾，标本兼施”，既要兼顾蓄水和泄水，又要兼顾不同地区的利益，还要兼顾不同部门；由于治本的工程计划太大，不能一下全部弄出来，但又不能等到明年才动工，所以要标本兼施，治标又治本，明确了治淮的方向后，在不妨碍治本的原则下来治标。治淮工程规模巨大，三个省都要分担一些才能解决，哪一方面想单独保持安全都不行，所以是“有福同享，有难同当”。第三，“分期完成，加紧进行”，即治淮不可能明年便全面开工，人才、器材、勘测等准备工作都不够，因此，明年只能做一部分，分期来完成；治淮的过程是由有灾到少灾，由少灾到无灾，一步一步来完成的。第四，“集中领导，分工合作”，今后的治淮工作，以华东为主，中南为辅，集三省之力一块来搞，上下游分工合作；在进行工作时，水利部应经常驻人在当地具体领导、监督。最后，“以工代赈，重点治淮”，即灾区实行以工代赈，治水结合救灾，重点在治淮工作。

周恩来对治淮五项原则的论述，包括蓄泄关系、标本关系、上下游之间的关系、不同部门之间的关系、集中与分工的关系、过程与阶段的关系、治淮与救灾的关系，考虑得全面且周到，为此后治淮规划的制定，提供了思路。

四、治淮委员会的成立与三次淮委会议的召开

淮河横跨豫、皖、苏三个省份，治淮事关三省的直接利益，因此，为避免上、中、下游各自为政，防止水利纠纷的产生，必须有一个专门的机构来统筹治淮工作。根据《政务院治淮决定》中的有关规定，治淮委员会于1950年11月6日成立，并在8个月的时间里，连续召开了三次全体委员会议，贯彻《政务院治淮决定》，研究淮河流域规划。

---

① 中共中央文献研究室编：《周恩来经济文选》，中共文献出版社，1993年第1版，第78－81页。

（一）治淮委员会的成立

1950年10月27日，在由周恩来主持的政务院第56次政务会议上，通过了《治淮委员会主任、副主任、委员任命录》。任命曾山为主任，曾希圣、吴芝圃、刘庞光、惠浴宇4人为副主任，吴芝圃、吴觉、汪胡桢、林一山、孙竹庭、陆学斌、惠浴宇、曾山、曾希圣、黄岩、万金培、刘庞光、钱正英等13人为委员①。

关于治淮委员会机构的选址，也是周恩来亲自选定的。他认为，蚌埠靠近淮河，又是淮河流域的中心，因此治淮委员会机构必须设在蚌埠，而不宜设在南京。11月3日，在政务院第57次政务会议上，周恩来说：过去治淮机构设在南京，有几栋房子，我们的治淮组织又舍不得放弃那地方，是很不对的。为了集中领导，搬去蚌埠才能更好地办事②。根据周恩来的意见，3日之后，即1950年11月6日，治淮委员会在淮河之滨蚌埠正式成立。

（二）治淮委员会第一次全体会议的召开

治淮委员会成立当日，召开了第一次全体委员会。除全体委员外，水利专家、有关部门和皖北各专区负责人列席会议。经过为期7天的研讨，会议收集了各地以往水灾经历、河道情况和勘测、水文等资料，经过反复研讨，提出了以蓄洪为主的治淮策略：

根治办法在于控制洪水量，剪去洪水峰，降低地面与地下水位。而降低水位的办法，主要是以蓄洪为主，结合河槽整理，配合群众性的水利建设。首先应将淮河最高可能的洪水量予以拦蓄。山地蓄洪极为重要，洼地蓄洪亦应同等重视。拦蓄后的多余洪水，视上、中、下游干流河床情况而进行河槽整理及疏浚工程，使其通畅安全排泄；配合沟洫工程，于淤浅的各支河进行择要局部疏浚，使内水得以排泄③。

1951年的治淮工程，应本着下列要求进行安排：上中游争取蓄水拦洪90亿立方米以上，使干流在正阳关以下与颍河会流后的洪水流量，如遇1950年或1931年的雨量情况下，可从13000立方米/秒降到不超过6500立方米/秒；还应结合内河疏浚及沟洫工程，兴建必要的堤防和涵闸；下游地区则主要进行入江水道的勘测和规划工程。

根据上述要求，会议规定1950年冬至1951年春，上、中、下游应分别进行下列重点工程：上游通过兴建水库、洼地蓄水、沟洫工程等，保证1951年汛前

① 《治淮委员会主任、副主任、委员任命录》，《治淮汇刊·第一辑（1950）》，内部刊物，第3页。

② 周恩来在政务院第57次会议上的讲话，1950年11月3日。

③ 《治淮委员会第一次全体委员会议决议》（1950年11月12日），《治淮汇刊·第一辑（1950）》，内部刊物，第5页。

完成18.5亿立方米的蓄水任务，主要兴建石漫滩水库和颍河的白沙、汝河的板桥、淮河的大坡岭等大型水库，同时兴建洼地蓄洪、水土保持、河道整治等工程，计需完成土方14407625立方米，石方80000立方米，建谷坊155座，涵闸6座。中游蓄泄兼顾，要利用洼地进行蓄洪工程，争取蓄洪72.7亿立方米；为控制下泄流量，计划在主流上兴建润河集①分水闸，在支流上兴建西肥河及尹家沟二个大闸，并于颍河左岸的三岔沟、乌江口及新河口兴建三个大型涵洞，同时进行部分支流的疏浚等工程，需完成堤防土方20773779立方米，疏浚土方43447867立方米，水库土方15044609立方米，建涵闸26座。下游工程以泄送为主，重点加固里运河东堤，修正归海坝及涵闸，疏通入江水道及里下河入海港道，需防洪土方6450877立方米，修涵闸12座②。

会议贯彻《政务院治淮决定》，实行以工代赈，土方单价以大米计算。为完成上述工程，中共中央已核定下拨97880万斤大米作为这一期的治淮经费，具体分配为：河南为23000万斤米，皖北为53967万斤，苏北为8380万斤，其他特种事业费为3433万斤，防汛费为2000万斤，内调运费7100万斤③。

为进一步加强治淮工作自上而下的领导，会议还提出了完善治淮领导机构的意见：

> 应加强自上而下的治淮机构。除遵命成立治淮委员会，为上、中、下游三省区治淮的统一领导机构外，并加强业务部门的领导，于委员会下设办公厅，并设工程、财务、政治三部，以分别掌管各该部门工作的领导。目前施工在即，必须同时加强省（区）专两级指挥部，以及县总队、区大队、乡中队等中级领导机构，尤须充实各级部门工作，以达到统一领导，分工合作，增强工作效率④。

会后，各级治淮机构相继成立。淮河上游工程局在开封成立，淮河下游工程局在淮安成立。苏北区建立了苏北治淮总指挥部。

（三）治淮委员会第二次全体会议的召开

1951年4月，为总结5个月来的治淮工作，制定次年的工程计划，治淮委员会于4月26日至5月2日，召开了第二次全体委员会议。除全体委员出席外，列席的有上、下游工程财务人员，中游各专区治淮指挥部代表，水利部傅作义、

---

① 润河集在淮河左岸润河出口处。

② 《治淮委员会第一次全体委员会议决议》（1950年11月12日），《治淮汇刊·第一辑（1950）》，内部刊物，第5－6页。

③ 《治淮委员会第一次全体委员会议决议》（1950年11月12日），《治淮汇刊·第一辑（1950）》，内部刊物，第6－7页。

④ 《治淮委员会第一次全体委员会议决议》（1950年11月12日），《治淮汇刊·第一辑（1950）》，内部刊物，第7页。

李葆华与会指导。

除了总结5个月来的治淮工作，会议的主要议题就是听取中央水利部苏联顾问布可夫、淮委工程部汪胡桢等根据数月来对淮河水文综合计算和中、下游干道湖泊的实际勘察等材料，分别做的关于治淮方略的报告①，提出了1952年度治淮的具体任务是："消灭淮河为患的洪水峰，降低洪水位"。为实现这一任务，"应着重山区与洼地的大量蓄洪工程及淮河干道的治本工程，并结合进行重点的内河疏浚与堤防闸坝工程"，以争取实现"消灭大雨大灾，并确保1952年度麦收与扩大秋收面积"的目标②。

为达到上述要求，会议确定今后工程方略，一是确定淮河干流各地的计划流量及水位，中游润河集蓄洪工程竣工后，润河集控制闸上水位为25.5米，正阳关至怀远的流量为6500立方米/秒；蚌埠铁桥上水位为20.5米，铁桥下为20.4米。浮山水位为14.6米，流量为9000立方米/秒。下游洪泽湖水位为14米，中渡流量为8000立方米/秒，高邮水位8米。二是洪泽湖控制工程，采取河（淮河）湖（洪泽湖）分开的办法治理洪泽湖，以使淮河畅泄入江，并便利航运。

根据以上方略，1952年度的工程要点是：蓄洪工程方面，上游兴建大坡岭、龙山、南湾、薄山、紫罗山等大型水库，并继续勘测其他水库；中游开始修建梅山水库和佛子岭水库两个大型山区水库，并完成濛河洼地、唐垛湖的蓄洪工程。疏浚工程方面，上游配合中游开挖洪河口的黑龙潭至濛河洼地蓄洪区的新引河工程；中游须大规模开宽加深蚌埠至浮山的淮河干段，并开北淝河入浍河的引河，浮山以下开挖草湾入洪泽湖的分洪道工程；下游进行三河及六闸以下各入江引河的疏浚工程，拆除各归江坝，并疏浚瓜洲至邵伯湖段的运河。堤坝涵闸工程方面，下游三河建堤及运河西堤堵口，高良涧、通扬运河等处建分水闸式的活动坝和船闸，并利用活动坝兴建水力发电厂。此外，各地还需继续开展群众性的农田水利工程。

上述各项决定经大会讨论确定后，印发给三省各地区，作为下一年度治淮工作的重要文件之一。

（四）治淮委员会第三次全体会议的召开

淮委第二次全体会议召开后不久，同年7月10日至12日，淮委又召开了豫、皖、苏三省区负责同志联席会议（后更名为治淮委员会第三次全体委员会议），主要议题是讨论淮委第二次全体委员会议所拟定的治淮方略。12日，曾

---

① 此次会议通过了《关于治淮方略的初步报告》，具体内容将在下文作详细介绍。

②《治淮委员会第二次全体委员会议决议》（1951年5月2日），《治淮汇刊·第一辑（1950）》，内部刊物，第9页。

山、曾希圣、吴芝圃、惠浴宇等7位委员联合署名，提出《关于治淮方案的补充报告》，上报毛泽东、周恩来、华东局、中南局和水利部。报告指出，根据工程部的初步计算，前次会议制定的治淮方略，有工程过大之感，故联席会议再次研究中游工程和入海水道是否开辟，及润河集蓄水位等问题。

经研究认为，中游工程艰巨，工程量太大，建议采取河、湖不分开，并研究五河内外水分开，适当提高五河水位的方案，以节省经费。下游关于入海水道问题，第二次淮委会议虽提出不需开辟，但有重新考虑的必要，建议将苏北灌溉总渠与入海水道结合为一，在洪泽湖水位问题上，苏皖两省存在争议，决定待算清中下游两方利弊后再行确定①。水利部同意了这一意见，对中游工程和入海水道工程做了调整，而其他决议，如山谷水库、润河集蓄洪工程等，基本按照规划逐步上马实施。

总之，治淮委员会的成立及三次全体会议的召开，在新中国治淮史上具有重要的地位。一方面，使治淮工作有了专门的领导机构，迈出了新中国治淮事业的第一步；另一方面，三次会议集中研讨治淮方略，统筹安排上、中、下游三省的工程纲要，使各地治淮工程的实施有了明确的目标和任务。

五、治淮规划的编制

治理整个流域，工程规模很大，涉及的因素很多，因此，必须有一个总体的规划。1951年淮委第二次全体会议制定了一个初步规划，即《关于治淮方略的初步报告》；之后又根据1954年治理淮河特大洪水的经验，对初步规划作出了调整，于1956年5月编制完成了十余卷的《淮河流域规划报告（初稿）》。从此，淮河流域有了一个全面的、宏观的流域性治理规划，为淮河水患的根治奠定了基础。

需要说明的是，在“文革”之前，水利电力部还曾于1965年年底主持过一次淮河流域规划。由豫、皖、苏、鲁四省水利部门共同组成的规划组，于1959年年底开始进行全流域的调查研究工作，至1966年6月结束。当规划组着手编制规划时，因“文革”爆发，全组人员奉命各返原单位参加“文化大革命”，因而规划工作中途停止，未能提出全流域规划成果。所以，“文革”之前，淮河流域的水利规划，就是上述两个文件，而以后一个为主。

（一）《关于治淮方略的初步报告》的制定

治淮委员会第一次全体委员扩大会议召开期间，提出了编制治淮工程的流域

---

① 曾山、曾希圣、吴芝圃等：《关于治淮方案的补充报告》（1951年7月12日），《治淮汇刊·第一辑（1950）》，内部刊物，第14页。

性规划的要求，并决定由淮委工程部部长汪胡桢、副部长钱正英及水利专家肖开瀛、王祖烈等负责拟定规划初稿。

规划工作从1951年初开始，主要是根据淮河干支流的水文计算来安排工程与计算标准。苏联专家布可夫专门来到中国，提供意见与帮助。4月，治淮委员会工程部编制出《关于治淮方略的初步报告》（以下简称《治淮方略》），这是新中国成立后淮河流域的第一份治理规划。

《治淮方略》由治淮问题的由来、淮河流域的特征与演变、洪水流量的分配及控制、山谷水库、润河集蓄洪工程、中游河道整理、洪泽湖蓄水工程、入江水道等八个部分组成。前两部分的内容暂不做介绍，主要关注《治淮方略》对各项具体工程的规划。

第一，洪水流量的分配及控制。本次规划的水文计算，以1931年和1950年淮河的行洪资料为依据，计算了自洪河口至洪泽湖之间淮河干流的流量和水位，得出结果如下：洪河口流量6450立方米/秒；润河集流量5500立方米/秒；正阳关流量6500立方米/秒，水位24.75米；蚌埠流量7500立方米/秒，水位20.4米；浮山流量9000立方米/秒，水位14.6米；中渡流量6000立方米/秒，水位12米；高邮流量6000立方米/秒，水位8米；三江营流量6000立方米/秒，水位4.6米。同时计算出各湖洼的蓄洪量和水位是：上游濛河洼地蓄洪量17.8亿立方米，水位27.5米；中游城西湖蓄洪量28.7亿立方米，水位26.5米；城东湖蓄洪量10.9亿立方米，水位24.5；瓦埠湖蓄洪量18亿立方米，水位23.8米；下游洪泽湖蓄洪量59亿立方米，水位14米①。各地洪水量及水位的确定，是制定治理规划的依据。

第二，山谷水库。根据前期勘测结果，确定在淮河、洪河、颍河及南岸各支流上建水库16座，分别是淮河大坡岭水库、浉河南湾水库、竹竿河独树村水库、潢河龙山水库、汝河薄山水库、洪河石漫滩水库、南汝河板桥水库、史河梅山水库、灌河盛家店和鲇鱼山水库、淠河佛子岭和长竹园水库、沙河下汤和曹楼水库、北汝河紫罗山水库，以及颍河白沙水库。这些水库共控制山区面积16437平方公里，蓄水总量达31.5亿立方米。

第三，润河集蓄洪工程。建该工程的目的在于，控制正阳关以上淮河的流量，使颍河口以下的淮河干流的流量，最大不超过6500立方米/秒，正阳关水位不超过24.4米。为配合该工程蓄洪作用的发挥，需要修建城西湖和城东湖，使之成为有控制的蓄洪湖泊，同时把濛河洼地及周边湖洼作为非控制的滞洪湖泊，

---

① 治淮委员会工程部：《关于治淮方略的初步报告》（1951年4月28日），《治淮汇刊·第一辑（1950）》，内部刊物，第164页，以下《治淮方略》的内容皆引于此，不再一一作注。

两湖与其余湖洼共可蓄洪72.12亿立方米。

润河集蓄洪工程包括进湖闸、拦河闸与固定河槽三部分。进湖闸为方水入城西湖的口门，闸底高程21米，闸门顶高27米，总宽174米，入湖最大流量3000立方米/秒。拦河闸与固定河槽并用，可控制下泄流量5500立方米/秒。该工程估需经费15400万斤大米。

第四，中游河道整理。淮河中游河道整理的范围，为正阳关至洪泽湖的出口蒋坝。整治的目的，一是使上游来水不致为患，二是降低水位便利内水排泄，三是缩短航道、便利航运。规划拟定了四种方案，待日后比较选择。这四种方案分别是：其一，利用滩地行洪：淮河南岸除淮南矿区和蚌埠市区外，都利用作为排洪孔道；其二，疏浚河道：疏浚五河至浮山段的淮河干流，及龙集以下河段；其三，裁弯取直：上草湾切港，使双沟淮河可以直接进入洪泽湖，缩短淮河水道35~65公里；其四，开辟排洪辅道：在淮河北岸开挖排洪辅道，以控制润河集控制工程建成后，浮山流量的增加。

第五，洪泽湖蓄水工程。利用洪泽湖蓄水，可以减轻淮河下游的排洪压力。但目前，淮河从盱眙的龟山入湖，到蒋坝的三河出湖，河湖相连为一体，洪泽湖不能发挥蓄洪作用。因此，拟采取河湖分开的办法，使洪泽湖与淮河分家，主要工程措施是：其一，开通双沟以下的上草湾岗地，使浮山下泄的水量超过5000立方米/秒时，将超出的水量由上草湾岗地分泄入洪泽湖暂时存蓄，汛后再下泄，或不放水，留作灌溉、航运与发电之用。其二，在上草湾建入湖闸，控制入湖水量，使淮水尽量下泄；其三，在浮山建拦河闸，调节下泄的水量；其四，堵塞上草湾的淮河旧槽，使下泄的水量全部经浮山的拦河闸。其五，开通盱眙的古河，并筑坝堵闭龟山附近淮河入湖的口门，使淮水经古河进入三河；其六，在蒋坝附近筑坝，使湖水不入三河；其七，在高良涧开灌溉总渠，供给苏北农田所需水量，并利用水位落差发展水力发电。

第六，入江水道。整治入江水道的目的：一是使三河下泄的洪水能够顺利地流入长江；二是减低高邮一带的水位以保证运河大堤的安全；三是在低水时期，能使高邮湖和宝应湖大部分干涸出来，以在冬季种麦；四是造成排洪孔道，将湖区完全涸出成为两收地区。为此，规划提出了入江水道整治的两个方案：第一个方案，洪泽湖蓄水位14米，入江水道最大下泄6000立方米/秒，泄水路线由三河至金沟西面，循柏家涧折向南行，经新河入高邮湖。为保证此路线行水的畅通，需疏浚或拓宽三河的淤浅河段，拆除高邮湖和邵伯湖内的圩堤，六闸以下利用原有引河泄洪入江，归江坝可视情况拆除。估需开挖土方3036万立方米，经费约3.9亿斤大米。第二个方案，洪泽湖蓄水位13米，三河下泄最大流量8500立方米/秒。疏浚三河并筑堤，圩堤的拆除和六闸以下引河的疏浚工程，也需要进行，且工程力度要比第一种方案稍大，大部分归江坝也可废弃。这一方案估需开挖土方59490000立方米，经费701140000斤大米。

《治淮方略》订立后，由淮委主任曾山带队到北京向周恩来汇报。在汇报会议上，周恩来十分专注，审阅总图标时，因尺寸过大，桌面上放不开，便铺在地上。大家都蹲在地图周围，周恩来也俯身趴在地上仔细看着图上的注字，并不时提出疑问①。汇报结束时，他说：这个方略我已大体了解了，原则上认为可行，可让李葆华同志拿到中央水利部去报告傅作义部长，再叫专家们详细审核，由部下达正式批准。

这个治淮方案，经过淮委第三次全体会议的修订后（主要是改河湖分开为不分开，适当提高五河的水位），在各省开始执行。

《治淮方略》是落实《关于治理淮河的决定》的具体规划。这个大型的统一规划，关系到当时河南、安徽、山东和江苏四省的水利工程的总体布局。但是，现在重新研究这个以防洪为重点的规划，是存在一定的局限的：

第一，在防洪规划中没有充分研究治淮应有的防洪标准。《关于治理淮河的决定》明确提出“按照最大洪水来量，一方面利用湖泊洼地，拦蓄干支洪水；一方面整理河槽，承泄拦蓄以外的全部洪水”。但是，当时的水文计算中，只研究了历史上已经发生过的1921年、1931年和1950年三次大洪水，而没有对“最大洪水”做充分的估计，所以把治淮的防洪标准定得低了。

第二，淮河中游和下游都有滞蓄洪水达100亿立方米以上的湖泊和洼地，调蓄洪水的能力是很强的，但在水文计算中，忽略了这方面的因素。

第三，由于经验的不足，导致了一些错误的决定：当时防洪标准的制定，是以洪峰流量为依据的，因1950年洪水在淮河干流的正阳关、蚌埠等地的洪水位比1921年和1931年都高，加上1950年的水文资料也最齐全，所以就以1950年的洪水作为治淮干流的规划洪水。但是，后来的行水实践证明，起决定作用的是相当长时段的洪水总量，而不是洪峰流量②。根据现在按30天洪水量计算的洪水频率计算成果，淮河干流1931年的洪水约为40年一遇，而1950年洪水仅为10年一遇。所以，治淮防洪标准的确定就更加低了。

第四，由于对防洪标准估算过低，导致淮河中游湖泊洼地的蓄洪工程和中游堤防的防洪标准都偏低了，所以，下游也取消了开辟入海水道的工程计划，而以开挖能泄洪800立方米/秒的苏北灌溉总渠代替。这是一个很大的失误。

---

① 曹应旺：《周恩来与治水》，中央文献出版社，1991年8月第1版，第21页。

② 王祖烈：《治淮规划工作的回顾》（1979年3月），水利部治淮委员会，《治淮汇刊》编辑委员会编印：《治淮汇刊·第七辑（1981年）》，内部刊物，第71页。

这些缺陷，多是由于水利知识及治水经验的缺乏的导致的，因此，在这当时来说是无法避免的，只能在以后的治水工作中，随着经验的丰富和认识的加深而逐步改进。

（二）《淮河流域规划报告（初稿）》的制定

《治淮方略》制定实施后，淮河流域于1954年发生了特大洪水灾害。这次特大洪水证明，初期制定的防洪标准过低。所以，在条件成熟的时候，进行一次全面性的流域规划以纠正前期规划的不足，是十分有必要的。

1954年，经过初期的恢复，国民经济已全面好转，国内外政治形势逐渐稳定，各项事业也逐步迈上了正常发展的轨道。尤其是实行了比较开明的知识分子政策，吸收了一大批各行各业的知识分子，投身于各项建设事业中去。

在这种条件下，编制淮河流域规划的条件业已成熟。1954年冬，在国家计划委员会的组织、领导下，由治淮委员会勘测设计院①和河南、江苏两省治淮指挥部为主的淮河流域规划小组成立。同时，中国科学院、水利部、高教部、农业部、地质部、林业部、燃料工业部、交通部、铁道部、中央气象局等有关部门，也纷纷派出人员进行协助。水利部以沃洛宁为首的苏联专家组，对规划进行了具体指导。实际参加规划工作的设计人员有160余人，其他包括水文调查分析、社会经济调查及地质土壤调查工作人员等各类人员共800余人。

这支庞大的队伍于1954年冬开始了规划工作，到1956年5月编制完成了《淮河流域规划报告（初稿）》，历时一年半的时间。大致可分为三个阶段：

第一个阶段，1954年冬至1955年3月。这个时期主要是组织力量，进行实地勘测与调查，收集资料。

第二个阶段，1955年3月至8月，提出计划任务书。首先由治淮委员会根据勘测资料，提出计划任务书，并向三省省委征询意见，进行修改补充。水利部与国家计委先后于4月22日与8月8日批准了计划任务书。

第三个阶段，1955年8月至1956年5月，编制规划。计划任务书通过审批之后，各方面专家提出方案，并对各种方案进行计算、比较，以选择最优方案。至11月，各种比较方案已有了初步结果，淮委先向苏联专家沃洛宁汇报取得同意后，分别向水利部、三省省委做了汇报，继而又向农业部、林业部等有关部门就有关规划部分分别进行了汇报，以听取意见。根据各部门意见，进行了补充和修正，最终于1956年5月完成了《淮河流域规划报告（初稿）》。

该规划是一项水利资源综合利用的总体规划，共10卷，依次是：流域总述、水利经济指标、防止水灾、灌溉、航运、水力发电、水土保持、水工、今后勘测

① 1954年11月，治淮委员会在工程部试验室的基础上，成立了治淮委员会勘测设计院。

设计和科研工作、结论。规划的主旨是防止水旱灾害，发展农业生产，兼顾发展航运、水电和水土保持。

对于淮河水灾的防治及水利资源的控制调节，仍采取上、中、下游三级控制的办法。主要工程措施是：在上游山区、丘陵区，尽量兴修山谷水库和群众性的塘坝，以拦截山洪，削减洪峰，调节径流，蓄水兴利。水库以下的平原地区，分别进行河道疏浚、修筑堤防、利用洼地蓄水等措施，达到防洪除涝和综合利用的目的。除已建成的山谷水库 7 座和洼地蓄洪 5 处外，再修建山谷水库 15 座，洼地蓄洪 4 处，发展灌溉面积 1568 万亩，装机容量 21 万千瓦。中游兴建陕山口水库，结合干流堤防培修，可抵御 500 年一遇洪水，发展灌溉面积 1233 万亩，装机容量 8000 千瓦。中游地区的除涝，采用水利与农业结合的措施。在较高地区修建沟洫畦田，疏浚河道，建立排水系统；低地调整水系，修建涵闸，实行圩田改种，进行机械排灌，达到 10 ~ 20 年一遇的除涝标准。下游加固洪泽湖大堤，增加洪泽湖的蓄水量；整治入江水道，开辟入海水道，加大淮河入江入海的泄量，抗洪能力提高到千年一遇；里下河地处区出海各河道，均修建挡潮闸，疏浚内部河道，整治圩堤，达到 10 年一遇的除涝标准。利用洪泽湖蓄水结合当地径流，可改善及发展灌溉面积 3018 万亩，发展航运以渠化航道为主，改善航线 1779 公里，新增航线 2178 公里①。

尽管之后的实际行水经验证明，《淮河流域规划报告（初稿）》存在着对淮河洪水来量的估算偏小、工程标准偏低等方面的缺陷，但是，功盖其过，它是淮河流域治理的蓝本，奠定了此后很长时间段内治淮工程的总体布局，并取得了不少成绩：

其一，是一个比较全面和完整的规划，不仅重视防洪工程的兴建，同时对除涝、灌溉与兴利等内容都引起了重视。规划内容全面体现了“除害兴利”“变水害为水利”和综合利用开发淮河水利水力资源的规划思想。

其二，在防洪规划方面，重新进行了淮河干支流的洪水计算，淮河干流中游和下游用最大 30 天水量来进行洪水频率计算，比 1950 年的洪水计算前进了一步，因此防洪标准也较前有了提高。如干流中游为百年一遇，下游为千年一遇，各支流为 50 ~ 100 年一遇等。规划中提出了上游要继续修建一大批大型水库，中游要修建蓄洪控制工程，下游则要开辟入海水道等战略性骨干工程，奠定了今后治淮工程的总体布局。

其三，在除涝规划方面，对全流域的较大支流都进行了除涝和防洪规划，并

① 江苏省档案局藏有《淮河流域规划报告（初稿）》的全十卷。这十卷的档案号依次是 042. 9 - 9 至 042. 9 - 16。

提出了较高的防洪标准。对内涝灾害引起了相当重视。

第四，在灌溉规划方面，提出全流域充分利用地面水的规划，并提出引江和引黄的规划意见。这是当前正在实施的“南水北调”工程的最初设想。

这一规划对于淮河流域的治理来说，具有十分重要的作用。它不仅包括水灾的防治，还涵盖了灌溉、航运、水力发电等内容。也就是说，从治理思想上来看，规划不仅局限于防治水灾的基本目标，而且着眼于对淮河流域水资源的综合开发与利用。此后，随着规划中各项工程的施工兴建，奔流不羁的淮河受到了束缚，不再恣意漫流，沿淮两岸受灾面积逐步得到控制，受灾程度有了很大减轻，淮河重新为沿岸人民带来利益。

第二节　国家治淮部署中的苏北水利工程

——1949—1957 年苏北治淮的成绩

从建国初期中央中央就治淮方面所做的工作来看，新中国的治淮决策是坚定的。从国民经济恢复的三年到“一五”计划时期，国家在治淮工作上投入了很大力度，使淮河下游的水利面貌得以迅速改善。

一、国民经济恢复时期的苏北水利工程

这是苏北治淮的起步和初步发展的时期。众所周知，新中国成立之初，中国大地满目疮痍，百端待理。农业减产、工厂倒闭，交通梗阻，物资奇缺，物价飞涨，失业众多。1949 年汛期的特大洪水，无疑使经济困难更加雪上加霜。这一年，全国工、农业生产状况均跌入最低谷，工业总产值，与历史上最高生产水平相比，下降了近一半；农业下降了约 25%；粮食总产量仅为 2250 多亿斤，人均国民收入只有 27 美元，相当于亚洲国家平均值的 2/3①。尽管恢复国家财政经济的工作举步维艰，抗美援朝战争也消耗了大量的人力、物力和财力，但中共中央克服了众多困难，抽调了大量经费用于治水工作的开展。据统计，自 1949 年 10 月至 1953 年底，国家对水利建设的投资达 12 万亿元，贷款 3. 3 亿元②。几年来，

---

① 中共中央文献研究室编：《毛泽东传（1949—1976）》，中央文献出版社，2003 年 12 月第 1 版，第 60 页。

② 李葆华：《四年水利工作总结与今后方针任务》（1953 年 12 月 11 日），《历次全国水利会议报告文件（1949-1957）》，《当代中国的水利事业》编辑部 1987 年 1 月内部发行，第 131 页。这是李葆华在 1953 年全国水利会议上的报告。

水利投资占经济建设投资的比重是很大的。

新中国成立初期，苏北地区的治淮工作，是在苏北区党委和苏北行署的直接领导下开展的。1950年11月，治淮委员会初建时，设淮河下游工程局，负责领导苏北地区的治淮工作。1951年11月9日，淮河下游工程局撤销，在淮安成立苏北治淮工程指挥部，惠浴宇任指挥。1952年1月5日，改为苏北治淮总指挥部，6月1日由淮安迁往扬州，与苏北水利局合署办公。

新中国成立初期，苏北地区的治淮工作是在苏北区党委和苏北行署的直接领导下开展的。1950年11月，治淮委员会初建时，设淮河下游工程局，负责领导苏北地区的治淮工作。1951年11月9日，淮河下游工程局撤销，在淮安成立苏北治淮工程指挥部，惠浴宇任指挥。1952年1月5日，改为苏北治淮总指挥部，6月1日由淮安迁往扬州，与苏北水利局合署办公。

这一时期又可分为两个阶段：

第一个阶段是开国之初至1951年上半年。由于这个时期尚未成立治淮领导机构，也没有制定治理规划，故流域各省区的治淮工作，大都是“头痛医头，脚痛医脚”式的治理，即选择一些局部性的、急要的工程，苏北地区主要是培修、加固了河湖堤防。1950年春至1951年，苏北地区拨出了7300万斤大米，发动9个县的民工35余万人，大力整修和巩固运河东、西堤和洪泽湖大堤。一个冬春，共完成土方786万立方米，新兴运河东堤块石护岸1740米、埽工2710米、西堤干砌石埝23万立方米和洪泽湖大堤石工329米①。这个时期对运河大堤和洪泽湖大堤的修复，虽然只是选择险工堤段重点加固，但决口被堵闭了，堤身加做了块石护坡也变得牢固了，增强了大堤抗御风浪的能力。

第二个时期是1951年下半年至1952年年底，是苏北地区水利建设的第一个高潮时期。这一阶段，治淮委员会成立，使治淮有了专门的领导机构；同时，《政务院关于治理淮河的决定》和《关于治淮方略的初步报告》的出台，使上、中、下游各省区的治淮工作有了明确的任务。此外，1951年5月初，中央治淮视察团将毛泽东亲自题写的“一定要把淮河修好”的锦旗（见图2－1）送到了三省的工地，大大激发了民工及领导干部的热情。在这三方面因素的共同促成下，从1951年下半年开始，三省先后掀起了治淮的第一个高潮。

在这次治淮的高潮中，苏北地区开工兴建了若干大型工程，比如开辟了苏北灌溉总渠，兴建了洪泽湖的控制工程三河闸和高良涧进水闸，同时，各地农田水利工程也普遍开展了起来。

---

① 《十年来江苏省水利建设》（1959年5月），江苏省档案馆馆藏档案：3224－2－0639。

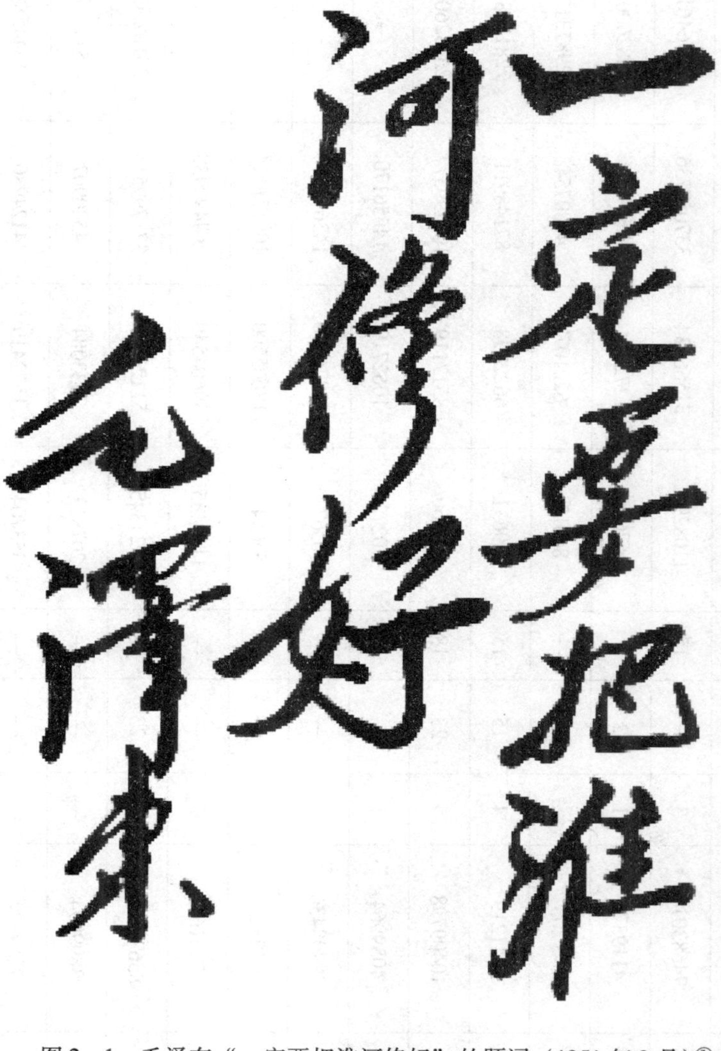

图 2－1　毛泽东“一定要把淮河修好”的题词（1951 年 3 月）①

1949 年至 1952 年苏北在水利工作上的全部成绩见表 2－4 所列。

① 图片来源：苏北导沂整沭工程司令部、政治部编印：《新沂河年鉴》，图片部分。

表 2-4　1949 年冬至 1952 年春苏北水利工程成绩一览表

工程项目			完成土方（立方米）	完成建筑物（座）			动员人数（人）	实做工数（工日）	实用经费（千元）	受益田亩（亩）
流域	地点	专区		闸	洞	坝				
新沂河		淮阴	74683014	3	—	15	1108291	31566434	337057736	7256461
淮河下游工程	运河	淮阴	4119376	1	2	3	167614	1272714	15669912	382600
		盐城	549203	—	6	—	86615	622107	4480754	2987312
		泰州	5741219	4	15	15	359631	6622298	87148911	22812688
		小计	10409798	5	23	18	613860	8517119	107299577	26182600
	灌溉总渠	淮阴	4059964	1	—	—	70272	1062719	14656170	—
		盐城	39798436	1	—	—	503671	19876330	143672354	—
		泰州	29403238	—	—	—	536542	18665500	106171414	—
		小计	73261638	2	—	—	1110485	39604549	264499938	—
	小　计		83671436	7	23	18	1724345	51121668	371799515	26182600
长江复堤工程		泰州	3899894	—	—	—	207813	2533084	4520907	1511216
		南通	7254736	—	—	—	353704	1572419	4124980	1444589
		小计	11154630	—	—	—	561517	4105503	8645887	2955805

（续表）

工程项目			完成土方（立方米）	完成建筑物（座）			动员人数（人）	实做工数（工日）	实用经费（千元）	受益田亩（亩）
流域	地点	专区		闸	洞	坝				
内河农田水利	垦区开浚河道	盐城	8477391	8	5	—	168214	3004271	23094880	1092548
	新沂河附属工程	淮阴	25382954	—	—	—	502522	13593131	—	—
	龙河等	淮阴	4736171	—	—	—	74627	2333399	6484118	—
	农田水利	淮阴	47343177	134	72	—	1349716	15521660	15439581	3605587
	农田水利	盐城	42984118	92	944	3	1258053	11835619	20218437	5500941
	农田水利	泰州	34296320	18	1061	19	1206905	15030258	7788818	4688868
	农田水利	南通	40034504	1	820	11	1361277	13983000	6106148	8753042
	小　计		203254635	253	2902	33	5921314	75301338	79131982	23640986
垦区修筑海堤		盐城	7214410	—	—	—	257255	3503739	24088201	2314017
		南通	11878014	4	—	—	365898	5677405	12704319	2423011
		小计	19092424	4	—	—	623153	9181144	36792520	4737028
总　计			380701509	267	3032	51	9467123	170175504	824897046	61817075

注：剔除了原表中关于长江复堤工程的统计。

资料来源：《苏北情况汇编》，中共苏北区党委办公厅，1952 年 10 月编印，内部资料。

二、“一五”计划时期的苏北水利工程

1953年江苏建省后，治淮工作的领导机构易其名。是年1月27日，苏北治淮指挥部改名为江苏省治淮挥部，同时设立江苏省水利厅，负责全省水利工作。1954年7月13日，又改称江苏省治淮总指挥部。1956年9月，总指挥部由扬州迁至南京，与江苏省水利厅合署办公。

1953年起，随着国民经济的全面好转，国家对农业生产有了更高的要求。水利作为农业生产的命脉，获得了更大的发展。这一时期苏北的治淮工作，前期洪涝并重，在巩固堤防和安排淮河较大洪水的目标下，疏浚排涝干支河道，在里下河地区兴建了射阳河闸、新洋港闸等一批规模巨大的排水挡潮建筑物，并开始整治淮河入江水道；后期逐渐变为兴利，开展灌溉航运工程，利用淮水、沂水，大面积地开展了旱改水的灌区工程，洪泽湖开始发挥蓄水作用；同时，在农业合作化的高潮中，依靠农业合作化组织，掀起了规模空前的群众性农田水利运动。

在这5年的发展中，值得一提的是1956年。从1955年冬开始，随着农业合作化运动的发展，在全省范围内现了一个兴修水利运动的高潮。这是继1952年之后的第二次水利建设的高潮，呈现出规模大、数量多、进展迅速的特点。这一年，完成国家投资工程共147项，占原计划的119%；共做土方22648万立方米，石方30.84万立方米，混凝土9.78万立方米。完成了射阳河闸、新洋港闸、东台河闸、阜宁腰闸、烧香河闸、东沙港闸等8座大中型闸工作，及353座小型涵闸工程。初步疏浚了淮河入江水道和一批主要的大中型防洪排涝干河；同时并大规模进行了里运河整治工程①。

由于农业合作化的迅速发展，小型农田水利发展极为迅速。全省农民投入小型农田水利约有350万人，占全省农业人口10%。共完成砖、石、土井133216眼（其中砖、石井96606眼，土井36610眼），塘坝、谷坊、小水库100964处（其中新建和整修塘坝100495座，谷坊339座，小水库130座），渠道468处，培修圩堤14182条，开挖和疏浚河道106943条，涵洞6274座，共完成土方35401万立方米，比1955年小型水利完成土方多出5倍。这些工程的完成，扩大灌溉面积444万亩，改善灌溉面积623万亩，改善排水面积1514万亩，水土保持265平方公里②（1956年苏北地区治淮工程完成情况统计表，见附录表2）。

纵观1949年至1957年全省的水利工作成就，包括治淮工程、对沂沭泗流域

① 《江苏省1956年水利工作总结》（1956年12月31日），江苏省档案馆馆藏档案：3224-1-0021。

② 陈克天：《江苏省1955年冬及1956年春水利工作的总结和今后工作的意见》（1956年8月8日），江苏省档案馆馆藏档案：3224-1-0023。

的治理及农田水利工程的兴建，国家在江苏省的水利基本建设上的投资高达4.13亿元，投资中绝大部分是在淮、沂沭泗下游地区。在淮河下游地区投资2.57亿元，沂沭泗下游地区投资1.26亿元，合计为3.83亿元。其中：防洪工程投资1.22亿元，占总投资的31.9%；排涝工程投资1.64亿元，占42.8%；灌溉工程投资0.86亿元，占22.5%；其他航运等工程0.11亿元，占2.8%①。国家的重点支持，保证了苏北治淮事业的发展。投资大部分用于防洪和排涝工程，使淮河下游地区的防洪标准，由建国前的5年至10年一遇，提高到40年一遇；除涝标准也是原来的两三年一遇，普遍提高到5年至10年一遇；灌溉方面，利用苏北灌溉总渠送水和洪泽湖蓄水，使淮河下游自流灌溉的面积由100多万亩增加到了400多万亩。淮河下游的面貌，初步得到了改善（关于1949年至1957年江苏省在治理淮河和沂沭泗流域，完成的主要水利工程项目及成绩的统计，见附录表3）。

总之，从1949年至1957年，苏北地区本着“蓄泄兼筹”的原则，对淮河流域进行了4项重大工程的建设，从“蓄”和“泄”两个方面，一定程度上解决淮河下游洪水出路不足的问题。一方面，苏北灌溉总渠的开辟，可以分泄700立方米/秒的淮水溉两岸农田；入江水道的整治，使淮河入江的流量扩大到了8000立方米/秒。另一方面，洪泽湖蓄洪工程的实施，使洪泽湖能够容蓄一部分淮河洪水，减轻了下游地区的泄洪压力；配合三河闸的兴建，洪泽湖的蓄泄得到了控制。上述4项重大工程的实施，尽管没有彻底解决淮河下游洪水出路不足的问题，但是，奠定了淮河下游出路的格局，为淮河下游的进一步治理，提供了良好的基础条件（江苏省水利工程现状图见附录图2所示）。

第三节　苏北灌溉总渠的开挖

一、从淮河入海水道到苏北灌溉总渠

前文提到，南宋建炎二年（1128年），人为地决黄河，使黄河入泗通淮。此后，黄河屡屡泛泗、夺淮，借道古淮水的河床入海。直到1855年黄河北归，黄河夺淮的历史宣告结束。但是，黄河离去后，并没有把这条入海出路“还”给淮河。由于长期的泥沙沉积，淮阴以东古淮水的入海河道成为高出两岸地面数米

① 江苏省水利厅：《江苏省七年来治淮工作初步总结及今后治理意见》（1957年11月），江苏省档案馆馆藏档案；3224-1-0052。

的“悬河”，外水无法进入。人们将其称为“废黄河”，作为淮河水系和沂沭泗水系的分水岭。

淮河泛滥的历史，并没有随着黄河的北归而结束。故自清末起关于治淮的措施的讨论，多集中在治理入海水道上，方式不外两种：一曰“复淮”，即疏浚废黄河，使其重新成为淮河入海通道；一曰“导淮”，即寻适宜位置另辟新道①。然而入海故道已淤塞高出地面数米，且多系流沙，疏浚不仅费工且难持久。所以，议论之言颇多，但工程实施不多。

新中国成立后，中共中央、治淮委员会几次研究治淮的战略措施，作出了解决淮河下游洪水出路的一项重大决策，即开辟淮河入海水道。后出于种种方面的考虑，最后决定暂不开挖入海水道，以苏北灌溉总渠方案代替。

（一）入海水道方案的提出与否决

1950 年 9 月，第一次治淮会议以后，华东水利部和淮河水利工程总局根据治淮会议的精神，立即组织了入海水道查勘团，于 10 月赴苏北进行实地勘察。查勘团一行 49 人，由水利专家汪胡桢、刘钟瑞带队，测量了从高良涧始，经淮安、苏嘴、盐城东坎、六垛至滨海扁担港出海口一线。经过一个多月的查勘和征询地方意见，查勘团认为这条路线是比较适宜做河线的，即从洪泽湖东岸高良涧分水，东北行至淮安城南穿过里运河，再从东北至扁担港入海，全长 168 公里；又提出入海水道的设计方案，即分为南北两槽，总行洪流量定为 8000 立方米/秒，以南槽为主，北槽为辅：南槽在洪泽湖水位 14 米时排泄 3000 立方米/秒，北槽在洪泽湖水位 14.5 米时开始使用，最大泄量为 5000 立方米/秒；水道为三堤两河的形式，南北堤距共宽 4000 米。

按照淮河下游要“以利宣泄”的思路，政务院《关于治理淮河的决定》明确要求下游开辟入海水道，并把这一工程列入 1951 年工程计划，“应即进行开辟”②。这便是中共中央关于淮河入海水道工程的最早决策。

新中国成立初期，对淮河下游的治理，着重于解决洪水灾害，侧重于“泄”，因此，开辟入海水道，以增加淮河下游的洪水出路，无疑是一项正确的决定。如果淮河水道工程能够兴建，并按照排洪 8000 立方米/秒的设计标准开挖完成，必将会大大减轻淮河在下游地区的为害程度，也许，苏北地区的治淮历史会是另外一种情况。但是，建入海水道工程的方案很快被否决。

1950 年 11 月 6 日，淮河委员会在蚌埠成立，并召开了第一次委员会议。淮

---

① 参见水利部淮河水利委员会《淮河水利简史》编写组：《淮河水利简史》，水利电力出版社，1990 年 8 月第 1 版，第 296－301 页。

② 《关于治理淮河的决定》，《历次全国水利会议报告文件（1949—1957）》，《当代中国的水利事业》编辑部 1987 年 1 月内部发行，第 366 页。

委工程部根据1931年和1950年的洪水资料，经过水文计算，提出淮河洪水总量的分配意见。会议同时决定："唯因目前资料缺乏，时间迫促，勘测需时，加以苏北人力调度困难，因此须呈请中央批准于本期暂缓开辟入海水道及缓办三河活动坝"①。确定当年把重点放在入江水道疏浚，培修洪泽湖堤、运河堤，修建运河12涵洞等6项工程方面。这个决定，在经11月23日至12月7日召开的全国水利会议讨论后，由傅作义向政务院第67次政务会议报告，并获得批准。同时政务会议要求："入海水道须继续研究，充分准备，一九五一年汛后动工"②。这就是说，政务院同意入海水道推迟1年施工。

3个月后，淮委于1951年4月26日召开第二次全体委员会议，根据《关于治淮方略的初步报告》中水文计算的结果，作出了"不需要入海水道"的判断："依据1931年及1950年水文计算，并参照1921年下游洪水估算所得和根据上游蓄洪能力"，"下游则依据洪水总来量800亿立方米计算，洪泽湖水位为14米，中渡流量为8000立方米/秒"。据此认为，肯定不需要开辟入海水道。

就这样，经过两次会议的讨论与决定，入海水道工程被扼杀在"摇篮"里了。但事情并没有就此结束，由于暂不开挖入海水道，淮河下游的洪水出路仅有入江一条，还是不够的，于是便产生了一个替代方案。

（二）苏北灌溉总渠方案得到周总理的支持

1951年7月26日至8月10日，中央水利部在北京召开第二次治淮会议。会议根据水文局所作的淮河水文计算的报告，确定淮河洪水总量为760亿立方米，上中游有效拦洪量120亿立方米，下泄洪泽湖最大流量为11400立方米/秒，经由洪泽湖调蓄，若由苏北灌溉总渠分泄700立方米/秒后，三河最大流量可不超过7000立方米/秒。据此，会议正式决定："入海水道可以不再开挖，改由洪泽湖至黄海修筑一条以灌溉为主结合排洪的干渠，分泄流量700立方米/秒"，即苏北灌溉总渠（见图2-2）。

就这样，关于开辟入海水道的规划暂被搁置，而代之以开挖苏北灌溉总渠。苏北灌溉总渠与淮河入海水道的区别在于，前者是以灌溉为主、结合排洪的河道，灌溉是其主要的功能，而辅以非常时期排洪，因此，设计流量较小，土方工程较少。后者则是淮河下游的主要排洪干道，要使其充分发挥作用，必须多挖土

---

① 《治淮委员会第一次全体委员会议决议》（1950年11月12日），《治淮汇刊·第一辑（1950年）》，内部刊物，第6页。

② 傅作义：《中央人民政府水利部关于水利工作一九五〇年的总结和一九五一年的方针与任务》（1951年1月12日），《全国历次水利会议文件（1949—1957）》，《当代中国的水利事业》编辑部1987年1月内部发行，第95页。

图 2-2　苏北灌溉总渠全貌图（1952 年）①

方，工程量大。所以，淮委与水利部从工程的难易程度方面考虑，最终选择了土方量小的苏北灌溉总渠。

水利部作出开辟苏北灌溉总渠的决定之后，政务院要听取了汇报。于是，省委副书记惠浴宇带领熊梯云、王元颐和淮委派出的秘书长吴觉一同奔赴北京。周恩来召集政务院有关部门负责人一起听取了汇报。

多年之后，作为这次汇报的负责人，惠浴宇对当时的情况仍然记忆犹新，据他回忆，会议就苏北搞灌溉总渠工程，形成了两种意见：

当时正值志愿军入朝作战初期，中央财政和物资的紧张可想而知。有的副总理有的部门的负责人表示事情是应该办的，但是就目前中央提供的实际支持的能力看，规模是不是太大了？尤其是蓄水问题，本来上游就有想法，按当时的国力，能解决防灾抗洪解脱人民痛苦就很是勉为其难了，解决蓄水，那就是真正意义上的水利事业了，能不能以后有条件了再搞？搞这样的工程，用的钱都能铺到香港去了。上游有的省的同志也说：我们那儿除涝还忙不过来，你们倒要花钱搞灌溉了？周总理把茶杯往茶几上猛一顿，严厉批评那位同志说：你的老毛病不改，为什么不好好听听，先分什么你们我们？中央水利部部长傅作义、副部长李葆华都是积极支持这项工程的，我们当然体谅中央的困难，但作为具体实施者又希望能将工程的效益发挥得更好一点。我也不说别的，只说我们苏北是下游，面对大海，淮、沂、沭、泗四大害河，均要出海，我们有义务敞开大门，让兄弟省泄洪，我们一定办到，具体泄多少，按中央指示办。会议上形成了两种意见，一

① 图片来源：水利部淮河水利委员会《淮河志》编纂委员会：《淮河志》第二卷，图片部分。

时争执不下。周总理听了大家的意见，最后拍板说："苏北人民在战争期间，响应党的号召，上去那么多人，流了那么多血，出了那么多烈士，洪水给你放下海，它够资格蓄一点水嘛！我们应该支援他们……河南上游，以蓄为主；安徽中游，泄蓄兼施；江苏下游，以泄为主，蓄为辅……苏北五大工程，提得有气魄，我都同意。要保证800流量，废除归海坝"①。

最后，周恩来拍板说："今天晚上就批准灌溉总渠，你们要像搞新沂河那样搞好这条河。"当即批给以工代赈粮食大米1亿斤，支持灌溉总渠的兴建。苏北灌溉总渠工程就这样最终确定了下来。

应该指出，入海水道方案被苏北灌溉总渠方案所代替，是根据第二次治淮会议上对淮河洪水流量的估算。但是，限于新中国成立初期水文资料缺乏、经验不足等历史条件，当时确定的淮河760亿立方米的洪水总量，是依据1931年和1950年水利计算，并参照1921年下游洪水估算所得，没有考虑到更大洪水的可能。在这种情况下，对淮河洪水的大小、洪峰流量的多少等，就难以作出切合实际的估算，也就不可能提出全面、准确、完整的水文计算成果，因而直接影响到这项重大工程的决策。未能开辟入海水道，是一重大的失策。但这毕竟是历史的局限，无法超越。当时，在苏北人民看来，开辟苏北灌溉总渠确实令人振奋。

二、苏北灌溉总渠的兴建

正如有些人在政务院会议上所担心的那样，在抗美援朝时期国家财力和人力都十分紧张的情况下，要平地开挖一条长达168公里的河道，困难实在很多。然而当时，在全国爱国主义激情高涨的气氛中，苏北人民硬是凭手挖肩挑，仅用了一个冬春的时间，便成功开成了这条河（见图2－3），又相继建起了配套建筑物。初战告捷，对苏北人民此后漫漫的治水长路，是一个很大的激励。

（一）治淮首役初战告捷

1951年9月，按照查勘团拟定的线路，苏北行署立即组织人员进行线路测量工作。为尽快完成测量任务，将全线划分为5段，抽调、动员苏北水利局（苏北治淮总指挥部）技术人员、水专②学生和测工等共381人，组成5个测量队，同时施测。

从1950年9月底起，苏北即筹备全线测量。当时苏北的测量人员与仪器均不

---

① 惠浴宇：《惠浴宇文存》，江苏人民出版社，2009年5月第1版，第324－325页。

② 1950年7月，华东水利部在南京成立淮河水利专科学校，由淮河水利工程总局领导，局长刘宠光兼任校长。学校设水文、水利工程两个专业班。大专班学制二年，其中水文班改为一年毕业，以适应治淮的需要。1951年7月，该校改称华东水利专科学校，直属华东水利部领导。1955年7月改为南京水利学校，1963年11月迁扬州后改为水电部扬州水利学校。1973年10月改为江苏省扬州水利学校。1984年4月改为江苏水利工程专科学校。1992年6月改为扬州大学水利学院。

足，请求淮河委员会与华东水利部支援，但都未能如愿。苏北只好在本区内尽全力从各方面抽调。凡是能调得动的都调出来了，一部分由外地征聘来的人员，与刚从华东各大学土木、水利两系四年级学生中调来90余人，人员勉强凑足。

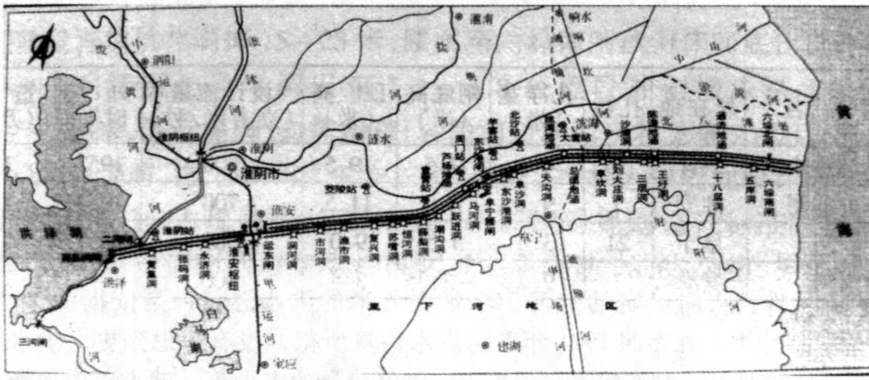

图2－3　苏北灌溉总渠工程示意图①

人员之外，便是仪器问题。5个大队每队70余人，规模很大，需用仪器很多，苏北方面凡是能借到的都借来了，淮河委员会也拨给了一部分；次要的能买则买，能自己做的就赶着自己做，最后总算凑足了。

在这只庞大的队伍中，文化程度、技术水平参差不齐，但工作是整体的，必须划一，达到共同的规定标准。制定的细则，分发人手一册，作为施测的规范及学习的参考。各测量队的施测任务、成分比例见表2－5所列。

表2－5　苏北灌溉总渠测量队及施测线路

队别	施测线路		组成人员（人）					
	起止点	长度（米）	技术干部	行政干部	水专学生	测工	民工	合计
第一测量队	里运河—窑头河	34.1327	17	8	9	7	36	77
第二测量队	高良涧—里运河	35.00	23	8	9	11	27	78
第三测量队	窑头河—万民堆	35.20	15	8	8	6	34	71
第四测量队	东新庄—扁担港	27.76	20	8	8	4	38	78
第五测量队	万民堆—东新庄	36.05	19	8	8	13	29	77

① 图片来源：《洪泽湖志》编纂委员会编：《洪泽湖志》，方志出版社，2003年12月第1版，第273页。

（续表）

队　别	施测线路		组成人员（人）					
	起止点	长度（米）	技术干部	行政干部	水专学生	测工	民工	合计
合　计	—	168.1427	94	40	42	41	164	381

资料来源：《苏北一九五二年度治淮工程总结（灌溉总渠土工部分）》，江苏省档案馆馆藏档案：3228－1－0004。

由于新中国成立初期各项条件的局限，测量队在施测过程中遇到不少困难。

首先是选点的困难。由于资料的缺乏，计划线路所使用的地图是民国十一年至十五年（1922—1926）测绘完成的1/10000淮扬徐海平剖面图，因年代久远，地形多有变化，导致控制点难以找准。测量人员或请当地农民带路，或是增加测量次数，加大了测量的工作量。

其次，由于从前期准备到实施测量的时间紧促，部分地区尚未向群众做好宣传。当测量队扛着仪器进驻村里时，不少农民以为施工时会占用他们的房屋、征用他们的农田，因此多有阻挠测量工作的情况发生，比如辱骂工作人员，或者坐在地里哭闹，妨碍实测工作，甚至还有夜晚出来偷偷拔掉桩标的。

再者就是地理环境方面的困难。部分河线贯穿于水深淤厚的河道和多年水生植物的水荡柴田中，这也给测量带来了很多障碍。

但是这些困难都没有阻碍工作的进行，测量队不到1个月便完成了测量工作。之后，同班人马又于10月底完成了放样工作。测量、放样的情况见表2－6所列。

测量队还抽出一部分人员，对废黄河沿途进行了查勘，结果发现，废黄河河床淤高沿岸数米，土质也不好，所以放弃了利用废黄河河线的方案。这条河线上，有三个点必须精确确定，就是出湖点、穿运点和入海口。测量队对这三个点的位置，进行了优选。

表2－6　苏北灌溉总渠测量成绩统计表

	项　目	单　位	完成数量				
			第一测量队	第二测量队	第三测量队	第四测量队	第五测量队
1	导线测量标点	点	139	105	125	77	109
2	设置标点	点	6	—	17	27	24
3	测线	公里	36.1327	45	35.2	27.76	36.05
4	坐标计算	点	125	105	125	77	109

（续表）

	项　目	单　位	完成数量				
			第一测量队	第二测量队	第三测量队	第四测量队	第五测量队
5	天体观测	点	2	3	4	3	3
6	设置水准标点	点	48	35	48	27	32
7	水准测量	公里	48	42	67	27.76	50.55
8	核校水准测量	公里	62	94	67	27.76	50.55
9	施测河口水准	公里	34.1327	—	35.2	27.76	36.05
10	横断面测量	个	337	432	352	271	365
11	纵断面测量	公里	34.1327	42	35.2	27.76	36.05
12	地形测量	万公里	23.8	39	35.2	27.76	36.05
13	绘制地形图（1∶10000）	幅	10	16	24	7	12
14	绘制横断面图	个	337	372	352	271	365
15	绘制纵断面图（1∶50000）	公里	34.1327	35	35.2	27.76	36.05
16	挖验土质	个	—	16	—	—	—

资料来源：《苏北一九五二年度治淮工程总结（灌溉总渠土工部分）》，江苏省档案馆馆藏档案：3228-1-0004。

灌溉总渠需引洪泽湖水，因此要选择一处出湖点。洪泽湖东缘，高良涧以北，切滩工程量大；以南，水位较低逼近洪泽湖大堤，欠安全，因此选定高良涧为出湖点。渠线向东，要穿过里运河，因淮安以南地势较低，土质也好，故选择杨庙为穿运点。而入海口则有三处选择：废黄河口、扁担港口和射阳河口。废黄河口淤高，土质疏松，故不能选用；若选射阳河口，则影响里下河排涝；而扁担港口的海滩比其他海口低约1米，切滩工程量小①。所以，选定扁担口为总渠入海口。这3个控制点确定后，实际上就划定了总渠的大体走向，即自高良涧破洪泽湖大堤向东，经淮安穿过运河再向东，至扁担港入海。

根据勘测结果，苏北治淮总指挥部于1951年编制了《苏北灌溉总渠工程规划概要》，规划内容大致如下：

---

① 苏北治淮总指挥部：《苏北灌溉总渠工程规划概要》，治淮委员会，治淮汇刊编辑委员会编：《治淮汇刊·第二辑（1952年）》，内部刊物，第220页。

（1）路线大体沿用原定入海水道路线，自高良涧起，经淮安城南、阜宁、滨海两县中间到扁担港入海，共长168公里。（2）总渠为平地开河，筑堤与挖河并用，漫滩行水。开挖河床平均深约3米，滩面水深约2～3米。要求在洪泽湖水位11.3米时，能引灌溉流量500立方米/秒；在洪泽湖水位为12.5米时，排洪能力为700立方米/秒；洪泽湖水位为10.5米时，能引水100立方米/秒。（3）淮安水位定为10米。扁担港水位，在最高潮位、普通高潮及普通低潮时分别为4米、2.4米与0.3米。（4）渠道断面，高良涧至淮安，河底宽为140米，洪泽湖内段（引洪泽湖水进高良涧）底宽为100米，淮安以东缩窄至50～60米，到扁担港又增宽为100米。堤坡脚至河边各处不等，运西段为10米，运河以东为25～30米不等。堤顶高出洪水位1.5米，堤顶宽度至少为8米，运西段因挖河土方多，顶宽都为20～30米或更多。（5）在高良涧建进水闸1座，在闸上游开引河通洪泽湖，在与运河交叉处建淮安节制闸（在运河上）与运东闸（在总渠上），在海口附近建六垛闸①。全渠以灌溉排洪为主，结合航运，多处建船闸及输水涵洞。全线测量放样工作完成后，经过半个月左右的准备动员工作，苏北灌溉总渠工程于1951年11月中旬正式开工，分冬春两季进行，至1952年5月全部结束（见图2－4）。

图2－4　1951年冬至1952年春，数十万人民开挖苏北灌溉总渠②

这条平地开挖出来的苏北灌溉总渠，西起高良涧进水闸，经洪泽湖、清浦、淮安、阜宁、滨海、射阳等县区，至扁担港入海，全长达168公里，河床平均深

① 张益善：《新型人工大渠——苏北灌溉总渠》，《治理淮河》，安徽人民出版社，1997年8月第1版，第263页。

② 图片来源：《洪泽湖志》编纂委员会编：《洪泽湖志》，方志出版社，2003年12月第1版，第273页。

3 米，底宽 60 ~ 80 米，全是劳动人民靠双手，一筐土、一筐土挖出来，仅仅用了 83 个晴天（见表 2 - 7）。

表 2 - 7　苏北灌溉总渠土方工程民工数及工作日统计表

工期	实到民工数（人）			技工	实做天数	民工实做工作日		
	土工	硪工	共计			土工	硪工	共计
1951 年冬季	417651	46161	463812	935	34 ~ 44	13629130	1248582	14877712
1952 年春季	673916	51763	725679	—	29 ~ 65	22463006	1302379	23765385
合计	1091567	97924	1189491	935	83	36092136	2550961	38643097

资料来源：《苏北一九五二年度治淮工程总结（灌溉总渠土工部分）》，江苏省档案馆馆藏档案：3228 - 1 - 0004。

此后多年行水经验证明，不开挖入海水道是一个失误的决策。因此，其当年的替代工程——苏北灌溉总渠，便获得了一个不太文雅的绰号——“失误的产儿”。然而，这个“失误的产儿”却又谱写了新中国成立初期治淮史上的光辉一笔。这条西起洪泽湖高良涧进水闸，经淮安、阜宁、滨海、射阳等县，东至扁担港入海的、长达 168 公里的灌溉总渠，是苏北人民于 1952 年，仅用 83 个晴天平地开挖出来的，这在当时缺食少穿、十分困难的情况下，在如此短的时间内，一举完成这样规模的大型工程，实在是很不容易。它不仅为淮河增加了一条入海尾闾，也为两岸 350 余万亩农田引来了灌溉水源，成为淮河下游灌溉、排洪的骨干河道之一。

（二）控制性配套建筑物的兴建

苏北灌溉总渠的开挖，切断了原来南北向的河道，打乱了这一地区原有的水系，给区间排水、航运带来了困难。为解决这些问题，并配合总渠发挥灌溉作用，还必须兴建一套控制性建筑物。根据工程规划，这些附属建筑物包括：高良涧进水闸、运东分水闸、淮安节制闸、六垛南闸和总渠十二灌溉涵洞，与总渠一并列入 1952 年《治淮工程计划纲要》。这些工程于 1951 年冬相继开始施工，至 1952 年冬陆续完成。

高良涧进水闸是总渠的渠首工程，位于高良涧镇洪泽湖大堤上，闸上开引河与洪泽湖沟通，是控制洪泽湖水泄入灌溉总渠的关键。闸身系钢筋混凝土结构，共 8 孔，每孔净宽 9. 2 米，总宽 81. 24 米，闸底高程 7. 5 米，闸顶高程 16 米，设计流量为 700 立方米/秒。1954 年大水，超标准行洪，为防止闸身滑动，在闸上加压钢轨，下游 300 米处筑束水坝，抬高水位。之后，至 1978 年进行了 4 次加固。

运东分水闸位于运河东岸的总渠上，用以控制运河以东的总渠和里下河的输水量。共7孔，每孔净宽8米，闸身总宽71.25米，闸底高程7.5米，设计流量700立方米/秒。两闸均装有新式弧形闸门，并设公路桥，以利交通。

两闸均学习苏联先进经验，采用不打基桩设计，闸墙和翼墙都为箱式结构，全部重量由基础土壤承载，具有节约木材、减低造价和缩短施工时间等优点。两闸均于1951年11月与总渠同时开工，至次年6月完成放水，共浇制混凝土17000立方米，各种砌石23700立方米。

1952年冬，在总渠尾端滨海六垛的海堤上，开始兴建了六垛南闸，用以防止海潮内侵、并控制渠内水位、维持灌溉航运。闸身分7孔，每孔净宽9.2米，总宽71.25米，高7.5米。

总渠贯穿里运河，为使总渠排洪时期控制流入里运河流量，调节里运河灌溉和航运水位，在总渠南边里运河上兴建了淮安节制闸。闸身共3孔，每孔净宽8米，总宽28米，高6.8米。

同时，为维持交通，兴建了高良涧船闸、淮安船闸，并在总渠上建淮阜、通榆两座钢筋混凝土结构的公路桥。1957年，又建成了阜宁腰闸，与已建建筑物配合发挥作用（见表2－8）。

表2－8　苏北灌溉总渠梯级控制性建筑物

闸　名	所在地	孔数（个）	孔净宽（米）	闸底高（米）	顶高（米）	设计流量（立方米/秒）	竣工时间	造价（万元）
高良涧进水闸	洪泽	16	4.2	7.5	19.5	800	1952年6月	254
运东分水闸	淮安	7	9.2	4.0	11.5	700	1952年7月	130
阜宁腰闸	阜宁	21	3.0	1.5	9.0	800	1957年5月	456.1
六垛南闸	滨海	7	9.2	−2.35	5.5	800	1953年7月	192

资料来源：《江苏省志·水利志》，江苏古籍出版社，2001年9月第1版，第116页。

此外，还兴建了灌溉总渠十二涵洞。灌溉总渠十二涵洞，是为使总渠发挥灌溉效益而兴建的，分别是砚台、唐涧、永济、涧河、市河、苏咀、潮沟、沙河、阜沙、阜坎、王圩、五岸这12座涵洞，均位于总渠的南岸（其规划见表2－9所列）。

表2－9　灌溉总渠十二灌溉涵洞规划表

洞　名	初步估计稻田面积（万亩）	初步估计棉杂田面积（万亩）	估计需要流量（立方米/秒）	上游灌溉设计水位（米）	下游灌溉设计水位（米）	计划洞底高程（米）	采用形式及孔数
砚台涵洞	30.0	7.2	19.96	10.71	10.00	6.8	甲2孔丑

（续表）

洞　名	初步估计稻田面积（万亩）	初步估计棉杂田面积（万亩）	估计需要流量（立方米/秒）	上游灌溉设计水位（米）	下游灌溉设计水位（米）	计划洞底高程（米）	采用形式及孔数
唐涧涵洞	9.3	2.2	6.11	10.42	9.60	6.9	己1孔寅
永济涵洞	11.2	2.8	7.33	10.10	8.50	5.4	戊1孔寅
涧河涵洞	18.9	4.9	12.50	8.02	7.00	4.2	丙1孔子
市河涵洞	26.7	4.9	17.30	7.56	6.40	4.0	丙1孔子
苏咀涵洞	28.5	5.0	18.40	6.70	5.40	2.1	乙1孔子
潮沟涵洞	31.0	5.1	20.10	6.10	5.50	3.0	甲2孔丑
沙河涵洞	9.2	1.7	5.98	5.25	4.40	2.2	戊1孔寅
阜沙涵洞	23.0	3.8	14.82	5.00	4.00	0.4	乙1孔子
阜坎涵洞	18.7	3.4	12.20	5.00	4.00	0.0	乙1孔子
王圩涵洞	2.0	31.0	6.35	5.00	4.00	1.5	己1孔寅
五岸涵洞	3.1	80.0	15.10	5.00	3.40	-0.3	丁1孔丑
总　计	211.6	152.0	156.15				

注：为简化设计，订立几种标准洞口尺寸，并以洞顶填土高度相类似的归为一类。计分为甲、乙、丙、丁、戊、己6种类型，子、丑、寅3中洞径（子2.2米×2.2米，丑2.0×2.0米，寅1.4×1.4米）。

资料来源：苏北治淮总指挥部：《苏北灌溉总渠工程规划概要》，收录于治淮委员会：《治淮汇刊·第二辑（1952年）》，内部刊物，第223页。

各洞均采用钢筋混凝土框式，不打基桩。洞身分为两节：第一节在堤顶下，填土较高，荷重最大；第二节在里坡下，长度较短，荷重较小。分节后，以减少因荷重不均匀而产生不等沉陷。上游洞口采用V形槽一节，其两侧压力互相抵住，使得涵洞在任何情况下平衡稳定。同时因堤外坡较为平坦，前有青坎可以循堤坡向外伸展，故采用引水槽形式。洞身做截流环4道，以阻截渗流。胸墙及启闭机平台均连于洞身上。在双孔涵洞中，隔墙上开洞沟通。下游消力塘及消力槛，砌块石护坦。消力塘设置冒水孔。洞门用钢板及钢梁构成，设滚轮，以便启闭。启闭机采用螺丝吊杆①。

这些配套建筑物，是苏北灌溉总渠工程不可缺少的重要组成部分，各有各的功能与作用：当淮水丰富时，由高良涧进水闸引进500立方米/秒，至运东分水

① 苏北治淮总指挥部：《苏北灌溉总渠工程规划概要》，《治淮汇刊·第二辑（1952年）》，内部刊物，第223页。

闸送250立方米/秒入总渠（另250立方米/秒的流量由运南节制闸引入里运河），依次由十二灌溉涵洞引入盐城、淮阴部分地区的农田；淮河洪水时，通过高良涧闸门的开启高度，控制入总渠的流量，并启放淮安节制闸、六垛南闸，泄水入海；枯水期时，则由高良涧船闸和淮安船闸维持航运。各控制性建筑物相互配合使用，成为一套完整的控制枢纽。

三、遗留问题的解决

苏北灌溉总渠建成后，使总渠以北、废黄河以南的地区，在地理上形成一个相对独立的地带，人们将其称为渠北地区。这条东西长、南北窄的狭长地带，最狭的地段宽仅约3公里，包括淮安、阜宁、滨海等地约1680平方公里的土地，约有居民76万人①。原来分别属于白马湖和里下河水系，涝水经南北向的各排水河道汇集后，排入白马湖、马家荡和射阳河。

由于这一地区地形狭长，起伏较大，排水入海的线路长，矛盾多，海口又受潮水顶托，原本排涝效果就很差，尤其是自灌溉总渠建成后，南北向的排水河道全部被切断，排水系统被破坏，涝水更加失去了出路。

为解决渠北地区的排涝问题，灌溉总渠规划提出，在紧靠灌溉总渠北堤处，另辟一条排水渠，计划河底宽度自西向东，从10米渐扩展至68米②，作为这一地区的排水专道。1952年春，渠北排水渠开挖完成，起自淮安城南，向东至扁担港入海，全长133公里，河底宽自10米逐渐扩大至60米。

但是，排水渠的实际效果并不尽如人意，不仅行洪量小，不能免除洪灾，也无法解决内涝问题。1954年大水时，渠北地区受到严重涝灾，农田受灾73万亩，减产21万亩③；在1955年雨量不大的情况下，也有10万亩沉没水中，其中有3万亩颗粒无收。当地群众怨声载道，反映说："自从总渠开成后，我们指望千年水患变水利，相反老遭水淹，造成生产无望，使生活遭到困难。"还有的说："灌溉渠以南人民是天堂，我们渠北人民是老吃水灾，难道共产党能领导人民战胜洪水，就不能将我们这块涝灾解决吗？难道就把我们这块人民丢掉了吗？"④在1954年的省党代会上和1955年的省人代会上，代表们纷纷要求解决渠北严重

---

① 江苏省治淮总指挥部：《分洪入海水道工程计划任务书》（1954年12月），江苏省档案馆馆藏档案：3228－2－0064。

② 《苏北灌溉总渠工程规划概要》，《治淮汇刊·第二辑（1952年）》，内部刊物，第222页。

③ 《中共江苏省委对淮河下游流域规划的意见》（1955年3月25日），江苏省档案馆馆藏档案：3224－3－0204。

④ 《要求解决阜宁县灌溉总渠以北地区水利问题案》，《江苏省第一届人民代表大会第四次会议提案》（1956年9月），江苏省档案馆馆藏档案：3224－1－0037。

涝灾问题。

省委、省政府对此十分重视，多年来投入了大量经费，支持这个地区进行排涝规划，兴建了大量的分级分区排水工程。其中，有渔滨圩、潘荡圩机电排灌站，在淮安、阜宁还建成了渠北闸、杨湾闸、东沙港闸、淮安穿运河地下涵洞等，借助总渠相机排涝，以减轻渠北涝灾。之后，为使渠北衡圩以东能够单独直接排水入海，在滨海县又开挖了南、北八滩渠，并在海口建闸，使之成为独立的排水系统。这些补救工程的建设，使渠北的情况逐年有所改善。

但是，这些工程条件的改善并没有从根本上解除渠北地区的水患威胁。由于淮河下游洪水出路没有根本解决，遇到淮河流域非常洪水，首先考虑把渠北地区作为非常行洪区。1954 年淮河特大洪水时，就曾准备启动渠北分洪方案，幸因后期洪泽湖水位稳定，三河闸加大入江泄量，才没有实施。此后，这一地区的群众总是提心吊胆，担心再遇大水，会遭灭顶之灾。时任省长的惠浴宇曾多次强调：渠北遗留问题，无论如何要抓紧解决，否则我们到马克思那里也不好交代①。根据多年来的经验看，要彻底解决渠北地区的遗留问题，还需依靠淮河入海水道工程的实施。

四、开挖入海水道的漫长历程

这里还有必要提一下此后关于入海水道工程的规划问题。1954 年汛期，淮河发生特大洪水，最高洪峰达到 1 万余立方米/秒，事实证明第二次治淮会议上确定的淮河洪水总量为 760 亿立方米的防洪标准偏低，对洪水的估计太小，已建的治淮工程远远不能适应防洪的要求。

1954 年 7 月 10 日，淮委召开了第三次全体委员会议，着重研究入海水道是否需要开辟等问题。会议通过的《关于治淮方案的补充报告》中指出：入海水道在“第二次淮委会议已肯定不需开辟，但为照顾 1921 年之最大洪水流量（入洪泽湖 10755 立方米/秒），故有重新考虑的必要”。同时，会议还指出：据“第二次淮委会议决定，入江只走 8000 ~ 8500 立方米/秒，剩下 2250 立方米/秒无处安排，如果再将入江水道加深加宽，则疏浚工程更为庞大，所需经费亦要增加，同时如能将苏北灌溉水道与入海水道结合为一，则既能安排多余 2250 立方米/秒的流量，又能节省经费，且淮河有了自己的尾闾，将来与长江亦不致发生任何意外事件”②。

---

① 陈克天：《江苏治水回忆录》，江苏人民出版社，2000 年 1 月第 1 版，第 62 页。

② 曾山、曾希圣、吴芝圃等：《关于治淮方案的补充报告》（1951 年 7 月 12 日），《治淮汇刊·第一辑（1950）》，内部刊物，第 14 页。

1954年11月，省委就为淮河入海分洪问题向中共中央做了专题报告。水利部党组认为："增辟入海水道是需要的"，但入海分洪方案，应在整体规划中决定。部党组还要求江苏要在洪泽湖蓄泄规划制定前，对灌溉总渠以北的分洪道行洪形势及分洪区域内城镇、村庄的保护和迁移办法进行调查。因为当时入海水道工程规模的大小、排洪流量多少、施工方案的确定等，都涉及淮河流域上中下游工程的蓄泄关系和调度问题，涉及国家财力的可能，因此，中央农村工作部复电江苏省委，对水利部党组的意见表示原则同意。

淮河下游的洪水处理，按1931年型洪水设计，原计划通过三河闸分泄流量7800立方米/秒入江，通过灌溉总渠分泄700立方米/秒入海。1954年淮河流域发生大洪水，里下河洪水威胁仍严重存在，证明原设计的防洪标准偏低。故在全国人民代表大会上，江苏代表曾专案提请解决。后经中央农村工作部召开会议，研究确定淮河下游需增辟分洪入海水道，并逐步整理入江水道。又分别经中水部、江苏省委研究决定，提前分期做分洪入海水道，首先完成分洪闸，以减轻非常洪水威胁，并适当开挖入江水道，降低高邮湖水位。

1954年12月，江苏省治淮总指挥部编制了《分洪入海水道工程计划任务书》，拟定于1955年1月至1956年，分两期完成入海水道工程。第一期工程包括建分洪闸1座，分洪道南北两堤各长170米；第二期工程包括穿运河东西护堤工程，海口挡潮控制工程，分洪道内切滩工程，以及已有建筑物与城镇保护工程等，所有工程量约570万立方米土方。工程线路选定渠北地区内，分洪闸拟建在顺河集至老堆头之间的洪泽湖大堤上，拟采用有滚水埝的水闸型式，装设闸门；分洪道南堤利用原有灌溉总渠北堤并适当加固，北堤则结合解决该地区内涝问题新建。关于分洪流量，因淮河总的洪水水文演示尚未结束，所以一时难以确定，初步推算为5000立方米/秒①。

但由于分洪标准尚未确定，没有按照预期工期开工。

1955年3月，省委拟定《对淮河下游流域规划的意见》，认为1954年的洪水证明，以往以入江水道为主，灌溉总渠辅以排洪的防洪计划，不能负担特大洪水，因此，"必须增辟入海路线"。淮河入海路线的方案是，"利用灌溉总渠以北，废黄河以南的渠北地区，采取漫滩行水方式。分洪道的土地约80万亩"②。

1956年5月完成的《淮河流域规划报告》，对淮河洪水下泄流量和入海水道泄洪流量都作了具体规定。报告指出：洪泽湖为下游拦洪蓄水的综合利用水库，

① 《分洪入海水道工程计划任务书》（1954年12月），江苏省档案馆馆藏档案：3228-2-0064。

② 《中共江苏省委对淮河下游流域规划的意见》（1955年3月25日），江苏省档案馆馆藏档案：3224-3-0204。

防洪标准选定为千年设计，万年校核。在千年一遇洪水时，限制洪泽湖下泄最大流量为16600立方米/秒。其中入海水道下泄流量为4500立方米/秒①。这次规划的入海水道，排洪规模比1950年查勘报告提出的8000立方米/秒少了3500立方米/秒。尽管工程规模缩小了，但也一直没有能够实施。

1957年冬，经国家计委和水利部批准实施的“淮水北调，分淮入沂”工程，是省委根治徐淮洪涝灾害、帮助徐淮改变贫困面貌的一项战略措施，也是促进苏北经济全面发展的关键性工程。它不仅有利于淮北地区大面积发展“旱改水”，同时可以利用新沂河不排洪或排洪较少的时机，相机分泄淮河洪水3000立方米/秒。原来淮河流域规划提出洪泽湖最大流量为16600立方米/秒，这项工程实施后，淮河下游的洪水出路可由13000立方米/秒（入江水道12000立方米/秒，灌溉总渠和废黄河1000立方米/秒）增加到16000立方米/秒，认为这样就基本上可以满足淮河洪水的出路了。在这个思想的指导下，入海水道工程又被搁置了起来。

“文革”后期，江苏省利用1975年8月河南大水的时机，再次向中央提出开辟入海水道的要求。此后，经过不懈的坚持，水利部终于于1998年8月通过了对《淮河入海水道近期工程可行性研究报告》的审查，随后由国家发展计划委员会报国务院审批。国务院批准先进行试挖段，取得经验后再全面实施。

1998年10月28日，淮河入海水道试验段工程开工典礼在淮安市城东乡隆重举行。至1999年6月15日，试挖段11.5公里主体工程竣工，完成土方743万立方米，工程投资2亿元②。同年9月23日，经国务院总理办公会议同意，国家计委正式批准淮河入海水道全面开工建设。经过一系列的动员、准备工作，入海水道工程终于在2000年初正式开工了！

第四节　三河闸的兴建

洪泽湖是淮河下游湖泊型巨型水库，最大拦蓄库容130多亿立方米，三河口又是洪泽湖泄水入江的唯一口门。多少年来，洪泽湖一直是听任湖水自由倾泻；三河洪水流量也毫无控制。大水年份，洪水奔腾东泻，三河流量高达14600立方米/秒，洪水往往冲破里运河东堤，淹没滨湖及里下河地区的广大农田；干旱年份，湖水干涸，又造成下游水源断绝，无水可用。因此，控制洪泽湖的蓄泄，是

① 《淮河流域规划报告（初稿）提要》，江苏省档案馆馆藏档案：3228-3-0330。

② 《淮阴市水利志》编纂委员会编：《淮阴市水利志》，方志出版社，2004年6月第1版，第213页。

治淮工程中的重要一项。

新中国成立后建成的三河闸，位于淮阴区蒋坝镇洪泽湖出口的三河头上，是扼守洪泽湖水通过三河下泄的咽喉。它能控制淮河洪水由洪泽湖下泄的最大流量14600立方米/秒①，降低为8500立方米/秒（内有700立方米/秒由高良涧进水闸下泄经灌溉总渠入海），减除了里下河地区受淮河洪水的威胁；在淮河来量较小的年份，又可以调节洪泽湖水位，拦蓄水量，引送至里下河地区供给农田灌溉；并因湖水位的抬高，贯通了江苏、安徽两省的淮河航运。三河闸在治淮工程中的重要性，陈克天的比喻十分形象——“一闸锁蛟龙（指三河——笔者注）”②。

图2-5　三河闸全景图③

三河闸工程从1952年8月开始筹备，主体工程于10月1日正式开工，至1953年7月25日竣工，是1952年治淮工程中兴建的规模最大的水闸。当时，国家正处于经济恢复时期，工业基础薄弱、物资匮乏、技术力量和建设经验也十分缺乏，要建设这样一座现代化大型水闸，困难可想而知。但是，由于施工人员的日夜苦干和各方面的全力支持，仅用10个月的时间就建设完成了，在我国治淮历史上，又书写了一项举世瞩目的成就！

一、工程规划及技术设计

三河闸工程的设计规划，是由苏北治淮指挥部的工程师，在苏联水利专家布可夫的指导下完成的。

---

① 根据多年实测结果，淮河洪水由洪泽湖下泄的最大流量，发生在1921年和1931年，为14600立方米/秒。

② 陈克天：《江苏治水回忆录》江苏人民出版社，2000年1月第1版，第28页。

③ 图片来源：洪泽湖水利网．http：//www.hzhwater.com/news/Show.asp？id＝1574

清代和民国时期，就曾筑坝以期控制洪泽湖。三河闸闸址在清代曾建有礼字坝，为高家堰五座减水坝之一。清代咸丰元年（1851 年），该坝被洪水冲坏，堤后冲成深塘。1935 年，南京国民政府导淮委员会根据导淮原则，勘定在此处建一座 60 孔的活动大坝，设计坝长 750 米，每孔宽 10 米，高 5.5 米，坝上建公路桥，估价 550 万银圆。次年 8 月开工，预计用两年时间建成。该工程由上海陶馥记营造厂承包，发动 3000 工人日夜轮流施工，至 1937 年年底，已完成一半的土方工程，打下基桩近 1 万根，并浇筑了钢筋混凝土坝墩 59 座和两翼墙的大部分①。不久，因日军进犯盱眙而停工，后因抗日战争的全面爆发而无暇顾及。

新中国成立后，为尽早实现对洪泽湖的控制，化水害为水利，淮委提出在治淮的第三年，即 1952 年，兴建洪泽湖蓄水及排洪的枢纽工程——三河闸。《1952 年度治淮工程计划纲要》指出："为保证里下河区不受洪水灾害，必须减少洪水来量，除上、中游水库蓄洪外，建筑三河闸一座，以发挥洪泽湖蓄水防洪和灌溉的效能，并控制入江流量。"

（一）苏联专家为规划和设计提供意见

这里必须指出，新中国成立初期，由于建设经验不足及规范性不够，许多大型水利工程事先大都没有正规的规划设计。三河闸工程的设计就是在后来补充完善的。

1952 年 8 月，在苏联水利专家布可夫的指导下，苏北治淮指挥部编制了三河闸工程的规划书——《三河闸工程规划概要》，设计三河闸最大泄量不超过 8000 立方米/秒。这一设计标准是根据淮委对淮河水文的计算成果而确定的，中央水利会议研究决定：河湖（指三河、洪泽湖——笔者注）不分，淮河、洪泽湖总量为 800 亿立方米，上中游有效拦蓄洪量 87 亿立方米，自然蓄洪量为 17 亿立方米，洪泽湖出水量不超过 8500 立方米/秒。为安全计，三河闸最大流量不超过 8000 立方米/秒。

《三河闸工程规划概要》设计三河闸由 4 个部分组成，即三河闸闸身，上下游引河工程，上下游拦河坝工程②和三河草坝。

三河草坝是三河闸的施工围埝。为便于上下游拦河坝的施工，需要在洪泽湖内三河口上游筑一条临时性的柴土坝，以切断洪泽湖水通往三河。它虽然是一个临时性工程，但因横贯洪泽湖，施工难度很大。

因三河闸闸址位于洪泽湖出口的三河头上，为涸出河床便于施工，必须堵闭

---

① 《洪泽湖志》编纂委员会编：《洪泽湖志》，方志出版社，2003 年 12 月第 1 版，第 283 页。

② 这里的拦河坝指的是上下游拦河坝，是三河闸工程的组成部分之一。在老三河下游，老三河与金宝航道的交叉处，还有一座三河拦河坝，它与上下游拦河坝是不同的工程。三河拦河坝是入江水道上的重点工程，建于 1969 年，其作用是切断老三河，使洪水不再迂回宝应湖，而由金沟改道段直接入高邮湖。

三河旧道。为截断水流，上下游拦河坝，就是为堵闭三河旧道，并维持洪泽湖在施工期间通航而堆筑的土坝，在三河草坝建成后进行堆筑。

上下游引河是引导湖水经三河闸下泄三河入江的通道。河底均宽730米，共长1460米（上游长960米，下游长500米）。两岸采用1：2.5～3坡。河底高程上游引河为7.5米，下游引河为6米。根据地质勘探的结果，上下游引河地形是很高的土墩，需向下挖深10余米，估计开挖土方483万立方米。

闸身是三河闸工程的主体。根据三河闸最大流量的规定，设计闸身共设63孔，每孔净宽10米，总宽697.75米，纵长155.5米（包括闸底板、上下游护坦、倒滤水器、消力塘）。闸顶高程17米，底板高程7.5米，闸身净高9.5米①，闸门采用钢结构的扇形式。

在闸址的选择和闸身设计上，布可夫提出了很好的意见。按照原来的设计，闸基选在蒋坝附近，因为这个闸基在抗战前已勘察好，并打了近一万根基桩，工程技术人员便对老闸基进行探测。但在探测时听说：在抗战期间，大部分木桩被挖出盗卖，土壤也被翻松了，因此断定老闸基不能用了。于是，他们在老闸基的上游另辟一新闸基。而在新闸基的范围内有一个荷花塘，塘底约有6米深的淤泥，很难处理。布可夫则认为当地乡间没有现代化的工具，要挖出很深的桩基是有困难的，因此，为弄清楚老闸基是否真的不能利用，他亲自到老闸基周围进行查看。据参加过施工的几个老农说，当时只在老闸基中心线的上游打了木桩，而中心线下游则没有打。若这一情况属实，那么老闸基中心线的下游，只要稍加清理仍然可以利用。于是，设计人员对老闸基抽水后，进行了详细查勘。最后确定老闸基仍可利用。这样一来，节约了不少工程经费，而且可以提前一个半月浇灌混凝土，缩短了工期②。

启闭机的设计，按照我国设计人员最初的设计，在每10米宽的闸孔上都要装一台启闭机，以保证闸门的及时启闭。三河闸共有63孔，就需要装63个启闭机。在当时的经济条件下，无论是技术上，还是物资上，要生产这么多启闭机是有一定困难的。布可夫在查看了三河闸全部的结构图样后，提出每60米装一个启闭机就可以了。这样，仅需安装10个启闭机，虽然启闭闸门的时间可能慢些，但对机械操纵和洪泽湖的蓄洪水位来说，不会有大的影响，还大大节省了物资和经费。

（二）关于闸基处理方式的争论

在设计期间，围绕着闸基的处理方式，还发生了一场争论，争论的焦点是采

---

① 苏北治淮指挥部：《三河闸工程规划概要》，《治淮汇刊·第二辑（1952年）》，内部刊物，第230页。

② 《帮助我国水利建设的苏联专家布可夫》，《人民日报》，1952年11月20日，第2版。

用无桩基础还是有桩基础。若按当时惯行的英美建闸的模式，闸基是要打桩的。当时，在中央水利部担任顾问的苏联专家布可夫，向设计人员介绍了无桩基础的经验，即不打基桩，建筑物的全部重量，都由基础土壤承载。1951 年在淮河中游建成的润河集节制闸，就采用了苏联的这种无桩基础。

主持三河闸设计工作的沈衍基，参加过润河集节制闸的施工。他认为，无桩基础可以在保证建筑质量的基础上，不仅省时省工，而且节约建闸经费达20%。但一些老工程师对无桩基础持怀疑态度，认为无桩基础技术尚不成熟，不想冒风险。在双方争执不下时，总工程师陈志定说："水闸不打基桩，倒不了，如果倒了，我提头来见"①。无桩基础的设计得以实施。

当时，闸基之争的焦点，集中在不等沉陷问题上。方福均、王厚高带领一批技术人员，研究设计方案，进行技术攻关，采取了以下措施，保证了闸身设计上的安全：

首先，对闸底板进行了周密的布置。根据地质勘探，闸基础土壤是黏性黄冈土，每平方米能承载重量 30 吨。所以设计每 3 个闸孔合为一块底板，共设 21 块底板。每块底板上设 4 个闸墩、6 个门墩，闸墩与门墩参差分隔。闸墩长 6. 3 米，厚0. 8 米，两两间距 10 米；门墩长 8. 2 米，厚0. 7 米，两两间距 5 米，顶上安设闸门支座②。闸底板设计尺寸如图 2 – 6 所示。这样，就使三扇闸门、闸墩、门墩放在同一块底板上，使每块底板连同其整孔闸门支座沉陷一致，不因相邻两块底板发生不同沉陷而导致倾斜不平。

其次，岸墙、翼墙采用空厢墙方案。因所有岸墙、翼墙都直接承载于基础土壤之上，而基础土壤因组织、性质不一致有可能发生不平衡沉陷，使直接承载于上的岸墙、翼墙亦发生不等沉陷，从而导致闸身倾斜。为避免此种情况的发生，设计人员钻研出空厢墙的设计方案，即两岸岸墙及部分上游翼墙，采用垂直式的钢筋混凝土空厢墙面，翼墙每隔 20 米留出建筑缝一道④。这样既能防止因基础土壤而发生的不等沉陷，同时又能调节泥土和闸身对岸墙的压力。其他上下游翼墙设计，也是根据不打桩基础原理，在各种情况下，使建筑物的合力作用点接近于基础底板的中心。

① 陈克天：《江苏治水回忆录》，江苏人民出版社，2000 年 1 月第 1 版，第 34 页。

② 苏北治淮指挥部：《三河闸工程规划概要》，《治淮汇刊 · 第二辑（1952 年）》，内部刊物，第 230 页。

③ 图片来源：苏北治淮指挥部：《三河闸工程规划概要》，《治淮汇刊 · 第二辑（1952 年）》，内部刊物，第 228 页。

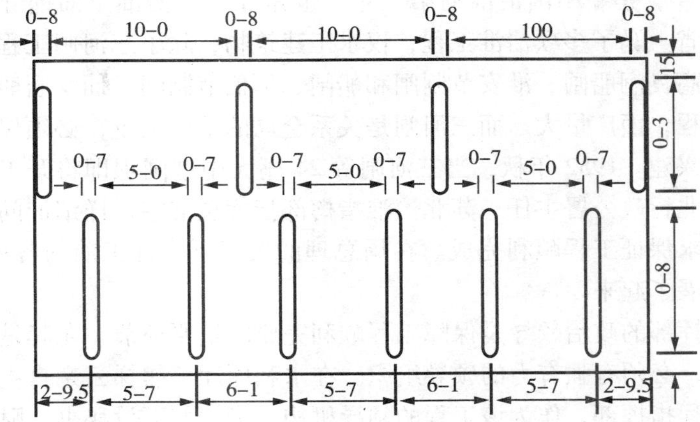

图 2－6　三河闸闸底板平面示意图①

再次，在闸底板的伸缩缝上，做了补救措施。为避免发生不等沉陷时失效计，施工人员在相邻底板闸墩之间的伸缩缝上，插立上用柏油油毛毡裹成的柏油蜡烛，并用柏油油毛毡填实，嵌以紫铜片，以防止渗水。

除了解决不等沉陷的问题以外，设计人员还在布可夫的指导下，在防止水流冲刷、闸身滑动等方面也做了精心的设计。一是为避免渗流从闸身上游流过闸底时冲洗和破坏闸基泥土，阻止基础土壤颗粒移动，在闸基底板下游设 1 道砂石倒滤器，这样既能防止基础淘空的危险，又能降低闸基的浮托力；二是为降低水头流速，减少水流对河床的冲刷，上下游都做了防冲设备。上游铺设一道 35 米长的钢筋混凝土护坦，既能增加闸基的渗流长度，同时作为闸基阻滑板，增加闸的滑动稳定；下游设置用水泥浇筑的消力槛消力塘，下接浆砌条石、块石护坦；闸下游为防止冲刷滑动，打一排 6 米长杉木桩。

无桩基础设计，在当时来说，虽然是一项新的技术，但是，在布可夫的指导下，技术人员为全面保障闸身的安全做了慎重的设计。时隔 50 余年，三河闸依然屹立在三河头上，有力地证明了当时的设计是成功的。而且，仅这一项技术就节约了上万根基桩，节省了 12% 的费用②，并大大缩短了施工时间。

二、施工前的准备

三河闸工程规划完成后，经水利部批准，工程于 8 月开始着手施工前的筹备

① 苏北治淮指挥部：《三河闸工程规划概要》，《治淮汇刊·第二辑（1952 年）》，内部刊物，第 230—231 页。

② 《淮河下游排洪、灌溉、航运的枢纽——三河闸工程介绍》，《人民日报》，1952 年 12 月 8 日，第 2 版。

工作。1952年，是新中国治淮的第三年，也是江苏省治淮全面铺开的时期。这一年，江苏省上马了多项治淮工程，仅水工建筑物，除了三河闸工程外，还有六垛南北闸、高良涧船闸、淮安节制闸和船闸、邵伯节制闸、仙女庙船闸和泰州船闸等一批工程，面广量大。而三河闸是关系全局的重中之重，必须保证这一重点工程的顺利兴建。1952年秋，当三河闸等24座大中型闸坝即将开工时，周恩来特召见了苏北行政公署主任、苏北治淮指挥部指挥惠浴宇，详细询问了苏北治淮的情况，要求保证工程顺利完成。在周总理的关怀下，开工前的各项准备工作，沸沸扬扬开展了起来。

工程指挥部的政治领导是保障工程顺利完成的重要环节。尤其是像这样一个大型的工程，必须有强有力的领导组织。在水利厅厅长熊梯云亲自主持下，成立了三河闸工程指挥部，作为该工程的领导机构。指挥部下设秘书、财务2个室和政治、工务、卫生3个处，处室以下设科，调配了各类干部总共3696人。这一健全的领导班子，部门齐全，分工协作，从而保证各项工作有序地进行。

在民工和技术工人配备方面，通过淮阴、徐州等地12个县的治淮工程总队部，动员了158647名民工，负责土方工程的施工。在技术人员相对缺乏的情况下，指挥部在全国范围内招募，从浙江、山东、安徽、湖南、湖北5省和上海市招来了各种技工；不少大专院校除了应届生，还动员在校学生提前一年毕业参加治淮；加上本省的技工，总共2403人。技术力量不足的困难就这样被解决了。16万余民工和技术工人，组成了庞大的施工队伍。

三河闸需要用大量的材料和机械，包括钢筋、水泥、木料、钢料、黄沙、石子、块石、油料等共计32万余吨，机械工具有发电机5部、拌和机18部、抽水机20部、轻便轨道约40公里、斗车500辆、平车1500辆，还有车床、手摇绞车等。这些器材，由国家统配，要从9个省的10个城市运来。有从东北和内蒙古运来的木料和钢材，有上海制成的闸门和开关机，还有从天津、济南、汉口运来的机器和钢筋等等。为保证16万劳力基本的生活需要，还从各地运来“以工代赈”粮食，共计大米37273770斤，杂粮5464505斤，煤36万多斤，收购伙草51376493斤，小麦、面粉、玉米51301斤，各种蔬菜282596斤，油盐751258斤①。

为保证器材和粮草及时、安全地运送，指挥部特派出专人负责。由于器材和粮草是从全国各地调配的，运输上也颇费周折。在“赢得时间就是赢得胜利”的口号下，负责运输任务的干部和工人将物资如期运达工地。如淮阴龙潭山区的河底，有大量石块妨碍航行，淮阴船民中队的工人，钻到水底打捞，清除了障碍；洪泽湖

---

① 江苏省治淮指挥部：《三河闸工程总结》，治淮委员会，治淮汇刊编辑委员会编：《治淮汇刊·第三辑（1953年）》，内部刊物，第389页。

浅滩块石很多，水草密布，是从来很少有船只通航的“湖上禁区”，运输大队建淮号轮船试航成功，节省了高良涧到三河闸工地30万吨器材的转运经费和时间。

三河闸闸址三面临水，面积狭小，长度约1.5公里，宽不足1公里。工地要布置在这方圆不足1.5平方公里的地区内，还要容纳不同工种的16万余人同时进行挖土、运输、搬移器材、浇筑混凝土等工作，并要搭建工棚、仓库，设供应站和抽水站等等，不免过于拥挤。因此，要对工地进行合理的布局，以使这有限的空间尽量满足施工的需要。

经过设计，指挥部对工地进行了这样的布置：干部技工的办公室、宿舍和仓库、材料加工厂等，大部分集中建筑在闸址北岸，仅部分仓库与水泥大队工房筑在闸址南岸；沙石材料与水泥仓库堆筑在闸西三河草坝西岸，并建临时码头2座，以便卸料后就地淘洗；民工饮水分别在闸址东西两端设抽水站，分别用抽水机由老三河和洪泽湖内吸取，经引水沟流至工厂。

尽管这样的布置是按照施工的需要安排的，但由于受工地面积小这一客观条件的限制，还是给施工带来了一定的不便。

筹备工作就绪后，三河闸工程开工在即。消息一经传出，立即引起了轰动。社会各界，如交通运输、医疗卫生、宣传教育、文化艺术等部门，对三河闸的兴建都给予了全力支持。东北、内蒙古、广东、天津、山东、武汉等九个省、自治区、直辖市大小几十个城市，配合江苏往工地运送物资和器材；南京市的几家医院，派出医生驻扎工地；作家、记者、文艺团体，也纷纷涌向工地进行采访和慰问演出，“工地一片热气腾腾”。这种场景，使参加过抗战的几位同志“恍如回到了淮海战役的战场上”①，惠浴宇也激动地发出了“降龙缚蛟除民害，挥笔蘸血改地图”② 的感叹。

三、三河闸工地的拼搏

档案资料和新闻报道上所说的“三河闸工程于1952年10月1日正式开工”，其实指的是水闸主体的开工时间，而草坝和拦河坝的堆筑工程，于8月份就开始了。笔者查阅了大量的相关资料，试图展现整个工程的施工过程。

（一）在水中和深淤中筑坝

三河闸工地位于三河头上，三面临水，为便于施工，首先要堵闭洪泽湖通往三河的水。因此，三河闸工程的第一枪，是堆筑三河草坝。水中打坝绝非易事，经过两次合龙方告成功。

---

① 惠浴宇：《惠浴宇文存》，江苏人民出版社，2009年5月第1版，第327页。

② 惠浴宇：《惠浴宇文存》，江苏人民出版社，2009年5月第1版，第328页。

1952年8月20日，三河草坝工程开工，由草坝工程处负责施工。打坝的民工通常称为“埽工”。由于苏北常年遭受水灾，农民们不得不年年堵口打坝、抗洪抢险，因而苏北农民对打坝技术并不陌生。但是，水中筑坝比旱地打坝要复杂得多。工程采用东西两头同时进占的方式进行，至1953年2月，正值洪泽湖水位低落，工程处决定草坝合龙。但是，由于合龙的材料准备不足，进占十分缓慢；接近合龙时突然狂风大作，下起了大雨，使施工条件更为困难。就在草坝口门缩小到10米时，因水流猛急，上下游水头差高达3米，导致坝头移动，而后崩决，口门遂扩大至60米。第一次合龙失败。经研究，草坝暂不合龙。

在此前后，河南的韩兆轩在苏北行政干部学校学习，由于他比较熟悉黄河抢险的情况，陈克天便请他到工地帮助施工，并委派他担任草坝工程处主任。韩兆轩说，自从黄河甩回山东利津入海，山东汛期堵口打坝的情况比苏北更加艰巨，山东埽工更有经验，建议从山东抽调埽工支援①。随后，便从山东调来了黄河工程队的埽工百余名。

4月底，洪泽湖水更行枯落，为堵合草坝创造了极为有利的条件。工程处吸取第一次合龙失败的教训，在几个关键问题上，做了适当的准备和部署：讨论合龙方式，黄河埽工准备采用捆厢进占，并用柴石枕合龙；准备足够的材料；东坝头运土距离远，改用轻便铁道运土；对工地照明、进出土路线，也做了周密的布置。准备工作至5月3日就绪。

三天后，黄河埽工在队长李福昌和工程师薛九龄的指挥下，对东、西坝头同时开厢进占。李、薛两人虽然都是70岁的高龄，但身体硬朗，经验丰富。5月12日清晨，东西坝头已经巩固，工程处决定立即合龙。当时，陈克天在现场指挥，经历了整个合龙的过程。据他回忆说：

> 当时我在现场，看到1米多粗、40多米长、重达12吨的柴石枕，在震耳欲聋的号子声中，被埽工、民工们合力推下龙门口。由柴捆包裹石块的柴石枕，是山东埽工堵口打坝的“重型武器”。然而，这个庞大笨重的柴石枕，在上下游水位相差两米的龙门口只稍稍停留一下，就被巨大的水浪冲出十几米远。他们决定改变作战方案，东、西坝头齐下柴石枕，以抵抗水流对柴石枕的冲击，加速合龙进度。就在12日清晨，水利部来电称，当日中午12时左右有大风暴雨和冰雹。草坝工地的气氛空前紧张起来。下午3时，在合龙最关键的时刻，狂风暴雨骤然而至。湖里大浪排空，草坝颤颤晃晃。指挥部分工掌握草坝合龙的政治处主任孙燮华和韩兆轩，沉着冷静地指挥调度民工站到草坝上游水中挡浪，同时往龙门口传递石头。草坝下游，船只相连搭成运料桥，民工们不停地在上面运送泥土和柴

① 陈克天：《江苏治水回忆录》，江苏人民出版社，2000年1月第1版，第32页。

草。尤其是参加挡浪的六七千名民工，站到冰凉的湖水中挡浪，同时传递石头，是相当辛苦的，指挥部专门送去烧酒，给民工们喝酒御寒。开饭的时候，炊事员抬来一筐筐的白面馒头，民工们就站在水里一人啃了两只。直到下午6时，三河草坝胜利合龙，工地上近万名埽工、民工和干部欢呼雀跃①。

从陈克天的回忆可以看出，草坝合龙工程，从12日清晨，一直持续到下午6时方告成功，其过程是相当艰辛的。指挥部的领导亲临第一线指挥；黄河埽工和苏北的民工，在草坝合龙中付出了巨大的努力，他们冒着狂风和暴雨，在水中组成三排人墙挡浪，连午饭也是站在水里吃的。经过奋力抢做，终于筑起了这条横贯洪泽湖出口的，长3551米、顶宽6米的草坝，共做土方25.9万立方米，埽方72万立方米，石方2.6万立方米②。

草坝合龙后，上下游拦河坝相继施工。拦河坝是为堵闭老三河而堆筑的土坝。拦河坝原计划在三河草坝合龙之后再行堵筑，但草坝第一次合龙失败，为不耽误工程进度，决定先行堵闭上游拦河坝。但在准备开厢进占时，恰逢里下河地区需引用洪泽湖底水抗旱，淮委批准须保证里下河地区的抗旱用水。5月12日，草坝的堵成，为堆筑上下游拦河坝创造了极为有利的条件。

拦河坝要堆筑在老三河的河床上，而老三河河床的淤土深达10余米，在深淤中筑堤是以前施工中所未遇到的。经过多种方案的比较，认为淤土太深，无法清基，决定采用挤淤筑堤的施工方法。6月1日，下游拦河坝开始施工，先从两岸运土向前堆筑，然后在河心深淤地段，做成长窄的坝心，再从坝心向两侧倒土挤淤，渐渐加宽坝身。至7月30日（闸已放水），下游拦河坝合龙，坝长650米，坝顶高程15米，宽20米，计完成土方17万立方米。上游拦河坝采用同样的方法施工，但在堆筑时发生了一次险情。因进土量大且速度较快，中泓部分坝身下的淤土没有挤净，导致坝筑成后立即撕裂沉陷③。民工采用随沉随加的办法，将坝筑到了计划的高度。8月25日，上游拦河坝合龙，坝长643米，坝顶高程18米，顶宽30米，计完成土方83万立方米，抛石0.7万立方米，厢埽1.2万立方米④。

（二）建筑物的施工

三河闸的主体工程作为对新中国的献礼，于新中国的第三个国庆节正式开工。水闸的施工是整个工程的重中之重，其技术要求也是相当高的。因此，在技术人员相对缺乏的年代里，我国的技术人员靠着“边教、边学、边做”，硬是按

① 陈克天：《江苏治水回忆录》，江苏人民出版社，2000年1月第1版，第32-33页。

② 《三河闸工程总结》，《治淮汇刊·第三辑（1953年）》，内部刊物，第388页。

③ 《三河闸工程总结》，《治淮汇刊·第三辑（1953年）》，内部刊物，第391页。

④ 《三河闸工程总结》，《治淮汇刊·第三辑（1953年）》，内部刊物，第391页。

期建成了这座大闸。消息一经传出，引起了世界的轰动。

工程技术人员发挥了举足轻重的作用。在闸身设计上，王元颐带领方福均、王厚高等年轻技术员，克服了设计上的种种难题，拿出了一套可行方案。参加工程建设的有2400名技术工人，虽为技术工人，但掌握的技术极为有限，其中参加过中小型建筑物施工的人员还不到1%；6个施工大队的大队长中，有2人是连闸都没见过的大学毕业生。虽然在开赴工地之前，水利厅的技术人员对工人进行了专门培训，但在实际操作中问题仍层出不穷。在这种情况下，老一辈的技术人员起到了重要的作用。工场主任孟宪亮，在新中国成立前参加过黄河花园口堵口工程，之后又担任过淮阴船闸修复和高良涧节制闸建造的现场负责人，是一位有经验的工程技术人员。孟宪亮就带着一位技术人员和一名民工，在工地上巡回。民工高举着一面红旗紧跟在他后面，为方便大家在人山人海中容易找到工场主任，以便及时联络和处理问题。

在施工中，施工人员十分注意混凝土的强度标准和浇灌质量，尤其是闸身和公路桥等重要部位要保证里实外光。当时虽有十几部搅拌机，但其他施工机械很少，主要的还是依靠民力。加工木料没有锯木机，就组织民工拉大锯；加工钢筋没有切断机、弯钩机，技术工人带着挑选来的民工，用大榔头、铁墩和铁板一根一根地捶打扳拉，保质保量地完成了任务。

闸身主体的安装，分为三个程序：

第一步是浇筑闸基的混凝土。全部混凝土工程共5万多立方米，分三个阶段进行浇筑。

第一阶段，浇筑21块闸基底板。总体上按照自北向南、先单数后双数的顺序进行浇灌。每块底板则采用分层浇筑方法，每层厚度0.25～0.3米，自下游向上游进行。在浇筑一层混凝土的同时埋置块石。第二阶段浇筑门墩、闸墩及岸墙、翼墙和上游护坦。由于门墩、闸墩等工程比较细致，而岸墙、翼墙和护坦的工程数量较大，所以在人工的分配上做了安排：木工、扎铁工以门墩、闸墩和岸翼墙为主，以护坦为辅；水泥工则相反。施工程序，亦由北向南。门闸墩及岸翼墙分3层浇筑，每层浇高2.5～3.8米。在门、闸墩及胸墙浇筑完成后，接着进行第三阶段，浇筑工作桥和公路桥，同时浇灌消力塘。

为减少窝工、浪工，浇筑闸底底板时，钢筋大队的水泥工人学习了苏联的流水作业法。原来浇筑一块底板需要29个小时，采用流水作业法后，缩短到16小时[②]，工作效率提高了近一倍。工人们在450多个小时内，浇筑了约2万立方米

① 图片来源：《我们伟大的祖国》，《人民日报》，1953年2月10日，第1版。

图2-7　三河闸工程，工人们正在树立闸墩的木型（1953年2月）①

的混凝土。流水作业法也方便了核算制、责任制、奖惩制和检查制等施工管理制度的实行。以上混凝土工程自1952年11月7日开始，至1953年4月11日完成，除去雨雪天外，共126个工作日。

第二步是安装闸门和启闭机。三河闸的闸门是由上海华东钢铁厂制造的，启闭机是由上海烟草机器厂、通用机器厂等几家大型钢铁企业制造的。由于当时缺乏成熟的安装经验，工地特成立了联合安装委员会，陈克天兼委员会主任，钱龙章、孟宪亮和上海华东钢铁厂的一位工程师兼任副主任；华东钢铁厂也专门派员成立了三河闸安装办事处，领导技工负责闸门安装工作。启闭机制造厂商也派出工人，与工地指挥部机械大队组成5个安装组，负责启闭机的安装。材料运输和动力供应则由工地负责。

在安装之前，首先遇到了运输材料的困难。上海厂方将闸门、启闭机装上大轮运到镇江后就碰上了麻烦。由于当时制造厂方和工地都没有能够运输闸门和启闭机的超长汽车，所以不能走陆路，只能走水路。从镇江到三河闸工地的水路，过三江营，循邵伯湖、高邮湖而上，再经宝应湖入三河一线。问题就出在宝应湖上。当时，三河草坝已经合龙，洪泽湖通向三河以下的水流被切断。宝应湖水本来就浅，加之三河断流后当地农民纷纷打坝拦水，致使湖内更难通航。工地上把宝应湖比作“华容道”。

① 《治淮工地紧张进行冬季施工》，《人民日报》，1953年1月14日，第1版。

在联合安装委员会召开的第一次会议上，陈克天把器材运输的事情交给钱龙章负责。上海厂方将闸门和启闭机运到上海后，因大轮无法通过，就换到木船上运送。几天后，运送器材的20只木船在宝应湖搁浅了。工地立即召开会议讨论解决办法，有人说：除非用直升机吊，别无他法。会议一直开到深夜才结束。一出会场，钱龙章叫上警卫员，在洪泽湖边找了一只小渔船，乘船而去。

第二天，钱龙章带着满载闸门钢板、启闭机的船队，出现在三河码头。工地的领导和民工都十分惊讶。警卫员道出了其中的原委。原来，钱龙章头天夜里乘船去宝应了，找到宝应县委负责人商谈开坝放水及赔偿损失的事，协商后，县委同意采取节节拦水以供船队通行。随后，他又赶往宝应湖，找到搁浅的船队，带头跳入湖水中，带领船民将木船逐个推进深水区①。这样，船队才得以通过“华容道”，顺利抵达三河闸工地。

设备一运到工地，立即开始安装。闸门和启闭机的钢料很多，全部铆钉达21万只，任务很重。为了争速度，采用三班制，由5个安装组分别作业，换人不歇工。但是，华东钢铁厂只有8只铆枪，每只铆枪每天最多只能铆400只铆钉，进度太慢。于是，技工开展劳动竞赛，改进工具，使每只铆枪每天最多能铆900只铆钉②，解决了技术设备与人员不足的困难。

闸门安装于4月10日开始，到5月23日基本完成。与此同时，启闭机安装于5月10日开始，至6月23日全部安装完成。

第三步是施作砌石工程。砌石工程，是保证闸身稳定的一道重要工序。在这一问题上，苏联专家布可夫立了一大功。

在工程接近结束的时候，施工人员在浇筑南岸翼墙时发现，闸南岸离下游翼墙墙脚不到3米处是老三河河槽，有深达5米的淤土。如果处理不好，对建筑物的安全影响极大。1953年4月，在三河闸施工的关键时刻，布可夫第二次到达工地现场查勘，对当时三河闸施工技术负责人处理深淤所采用的办法持不同意见。按照布可夫的建议，民工们挖去淤泥、填还好土，并用装满淤泥的布兜做成半圆形裹头，堆筑、铺垫在南翼墙下游，坡脚用块石保护，并打了排桩；在紧靠裹头部分的护坦，亦采用打排桩、清淤抛块石等办法进行了加固。三河闸经过几十年的行水证明，采用布可夫的设计方案来处理三河闸南端翼墙下深淤问题是正确的。

此外，在防冲设计上，我国设计人员对防冲工程设计不够谨慎，布可夫同时指出了这一设计上的缺陷，指出应在上下游增做防冲槽，并打一排6.3米长的木

① 参见陈克天：《江苏治水回忆录》，江苏人民出版社，2000年1月第1版，第36－38页。

② 参见《三河闸工程总结》，《治淮汇刊·第三辑（1953年）》，内部刊物，第390页。

桩加以巩固[①]。

尽管经历了一些波折，三河闸建筑物主体工程，终于在汛期到来之前胜利竣工。

施工中采取“边教、边学、边做”的方法，使一大批农民、工人和学生掌握了必要的技术，锻炼出一支建闸队伍；培养了一批技术工人和干部。据初步统计，有机械工110人、电工56人、扎铁工201人、水泥工695人、木工219人、铁道工111人、石工150人；培养了12个工人能做助理放样，56个工人学会了看图。解放军有400多军工参加三河闸工程施工以后，学会了开机器、架电线、扎钢筋、浇水泥、铺铁道等工作。工地指挥部有86个练习生，经过施工锻炼，具备了初级技术水平[②]。

（三）上下游引河的开挖

根据三河闸地质钻探的结果，地基土质情况大致相同，为带有黏性的黄冈土，部分含有砂姜[③]。而这一部分砂姜土，主要集中在上下游引河上，即当地称为鸡爪山的地方。土中还夹有砂姜板，像石头一样坚硬。在开挖引河的过程中，发现上游引河有一处砂姜土墩；下游引河的更多，有5个。尤其是下游引河的这5个土墩，挡住了大半个三河闸，如不挖掉，会严重影响三河闸的泄洪能力，使之不能达到设计的标准。

但是，这些土墩有20多米高，而且非常坚硬。要挖成7.5米深的河槽，难度很大。在整个工程开工之初，指挥部就组织人力进行开挖，牵制了大量的民力。面对这一情况，开工不久，工地指挥部决定采用抽槽的办法，指望汛期利用水力冲走砂姜土，少做土方。槽子的宽度开始计划80米，后缩为50米，但最后仅挖至10米深，下游引河的5个砂姜土墩也没挖掉。不久，苏联水利专家由中央水利部负责人到三河闸工地视察，严肃指出：用抽槽的办法是不妥当的，因土质太硬，难以冲刷，必须按原计划将土墩挖去，以畅水流。布可夫直截了当地强

---

① 关于“上下游做防冲槽，并打下一排木桩”，是设计方案，还是布可夫提出的意见问题，几份史料的记载是有出入的。《三河闸工程规划概要》中记载：“（块石护坦）末端加打6公尺杉木排桩一道，桩外铺设2公尺见方防冲槽”。而《三河闸工程总结》中却说：“对上下游护坦设计，存在着保守思想，对以往的水闸被冲刷地教训未能吸取，直到苏联专家布可夫同志来工地检查后，才又在上下游增做防冲槽，加打6.3公尺长的木桩。”1953年9月23日《人民日报》第1版刊登的《今年水利工程基本完工》报道，也有这样的记录：“防冲工程设计有错误，苏联专家指导……在闸的上下游加做防冲槽等，使闸身的安全得到了保证。”笔者据这三条史料推测，这一设计应该是布可夫指导后施工的。因为《三河闸工程规划概要》是在三河闸工程开工后，才编制完成的，在完善原初步设计时，把施工中所改进的设计一并吸收进入了。

② 江苏省治淮指挥部：《三河闸工程总结》，《治淮汇刊·第三辑（1953年）》，内部刊物，第393页。

③ 《三河闸工程规划概要》，《治淮汇刊·第二辑（1952年）》，内部刊物，第227页。

调说：“砂姜土墩如果不搬掉，大水来了，你们要成为历史罪人！”[①]

1953年4月下旬，陈克天从工地返回南京，就砂姜土墩的问题专门向省委作了汇报。5月，省委书记柯庆施赶到工地，布置了拿下砂姜土墩的大会战。5月下旬，淮阴、扬州地委书记带领10多万新增加的民工进驻工地，与原来的5万多民工，组成15.8万的劳动大军，投入搬掉砂姜土墩的攻坚战中。

由于执行抽挖河槽的错误方法而耽误了一些时间，加之农忙季节逼近、汛期在即，使整个工程的施工掌握方面多少有些忙乱、被动，绝大部分施工力量也被迫放在这里。

三河闸工地，方圆不过1.5平方公里，集中的那么多民工，做起工来人碰人，拥挤不堪。尤其是下游引河这段工段，河底宽730米，长度仅500米，10余万民工挤在这里，每人的土方工段平均只有2厘米，活动范围极为狭小。加之土质坚硬难以开挖，所以这时，不少民工产生了畏难情绪，工效大大降低。而此时施工时间十分紧张，必须在汛前保证完成。

在这个关键的时刻，工地指挥部及时采取了应急措施：提出了“抢时间，挤时间，投时间”和“赢得了时间，就赢得了工程的胜利”的口号，号召所有人员行动起来，保证汛前胜利完成任务；开展了“中苏友好月”宣传活动，开展学习苏联先进经验的热潮，并提出“动脑筋，想办法，比创造，比发明”的口号；又通过宣传新中国三年来取得的成就和治淮远景，对民工进行爱国主义教育，并配合开展了“插红旗”“红星榜”等形式的劳动竞赛；同时，还采取了提高工价、展示奖品等措施，激发民工的劳动干劲。比如，指挥部把准备用来发奖的上百头耕牛、几百辆小车和上千件叉锹，让民工牵着、推着、扛着，排成长长的队伍，敲锣打鼓地在工地上巡游；还把麻油、肥猪等奖品向民工展示。

经过一番政治教育和劳动竞赛的激励，民工的情绪稳定下来了，并响应号召积极参加劳动竞赛，施工速度得到提高。在500米的运距内，有1万多人超过了日做1立方米；在部分先进单位，每人每天已达1.8立方米[②]。同时，民工的治淮热情和创造力被大大激发出来，出现了许多先进事迹和创造发明。在施工方法的改进和创造方面，六合总队民工在施工中改进了“劈土法”，克服了坚硬的砂姜和岗土；淮阴民工刘飞虎创造了“龙翻身挖土法”，缓解了工地拥挤的问题；钢筋工人熊克卿创造的弯元宝钢筋法，做工由原来需要4人减少到2人，工作效率还提高了1倍，节省扎铁工9123工日[③]。工人王恒才修好了一台老发电机，保

① 陈克天：《江苏治水回忆录》，江苏人民出版社，2000年1月第1版，第39页。
② 《淮河下游三河闸工程正进行最后施工》，《人民日报》，1953年7月4日，第1版。
③ 《三河闸工程总结》，《治淮汇刊·第三辑（1953年）》，内部刊物，第392页。

证夜晚的施工，并减少了耗油量①。

经过50个昼夜的奋战，至7月30日，搬走砂姜土440余万立方米；剩余150万土方，由治淮委员会工程总队四支队于1953年汛后继续施做完成②。总计完成土方590万立方米。

这里要详细介绍一下三河闸工程中所使用的两种挖土的方法——“劈土法”和“龙翻身挖土法”。这两种挖土法对三河闸工程的施工作用很大，前者是专挖坚硬土块的有效方法，后者则解决了工段狭窄影响做工的问题。

面对坚硬的砂姜土，三齿叉这一传统的挖土工具显得束手无措。“劈土法”是山东省在“导沭整沂”施工时创造的方法，专门对付坚硬的岗土和砂姜，土质越硬，劈土法较其他挖土方法的效率越高。三河闸工地吸取了这一经验，首先在六合总队进行试验。“劈土法”需要三种工具，即撬棍、榔头和麻绳。撬棍是用钢筋做成的，把1.5米长、4厘米粗的钢筋，一端打成尖头即可；榔头选用8~12号的；每次劈土需用4根麻绳。具体操作方法是，3个人组成一个劈土小组，用榔头锤击撬棍，将撬棍打尖的一端击入砂姜中1.2米，末端外露0.3米，并排打入4根，间距视情况而定，一般为半米左右；再将麻绳的一端系在撬棍末端，用力拉另一端，若用力得当，大土块遂被撬棍撬开，像被劈裂的一样，故称为“劈土法”（见图2-8）。六合总队在试验时，不断改进，3个人30分钟最多可劈土9.6立方米，最高的达到1次劈土15立方米③。这一方法不仅大大提高了挖土效率，而且克服了民工对岗土和砂姜土的畏惧心理，提高了工作情绪。

“龙翻身挖土法”（见图2-9）是由淮阴民工刘飞虎在开挖三河闸闸塘时创造出来的。1952年9月，淮阴总队先到三河闸工地开挖闸塘，每人工段长仅6米，15人组成的小队的工段只有0.9米宽，满塘是人。有的挖土，有的运土，磕磕碰碰，窝工严重。刘飞虎在做工中，琢磨出一种方法，通过试验，效果显著，创造了500米运距一天做1立方米的纪录。刘飞虎给这种挖土法取了个名字，叫作“龙翻身”。其具体操作方法是：

视每人分得的工段大小组成1个中队，使每个中队的工段总宽凑成6~8米，作为一个“龙翻身”单位。若用小车推土就组成8米宽的工段，人挑土则组成6米宽；因为4米够两辆小车一来一往，人挑土则需3米。每个“龙翻身”工段以中心线为界，分成两边。挖土时，按小队分成1、2、3……个土塘单位，统一在

① 《电灯照亮了三河闸工地——记工人王恒才修理发电机的经过》，《人民日报》，1953年7月7日，第2版。

② 《三河闸工程总结》，《治淮汇刊·第三辑（1953年）》，内部刊物，第391页。

③ 《三河闸工程总结》，《治淮汇刊·第三辑（1953年）》，内部刊物，第401页。

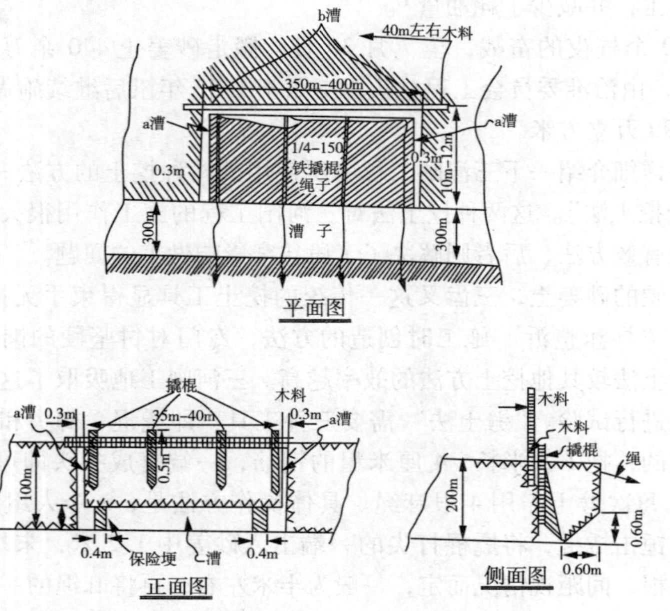

图2-8 “劈土法”示意图①

左边开挖，从右边出土、运土；挖至1米深后，再全部调到右边分塘开挖，从左边出土、运土②。这样，挖土与运土也两不拥挤；去路与返程亦互不碰撞。如此称为一次“龙翻身”。

民工的工资定额与运距的远近直接挂钩。考虑到运距问题，在“翻身”时，土塘单位由北向南翻，即左边挖土时，运距最远的第1小队，翻到右边后变为最近的；左边最近的第5小队，“翻身”后变成最远的。以全塘中心为基运距的起点，既不改变运距标准，又公平合理，各个小队都不吃亏。“龙翻身挖土法”有效地解决了工地拥挤的问题，每人2米的工段亦不拥挤，使土方效率提高50%以上。

（四）三河闸的功绩

三河闸工程，是新中国成立初期治淮史上的一件非常了不起的事情。全部工程，从1952年8月开始施工筹备，至次年汛前完成，时间紧迫，施工难度大。既有筑在深达10余米淤土上的又高又宽的拦河坝，又有高度集中并带有坚硬的岗土、砂姜土的上下游引河土方和3.5公里多长的草坝，还有5万多立方米钢筋

① 图片来源：《三河闸工程总结》，《治淮汇刊·第三辑（1953年）》，内部刊物，第402页。

② 《三河闸工程总结》，《治淮汇刊·第三辑（1953年）》，内部刊物，第400-401页。

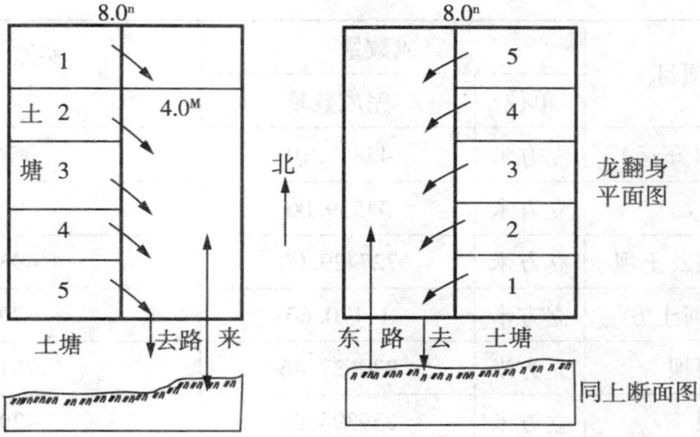

图 2－9　“龙翻身挖土法”工地布置示意图①

混凝土结构的浇筑任务。这些工程，由于运距较远、工地面积小、地势起伏，并经过寒冬酷暑，施工很困难。尽管如此，在工地领导和民工的共同努力下，三河闸工程按期竣工。据统计，三河闸工程共动员民工 158600 余人，技工 2400 余人，干部 3600 余人；运送各种器材 320000 多吨；完成土方 939 万多立方米，石方 78200 立方米，混凝土 51400 多立方米；共支出经费 261.81 亿元②。三河闸工程在短短的 10 个月内所完成的所有工作量，见表 2－10 所列：

表 2－10　三河闸工程各工种实际完成数量及工日统计表

工程名称及项目	完成数量		实做工日数（工日）
	单位	完成数量	
（一）土方工程合计	立方米	9395291.00	11807308
上下游引河土方	立方米	5999383.47	7909620
闸塘土方	立方米	545877.10	1316977
远槽及挡水堰土方	立方米	201898.87	234483
破堤土方	立方米	127641.80	93026
复堤土方	立方米	285561.00	158521
上游切滩土方	立方米	208063.50	198675
下游切滩土方（人运）	立方米	120868.10	116398

① 图片来源：《三河闸工程总结》，《治淮汇刊·第三辑（1953 年）》，内部刊物，第 400 页。
② 《三河闸工程总结》，《治淮汇刊·第三辑（1953 年）》，内部刊物，第 387 页。

（续表）

工程名称及项目	完成数量		实做工日数（工日）
	单位	完成数量	
下游切滩土方（车运）	立方米	42837.10	47609
越堤土方	立方米	34539.00	38506
高良涧引河圩堰及土坝	立方米	727429.00	493885
补做高良涧引河土方	立方米	11170.60	7979
上下游拦河坝	立方米	830627.46	761952
三河草坝	立方米	259394.00	429677
（二）硪方合计	立方米	416378.46	72578
（三）埽方合计	立方米	12107.8	2405
（四）石方合计	立方米	78251	92228
浆砌条石	立方米	5547.6	9628
浆砌块石	立方米	13588.1	24137
干砌块石	立方米	13771.9	14012
垫石子	立方米	5506.4	8232
抛、填块石	立方米	17754	23538
拆石方	立方米	12386	12681
上下游拦河坝	立方米	7038	—
三河草坝	立方米	2659	—
（五）混凝土工程	立方米	51486	181452
140 级混凝土	立方米	31961	124559
110 级混凝土	立方米	19525	56893
（六）其他工程合计	—	—	220120
铺黄沙	立方米	1634	2379
紫铜片伸缩缝	米	1896.78	712
柏油油毛毡伸缩缝	平方	2341.8	1346
4 寸 Φ 柏油蜡烛	米	293	890
4 寸 Φ 黑铁管灯柱	米	261	72
2 寸 Φ 白铁管灯柱	米	270.75	69.5

（续表）

<table>
<tr><th rowspan="2">工程名称及项目</th><th colspan="2">完成数量</th><th rowspan="2">实做工日数
（工日）</th></tr>
<tr><th>单位</th><th>完成数量</th></tr>
<tr><td>桥面接缝角铁</td><td>米</td><td>6600</td><td>225</td></tr>
<tr><td>三角铁栏杆</td><td>米</td><td>5526.4</td><td>1394</td></tr>
<tr><td>弯轧钢筋</td><td>吨</td><td>1691.37</td><td>28891.5</td></tr>
<tr><td>闸门防漏木</td><td>立方米</td><td>32.5</td><td>2827.5</td></tr>
<tr><td>打桩</td><td>根</td><td>4597</td><td>35828</td></tr>
<tr><td>装拉条钢料</td><td>吨</td><td>3.95</td><td>159</td></tr>
<tr><td>木桩围令木</td><td>立方米</td><td>25.5</td><td>518</td></tr>
<tr><td>条石栏杆</td><td>立方米</td><td>53.4</td><td>391.5</td></tr>
<tr><td>塘磁水尺</td><td>支</td><td>2</td><td>22</td></tr>
<tr><td>杂项零星工程工日</td><td>工日</td><td>—</td><td>144395</td></tr>
<tr><td>（七）安装工程合计</td><td>—</td><td>—</td><td>19232.5</td></tr>
<tr><td>闸门钢料</td><td>—</td><td>914.2</td><td>15735.5</td></tr>
<tr><td>闸门铸钢</td><td>—</td><td>53.84</td><td>—</td></tr>
<tr><td>15 吨电动开关机及设备</td><td>—</td><td>63</td><td rowspan="2">3497</td></tr>
<tr><td>发电机及设备</td><td>—</td><td>2</td></tr>
</table>

资料来源：江苏省治淮指挥部：《三河闸工程总结》，《治淮汇刊·第三辑（1953 年）》，内部刊物，第 395－396 页。

1953 年 7 月 26 日清晨 6 时，三河闸工程指挥部举行了隆重的放水典礼，庆祝水闸诞生，并奖励模范工人和民工。参加典礼的有 35000 多名工人、民工、部队指战员，还有来自各地的参观人群。典礼在陈克天做了关于三河闸工程的总结报告后，由省政府副主席冷遹主持剪彩。“当电钮开动，闸门慢慢升起，洪泽湖的水流汹涌地被引入新河道时，站在三河闸桥上及两端的工人、民工们，劳动模范们，各地代表们欢呼雷动（见图 2－10）。在音乐鸣奏、急水哗响中，三河闸开始担负了她历史上的任务”①。

放水典礼上，奖励了特等劳模和一等劳模共 120 人。其中包括创造螺丝机、提高工作效率 5 倍的钳工许文高，推动全队实行流水作业法使扎钢筋效率提高 4

① 《在祖国经济建设的战线上》，《人民日报》，1953 年 8 月 7 日，第 2 版。

图 2－10　三河闸工程竣工放水（1953 年 7 月 26 日）①

倍的熊克卿，提出合理化建议最多的木工奚顺生，创造“龙翻身挖土法”的淮阴县民工刘飞虎和六合县民工陈书步，以及淮阴县民工总队 17 岁的女小队长高秀英等。此外，还有 90 个模范单位集体受到表彰②。

三河闸竣工后的第二年，即 1954 年，经历一次特大洪水的考验。

这一年，淮河发生特大洪水，三河闸汛期超标准行洪达 10700 立方米/秒，面对洪水的严峻考验，三河闸充分发挥了效益。三河闸以 9800 立方米/秒的流量，排泄淮河洪水入江，同时，高良涧进水闸也以 780 立方米/秒的流量泄洪③。至 8 月 14 日止，洪泽湖水位控制在 15.03 米，比 1931 年最高洪水位低 1.15 米；宝应湖、高邮湖的水位仍控制在 9.1 米左右，低于 1931 年最高洪水位 0.3 米多④。

针对 1954 年的淮河大洪水，为了确保洪泽湖大堤和里运河的安全，省治淮指挥部提出牺牲局部保大局的办法，即采取渠北临时分洪的措施，在洪泽湖大堤老堆头与顺河集之间开口子，利用苏北灌溉总渠和废黄河之间的狭长地带作为分洪道，分泄洪泽湖洪水直接入海。方案提出后，熊梯云向管文蔚做了汇报，并着手进行渠北分洪的准备工作，编制了渠北分洪“进水口工程”计划书，以及向淮阴地委通报淮河洪水情况，预作思想准备等。这个方案在当时淮河洪水汹涌下泄、防洪形势非常严峻的情况，作为一个万不得已的预案是无可非议的。当时，淮阴地委反对渠北分洪方案，认为损失太大，另外，分洪区内七八十万群众也无

① 图片来源：《我们伟大的祖国（图片）》，《人民日报》，1953 年 8 月 3 日，第 1 版。
② 《淮河下游三河闸放水》，《新华日报》，1953 年 7 月 26 日，第 1 版。
③ 《淮河上中游水位下降最大洪峰已过蚌埠市》，《人民日报》，1954 年 8 月 12 日，第 1 版。
④ 《淮河下游防汛工作获得初步胜利》，《人民日报》，1954 年 8 月 17 日，第 2 版。

法迅速安置。他们请洪泽湖大堤防汛指挥部指挥孙燮华打电话到南京，请示时任江苏省委书记的柯庆施。柯庆施认为这是一件大事，随即派管文蔚和高峰去扬州与省治淮指挥部进一步研究，在扬州大汪边招待所开会，省治淮指挥部派陈志定和方福均等参加。方福均将还未做完的淮河洪水预报带到会场，边开会，边演算。演算的结果，比当时担心可能出现的最高水位低得多，与淮委预报的差不多，领导觉得可信。同时，大家也认为渠北分洪损失太大，而且工程量很大。于是，提出试行逐步加大三河闸流量，清除归江坝埂，加大入江泄量来解决这个问题，尽可能不利用渠北分洪。他们将会上研究的意见向柯庆施作了汇报。

柯庆施根据扬州会议的意见，打电话给孙燮华。

柯："不炸大堤（指洪泽湖大堤）还有什么办法?"

孙："可以加大三河闸泄量。"

柯："加大泄量以后，三河闸是否承受得住?"

孙："技术干部作过分析，从理论上讲，排洪量越多（指允许范围内的泄洪量），闸身两边水位差越小，闸身越稳定。"

柯庆施听了以后，最后决定："试验性地加大三河闸泄量，每天以 500 立方米/秒增加，每天要向我作 3 次汇报!"

按照柯庆施的指示，7 月 25 日三河闸 63 孔闸门全部提出水面敞开泄洪，泄量 7400 立方米/秒。此后，随着闸上游水位的抬高，流量也在增加，基本上是按照每天 500 立方米/秒递增的。泄量加大后，孙燮华等发现，三河闸原来有些轻微颤动的闸身反而不颤动了，他们胆子也大了，经征得柯的同意后，又改为每天加大 700～800 立方米/秒。这样，三河闸继续敞开泄洪，到 8 月 1 日 8 时，闸上游水位还在上涨，为了保高邮湖的防洪安全，次日 8 时左右，三河闸开始改敞开泄洪为有控制的下泄，最大泄洪流量 8 月 6 日达 10700 立方米/秒。此时，高邮湖水位已经涨到 9. 10 米，为确保里运河堤防安全，7 日对三河闸又进行进一步控制，泄量逐步减少到 8000 立方米/秒。后来发现三河闸下游引河波浪很大，下游拦河坝被浪击坍塌严重，为保护拦河坝安全，三河闸闸门又适当提高，以便进行加固工程，使高邮湖水位又开始缓涨。27 日，三河闸开始重新控制下泄 8000 立方米/秒。8 月份几乎整月超标准运行，9 月份还短时间超标准运行。三河闸建成后第二年就经受了这一次严峻的考验，保障了苏北地区千百万人民的安全。

为里下河地区提供了灌溉用水。三河闸建好后就开始发挥蓄水灌溉的作用。1954 年 5 月 15 日，正值插秧季节，三河闸和高良涧闸开闸放水，下游沿线几十座大小涵闸同时开放。高良涧进水闸每秒放出 200 立方米流量的水进入灌溉总渠的里运河，三河闸每秒放出 700 立方米流量进入宝应湖、高邮湖、邵伯湖，再入通扬运河和里运河的南段。里下河地区 10 多个县的 1000 多万亩的水稻田得到了灌溉。这在里下河地区的历史上，“是第一次按照农田需要放水灌溉”①。

直到今天，三河闸仍然是江苏的第一大闸，这座屹立在洪泽湖畔的巍巍丰碑，筑起了淮河下游百万人民的生命线。

第五节　洪泽湖的综合治理

受黄河夺淮和历代兴筑高家堰的影响，明清时期，洪泽湖湖面不断扩大，逐渐形成今日的规模。今日的洪泽湖，是中国第四大淡水湖，位于苏北平原中部西侧，处于淮河中下游的接合部，西承淮河，东通黄海，南注长江，北连沂沭泗。地理位置在北纬33°06′~34°40′，东经118°10′~118°52′之间，湖面分属于今江苏省的洪泽、泗洪、泗阳、盱眙四县和淮阴区。

洪泽湖对于苏北地区的治淮事业来讲，意义非同一般。一方面，它是上中游淮水滞蓄之处，淮水潴蓄在洪泽湖，唯有入江水道一条出路，但入江水道的泄水量很小。因此，要解决淮河的出水问题，实际上就是开辟洪泽湖的出水通路。另一方面，洪泽湖在变迁过程中，因黄河泥沙的沉淀，湖底不断壅高，导致水位高出里下河地区达13米之多，成为悬在湖下游地区头上的“悬湖”。大水年份，湖水倾注而下，下游地区往往遭受灭顶之灾，“数万顷良田变为泽国，千百座村落化为蛟宫”。所以，它还关系着下游地区的安全。

可见，对洪泽湖的治理，是苏北治淮的重要环节：治理得好，蓄、泄水能够得到有效的控制，其利无比；治理得不好，只能听任洪水毫无控制地入湖、出湖，危害无穷。省委书记刘顺元曾打过一个有趣的比方，说洪泽湖“既是肥猪，又是老虎”②。洪泽湖的治理，关系着苏北治淮的全局。

新中国成立后，在毛泽东“一定要把淮河修好”的号召下，治淮工程大规模地开展起来。洪泽湖作为淮河下游关键性的调蓄控制工程，按照淮河流域的历次治理规划和“蓄泄兼筹”的方针，陆续兴建了系统的治理工程，使洪泽湖的综合治理和开发利用出现了一个新面貌。

一、洪泽湖大堤的修复与改建

洪泽湖大堤不仅为洪泽湖成为湖泊型水库创造了条件，而且还肩负着保障下游里下河地区防洪安全的重要使命。大堤是在汉代陈登所建高家堰的基础上逐渐

① 《洪泽湖畔的三河闸和高良涧进水闸放水》，《人民日报》，1954年5月20日，第1版。
② 陈克天：《江苏治水回忆录》，江苏人民出版社，2000年1月第1版，第71页。

加筑起来的。此后经过不断地加固和延伸，至乾隆十六年（1751年），大堤全线筑成，北起码头镇石工头，南至蒋坝镇，全长60余公里。大堤始建时为土堤，明万历八年（1580年），将土堤改筑为石工墙。那时石工墙是用糯米汁拌石灰作为黏合剂，迎湖面的巨石再用铸铁锭紧扣，堤基用密集的木桩加固。工程耗资巨大，相传“日耗斗金”，在当时可谓质量上乘。但至新中国成立前后，大堤经历了400多年的风浪冲击和侵蚀，出现了多处险工：许多石工墙出现倾斜、裂缝、膨胀、错牙等现象，还有被动物钻、拱后留下的洞；尤其是部分条石，久经风化，断裂成块，在大风浪中岌岌可危。在这种情况下，从1950年起，苏北行署便带领沿湖居民对大堤进行了维修和加固，至“文革”前，除历年培修加固外，较大规模的加固、改建、扩建工程共有两次。

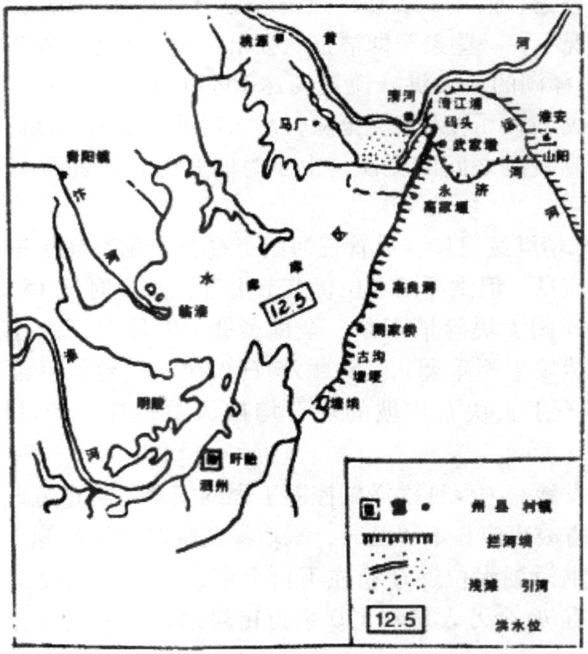

图2－11 康熙十九年洪泽湖水库平面示意图①

（一）第一次大规模的改造

苏北人民对洪泽湖大堤的维修和加固从1950年便开始了，只是受各项条件的限制，那时只是小修小补，大规模的整修是在1954年淮河大水之后。1950年

① 图片来源：《洪泽湖志》编纂委员会：《洪泽湖志·成湖考》，方志出版社，2003年12月第1版，第681页。

冬，政务院《关于治理淮河的决定》颁布后，中共中央拨出以工代赈大米7300多万斤，先后发动了沿堤9个县的35万余民工，整修和巩固运河东、西两堤和洪泽湖大堤。经过一个冬春的整修，完成土方786万立方米，石工329立方米。这个时期，受新中国成立初期各项条件的限制，只能择要培修大堤，先对威胁大堤安全的最险要处进行拆修和加固。

1952年，洪泽湖控制工程全面开工。随着洪泽湖蓄洪、灌溉等作用的发挥，对大堤的小修小补已不是长久之计，进行全面的改造和加固势在必行。对洪泽湖大堤的大规模加固，是在1954年淮河流域特大洪水之后。

1954年，淮河流域发生了特大洪水灾害。这年6、7月间，江淮流域便降了9次大范围的暴雨。为迎接汛期到来，省水利厅在汛前对洪泽湖大堤进行了全面检查，发现石墙裂缝、错牙、鼓肚、倾斜等隐患多达97处，在6级西南阵风历时仅2小时的情况下，一些条石即被整块吸出，头河坝等处发生渗水等险象①。7月28日，进入洪泽湖的最大洪峰流量高达15800立方米/秒。为保证大堤安全，防汛指挥部组织民工2万余人上堤抢险，沿大堤架设了通信线路和照明线路，重点加固三河闸至高良涧之间的堤段。由于时间紧迫，只能有选择性地补修重要险工。

8月上旬，汛情继续发展，尽管三河闸、高良涧闸都超标准行洪，灌溉总渠也达到最大设计流量，但洪泽湖水位仍节节上升，最高时达15.22米，逼近最高设计洪水位，洪泽湖大堤险情不断，全面紧张。8月15日，洪泽湖狂风大作，五里牌处大堤突然发生严重漏水；8月25日再次遭受台风巨浪冲击，头河坝等处的条石和蒋坝石工头块石护坡的块石均被风浪拔掉，经过民工抢修才未出危险。

随着汛情的发展，为保证洪泽湖控制工程的安全，防止造成下游里下河地区毁灭性的灾害，省委决定在不得已时，采取渠北临时分洪措施，并进行了紧张的准备工作。幸而洪泽湖水位逐渐稳住不再上涨，才没有破堤。计划分洪的地区内，乡村密集，有70余万人口和170余万亩耕地，如果当年分洪，善后工作是十分艰巨的。

这次大洪水，尽管保住了渠北地区，里下河地区的灾害也控制在一定程度内，但洪泽湖控制工程严重暴露出防洪标准偏低、工程强度不足和出路不够等问题。洪泽湖大堤虽经过及时抢修没有出险，但已是伤痕累累，亟待补修和加固。

汛后的加固工程，由省防汛指挥部和洪泽湖防汛指挥部共同负责，对汛前检

---

①《洪泽湖控制加固改建工程设计任务书》（1965年9月），江苏省档案馆馆藏档案：3224－2－1815。

查出的97处险工进行了修复和加固。主要修补措施是：在渗水堤段的内侧增设了滤层；在石工墙被淘刷、桩基朽烂、墙身变形的部位，抛砌块石戗台，维持基桩的稳定和戗住倾斜、臌肚堤段；墙面松动的条石，用水泥砂浆填缝勾缝；风浪吸走条石后所留下的空洞，灌注了混凝土以填实；对其他损坏较大的旧石工墙，进行了翻筑和拆砌；同时，对三河闸两侧的水毁工段进行了复堤，对蒋坝南段堤防也增做了砌石护坡工程。还在7.58公里的堤段上锥探73161孔，进行灌浆修补。

这次加固工程，共动员淮阴、扬州等地区民工2万余人，完成土方256606万立方米，石方72310万立方米，勾缝53367平方米，灌浆修补了较大隐患118处①；共花费资金90万元。

经过这次加固后，在一定程度上增强了堤身的坚固性。但是，这次加固工程主要针对的是汛期中的险工和险段，多为临时性的补救措施。1954年汛后，随着洪泽湖上游洪水来量的不断增加，以及洪泽湖拦洪蓄水工程的发展，洪泽湖大堤的险工隐患问题也有所发展。自1959年年末开始的经济困难时期，水利战线被迫逐渐收缩。幸而淮河流域在这一时期内相对安澜，洪泽湖控制工程也安全地度过了这几年的汛期。

（二）第二次大规模的加固和改造

第二次大规模的加固和改造是从1965年开始的，一直持续到1969年才完成。

1963年汛期，洪泽湖大堤再次出现较严重的险情。这年雨量较大，洪水集中，洪泽湖最高水位达13.59米，大堤出现险工隐患138处，堤后严重渗水2处，在老减水坝的下游护坦上，水从堤基渗出，涌出的水头有2厘米高②。由于当时省水利厅正忙于“大跃进”遗留问题的处理，移民安置工作牵涉了很多的劳力和经费，因而没有对大堤的安全问题引起足够重视。直到两年以后，大堤在汛期中岌岌可危，省水利厅才将对大堤的整修和加固工作提上日程。这一次加固，从1965年12月至1969年10月，持续了近4年，是“文革”前后整修规模最大的一次。

1965年，洪泽湖大堤发生了二帝宫段旧石墙突然倒塌的紧急情况。是年6月底，梅雨期到来，在连续数日的大雨中，河、湖水位节节上涨。7月22日，当洪泽湖水位涨至12.99米时，蒋坝镇二帝宫堤段石工突然倒塌44米，堤上条石、

---

① 《洪泽湖志》编纂委员会编：《洪泽湖志》，方志出版社，2003年12月第1版，第237页。

② 《洪泽湖控制加固改建工程设计任务书》（1965年9月），江苏省档案馆馆藏档案：3224-2-1815。

图 2－12　洪泽湖大堤现状（李良玉教授摄于 2013 年 3 月）

砖柜、三合土全部倒入水中，堤后填土随之坍塌 7 米多，堤身形成陡立，暴露在风浪前①。因当时洪泽湖水位保持稳定，没有继续上涨，幸未造成严重事故。看来，虽经过两次较大规模的整治，大堤的隐患并未完全消除。进行一次全面的翻新、修复，以彻底消除大堤隐患，是十分要必要的。

为全面掌握大堤损坏状况，汛后，省水利厅责成三河闸管理处会同洪泽县水利局、省水利勘测总队的 60 名干部和 350 名技术人员，组成“洪泽湖大堤三钻六锥联合调查队”，对大堤进行重点钻探和普查。经过外业勘探，基本摸清了旧石墙损坏的情况，主要是：条石基土填筑不实，基础木桩上部干湿交替，桩顶腐烂，造成石工基础不稳；部分水成岩条石和糯米汁、石灰等胶结材料风化，导致条石整体性能降低，产生错位松动；残存的乱石、埽工、旧石灰窑洞和动物打洞、刨窝形成通道。其中，蒋坝至高良涧间的石工墙损坏最为严重。在这 25.1 公里长的堤段上，共发现各种险工、隐患有 1381 处之多，其中石墙桩基腐烂、淘空，失去承载能力的达 13.46 公里；倾斜、错牙、裂缝、松动等险工共 488

① 江苏省人民委员会：《关于检送洪泽湖控制加固改建工程设计任务书的函》（1965 年 9 月 13 日），江苏省档案馆馆藏档案：3224-2-1815。

处；旧石灰窑、狗獾洞等混杂于整个堤身，在高水位时，成为渗水通道[①]。可见，大堤损坏、老化的程度已经相当严重，存在着很大的安全隐患。大堤的加固、改建工程，实属刻不容缓。

因情况紧急，调查队一边调查，一边向省里汇报。根据汇报情况，省水利厅于9月10日赶制出《关于加固洪泽湖控制工程的报告》上报省人委。9月13日，省人委以“苏水字第564号”文，向国家计委和水电部报送了《洪泽湖控制加固改建工程设计任务书》，并委派王厚高去北京作了汇报。《关于加固洪泽湖控制工程的报告》提出，为保障淮河下游的防洪安全，适应上中游水情的新的情况，拟对洪泽湖控制进行全面的加固和改建，工程内容包括：加固洪泽湖大堤和三河闸，新建三河越闸、高良涧进水闸和船闸，加固和新建高良涧越闸5项工程。其中就大堤的加固工程问题，提出：按照防御洪水位17米和10级台风的标准，对大堤和堤上建筑物进行加固；针对调查出的大堤损坏状况，计划采取以下措施：在石墙内侧开挖到基础，重新兴建石工墙，做到顶高19米；同时彻底清基，解决渗漏问题；堤后加做戗台，“填塘固基，植草防护”。改建的堤段从高良涧到蒋坝，共长26公里[②]。在改造大堤的同时，彻底加固三河闸、高良涧闸枢纽，兴建三河越闸、高良涧越闸等其他控制建筑物。全部工程初步估需经费6180万元，土方1050万立方米，石方133万吨[③]。因工程规模巨大，拟分3至5年完成。

12月2日，水电部提出审核意见，并以“（65）水电规水字第322号”文转报国家计委，指出：“是否需要将全线砌石防浪墙拆除重建，值得慎重考虑”，要求江苏“进一步勘探摸清大堤各段的不同情况和存在的问题，根据不同堤段的不同情况，分别考虑采取不同措施”[④]。

1966年正遇全省大旱，洪泽湖干涸见底，是改建大堤的有利时机。为争取时间，省水利厅一面向水电部请示汇报，一面进行试验段工程，计划于1966年先在已倒塌的二帝宫段进行改建，取得经验后再分段实施，并立即派员组成领导小组，负责工程的施工领导。

洪泽湖大堤总长67.25公里，计划改建的堤段，即从蒋坝镇至高良涧闸的26公里，迎湖顶浪最为险要。这段有25.1公里的石工墙，经前勘测发现损坏相当

---

① 《洪泽湖志》编纂委员会：《洪泽湖志》，方志出版社，2003年12月第1版，第237页。

② 《关于加固洪泽湖控制工程的报告》（1965年9月10日），江苏省档案馆馆藏档案：3224-2-1507。

③ 《关于加固洪泽湖控制工程的报告》（1965年9月10日），江苏省档案馆馆藏档案：3224-2-1507。

④ 水利电力部：《转报〈洪泽湖控制加固改建工程设计任务书〉请审查批复》（1965年12月2日），江苏省档案馆馆藏档案：3224-2-1815。

严重，故需全部加固改建。关于加固改建的方案，水电部在第362号批复中提出，要在“堤后加做戗台”，实际上就是把大堤改建成斜坡式。但在这一问题上，省水利厅存在两种意见：一种意见主张按照批复意见，将大堤改建为斜坡式，认为该方案节省经费，可以全线一气呵成；另一种意见主张仍采用原状直立式墙，认为经费虽然比斜坡式多50%，但可一劳永逸。两种意见争执不下。

同年3月，试验段工程即将开工，但在改建形式上的“直斜之争”仍未有结果。于是，高鉴带领江毅和唐其中，奔赴汤山，向因病在此疗养的陈克天征求意见。陈克天听过汇报后，提出了4点意见：

①要积极搞好二帝宫试验段工程，采取斜坡式和直墙式两种类型试验；②总结黄罡寺已经做的防浪林台的情况和观测资料；③组织人到外省去考察学习这方面经验；④委托南京水利科学研究所和华东水利学院做试验段两种型式和防浪林台模型试验。①

此次加固规模浩大，方案的选择非同小可，因为这直接关系到大堤防洪功能的长久性，同时还要考虑财力、物力的可能性。陈克天所提出的意见，可以看出是相当谨慎的；接下来的工作，按照陈克天的部署，一边做试验段的工程，一边学习经验，研究机构也纷纷提出意见，为改建方案的最终确定，提供了可靠的依据。

高鉴一行返苏后，按照陈克天的意见，首先组织民力于3月开始，在二帝宫段做了两种墙体型式的试验。试验段全长322米，其中斜坡式人工块体做了160米，衡重式直墙做了162米。斜坡人工块体工程，先采取上部翻筑，下部灌浆的方法对老石工墙加固；再在老石墙前按1∶1.75的坡度，抛块石棱体，棱体上安放混凝土四脚方块一层，垂直错开排列，块体下部做抛石护脚；墙顶浆砌平台3.0米，向上1∶2坡浆砌石坡至高程19.2米，石坡后填土。直立式墙的做法是：在墙身迎湖面16米以下，镶嵌拆下来的老石工墙条石，墙底高程10.5米，并墙后填土至高程18米；在墙后高程16.7米和13米两处，分别做排水反滤器，墙顶设挡浪板，顶高程19.2米。至8月上旬，共完成混凝土3415立方米，浆砌石900立方米，浆砌块石467立方米，干砌及抛石9186立方米，土方1.95万立方米②，试验阶段工程竣工。

在试验段工程开展的同时，高鉴领带设计人员到广东、浙江、湖南等省，考察江河湖海堤防的防护工程技术。与此同时，大堤调查队经过数月调查，完成了《洪泽湖大堤查勘简报》，提出土堤、石墙的相互关系和加固的基本原则；研究

---

① 陈克天：《江苏治水回忆录》，江苏人民出版社，2000年1月第1版，第75页。

② 《洪泽湖志》编纂委员会：《洪泽湖志》，方志出版社，2003年12月第1版，第238页。

机构也纷纷提出研究报告和意见：南京水利科学研究所和华东水利学院的“海塘及围海工程技术研究组”，提出了《洪泽湖大堤加固工程人工块体及条石护面的斜坡式方案说明书》及《关于方案比选问题补充意见书》；华东水利学院院长严恺还做了一个形象的比喻，他说：“直墙好比少林拳，抵抗风浪直来直去硬碰硬，而斜坡则好比太极拳，风浪来了让它往坡上爬，爬到没劲了就退下去了，这就是古人称之为‘以柔克刚之道’”[①]。

省水利设计院也建议采用斜坡式，并编写了《在改建加固洪泽湖大堤工程设计中，建议考虑矮墙斜坡式与新直墙斜坡方案比选意见书》。陈克天出疗养院后，也对大堤进行了实地考察，提出了“能不能在堤外再做一道大堤，相当于古代黄河大堤后面的一道遥堤”[②] 的想法，以增强大堤的稳固性。省水利工程总队党委书记王凌洋则建议，应当利用当前洪泽湖干涸见底的大好时机，抢建大堤。

1968 年 11 月，“文革”已全面爆发，进行正常的工作已经相当困难。尽管如此，为使各方面的意见进行交流，拿出更加稳健的方案，省水利厅还是“想方设法”于 11 月间组织召开了交流会议。会议由调查队、南京水利科学研究所等提供大堤加固方案意见的组织和单位，以及淮阴地区、洪泽县和设计、施工及管理等相关部门派员参加。在为期 5 天的会议上，与会人员各抒已见，讨论激烈，经过反复论证、比较选择，最终敲定了“在大堤临水面增筑防浪林台，林台顶部高程做到 14. 5 米，宽度 50 米，工程标准按洪泽湖水位 16 米设计、17 米校核，正向风力 10 级，吹程 30 公里，并利用老石工墙的条石，砌筑林台外坡”[③] 的方案。会后，省水利厅副厅长王厚高带队赴京汇报。最后，水电部于同年 12 月 28 日批准按照这一方案进行加固。

在动荡的岁月里，为了抓紧施工的有利时机，在未向中央报告讨论会议确定的方案之前，省里便组织民力开赴施工前线。11 月下旬，“江苏省洪泽湖大堤加固工程处”成立并领导施工，动员了淮阴、扬州、盐城、南通等 4 个专区 11 个县的 6 万多民工和 3000 名石工，对大堤进行全面的改造和加固，高峰时上工人数达 10 万余人。尽管“文革”即将进入高潮，各项工作重点已经被迫转移，但省水利厅十分重视这次大堤加固工程。陈克天告诫当时负责施工的干部：“洪泽湖大堤加固改建是江苏水利建设史上一场罕见的硬仗，其特点是背水作战，时间紧，任务重，战线长，场地窄，矛盾多，土方和建筑物同时施工，错综复杂，大家一定要战胜任何艰难险阻，打好这场攻坚战。”[④] 陈克天的一番话，不仅说出

① 陈克天：《江苏治水回忆录》，江苏人民出版社，2000 年 1 月第 1 版，第 77 页。
② 陈克天：《江苏治水回忆录》，江苏人民出版社，2000 年 1 月第 1 版，第 76 页。
③ 陈克天：《江苏治水回忆录》，江苏人民出版社，2000 年 1 月第 1 版，第 77 页。
④ 陈克天：《江苏治水回忆录》，江苏人民出版社，2000 年 1 月第 1 版，第 78 页。

了大堤加固改建工程的艰巨性，更反映出这次工程的重要意义。

工程开工不久，便全面受到“文革”的影响和干扰。部队进驻工地，将领导机构改名为“中国人民解放军江苏省军事管制委员会洪泽湖大堤施工防汛指挥部”，水利厅的“当权派”大多被“夺权”。在这种情况下，为使大堤改建工程能够继续实施下去，他们晚上被批斗，白天仍坚持工作。陈克天对当时的情况记忆犹新：

1967 年 3 月的一个晚上，我被造反派“押送”到洪泽湖大堤工地，在高良涧加固工程处的芦席棚里批斗，看到绝大多数的干部群众顶风冒雨，餐风露宿，日夜不停地抢修工程；看到那么多的干部，一边挨批，一边坚持工作，内心确实感动。在施工中，指挥部的赵木禾、方延法、王秉如、韩兆轩等领导同志都是白天在工地劳动，晚上挨批，还一心为加固工程操劳。雍思祺在二河闸转运站负责物资供应，任务十分繁重。工作中受到派性干扰，沙石供应发生困难，他心急如焚地对造反派说：“晚上你们批斗我，我听你们的，白天搞工作，你们还得听我的！”经过十分艰难的努力，终于使材料转运满足了工程需要。方延法靠边最早，被批斗的次数最多，虽然处境十分困难，但对大堤加固工程尽心尽力，三年一直没有离开工地。……当时，我们的许多干部就是在这样的条件下，以常人难以想象的顽强精神，坚守岗位，出色地完成了任务[①]。

可见，尽管在当时十分艰难的处境下，水利战线上的老前辈仍然坚持忘我的工作，确保工程能够继续进行。其中，以副厅长王厚高的处境最为艰难。多年后，陈老回忆起当年的同志，心情还是十分沉痛：

他（注：指王厚高）是 1949 年毕业于浙江大学，一直在水利战线工作，是个很有造诣的年轻水利专家，为洪泽湖大堤加固工程方案的制订、工程立项和报批，曾三上北京，向水电部领导和专家汇报，得到了批准。“文革”开始时，他作为水利厅副厅长，受命主持洪泽湖大堤加固工程；“造反、夺权”高潮时，在工地一边挨批，一边埋头工作，一丝不苟地指挥调度，直到工程基本完成，又被揪回水利厅批斗，并被送到“五七”干校劳动。刚被宣布“解放”，就罹患了重病，得不到很好的治疗，病逝在医院的走廊里，年仅 45 岁。英年早逝，令人惋惜[②]。

这批干部任劳任怨，带领民工实施工程。施工中采用湖中取土的办法加固大堤，拆除了高良涧至蒋坝段 23.67 公里的直立条石工墙，改为浆砌块石斜坡墙，并新筑了防浪林台；在三河闸以南 1.15 公里的堤段也建了防浪林台；并建成周桥灌

① 陈克天：《江苏治水回忆录》，江苏人民出版社，2000 年 1 月第 1 版，第 79 页。
② 陈克天：《江苏治水回忆录》，江苏人民出版社，2000 年 1 月第 1 版，第 79-80 页。

区渠首闸，夏家桥、九龙湾船坞，整修了蒋坝船坞；又兴建了头堡至十堡段复堤等工程。至1969年8月，改建加固工程基本完工，共完成土方704万立方米，石方26.83立方米，混凝土5.5万立方米，拆除老石工墙条石、河砖、三合土和堤前浆砌石戗台共25万立方米，防浪林台植树52.4万株，投资2，155.1万元。

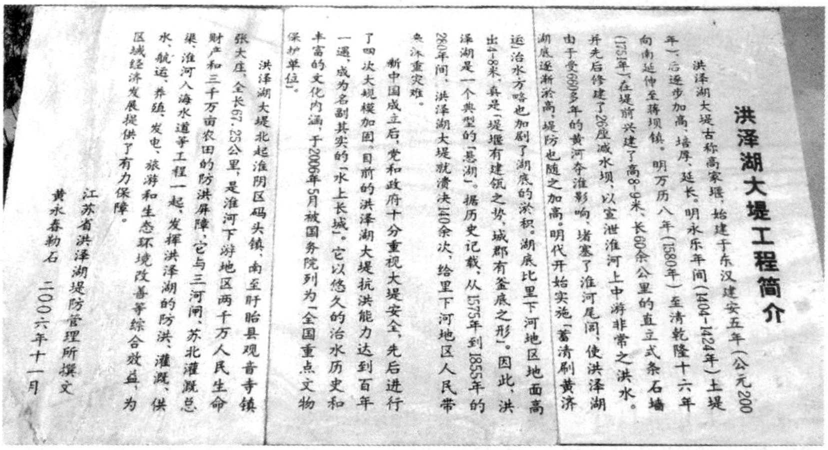

图2－13　2006年11月所立洪泽湖大堤工程简介（李良玉教授摄于2013年3月）

二、洪泽湖蓄水位之争

新中国成立伊始，政务院便根据“蓄泄兼筹”的原则，决定洪泽湖可蓄水至13.5米，实行洪泽湖蓄水垦殖计划，以灌溉苏北广大平原。洪泽湖蓄水位的提高，意味着淹没面积的扩大，必然对沿湖地区产生一定的影响。正因为洪泽湖蓄水的影响因素太多，虽然省委及淮委已经作出了正式决定，但在实施的过程中几经反复，还引发了一场苏皖两省的水利纠纷。

（一）将洪泽湖建成“拦洪蓄水”水库

作为淮河下游的一个大型湖泊，洪泽湖的综合治理和开发，是治淮工程的一项重要内容。新中国成立后，确定了洪泽湖治理的两项基本措施，即蓄水位和河湖（洪泽湖）分开。根据这一基本措施，政务院作出了利用洪泽湖蓄水灌溉的决策。

早在1950年，中共中央就提到洪泽湖的治理问题。这年10月，政务院《关于治理淮河的决定》中，明确提出了“蓄泄兼筹”的治淮方针，洪泽湖“仍作为中、下游调节水量之用”①。政务院对洪泽湖功能的这种定位，既是淮河下游

---

① 《中央人民政府政务院关于治理淮河的决定》（1950年10月14日），《历次全国水利会议报告文件（1949—1957）》，《当代中国的水利事业》编辑部1987年1月内部发行，第365页。

地区贯彻“蓄泄兼筹”方针的一项重要措施，也初步规定了洪泽湖在治淮工程中所要扮演的角色和地位，基本奠定了日后洪泽湖治理的方向。

1956年5月，《淮河流域规划报告（初稿）》完成，更加明确地指出了洪泽湖在治淮工程中的地位。报告的提要中提出：“洪泽湖为拦洪蓄水综合利用的水库”，江苏在治淮工程中要充分“利用洪泽湖拦洪蓄水兴利”①，这是江苏治淮的一个重要治理原则。可见，这实际上是提出了对洪泽湖要综合利用和开发的思想。周恩来对洪泽湖的综合利用，有明确的指示：“洪泽湖要逐步蓄水，解决航运、灌溉、渔业生产等问题”②。

（二）关于蓄水位的反复讨论

尽管规划提出了洪泽湖应综合利用，但是新中国成立初期，受到各种条件的制约，防洪蓄水乃是治河首先要解决的问题。因此，当时对洪泽湖的治理及功能的定位，主要是围绕着蓄洪和灌溉所展开的。关键的问题是洪泽湖蓄多少水。洪泽湖的蓄水量，既要满足灌溉田亩的需要，又要适度蓄水，以控制淹没面积和减轻防洪压力。因此，为确定适宜的蓄水位，中共中央及淮委进行了多次讨论。

最早是在1951年5月2日淮委召开的第二次全体会议上，通过了洪泽湖蓄水工程的方案。会议认为：“洪泽湖在近数百年里都是用来蓄水的，所以现在继续利用它来蓄水是最适宜的”③。即要使洪泽湖成为有控制的水库，增强蓄洪效能，兼备苏北农田灌溉之用。根据淮河上游洪水来量、苏北灌溉面积等因素，通过计算初步确定最高蓄洪水位为14米，“蓄水位不可太高，最好不要超过十四公尺④，以免抬高上游的水位并加重大堤的负担”⑤。这是淮委首次就洪泽湖蓄水位问题提出意见。这一水位，实际上是最高洪水时期洪泽湖的蓄水上限。

洪泽湖要蓄洪兼灌溉，必须有适宜的蓄水位。前面提到，洪泽湖是平原型湖泊，一面大堤，三面缓坡，所以水位越高，湖面面积越大，淹没的土地也就越多。所以，洪泽湖蓄洪灌溉，既要容蓄足够的灌溉水量，又不能过度抬高蓄水位，以减少淹没损失。淮委第二次全体委员会议上仅提出了洪泽湖的最高蓄洪水位，那么非汛期，究竟蓄到多少米最为适宜？因这一问题关系重大，中央水利部及淮委在作出决策时，多次开会商讨，几经反复。

---

① 中华人民共和国水利部：《淮河流域规划报告提要》（1956年10月31日），江苏省档案馆馆藏档案：3228-3-0330。

② 转引自陈克天：《江苏治水回忆录》，江苏人民出版社，2000年1月第1版，第80页。

③ 《关于治淮方略的初步报告》，《治淮汇刊·第一辑（1951年）》，内部刊物，第173页。

④ “公尺”：现已废止的长度计量单位，是“米”的旧称。以下引文中再次出现“公尺”时，不再一一作注。

⑤ 《关于治淮方略的初步报告》，《治淮汇刊·第一辑（1951年）》，内部刊物，第173页。

先是在淮委第二次全体委员会召开后不久，考虑到会议计划兴建的工程有“过大之感”，遂于1951年7月10日复又召开了淮河上、中、下游负责首长联席会议，着重研究了中游工程、入海水道与洪泽湖水位问题。其中在洪泽湖平时（即中秋以后）的蓄水位问题上，初步提出了12.5米、13米和13.5米三个方案。因这一问题关系重大，“据初步计算，如果平时蓄到十三公尺，则宿县、滁县、淮阴三个专区约有一百万亩土地被淹，二十万人口需要搬移”，以及资料的不够充分，只能“俟算清中下游两方利弊大小（取利大弊小）再行确定”①。

紧接着，7月26日，水利部在北京召开了第二次治淮会议。会议由傅作义部长主持，淮委副主任曾希圣、河南省人民政府主席兼淮委副主任吴芝圃、苏北行署主任兼淮委副主任惠浴宇，以及水利部、淮委的相关人员参加了会议。会议再次对洪泽湖蓄水位问题进行了商讨，考虑到苏北地区灌溉的需要，经会议协商，洪泽湖经常蓄水位规定为13.5米。确定这一蓄水位的重要依据，是对淮河下游需要灌溉水量的估计，以及1950年实际测量的洪泽湖容量和有效蓄水量。1950年，苏北治淮总指挥部对洪泽湖容量及有效蓄水量进行了实测，结果如表2-11所列。同时，根据苏北5个灌溉区域（即里下河西区、里下河东区、滨海垦区、通扬运河区和高宝湖区）的耕地面积，估计淮河下游的灌溉水量为44.76亿立方米②。因此，认为洪泽湖蓄水位应为13.5米。这次会议上计算出的蓄水位为13.5米方能满足淮河下游灌溉要求的结果，是日后江苏坚持洪泽湖蓄水到13.5米的重要依据。

表2-11　洪泽湖容量及有效蓄水量表

水位（米）	容量（亿立方米）	有效蓄水量（亿立方米）
10.50	3.00	0
11.00	7.00	4.00
12.00	20.00	17.00
12.50	28.00	25.00
13.00	37.50	34.50
13.50	47.50	44.50

资料来源：《苏北灌溉总渠工程规划概要》（1952年），《治淮汇刊·第二辑（1952年）》，内部刊物，第220页。

① 曾山、曾希圣等：《关于治淮方案的补充报告》（1951年7月12日），《治淮汇刊·第一辑（1951年）》，内部刊物，第14页。

② 苏北治淮总指挥部：《苏北灌溉总渠工程规划概要》（1952年），《治淮汇刊·第二辑（1952年）》，内部刊物，第219页。

时隔3个月，水利部听到了一些不同意见，便于11月3日至5日，召集淮委工程部副部长钱正英、苏北行署副主任陈扬、苏北治淮总指挥部工程部邢丕绪、皖北宿县专区治淮指挥部吴云培等，第三次开会商讨洪泽湖蓄水位问题。此次会议，在影响洪泽湖蓄水位的相关数据的收集和计算方面下了一番功夫，选择过去30余年内的9个特殊年份为参考，即1917年、1922年、1923年、1928年、1929年、1932年、1933年、1934年和1936年，计算出“维持并发展苏北灌溉各年需用洪泽湖供给水量计算表”（见表2-12所列）。这个计算表，是本次会议关于洪泽湖蓄水量计算的一个重要成果。通过表格可见，苏北较旱年份的灌溉需水量，若尽量利用淮河春季水源，其中有8年洪泽湖蓄水位均可不超过12.00米，仅1929年需蓄水至12.64米。

尽管得出了比较精确的结果，但会议对洪泽湖蓄水位的确定还是持较为谨慎的态度，认为“目前资料尚感不足，特别是各种农作物蓄水情况（棉、杂田要分别计算），各地降雨量、池塘蓄水及地下水的利用等情况，资料还不够精确，因此，暂时还不能做最后决定”，并要求“淮委会同皖北、苏北，并邀请华东农业、水利部门参加，共同组织研究小组，对上述有关问题，做长期的调查研究，搜集必要资料（以一年左右为度），然后再对洪泽湖蓄水位做最后确定”[①]。此时，苏北灌溉总渠控制工程高良涧进水闸正在规划设计，为照顾苏北灌溉田亩的用水，会议决定水闸可按“洪泽湖水位12.50公尺时泄水700秒公方设计”[②]。可以看出，会议虽然没有对洪泽湖蓄水位作出明确规定，但默许暂蓄到12.5米。

应该说，在1952年之前，洪泽湖控制工程尚未全面兴建，仅靠一道洪泽湖大堤扼守湖周，在蓄水灌溉的同时，不得不首先确保大堤的防洪安全。因此，要使其充分蓄水，条件尚未成熟。维持12.5米的蓄水位，既能解决苏北地区的一部分灌溉用水，又不致使洪泽湖防洪压力过大。

但是，在实际操作过程中，水并没有蓄到12.5米的高度。一方面，迁移安置工作需逐步地安排和进行；另一方面，安徽省持有不同意见。因此，洪泽湖蓄水位在一段时间内，一直维持在11.5米。直到两年之后，随着1953年7月三河闸的建成，使洪泽湖有了重要的控制工程，为洪泽湖蓄水奠定了基础，江苏省也在此有利条件下提出了“洪泽湖蓄洪垦殖工程”规划。洪泽湖蓄水位问题再次被提上议事日程。

① 中央人民政府水利部：《关于洪泽湖蓄水位问题的初步意见》（1951年11月），《治淮汇刊·第二辑（1952年）》，内部刊物，第233页。

② 中央人民政府水利部：《关于洪泽湖蓄水位问题的初步意见》（1951年11月），《治淮汇刊·第二辑（1952年）》，内部刊物，第233页。

表 2－12　维持并发展苏北灌溉各年需用洪泽湖供给水量计算表

年份				1917 年	1922 年	1923 年	1928 年	1929 年	1932 年	1933 年	1934 年	1936 年
稻田一千五百万亩需灌溉水量	五月十日至六月十日	雨量（毫米）		26.30	17.15	91.80	24.80	16.60	79.40	103.20	50.5	85.4
		有效雨量（毫米）		22.40	14.58	78.03	21.20	14.10	67.40	87.50	42.9	72.5
		灌溉量（毫米）（即 180–有效雨量）		157.60	165.42	101.97	158.80	165.90	112.60	92.50	137.1	107.5
		池塘供给量（毫米）		80.00	80.00	80.00	80.00	80.00	80.00	80.00	80.00	80.00
		渠道供给量	（毫米）	77.60	85.42	21.97	78.80	85.90	32.60	12.50	57.1	27.5
			（亿立方米）	7.76	8.54	2.19	7.88	8.60	3.26	1.25	5.71	2.75
		渠首引水量（亿立方米）		8.54	9.39	2.41	8.67	9.46	3.57	1.37	6.28	3.03
		湖面蒸发量（亿立方米）		2.30	2.30	2.30	2.30	2.30	2.30	2.30	2.30	2.30
		淮河入湖流量（亿立方米）		0.58	4.81	8.90	6.10	1.85	15.60	20.90	17.65	12.3
		取用湖水量（亿立方米）		10.26	6.88	0	4.87	9.91	0	0	0	0
	六月十一日至七月十五日	雨量（毫米）		260.20	196.80	349.05	148.10	99.00	125.30	55.80	86.5	140.6
		有效雨量（毫米）		221.20	167.28	296.69	126.00	84.20	106.50	47.50	73.5	119.5
		灌溉量（毫米）（即 180–有效雨量）		28.80	82.72	0	124.00	165.80	143.50	202.50	176.5	130.5
		池塘供给量（毫米）		0	0	0	0	0	0	0	0	0
		渠道供给量	（毫米）	28.80	82.72	0	124.00	165.80	143.50	202.50	176.5	130.5
			（亿立方米）	2.90	8.27	0	12.40	16.58	14.35	20.30	17.6	13.1
		渠首引水量（亿立方米）		3.20	9.10	0	13.60	18.23	15.80	22.30	19.4	14.4
		湖面蒸发量（亿立方米）		2.60	2.60	2.60	2.60	2.60	2.60	2.60	2.60	2.60
		淮河入湖流量（亿立方米）		6.10	5.57	31.15	6.85	6.75	10.65	19.25	22.33	8.09
		取用湖水量（亿立方米）		0.00	6.13	0	9.35	14.08	7.75	5.65	0	8.91
	两期共用湖水总量（亿立方米）			10.26	13.01	0	14.22	23.99	7.75	5.65	0	8.91

（续表）

年份	1917 年	1922 年	1923 年	1928 年	1929 年	1932 年	1933 年	1934 年	1936 年
棉田 1,100 万亩需灌溉水量(亿立方米)	3.00	3.70	0	2.00	3.70	0	0	0	0
棉稻田共需湖水储蓄量(亿立方米)	13.26	16.71	0	16.22	27.69	7.75	5.65	0	8.91
湖中蓄水高度(用至 10.5 米为止)(米)	11.75	12.00	10.50	11.95	12.64	11.35	11.16	10.50	11.44

注：①雨量为淮阴、泰县两地雨量平均值。1929 年该两地仅有月总量，用南通逐日雨量比例推算。

②有效雨量等于降雨量之 85%。

③池塘蓄水假定为 8.0 亿立方米，即可供给 1500 万亩田 80 毫米水深。

④渠首引水量等于渠道供给量加 10% 渗漏损失。

⑤湖面蒸发量以 1500 平方公里每日蒸发 5.0 毫米计。

⑥入湖流量系以中渡流量为根据。1932、1933 两年中渡无记录，用浮山流量代替。

⑦棉作蓄水量以最干年需 50 毫米（即 3.7 亿）为标准，其余各年视雨量情形斟酌大小。

资料来源：中央人民政府水利部：《关于洪泽湖蓄水位问题的初步意见》（1951 年 11 月），《治淮汇刊·第二辑（1952 年）》，内部刊物，第 234 页。

1954年1月12日，中共中央华东局致电淮委，要求对洪泽湖蓄水位11.5米与12.5米两个方案提出意见，以便华东局作正式决定。根据这一意见，24日至28日，淮委召开了洪泽湖蓄水位问题研究会议。参加会议的除淮委秘书长、各部负责人和有关工程技术人员外，还有江苏省治淮指挥部副指挥陈克天、计划处处长陈志定、科长许荫桐，以及江苏省水利厅工程师王梦周和孙翰堂。会上，淮委工程部副部长萧开瀛、王祖烈，以及有关工程师跟江苏与会的技术人员组成专门小组，对有关苏北灌溉面积和洪泽湖蓄水的各项资料，进行了计算、研究和核对，最终达成一致意见，认为蓄水位11.5米，"既不能适应当前需水的要求，也更不能照顾今后灌溉的发展"，根据苏北目前及第一个五年计划内的需水情况，"暂决定洪泽湖蓄水位为12.5公尺"①。同时，为便于对11.5米至12.5米之间的地区有计划地进行处理，以及考虑到苏北今后灌溉的发展，会议认为洪泽湖蓄水位在条件充足的情况下，应逐年抬高，为此制订了三步计划：

（一）1954年16.9亿公方，洪泽湖相应蓄水高程为12.12公尺。（二）1955年至1957年要求最高蓄水量为28.1亿公方，洪泽湖相应蓄水高程为12.66公尺。（三）1957年以后苏北完成全部灌溉时要求最高蓄水量为39.7亿公方，洪泽湖相应蓄水高程为13.21公尺②。

这个"三步走"的蓄水计划，是此次会议所提出的核心意见，并据此形成了《治淮委员会关于洪泽湖蓄水位问题研究会议纪要》。此后，淮委向华东局、水利部和江苏省委和安徽省委报告时，均建议蓄水位暂定为12.5米，条件成熟后再行提高。

1954年4月，水利部对淮委的上述意见作出审核后报告国务院财经委员会，认为适宜的蓄水位在12.5～13米之间，在资料不够充实、实践经验比较缺乏的情况下，第一个五年计划期间"暂定洪泽湖最高蓄水位为12.5公尺，是适当的"③。据此，华东局正式作出了暂蓄12.5米的决定。

（三）苏皖之争：一场省际水利纠纷

解决淮北地区的灌溉水源，在引江工程尚未实施的情况下，当时仅有一条途径，就是依靠洪泽湖拦蓄淮水；而蓄水位的高低，直接关系到蓄水量的多少，所

---

① 《治淮委员会关于召开洪泽湖蓄水位问题研究会议情况的报告》（1954年2月3日），《治淮汇刊·第四辑（1954年）》，内部刊物，第283页。

② 《治淮文员会关于洪泽湖蓄水位问题研究会议纪要》（1954年1月31日），《治淮汇刊·第四辑（1954年）》，内部刊物，第286页。

③ 《中央人民政府水利部对于治淮委员会提出关于洪泽湖蓄水位问题的初步意见》（1954年4月），水利部分治淮委员会、治淮汇刊编辑委员会编：《治淮汇刊·第四辑（1954年）》，内部刊物，第290页。

以，洪泽湖蓄水位问题备受关注。关于蓄水位之议，从1951年开始，经过实测、演算，多次开会商讨，由第二次治淮会议上最初确定的13.5米，降低至12.5米，在实际执行中却维持在11.5米，复又重申暂蓄到12.5米。如此反复，除了灌溉用水量、防洪安全、移民迁置等因素外，还夹杂着苏皖两省在此问题上的争执的影响。

洪泽湖蓄水位的高低，直接关系着洪泽湖兴利作用的大小。作为直接受益者，江苏希望洪泽湖多蓄些水，以保证在干旱年份的灌溉用水。但是，在这一问题上，安徽提出了不同的意见，就此发生了一场省际水利纠纷。

1. 分歧初显

江苏省对蓄水到12.5米是有异议的，认为这一蓄水位偏低，应按照第二次治淮会议的意见，蓄到13.5米，这也是江苏在此问题上一直坚持的态度。如陈克天就认为，那时“沿湖居民很少，种地也是望天收，当机立断蓄到13.5米，投资不大，效益大，不可错过时机”[①]。而洪泽湖上游的安徽省则认为，别说是蓄到13.5米，就连12.5米也高了，因为洪泽湖拦蓄淮水，若是在枯水季节，就使上游地区的用水量减少；若是在丰水年份，则影响上游排水，加大其防洪压力。因此，如前所述，尽管淮委已批准蓄水至12.5米，但受上游影响以及考虑到其他一些实际因素，一段时间内水位维持在11.5米。

洪泽湖区周边的盱眙、泗洪两县，当时是隶属于安徽省的。尽管水利部在对1954年洪泽湖蓄水位问题研究会议的批复中指出，蓄水位12.5米“对皖北排水时无（任）何影响的”[②]，但是，为了从根本上解决这一水利纠纷，华东局和柯庆施向江苏省委提出建议：用徐州地区生产条件较好、煤矿资源丰富的萧县和砀山，和安徽省的盱眙、泗洪两县对调。这样“洪泽湖周围都是江苏区划，你们要蓄高就蓄高，你们要蓄低就蓄低，蓄高了也首先淹泗洪、盱眙”[③]。

当时，徐州和淮阴的许多官员是不同意这么做，认为萧县、砀山的经济基础比盱眙和泗洪要好。而为了彻底解决这一矛盾，江苏省委还是接受了这一意见。安徽省委也表示同意。1954年12月，国务院批准将原属安徽省的盱眙、泗洪两县划归江苏省；原属江苏省的萧县、砀山两县划归安徽省。根据国务院电示，淮阴专区于1955年3月派员前往安徽省正式办理了交接手续。接着，两省的水利厅、农业厅以及四县及其所属专区的代表，于4月15日共同签署了《关于洪泽、

① 陈克天：《江苏治水回忆录》，江苏人民出版社，2000年1月第1版，第82页。

② 《中央人民政府水利部对于治淮委员会提出关于洪泽湖蓄水位问题的初步意见》（1954年4月），水利部治淮委员会、治淮汇刊编辑委员会编：《治淮汇刊·第四辑（1954年）》，内部刊物，第290页。

③ 《中共江苏省委员会（59）苏字974号电报》（1959年4月29日），《关于解决洪泽湖蓄水位问题的来往文书》，江苏省档案馆馆藏档案：3011－2－0656。

盱眙、萧县、砀山等县农林水利部分交接问题的协议》。随后，洪泽湖蓄洪垦殖委员会成立，负责处理沿湖地区的淮阴、泗阳、盱眙、泗洪的蓄洪垦殖工程。

洪泽湖的行政区划，原分属于江苏和安徽两省，尽管两省在蓄水位的高低上存有不同意见，一方始终认为12.5米的蓄水位过低，不能满足灌溉要求，另一方则不希望蓄水位过高，但这一时期，两省的矛盾还未发展到白热化的阶段。关于蓄水位问题的争议，也以行政区划的调整暂时得以解决。区划调整后，沿湖地区全部划入江苏省管辖，可以避免由此而带来的省际水利纠纷，这为洪泽湖蓄洪垦殖工程的发展提供了有利条件。

2. *矛盾升级*

有了这一有利条件，1956年5月，淮委在《淮河流域规划报告（初稿）》中再次提出将洪泽湖蓄水位抬高至13.5米：洪泽湖为下游拦洪蓄水的综合利用水库……兴利蓄水汛期限制水位为13.5米。从江苏省的实际情况来看，“淮水北调”工程于1957年规划并实施，淮北地区也在进行大面积的“旱田改水田”，需水量猛增。预报1958年淮河流域是个中等旱年，灌溉用水将发生困难；而沿湖的几个县又都同属于江苏省，可以统一规划安排。鉴于这种情况，为了确保下游灌溉用水，争取多蓄水，省水利厅按照《淮河流域规划报告（初稿）》的要求，于1957年12月31日，向省委上报了《关于洪泽湖拦洪蓄水工程的报告》，指出：经过初步演算，在第二个五年计划后期淮河下游地区灌溉发展的情况下，需要大量灌溉水源，“洪泽湖蓄水位也可能提高到14.0公尺始能满足灌溉要求”，故建议“在第二个五年计划其内，洪泽湖平均蓄水位为13.5公尺，逐步提高到14.0公尺”。[①] 经省委同意，于1958年9月28日将洪泽湖蓄水位从12.5米抬高到了13.5米，并通过水情电报将蓄水位情况报告了水电部，并通报有关单位。

苏皖两省行政区划的调整和苏北地区灌溉的发展，使洪泽湖蓄水位的提高成为理所当然。特别是1958年的旱情，使这一决策显得更加必要。这年淮河下游灌溉面积达1380万亩，用水量高达800立方米/秒；而5－6月灌溉季节期间，淮河流域稍有旱象，淮河最小来量为120立方米/秒，洪泽湖水位在1个月内很快从12.5米跌到11.8米，里下河水网区兴化水位在11天内下降0.3米[②]，不仅灌溉用水发生困难，盐城不少地区水质变咸，影响灌溉。因此，江苏要求提高蓄水位，有足够的理由。

---

① 中共江苏省水利厅党组书记：《关于洪泽湖拦洪蓄水工程的报告》（1957年12月31日），江苏省档案馆馆藏档案：3011－2－0429。

② 《中共江苏省委员会（59）苏字1138号电报附件》（1959年6月11日），《关于解决洪泽湖蓄水位问题的来往文书》，江苏省档案馆馆藏档案：3011－2－0656。

3. 惊动了中央

洪泽湖水位提高到13.5米后，半年多的时间相安无事。不料半年之后，这一举动使原本平息了的矛盾突然发展到白热化的程度。

1959年4月，安徽省委向中央告了江苏一状。4月6日，安徽省水利厅向安徽省委反映：江苏省水利厅事先未经协商，将蓄水位提高到13.5米以上，因水位的提高，殃及安徽省沿湖的嘉山、五河、凤阳三县的农业生产，约有25.4万亩耕地因受淹未能进行春种，还有3.3万亩小麦、1.1万亩草滩、5.5万亩芦苇，共计35.3万亩土地因被淹减产或失收，到汛期还将有200万亩耕地不能保收，沿湖7.15万居民的生活受到影响①。后安徽省水利厅与江苏省水利厅协商，江苏未予答复；协商未果，遂要求安徽省委解决。次日，安徽省委将此报告转发给水电部、中共中央和上海局，要求蓄水位仍维持在12.5米，并要求中央对沿湖群众因水位过高而遭受的损失给予救济。

此时，陈克天带领省水利厅等一干人，正在水电部汇报工作，水电部副部长李葆华向他们通报了安徽省的电报。陈克天认为，关于洪泽湖的蓄水位问题，水电部和淮委都有过规划和要求，而且盱眙、泗洪两县划归江苏后，洪泽湖湖区周围的几个县都属江苏管辖，只有洪泽湖以上沿淮河干流的五河、嘉山属安徽省，因此洪泽湖蓄水对安徽没有大的影响。

几日后，周恩来专门就洪泽湖蓄水问题召开了会议。与会的有邓子恢、谭震林、李葆华，陈克天，江苏省委书记陈光和安徽省委书记曾希圣，以及有关部门的负责人员。会上，周恩来批评了江苏不与安徽商量就抬高蓄水位的做法，陈克天做了检讨，谭震林建议江苏应尽快把水位降下来。

周总理经过思考后，还是支持江苏将水位蓄到13.5米。他首先对陈克天说："你们抬高蓄水位，应先和安徽商量一下嘛！使安徽受到一些损失。你们闯的纰漏，我来处理好了！"随即对曾希圣说："曾希圣同志，给你们800万元救济费可以了吧！你们限期把五河县的圩子做好，洪泽湖水位还是要蓄到13.5米的！'蓄泄兼筹'嘛！"② 陈和曾均赞同总理的解决方案，并且曾表态回去后一定做好圈圩工作。

会后，江苏省委于4月29日特向周恩来、水电部和上海局发去电报，申述了江苏在此事上的立场。电报由书记江渭清签发，除详细阐述了洪泽湖蓄水的前后经过外，还主要谈到了以下三个问题：

---

① 安徽省水利厅党组：《关于洪泽湖蓄水位问题的报告》（1959年4月6日），江苏省档案馆馆藏档案：3011-2-0656。文件标题为笔者所加。

② 陈克天：《江苏治水回忆录》，江苏人民出版社，2000年1月第1版，第86页。

一是洪泽湖蓄水对江苏农业生产的重要意义及蓄水至13.5米的理由。电报称：洪泽湖蓄水直接关系到苏北里下河地区1000多万亩水稻和淮沭新河地区1000多万亩农田的灌溉用水问题。这两块地区能否保产、增产，是江苏完成1959年粮棉指标的关键。

二是驳斥了安徽因水位抬高而受灾之说："安徽来电说他们受淹……主要是由于这几年来安徽没有争取时间把这一方面的工程做起来，不然，为什么我省近在湖边的泗洪、盱眙都没有受淹，而他们处在上游的嘉山、五河、凤阳却反而受淹了呢?"

第三，对于安徽说江苏不愿与之协商、复其电报的原因，给出了说法："在这以前，我省水利部门未与安徽省水利部门妥善商量，是一个缺点。但在我们接到安徽省委电报后，在上海开会的江渭清同志即向柯庆施同志汇报了情况，并责成当时在上海的水利厅党组书记陈克天同志起草电报，将情况报告中央、上海局并复安徽省委。但以后陈克天同志考虑到全国人代大会期间两省都有负责同志在京，而且因为这个问题比较复杂，电报不易写得清楚，因此由他亲自来京报告情况，并协同两省负责同志讨论解决。"① 看来，在此问题的交涉上，两省是存在误会的。江苏省委的这封电报，也算是说明了其中的原委。

次日，国务院第七办公室为将会议决议落实到书面上，于1959年4月30日编写成《关于洪泽湖蓄水问题的意见》。主要内容为：

一、安徽省的受灾群众，国家给予救济费800万元，由内务部在救济费中拨付安徽省。二、江苏省应使洪泽湖水位在5月23—28日降到12.5公尺……在可能条件下，使洪泽湖水位尽量提前消落……三、从明年春季起，安徽省的史淠河、临淮岗、蚌埠节制闸和江苏省的分淮入沂等工程将逐步发挥作用。中、下游的春季用水将出现新的矛盾。为了合理解决春季用水矛盾，洪泽湖的蓄水位在今后一两年内应抬高到13.5公尺，以便存蓄较多的水量。抬高水位的时间和解决明春用水的具体办法，由江苏和安徽准备意见后另行议订。安徽省根据此情况，应即对有关地区的打圩改种和机械排灌进行必要的准备工作，并由国家从水利经费中拨给必要的经费、机械设备及器材等。四、1959年汛期洪泽湖控制运用，现在仍按前淮委规定，并经过两省协商同意的原控制运用办法执行。五、今后淮河上、中、下游的重要水利措施，应经中央批准。如遇关系到邻省的问题，应和

---

① 《中共江苏省委员会（59）苏字974号电报》（1959年4月29日），《关于解决洪泽湖蓄水位问题的来往文书》，江苏省档案馆馆藏档案：3011－2－0656。

邻省在事先取得协议，意见不同时报中央解决①。

可见，这一文件提出的核心处理意见是：内务部核算物资，给予安徽800万元的救济经费，以补偿损失；5月28日以前，江苏先逐步把蓄水位降到12.5米，以便安徽兴建有关工程；考虑到中、下游将来可能的用水矛盾，洪泽湖的蓄水位还是要提高到13.5米为善。国务院于1959年5月11日对这一文件作出了批复，并指出："关于将洪泽湖蓄水位提高到13.5公尺的问题，请水利电力部派人会同江苏、安徽两省进行实地勘察，提出具体方案后，报国务院审批"②。

在制度相对不健全的情况下，不同地区、不同部门因用水而产生的纠纷和矛盾不可避免，尤其是上游、中游、下游，左岸、右岸之间的用水矛盾更为突出。"洪泽湖蓄水殃及安徽蚌埠三县"事件，是新中国成立后苏皖两省之间发生的一场影响较大的省际水利纠纷。在这场纠纷中，安徽、江苏各执一词，无非是为了维护本省的利益，这无可厚非。尽管要求洪泽湖蓄水至13.5米是江苏一贯坚持的意见，但不容忽视的一点是，1959年正是"大跃进"运动深入开展的阶段，苏北地区固然有大面积农田依赖淮水灌溉，但在全面"跃进"的思想下，对灌溉面积发展速度的估计确实是过高了。在双方协商无果的情况下，最终惊动了中央政府，由周恩来亲自出面协调。国务院的五点处理意见，虽然使苏皖两省的纠纷得到了解决，但是，关于洪泽湖蓄水位问题的讨论，仍在持续。

（四）尘埃落定

此时，从1951年5月淮委第二次全体委员会议首次提出洪泽湖蓄水位问题，到1959年4月国务院的处理意见，关于洪泽湖蓄水位的讨论和争议，已经持续了长达8年的时间。但是，时间的长短并不能决定问题的解决与否。江苏执行国务院的意见，降低蓄水位之后，一场干旱又加速了对水位回升的要求。但在执行过程中，仍是历经曲折。后来"文革"爆发，使此事被迫告一段落。

国务院的决定下发后，水电部很快派人到三河闸监督放水。从4月25日起，三河闸开始按1000立方米/秒放水③。但是，水放了以后，淮河流域遭遇了30年一遇的伏旱。这里要提一提安徽兴建蚌埠节制闸的事情。1958年8月，安徽省在蚌埠的淮河干流上的水闸工程——蚌埠闸动工兴建。这一工程的兴建，必将使淮河下游灌溉用水受到影响。尽管安徽省在1957年11月提出准备兴建这一工程的

① 国务院第七办公室：《关于洪泽湖蓄水问题的意见》（1959年4月30日），江苏省档案馆馆藏档案：3011－2－0656。

② 中央人民政府国务院：《关于批准洪泽湖蓄水问题的意见的批复》（1959年5月11日），江苏省档案馆馆藏档案：3011－2－0656。标题为笔者所加。

③《中共江苏省委员会（59）苏字974号电报》（1959年4月29日），《关于解决洪泽湖蓄水位问题的来往文书》，江苏省档案馆馆藏档案：3011－2－0656。

意向时，江苏就极力表示了不同意见，但从治淮的全局来看，水电部还是于次年3月批复同意兴建。1959年这场大旱，蚌埠闸虽尚未建成，但从8月12日起便在干流上拦河打坝，造成淮河断流3个多月，洪泽湖水位降到死水位以下，最低时只有10.95米①，库存水量只有5亿立方米，400多万亩水稻田因受旱减产。洪泽湖想蓄水也蓄不到了。

另外，淮委关于1960年的水文资料，更加重了江苏省委的担心。淮委采用实测水文资料分析，1960年上半年，淮河的正常来水量在57亿立方米左右；如遇旱年则不足33亿立方米，5月和6月两个用水季节的正常来水量预计仅28亿立方米②。面对诸多严峻形势，1959年6月16日，江苏省委再次电请中央和水电部，要求尽快将水蓄到13.5米，以解决下游灌溉用水不足的问题。

10月，水电部电函安徽省水利厅，敦促蚌埠专署冬春大搞洪泽湖圩堤、涵闸等工程，以便1960年汛期以后，洪泽湖蓄水位从12.5米逐步提高，至年底达到13.5米高程。

时至1960年，根据国务院批转第七办公室对洪泽湖蓄水位问题的意见的指示，自1959年夏季以后，洪泽湖水位一直稳定在12.5米以下。考虑到自1959年春以后，安徽沿湖地区兴建了大量工程，其中蚌埠闸拦河坝已经合龙，江苏省委于3月23日再次电请水电部及谭震林，要求逐步抬高洪泽湖蓄水位，首先蓄到13米，以保证灌溉季节的灌溉用水和大运河的通航③。谭震林同意这一意见，水电部于30日复电江苏，指出将洪泽湖水位逐步抬高至13米“是可以考虑的”④。

后来，鉴于安徽的相关工程尚未全部完成，且江苏1959年的缺水减产是受到干旱影响的现实，中共中央于1960年5月7日重新作出决定：“洪泽湖灌溉蓄水位从海拔十二点五米抬高到海拔十三点五米的时间，应当推迟到1961年2月15日开始执行。在1961年2月15日以前仍然维持十二点五米，以便于安徽境内赶修工程。在此时间内，安徽省蚌埠地委必须督促各工地赶修工程，江苏省必须保证灌溉蓄水位不超过十二点五米。”对于这段时间内的用水矛盾的处理，建议“如果在蓄水期间上游突然发生暴雨或者下泄集中的洪水，安徽省及时把情况通

---

① 《关于洪泽湖蓄水问题的意见》（1962年4月5日），江苏省档案馆馆藏档案：3224－2－1152。

② 《中共江苏省委员会（59）苏字1138号电报》（1959年6月11日），《关于解决洪泽湖蓄水位问题的来往文书》，江苏省档案馆馆藏档案：3011－2－0656。

③ 中共江苏省委：《关于要求中央批准逐步抬高洪泽湖水位的请示》（1960年3月23日），江苏省档案馆馆藏档案：3011－2－0656。

④ 水利电力部党组：《请考虑同意洪泽湖水位从现在起逐步抬高至13米》（1960年3月30日），江苏省档案馆馆藏档案：3011－2－0656。

知江苏省委；如果江苏省在开放洪泽湖泄洪工程时发生意外困难，洪泽湖水位必须暂时超过十二点五米时，江苏省委必须及时与安徽省和蚌埠地委协商，并请求中央批准。如果淮河发生特大旱情，淮河中游、上游各项蓄水工程应当分一部分给江苏。如何分法，由水利电力部召集江苏、安徽、河南三省开会协商。"① 抬高蓄水位的时间，又一次推迟至1961年2月15日。

1961年初，江苏省水利厅党组根据中共中央的决定，征得淮阴地委同意，并报省委批准，拟将洪泽湖蓄水位先提高到13米，以后再逐步提高到13.5米。但是，这一愿望还是未能如愿。2月28日，钱正英向熊梯云传达了谭震林的指示：因安徽沿湖工程仍在进行中，为既照顾两省沿湖三麦生产，又保证江苏灌溉用水，故决定安徽的临淮岗水库工程暂不合龙；如遇干旱年份，蚌埠闸不控制，淮河底水由苏、皖两省各半分用。洪泽湖汛前蓄水位仍按12.5米拦蓄，汛后再行提高。提高蓄水位的时间，再次拖延。

接水电部通知后，江苏省水利厅党组立即向省委做了汇报。当时虽然尚未订立淮河分水的具体措施，但江苏省委还是决定执行谭震林的指示，同意在1961年汛后再提高蓄水位。此后，全国性的经济困难已十分严重，江苏省委的工作为之牵绊，蓄水位问题暂时被搁置。

1962年国民经济调整时期，洪泽湖蓄水位问题又被提了起来，但是这次，江苏改变了长期以来所坚持的意见，根据经济困难时期出现的新情况，作出了调整。首先，徐淮地区的旱改水进行得并不顺利，由于劳力、肥料跟不上，以及部分地区土质的不适宜，造成大面积回旱；这样，洪泽湖负担灌溉的水稻面积减少为1067万亩。其次，随着引江工程的兴建，自流引江的水量增加，里下河地区有了新的灌溉水源，一定程度上缓解了洪泽湖灌溉的压力。再次，将蓄水位提高至13.5米，还需做大量的工程，但由于尚未度过经济困难时期，新建工程无论在财力还是劳力方面都吃不消；沿湖的移民也没有力量安置解决。第四，洪泽湖大堤石工墙因年久失修，内侧空虚，抬高蓄水位也会增加大堤的防洪负担。出于以上几方面的考虑，江苏省水利厅认为"洪泽湖蓄水位可以不抬高，仍保持12.5公尺"，而且可以在较长时间内维持在这一水平，"只有在淮河中上游的水利工程继续发展，淮河的长流水显著减少，或者下游淮河地区的灌溉面积大量增加，才需要提高蓄水位"②。这样，迫于当前形势，江苏最终还是放弃了一向坚持的意见，持续几年的蓄水位之争，终于就此告一段落。

---

① 《中央对洪泽湖灌溉蓄水位问题的指示》（1960年5月7日），江苏省档案馆馆藏档案：3011-2-0656。

② 《关于洪泽湖蓄水问题的意见》（1962年4月5日），江苏省档案馆馆藏档案：3224-2-1152。

三、湖周地区的治理与开发

这里简要提一下洪泽湖蓄洪垦殖工程的规划及实施情况。

洪泽湖的周边地区，包括泗阳、泗洪、盱眙、洪泽和淮阴5个区县，面积约为1100平方公里。这个地区大多是洼地、滩地，曾长期处于“水落随人种，水涨任水淹”的自然状态，农业产量极不稳定。当地的一句歌谣“九岗十八洼，怕旱又怕下（雨），下（雨）无沟，旱无坝”，是那时沿湖滩地农业生产的真实反映。自三河闸和高良涧闸建成后，洪泽湖的蓄水灌溉，为沿湖地区的治理和开发提供了条件，洪泽湖蓄洪垦殖工程就是在这一背景下提出来的。

早在1952年，泗洪和盱眙两县还属于安徽省的时候，淮委就组织苏北和皖北地区对滨湖地区的土地、土壤、作物、滩地利用和水旱灾害及蓄水后的影响等情况进行了调查，掌握了相关资料。1954年2月，淮委与苏、皖两省共同组成洪泽湖蓄洪区处理委员会，由淮委工程部副部长胡德荣任主任，孙燮华、高鉴任副主任，对沿湖地区做了进一步的调查，并于9月调查结束后，向淮委做了汇报。根据汇报情况，淮委编制了《蓄洪蓄水规划查勘报告》，明确指出“目前洪泽湖治理方针应以蓄洪垦殖为主”。淮委提出的这个方针，点明了洪泽湖治理的两大主题，即一是蓄洪，二是垦殖；这两大治理方向的确定，无疑是正确的，对于洪泽湖日后的治理意义重大。

《蓄洪蓄水规划查勘报告》还进一步解释了所谓的“蓄洪垦殖”，即“为了发展苏北2580万亩粮食生产，要利用洪泽湖蓄水灌溉，为免除淮河1921年型洪水对苏北里下河区漫溢成灾，要利用三河闸控制蓄洪，但是对沿湖人民受蓄水影响的必须适当处理”。洪泽湖蓄水位的确定，是蓄洪垦殖工程的一项重要内容，前文已做叙述，下文将单独论述。除此之外，沿湖圩区的建设、移民的安排，亦是该工程所要考虑的内容。移民问题后文另作叙述，这里仅简要介绍规划的过程。

洪泽湖蓄洪垦殖的方案提出后，淮阴地区治淮指挥部组织技术人员60余人，于1954年冬对洪泽湖周边进行了垦殖工程测量。由于正值寒冬季节，测量工作进行得十分艰辛。在大风气候下，为降低测量误差，水准组往往要重测几个来回，还有不少人员冻伤。历经困难后，1955年2月1日，测量工作终于按时完成。

在测量查勘的基础上，省水利厅作出了《洪泽湖蓄水垦殖工程规划报告》。此前，华东局已经正式批准了洪泽湖蓄水位暂定为12.5米的决定。同时，1955年3月，原属安徽省的泗洪、盱眙两县划入了江苏省的行政区内，从此，洪泽湖周边各县全部归江苏管辖。这使湖周边地区的统一规划成为可能。就是在这一有利条件下，根据华东局暂定蓄水位的决定，规划选定防洪堤沿 12.5 米筑堤；为防止圩内高地水压入洼地，圩内开截水沟结合筑堤，使高低分开。这样，沿湖 5 个县圩区的防洪挡浪堤工程、圩区内部开挖排水沟洫、建设桥涵和防洪排水涵闸等工程，全部列入省 1955 年治淮工程计划。

这期工程于 1955 年 2 月 25 日全线开工，采取堤内开沟取土筑堤的方法，筑成了一条沿 12.5 米高程和局部 12 米高程的防洪挡浪堤，堤顶高程 14.5 米，另外加 0.5 米安全超高，堤顶宽 4.5 米，边坡 1∶3。另外，在沿 13.5 米高程开挖了一条截水沟，同样采取堤内开沟出土建堤的方式，沟通入湖河道。这样，13.5 米以上涝水通过截水沟直接进入排涝河道，再排入洪泽湖，以保证 12.5～13.5 米高程之间的农田不受高水影响。这期工程于 1956 年春基本完成。

同时，淮阴专区在苏、皖两省行政区划调整后，立即成立了洪泽湖蓄洪垦殖委员会，以便及时处理蓄水可能给周边地区产生的影响。

1957 年，为适应淮北地区农业改制的需要，以及配合分淮入沂工程的进行，考虑到洪泽湖要逐步抬高蓄水位，省水利厅勘测设计院会同淮阴专区水利局，再次对洪泽湖及周边地区进行查勘规划，经过历时 40 余天的实地调查，于 12 月 31 日完成了《关于洪泽湖拦洪蓄水工程的报告》。这是一次比较全面的规划，提出为本着“以蓄为主，以排为辅，蓄泄兼筹”的治水方针，“充分发挥洪泽湖拦洪蓄水作用，达到综合利用的目的”，应从以下方面着手洪泽湖的蓄水垦殖工程：按照洪泽湖防洪水位 16 米的要求，加固洪泽湖控制工程，包括三河闸、高良涧闸和洪泽湖大堤；沿湖地区必须退建或新建防浪堤，沿堤密植杨柳，以刹风浪；堵闭沿河沿湖缺口，改建涵闸控制，堤内筑圩，采用机械排灌的办法，改种水稻，对不适宜围垦的低洼地区，改种耐水作物或发展水产；非圩田地区，仍按原有排水河道进行整理，实行洪涝分治，高低分开，分级排水。全部工程经费共计约 4030 万元[①]。1958 年 1 月 28 日，江苏省委批准了这一报告，同意“是项工程必须提前兴办”[②]。工程获得审批后，沿湖地区集中兴建或改建了雪枫圩、溧东圩、王刘圩等一批圩区，圩内建成了一批灌排渠系、大中型控制性建筑物，还建成了多座机械排灌站。洪泽湖周边地区改变了望天收的落后情况。

1962 年，尽管江苏还未从经济困难中恢复回来，但对洪泽湖周边地区的治理是十分重视的。在经济条件困难的情况下，省委决定加大对洪泽湖周边圩子的建设，健全排灌渠系，又提出了《洪泽湖拦洪蓄水工程规划意见》，要求增加圩

---

① 《关于洪泽湖拦洪蓄水工程的报告》（1957 年 12 月 31 日），江苏省档案馆馆藏档案：3011－2－0429。

② 《中共江苏省委批转省水利厅党组“关于洪泽湖拦洪蓄水工程”的报告》（1958 年 1 月 20 日），江苏省档案馆馆藏档案：3011－2－0429。

区内排水机械设备，健全排灌渠系。计划兴建大型涵闸34座，配备排涝机械2万马力，投资经费约5700万元①，计划两年内完成。后来，由于洪泽湖蓄水位13.5米的决定始终未能执行，又遇“文革”，湖区周边治理也基本处于停顿状态。

“文革”结束之后，省委对洪泽湖周边地区的治理也随之恢复了正常。经过40多年的整治，先后拆迁安置移民25209户，11.6万人。这是全省水利建设中规模最大最集中的一次移民。新建圩区392个，建成小沟以上建筑物12043座，机电排灌站432座，装机35577千瓦、15024马力，并开塘、打井、修梯田、挖沟渠等，完成土方19541万立方米，石方28.9万立方米②，基本形成了挡、排、灌、降的水利系统，初步改变了面貌，基本上能够保收一年两熟，促进了这一地区的经济发展。

第六节　淮河入江水道的整治

入江水道并不是一条河，它没有固定的河床，而是淮河洪水流入长江所经由的一条通道。在洪泽湖的东南部，运河堤以西，到三江营入江口的条形地带，地势低洼，湖荡、河道众多，水域面积较大。这些河湖、洼地，逐渐潴蓄成4个较大湖泊，即白马湖、宝应湖、高邮湖和邵伯湖，多有河道与它们相互通连，淮河洪水出洪泽湖后，经由这些湖荡和河流，向南流入长江。“入江水道”因此得名。

如前文所述，入江水道自明清时期形成后，泄洪能力很弱，且没有建筑物控制洪泽湖泄入长江的流量，往往会导致洪灾。如民国十年（1921年），当洪泽湖水位为15.77米时，三河流量达到14600立方米/秒③，洪水在宝应湖、高邮湖区漫流，造成两岸农田和里下河地区的灾害。为治导淮河，国民政府也组织力量对入江水道进行勘测和设计，计划兴建活动坝、修筑堤防，将入江水道建设成“最安全、最经济之排洪水道”④，但在坝底基桩尚未打完时，即因日本侵华而告停。

对入江水道的整治，是在新中国成立后开始的。

一、从暂时的尾闾到重要的泄水通道

政务院在1950年作出的《关于治理淮河的决定》中，对淮河下游洪水出路

① 《洪泽湖拦洪蓄水工程规划意见》（1962年），江苏省档案馆馆藏档案：3224－2－0655。

② 陈克天：《江苏治水回忆录》，江苏人民出版社，2000年1月第1版，第100页。

③ 导淮委员会：《导淮工程计划》，上海文宝橡皮印刷公司印刷，1932年1月出版，第27页。

④ 导淮委员会：《导淮工程计划》，上海文宝橡皮印刷公司印刷，1932年1月出版，第28页。

的安排做了规划，建议开辟入海水道；但入海水道工程浩大，在完成放水之前，“仍暂以入江水道为泄水尾间”①。根据这一决定，1950 年全国水利会议提出，要将“疏通入江水道及归海港道障碍”②，作为 1950 年冬春下游治淮的主要任务。之后，中共苏北区委及苏北行署立即组织民力，一面对入江水道上的三河堤与里运河堤进行培修加固，一面疏通河道，进行毛塘港切滩，清除行洪障碍。

而从 1951 年开始，中央水利部和治淮委员会在关于入海水道是否有必要开辟的问题上，进行了反复考虑，最后决定开挖苏北灌溉总渠。对入海水道工程的重新规划，影响着入江水道的地位。淮委在 1951 年 4 月作出的《关于治淮方略的初步报告》中，明确提出要开辟入江水道，并将其作为 1952 年治淮工程的内容之一。之后，苏北治淮指挥部曾于 1952 年 11 月，提出了《入江水道工程初步设计》，计划用 1 年的时间，按照流量 8000 立方米/秒的设计标准，对入江水道进行整治③，淮委在对该设计文件的批复中，出于维持里运河通航的考虑，同意 1953 年进行整治六闸以下归江引河、疏浚高邮湖、邵伯湖间的浅滩等工程④。但是，在现有的档案、地方志和有关人物的回忆录中，找不到有关当时工程实施的任何记录。据此推测，1953 年，三河闸、导沂整沭等一大批工程都在兴工，可能由于经费限制和人力的不足，入江水道的整治工程并没有按计划实施。

直到 1954 年淮河流域发生特大洪水，使淮河下游洪水出路不足的问题集中暴露出来。在淮水入海流量受到限制的情况下，亟须打通淮河的入江出路。从 1954 年到 1966 年，对入江水道进行了三次大规模的治理，第四次的治理因“文革”的爆发而打断（见图 2－14）。

二、清障以畅其流

第一次对入江水道较为集中的治理，是在 1954 年的 7、8 月份，也就是淮河流域发生特大洪水时。由于没有对入江水道进行全面的整治，这条排洪入江的路线并不通畅，最突出的问题之一，就是行水障碍重重，各归江河道多有坝埂、草滩等阻水障碍。加之这时长江水位也很高，入江泄量又受到江水顶托。面临暴雨持续、江淮并涨的严峻形势，省委于 7 月上旬立即决定，对各归江水道进行清

① 《中央人民政府政务院关于治理淮河的决定》，《历次全国水利会议报告文件（1949—1957）》，《当代中国的水利事业》编辑部 1987 年 1 月内部发行，第 366 页。

② 李葆华：《一九五〇年全国水利会议总结报告——一九五〇年水利工作总结和一九五一年的方针与任务》（1950 年 12 月 7 日），《历次全国水利会议报告文件（1949—1957）》，《当代中国的水利事业》编辑部 1987 年 1 月内部发行，第 75 页。

③ 《入江水道初步设计》（1952 年 11 月），江苏省档案馆馆藏档案：3228－3－0014。

④ 《入江水道审查意见》（1953 年 1 月 26 日），江苏省档案馆馆藏档案：3228－3－0048。

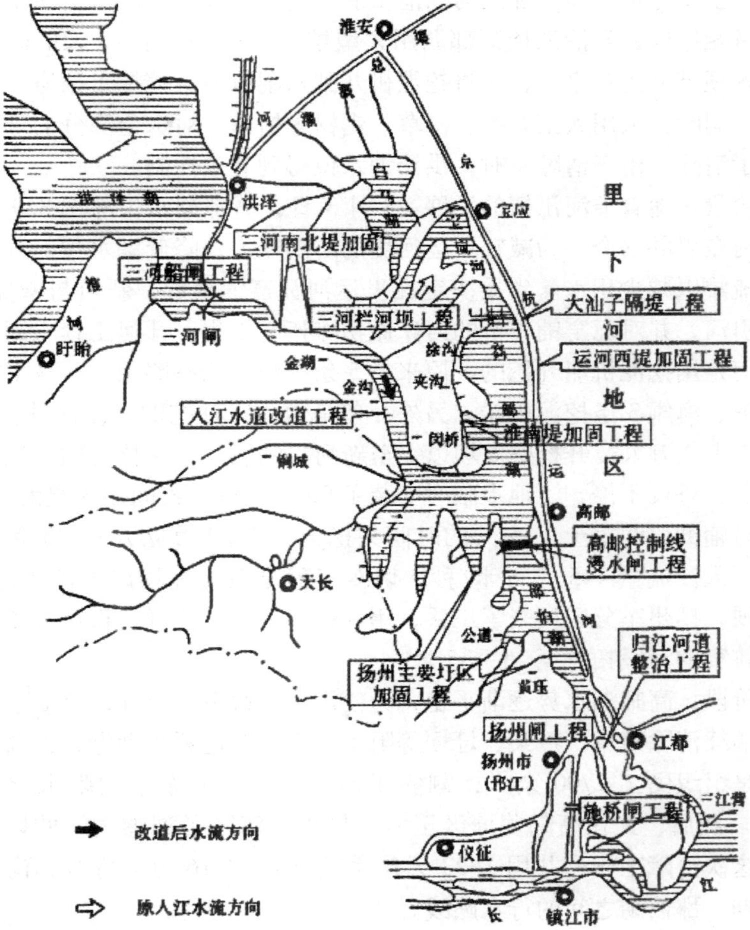

图 2－14　淮河入江水道工程示意图①

障，以使之通畅。这次清障工程历时 3 个多月，根据汛情的发展分以下三个阶段进行：

第一阶段，为迎战洪水，提前腾空了洪泽湖和高邮湖库容，这也为清障工作提供了便利条件。7 月 4 日，淮河洪水到达洪泽湖，湖水位开始上涨。两天后，省委组织民工先后拆除了高邮湖、邵伯湖之间的王港、新港土坝和归江河道上的凤凰坝、拦江坝、壁虎坝。此外，入江水道上各坝水下部分的残埂，以及高邮湖、邵伯湖中的屋基、桩台、圩埂等阻水障碍，亦严重影响入江泄量。7 月下

① 图片来源：扬州市水利局编：《扬州水利志》，中华书局，1999 年 11 月第 1 版，第 116 页。

旬，省委作出了尽可能地增加三河闸泄量的决定。为确保入江水道泄量与三河闸放出的流量相适应，省治淮指挥部调用大型挖泥机船，用了10天的时间，基本上清除了各坝基障碍；之后，又将挖泥机开到六闸以下，挖掉了茶庵、宝禅墩等阻水障碍。同时，采用人工开挖、割草、锯树等措施，对水上部分的圩埂及阻水草滩进行了清除。由于清障及时，洪泽湖水位得到有效控制。

第二阶段，随着淮河汛情的发展，8月3日，高邮湖水位涨至8.9米，直接威胁里运河东堤的安全。为减轻里运河堤的防洪压力，降低湖水位，入江水道必须进一步疏浚以减少积水。省委决定在里运河瓦窑铺附近，新河与壁虎河之间，开挖3条引河，并对瓦窑铺一带的河床做切滩拓宽工程。开河工程立即进行，其中两条引河是用挖泥机船开挖的，原来的5条挖泥机船不够用，又从上海租来了海龙、海虎、海鲲3条挖泥机船。另外一条是由人工开挖的。江都县委动员了5个区的民工1.2万人，开挖壁虎坝以上至新河口的引河。为抢时间，民工们分日夜两班作业，昼夜不停，工地上临时安装了90盏电灯，夜间用3组发电机发电，还用汽油灯辅助照明挖土，15天的时间共挖土方13.9万立方米。3条引河的开挖，增加了入江流量445立方米/秒。切滩工程是在壁虎坝以上湾头运河附近，因土质坚硬，扬州军分区调来了工兵，用炸药将硬石土炸开，再用人工开挖，将两处河面较窄的河段拓宽至25～35米。

第三阶段，高邮湖水势逐渐平稳，为使洪水尽快下泄入江，争取沿湖湖田退水种麦，继续清除蒿草、芦柴、圩埂等阻水障碍，开挖断头湖港，沟通各湖行水路线。先是组织民工2700余人，割除了高邮湖、邵伯湖里的阻水芦柴、蒿草7000多亩。随后，又在高邮菱塘区至六闸周围，清除了湖港之间的圩埂，使湖港相通。这次清障工作一共用了23天，完成土方12.16万立方米，沟通了赤岸湖、黄子湖、邵伯湖之间的行水路线。

在省委的直接领导下，经过3个多月的清障，民工们在大洪水中，挖土、切滩、割草、锯树，挖除了凤凰、拦江、壁虎等坝埂，清理了阻水芦柴，还开挖了3条引河，增加入江水道泄量。入江水道原计划的最大行洪流量，《关于治理淮河的决定》暂定为8500立方米/秒，而在这次汛期中，较长的时间都超标准行洪，最大流量一度高达10700立方米/秒，洪水总量的近80%都是通过入江水道排泄入江的。这是新中国成立后，对入江水道进行的一次较为集中的清障工程。

但是，必须清楚地指出，1954年大洪水期间对入江水道的清障，是在十分紧迫的情况下临时做出的应急措施，尽管使入江水道的泄洪能力有了提高，但是，经过这次行水的实践，也暴露出了入江水道还存在规划排洪标准偏低等诸多问题。同时，它在这次抗洪中所发挥的不可或缺的作用，引起了省委和水利部对淮河这条排水尾闾的进一步重视。此后，入江水道的整治工程，逐步列为江苏治淮的一项重要内容。

三、筑堤以束水归槽

淮河特大洪水之后，为减轻本省内的洪水危害，江苏省委立即组织有关水利专家和技术人员，对淮河下游地区进行了调查和查勘。与此同时，国家水利部和治淮委员会，也组织河南、安徽、江苏三省及国家相关部门，进行淮河全流域的调查、查勘和规划编制工作。1955 年 3 月 25 日，省委在查勘的基础上，提出了《对淮河下游流域规划的意见》（以下简称“1955 年意见”），其中就入江水道的整治问题，制定了整理线路、治理步骤等治理意见，并要求“入江水道（整治工程）能早期实施”①。

（一）整治规划的确定

省委在“1955 年意见”中对入江水道提出了怎样的治理意见呢？对此，我们需要首先明确入江水道存在哪些问题。之前的查勘，弄清楚了入江水道的具体行洪路线：淮水自洪泽湖出三河闸后，循三河至中渡、柏家涧，绕白马湖、宝应湖后折向南流，经金沟到闵家桥入高邮湖，再过毛塘港入邵伯湖；出邵伯湖口门六闸后，分流入运盐、金湾、太平、凤凰、新河、壁虎坝、运河等 6 条归江河道，穿过古运河后，进入廖家沟、芒稻河，到八江口再合为小夹江，最后从三江营流入长江。这条行洪路线，自三河闸至三江营入江口，全程长达 185 公里。查勘结果显示：影响入江水道泄量的最大阻碍集中在两个问题上：上游行水路线迂回曲折，下游的归江河道又浅又狭，泄水流量小。

针对这两个突出问题，省委制定了这样的治理意见：即缩短上游行洪路线和疏浚下游归江河道②。缩短上游行水路线，即使淮水出洪泽湖后，直接向南，不再绕道宝应湖和白马湖。这样，既可放垦高宝湖，还能减轻里运河大堤的防洪压力。为此，需要在中渡至闵家桥之间兴筑大堤以束水归槽。水道下游则仍利用原有归江各河至三江营入江。具体的治理步骤为：首先疏浚下游通江河道；再兴筑中渡至闵家桥的大堤。由于水道下游地势较低，为减少土方工程量，建议入江水道的流量，最大不超过 8000 立方米/秒。

以上便是“1955 年意见”对入江水道规划的主要内容。尽管这一规划对入江水道的行洪流量设计得比较保守，是偏低的；但是，它提出了缩短行水路线的治理思想和具体的设计路线，从这一点上说，江苏对入江水道的治理思路，在这

---

① 《中共江苏省委对淮河下游流域规划的意见》（1955 年 3 月 25 日），江苏省档案馆馆藏档案：3224－3－0204。

② 《中共江苏省委对淮河下游流域规划的意见》（1955 年 3 月 25 日），江苏省档案馆馆藏档案：3224－3－0204。

一规划中已经是比较成熟的了。此后编制的规划基本上是按照这一思路展开的。

省委关于对入江水道的治理意见，被吸收进了淮河流域规划。1956 年 5 月，经过一年半的查勘，《淮河流域规划报告（初稿）》编制完成；5 个月后，水利部又将淮河流域规划的要点提炼出来，写成了《淮河流域规划报告（初稿）提要》。该提要总结 1954 年淮河大洪水的经验，并根据查勘结果，流域规划确定了淮河下游的整体分洪方案，即“以入江为主，入海为辅”；入江水道作为淮河下游的重要排洪通道，以千年一遇的洪水频率作为设计标准，设计最大流量为 11000 立方米/秒，以万年一遇洪水频率校核，校核最大流量为 13500 立方米/秒①。这个时候，当入江水道再次出现在中央的规划中时，已不再是“暂时的泄水尾闾”；如果说 1954 年淮河的特大洪水，从实践上证明了入江水道的作用，那么，淮河流域规划则是在正式的规划中肯定了其功能和地位：“淮河下游主排洪道”。

按照常理说，流域规划既然对入江水道提出了规划和要求，那么应加快开展对其治理工程。然而，尽管省里已经做出了规划，入江水道整理工程在实施过程中，并不是一帆风顺的。

（二）下游拓浚工程的兴做

省委在“1955 年意见”中提出，对入江水道的整治，要分别上游和下游的不同情况，有针对性地实施整治工程。此后，省水利部门分别制定了下游河道疏浚工程规划和上游河道的筑堤规划。

六闸至三江营的各归江河道，虽经过 1954 年汛期的清障，但因河槽狭窄，泄水能力仍然有限。因此，“1955 年意见”要求首先疏浚下游归江河道；淮河流域规划中亦决定就原有河道疏浚拓宽，古运河以下加固两岸堤防，以增加下泄流量。根据这两个规划的要求，六闸附近切滩及凤凰河疏浚工程，首先被列入了 1955 年的治淮计划②。从这年 4 月开始，省水利厅即开始了局部的治理工程。先是组织了近 10 万人，相继开展了凤凰河拓宽、六闸夏家庄切滩、芒稻河裁弯，以及廖家沟整治等工程。

凤凰河拓宽，从凤凰河口至横河长 4.6 公里，1955 年 4 月 10 日至 6 月 15 日，组织兴化、高邮、宝应、泰县 4 县民工 4 万多人，先拓宽河底 40 米，完成土方 221.71 万立方米。同年 11 月 18 日至 1956 年 2 月，由治淮委员会工程总队施工，水上部分动员兴化民工开挖，水下部分由淮委疏浚队承包，再拓宽 80 米，

---

① 《淮河流域规划报告（初稿）·第三卷》（1956 年 5 月），江苏省档案馆馆藏档案：3228－3－0304。

② 水利部治淮委员会：《一九五五年治淮工程计划纲要》，水利部治淮委员会、治淮刊物编审委员会编：《治淮汇刊·第五辑（1955 年）》，内部刊物，第 197 页。

完成土方432.10万立方米。1956年3月，又组织靖江、兴化、泰兴、泰县4县民工55100人，进行二期工程，到5月中旬完成土方440万立方米。至此，凤凰河底宽约230米，河底高程-0.68～-1.23米。1963年挖除凤凰坝后的两个高滩，计土方52.5万立方米。该河疏浚后，可增泄洪水2217立方米/秒。当淮河入江流量12000立方米/秒时，该河可排洪4430立方米/秒，占入江总量的三分之一，效益显著①。

上述工程完成后，尤其是凤凰河的拓宽，对增加入江泄量有明显的效果。1955年汛期行水测验的结果证明，1955年的入江泄量与1954年同期相比较，当六闸水位同在7.3米时，流量增加了550立方米/秒；当六闸下泄流量同为7000立方米/秒时，六闸水位降低了0.7米，高邮水位降低了0.2米②。这说明，对下游各归江河道的疏浚和拓宽，能够有效地改善入江水道的现状，增加排洪的通畅。因此，为了继续增加入江泄量，疏浚其他各归江河道是十分必要的。

此后，入江水道的治理规划，由省治淮总指挥部负责编制，分别对各归江河道进行整治（各河治理标准见表2－13所列）。

表2－13　归江河道疏浚工程的布置

工程名称	起讫地点	长度（米）	河底高程（米）		河底宽（米）	土方量（万立方米）
			上游	下游		
夏家庄等地切滩	六闸附近	—	—	—	—	184
拓宽凤凰河	凤凰坝到古运河口	4650	-0.68	-1.23	120	590
疏浚太平河	东湾河口到古运河口	7700	-2	-3	60～80	255
疏浚金湾河	金湾河口到古运河口	8200	-2	-3	80	245
疏浚运盐河	运盐河口到金湾河、运盐河会合口	12060	-2	-3	80	627

① 扬州市水利局编：《扬州水利志》，中华书局，1999年11月第1版，第123页。

② 江苏省治淮总指挥部：《淮河下游入江水道金湾河疏浚工程设计任务书》（1955年11月8日），江苏省档案馆馆藏档案：3224－3－0426。

（续表）

工程名称	起讫地点	长度（米）	河底高程（米）		河底宽（米）	土方量（万立方米）
			上游	下游		
疏浚运河	西湾河口到万福桥下	9710	−2	−3	—	994
疏浚新运引河	新河口到壁虎坝	1190	−3	−3	100	135
芒稻河裁弯	菩提寺至莲花庵	2100	−2	−2	116	140
合计	—	45610	—	—	—	3170

资料来源：江苏省治淮总指挥部：《淮河下游入江水道金湾河疏浚工程设计任务书》（1955年11月8日），江苏省档案馆馆藏档案：3224－3－0426。

根据表2－13所示的规划，各归江河道的治理，全部为土方工程，共计3170万立方米，除夏家庄切滩和凤凰河拓宽工程已完成820万立方米外，其余工程计划分期施工，逐年开挖。但此后，河道拓宽工程并没有按计划开展。

（三）"自力更生"兴筑上游大堤

"1955年意见"提出了缩短行水路线的治理思路，即在中渡至闵家桥之间筑一道大堤，使洪水直泄高邮湖。这一治理方案经水利部审查同意，并于1956年2月以"（56）水设计傅字第152号"文，将该工程报国家计委。水利部在送请审批的信中提出："因为入江水道的使用机会较多，应及早完成，以保障淮河下游的防洪安全，我部拟同意在淮河流域规划完成前，先行举办中渡到闵家桥筑堤工程"①。

同时，这一治理思路也被写入了稍后完成的淮河流域规划中，"提要"中说："自三河闸至高邮湖上口闵家桥筑堤漫滩行水，堵塞流入白马湖、高宝湖、界首湖的旧道"②。

由于入江水道的治理工程量大，需分期进行，按照水利部的意见，中渡到闵家桥筑堤工作作为第一期工程先行设计和实施。于是，省里立即组织人员在计划筑堤的范围内进行实地勘测，并将勘测结果写成了《淮河入江水道第1期工程

① 转引自：《淮河下游入江水道整治工程规划报告》（1966年3月），江苏省档案馆馆藏档案：3072－2－2067。

② 中华人民共和国水利部：《淮河流域规划报告（初稿）提要》（1956年10月31日），江苏省档案馆馆藏档案：3228－3－0330。

（中渡到闵家桥筑堤工程）补充资料》。两个月后，即1956年6月，根据所得资料，省治淮总指挥部立即拿出了整治规划，即《入江水道第一期工程初步设计》。这个设计的思路，可以概括为：通过兴筑新堤和加固圩堤的方法，使洪涝分开、水流定槽，以缩短防洪战线，同时又能放垦湖荡。

这个思路落实的治理措施上就是，按照最大排洪流量11000立方米/秒（时，高邮最高水位9.0米，六闸最高水位8.0米）设计，13500立方米/秒校核，兴建中渡至闵家桥的南北堤与金沟改道东西堤，在高邮湖北的范光湖中新建大汕子格堤，加固淮南大圩和湖西排水工程，使洪水不再进入宝应湖和白马湖地区，将两湖放垦出来①。全部工程计土方2857万立方米，经费2463万元。计划于1956年汛后立即开工，至1958年汛前完成全部工程。

可是，当各项工作在紧锣密鼓地准备的时候，这年冬天，省委和省治淮总指挥部接到水电部的通知，要求入江水道推迟施工，初步设计暂不处理。

省委却认为对入江水道的整治刻不容缓，于是决定“自力更生，不等不靠”，发动沿线的高邮、宝应、洪泽、淮安、江都、邗江等县民工，出于经费方面的考虑，仍按照8000立方米/秒的排洪标准，对原行洪道进行了复堤整修，对高邮湖、邵伯湖和宝应湖圩区进行了圩堤培修加固；同时，按照洪涝分治的原则，在白马湖地区筑起了一道长达23公里的白马湖格堤，又建成了阮桥排涝闸，使白马湖地区994平方公里的低洼地区与宝应湖分开，初步实现了白马湖地区的洪涝分治。

里运河大堤是隔在入江水道与里下河地区之间的屏障，里运河西堤也就是入江水道的左堤，所以，在整治入江水道的同时，还利用1956年水利部和交通部先后批准大运河整治的时机，通过对里运河大堤的培修和加固，来改善了江水道的排洪条件。从1956年冬至1961年，省委先后动员73万人次，新筑和加固里运河东、西两道大堤，并在西堤临湖面增做了30~50米宽的防浪林台。通过整治里运河，不仅保障了里下河地区的防洪安全，同时也使入江水道的防洪能力有了很大提高。

这次的整治，除了上述工程以外，又在“大跃进”时期疏浚了金沟改道、兴建了万福闸，这将在后面的有关章节中另作叙述。

（四）工程效益

这次对入江水道的整理，从1955年编制规划开始，到1956年动工实施，是新中国成立后江苏省对入江水道进行的第一次有计划、规模较大的综合治理

---

① 江苏省治淮总指挥部：《入江水道第一期工程初步设计》（1956年6月），江苏省档案馆馆藏档案：3224-3-0427。

（1954 年汛期只是对入江水道进行清障，并非有规划、全面性的整治）。1955 年 3 月，省委在"1955 年意见"中确定了入江水道整治的总体思路和实施步骤，并写入了淮河流域规划；在这一规划思路的指导下，中渡至闵家桥的筑堤工程被列为入江水道整治的第一期工程。然而，工程的进展并不顺利。在水电部决定推迟施工之后，省委自行组织力量，带领沿线群众进行施工，却由于未得到国家的支持而没有按计划做足标准。尽管这次的整治工程有一定的效果：凤凰河等归江河道的疏浚和拓宽，加大了入江泄量；白马湖格堤的兴筑，初步奠定了白马湖地区洪涝分治的基础，基本上解决了这一地区洪水倒灌的问题；但不得不承认，从整体上来说，入江水道的排洪问题并没有得到根本解决。

四、被"文革"打断的综合治理

"大跃进"运动后期，紧接着爆发了大饥荒和经济困难。水电部在 1956 年下达推迟施工计划的通知后，也一直没有就此问题再作出任何回复。其中，由于受国家动荡局势的影响，抑或其他某种原因，关于入江水道工程的审批及施工问题就这样被搁置起来了。直到 1965 年苏北地区的一次雨涝，情况才有所改变。

（一）进一步整治入江水道是必要的

1965 年汛期，苏北地区遭受了一场较大的雨涝灾害。这场涝灾提醒人们，淮河下游的出路问题仍然没有解决，防洪防涝形势依然不容乐观。入江水道作为淮河的一条主要排洪通道，其治理规划与整治工程，也以这次涝灾为契机，在时隔近十年之后，再次进入了中央的视线。

苏北地区的 1965 年，仅就水情来讲，可谓是多事之秋。从 1964 年 11 月到 1965 年 6 月底，全省一直没下过透雨，9 个月的降雨量只有 200 ~ 400 毫米，仅为正常年份的 60%。淮、沂、沭、泗一度断流，洪泽湖水位下降到 10.8 米，库塘干涸，人畜饮水困难。全省受旱面积达 1000 余万亩。

1965 年 6 月底，当全省还在紧张抗旱的时候，30 日突然普降倾盆大雨，随后几天，大雨不停，形成旱涝形势急转的局面。梅雨期一直持续到 8 月下旬，从 6 月 30 日至 8 月 23 日，苏北地区连续下了 8 次暴雨。洪泽湖、高宝湖、里下河等地区，平均雨量都在 900 毫米以上，相当或超过了全年的降水总量，湖库水位急剧上涨，部分株苗全部浸在水中①。尽管各地群众奋力抗涝，各机电排灌站也开足了马力，但由于降雨集中，尤其是 8 月 20—23 日的第 8 次大暴雨伴随着 13 号强台风过境，造成了苏北特大雨涝灾害。涝情以高宝湖区、里下河区、滨海垦

① 《关于当前旱涝情况的报告（初稿）》（1965 年 7 月 20 日），江苏省档案馆馆藏档案：3224-2-1507。

区和渠北地区最为严重。

万幸的是，这年长江、淮河相对安澜，雨涝没有引起江淮泛洪。这给了省委和省水利厅一个很大警示：一场雨涝足以致灾，更何况是洪涝并发。因此，对淮河下游的治理，依然任重道远；尤其是洪水出路问题，更是重中之重。

还有一个情况，也引起了省委和省水利厅的高度关注，即高宝湖地区①在这次雨涝中毫无意外地再次受灾，还是重灾区之一。之所以这样说，是因为这一地区的洪灾为害是长期的。资料显示：在1954年淮河特大洪水时，高宝湖区一片汪洋，一直淹到总渠边，损失粮食达4亿斤②。建国后的十余年里，这个地区的208万亩耕地经常被洪水包围，受洪涝夹击，受灾面积高达105万亩，稍轻的年份也在80万亩左右。群众几乎年年防汛抗洪，国家也给予支援，但由于这一地区的地势低洼，排水出路不畅，损失仍然无法避免。以白马湖地区为例，1963年汛期防汛，中央下拨给白马湖边的黄集、仁和、岔河3个公社防汛排涝经费达31万元，社队自筹经费约15万元，合计46万元，社队投入70余万工日参加防汛排涝，但受涝面积仍达11万亩，占耕地总面积的10%，粮食减产约550万斤③。群众连年遭灾，生活困难；长期防汛抢险，风吹水露，疾病流行。

高宝湖地区易受洪涝灾害，有多方面的原因，其中最主要的是，这里是淮水排泄入江的所经之地，长期处于入江行洪道的洪水包围之中；而高宝湖内，湖泊连绵，水流迂回，不但不能起蓄洪作用，反而极易壅高湖水位。出路又受下游归江河道束水的影响，积水不能及时排出。例如，1965年7月1日至26日，三河下泄洪水70亿立方米，高宝湖地区来水14亿立方米，而同期出江只有32亿立方米④，有52亿立方米在高宝湖造成防洪威胁。

看来，高宝湖地区的命运，与入江水道是有着密切联系的。确切地说，这一地区是入江水道的一部分，尽管1955年省委提出了缩短入江水道行洪路线，把宝应湖从入江水道中“解放”出来的意见，之后省水利厅也制定了工程规划，

① 高宝湖，即高邮湖和宝应湖，在今北纬32°30′~33°19′，东经119°02′~119°28′之间，历史上是一片首尾相连的湖洼。后受黄河夺淮的影响，诸湖相继淤积、扩大，逐渐汇成四个较大的湖泊，从北向南依次为白马湖、宝应湖、高邮湖和邵伯湖。建国前，四湖未兴建控制性工程，四湖连通，洪涝不分。建国后，1956年建白马湖隔堤，将白马湖与宝应湖分开；1967年建成高邮湖控制线，截断了高邮湖与邵伯湖的串通；1969年又建大汕子隔堤，成为宝应湖与高邮湖的分界线，从此四湖“分家”。但习惯上，人们还是将四湖的湖周地区称为高宝湖地区。

② 江苏省水利厅：《淮河下游入江水道整治工程规划报告》（1966年3月），江苏省档案馆馆藏档案：3072-2-2067。

③ 中共洪泽县委员会、洪泽县人民委员会：《关于请求解决白马湖地区排水去路的报告》（1963年12月10日），江苏省档案馆馆藏档案：3224-3-2362。

④ 《淮河下游入江水道整治工程规划报告》，江苏省档案馆馆藏档案：3072-2-2067。

但是，中渡至闵家桥一段的大堤并未筑成，高宝湖的状况没有得到改变。高宝湖的再次受灾，使入江水道的治理显得更加紧迫。

恰巧在这场雨涝灾害之后，1965年9月，省人委向国家计委、水电部报送了《洪泽湖控制加固改建工程设计任务书》，同时提出扩大入江水道、增强防洪能力的要求，以解决淮河下游洪水出路问题。解决淮河下游洪水出路问题，除了兴建洪泽湖控制加固改建工程和分淮入沂工程外，省人委提出，“对入江水道积极进行整治，非常必要”①。陈克天也写信给水电部的李葆华和钱正英两位副部长，要求入江水道整治工程能尽快安排施工②。尽管陈克天是在这个时候向水电部提出要求的，但是，对入江水道进行整治的愿望，自1956年水电部要求推迟施工以来，省里一直没有放弃过。

下面这件事情可以证明以上说法。1963年年底，为加强里下河、高宝湖等地区的治理规划，经省编委同意，省水利厅勘测设计院下面，专门增设了里下河规划室。成立后，关于入江水道整治规划的研究与编制，成为规划室的主要职责之一。1964年，里下河规划室抽调一部分技术人员，与有关地、县水利部门的人员一起，对入江水道全线进行了查勘测量、座谈访问、征求意见，为入江水道整治规划的编制收集资料。看来，省里为入江水道整治工程计划的再次上报，已早有打算，经历过“大跃进”和经济困难时期，他们需要的是等待时机，而1965年的这场涝灾，恰好为入江水道整治计划的再次提出，提供了绝佳的契机。

（二）全线查勘

为明确入江水道存在的问题，以制订治理规划，从1964年起，里下河规划室对入江水道全线进行了测量和查勘，查勘持续了1年有余。查勘发现，淮河下游的防洪形势依然严峻；尤其是入江水道这条主要的排洪通道，问题重重，亟待整治。尤其是1964年前后，随着淮河上中游来水情况的新变化，洪水来量逐步增大的趋势明显，这使上下游的泄洪能力极其不相适应。

淮河上中游来水情况的新变化，主要表现在以下几个方面：

（1）淮河上中游计划兴建的拦洪水库还没有全部完成，已建成的水库，控制面积只有万余平方公里；由于这些水库大部分建在支流的上游，控制范围也受到一定的限制。也就是说，当遇暴雨时，暴雨中心若是上游地区，则水库可以发挥一定的拦蓄作用；但若暴雨集中在库区以下，则干流的洪水仍然很大。上游拦不住的洪水，将直泄下游。

---

① 江苏省人民委员会：《关于报送淮河下游入江水道整治第一期工程设计任务书的报告》（1966年6月27日），江苏省档案馆馆藏档案：3072-2-2067。

② 陈克天：《江苏治水回忆录》，江苏人民出版社，2000年1月第1版，第49页。

（2）由于中游湖泊洼地蓄洪、滞洪控制运用办法的改变，因而中游的滞蓄能力大为减小，这直接导致了洪泽湖洪水来量的增加。例如，在1954年淮河流域特大洪水中，中游湖泊洼地曾滞蓄洪水仅150亿立方米。而目前，中游的大型控制工程润河集枢纽被拆除；原蓄洪量最大的城西湖成为开口，不能蓄洪；而其他洼地一般不滞洪，只有在淮北大堤受到威胁时才考虑滞洪。鉴于这些情况，估计中游滞蓄水量将减少40～50亿立方米。

（3）正阳关以下淮河大堤加固培修工程已经完成，大堤高度已超过1954年最高洪水位（22.3米）2米，堤顶加宽到了10米。如再遇1954年型洪水，中游的下泄能力将比1954年多出3000～4000立方米/秒的流量；洪水所经之处，虽新建了蚌埠铁路大桥，但大梁底高24.6米，比1954年最高水位还高2.3米，增泄的流量也是通得过的。也就是说，若再遇1954年型洪水，入洪泽湖的流量将比1954年多出3000～4000立方米/秒。

（4）洪泽湖以上涡河以东的区间来水，也有明显增加。据实测资料统计，1965年的7月份与1954年7月份的雨量均在600毫米左右，雨情接近，但各河入湖总水量，1965年比1954年增加了20%～40%；最大30天的总水量，1965年达70亿立方米，比1954年的52亿立方米增加18亿立方米。随着上中游河道的不断开挖，区间来水量还有加大的可能。

（5）桃汛来量也加大了。据1916年至1953年间断的20多年的实测资料，入江水道多年平均桃汛峰值为790立方米/秒，最大峰值为1780立方米/秒（1930年）。1954年至1964年，桃汛峰值平均值增加到1830立方米/秒，最大峰值为4610立方米/秒（1964年）。无论是平均峰值还是最大峰值，均有很大的增长。

可以看出，随着上中游水利工程的建设与发展，使水情较以前发生了很大的变化，无论是洪水来量、区间来水量，还是桃汛来量等等，都有明显的增加，使得下游的防洪负担更加加重了。而与之不相适应的是，淮河下游的洪水出路问题，尽管一直是下游地区水利工作的重中之重，但依然没有得到根本解决。

那时，淮河下游的洪水出路有三条，自北向南分别是废黄河、苏北灌溉总渠和入江水道。其中，前两条出口是入海的，后一条入江。导致淮河下游洪水出路不足的原因之一，就在于这三条出路，两条受限制，一条不畅。灌溉总渠在洪水位13.5米以下要关闸照顾渠北排涝，废黄河受沂水干扰，这两条出路虽有不可忽视的作用，却受到一定的限制，不能完全依靠。仅有的一条归江出路，即入江水道，水路不畅，泄洪能力受到很大限制。

关于入江水道的整治，尽管1956年编制了详细的规划，但工程没有按计划实施，省委自行领导的治理工程，不仅标准偏低，而且受“大跃进”的影响没有完成，因此，入江水道的状况与1956年之前改变不是很大。这次的勘察，发现入江水道在防洪方面，还存在以下问题：一是沿线的滩地众多，仅三河河床内就有观音滩、衡阳滩、大墩岭等，断断续续近15公里，这一段河宽虽有2.5～3.5公里，而滩面高程达8.5～9.5公里，占河宽的70%～80%，滩面高，出口却狭小，因而阻水严重。二是水位落差大：水道全程185公里，最大落差达11米；三河蒋坝到中渡不过4.5公里，水位落差达1米左右；中渡到尾渡的河段长仅3公里，水位落差亦有0.6米；再向下穿过观音滩、衡阳滩等滩地至柏家尖33公里的河床内，落差也在1.7～2.1米之间。① 这两个情况，是造成下游河道束水严重、泄洪不畅的主要因素。由于归江河道束水，加之三河闸闸孔设计偏小，入江水道只有当洪泽湖水位达13.65米时才能泄足流量，即8000立方米/秒，中低水位时不能走太大流量。下段归江河道不能适应泄洪的要求。

此外，水道上游仍然维持旧状，行水路线迂回曲折的问题没有得到解决。据归江各河当时的状况，不论三江营潮位低到什么程度，入江泄量6000立方米/秒时，各水文观测站的情况是：六闸水位总是在7米以上，高邮水位8米以上，柏家涧水位9.5米以上，中渡水位12米，蒋坝水位12.9米②。这组数据反映出，在相同的泄量下，越是水道的上游，水位越高；这说明，上游行水路线不通畅，导致积水不能及时下泄。

综合以上情况，淮河上中游水情的变化，使下游洪水出路问题的解决更加急切。根据下游存在的问题，入江水道整治工程应该达到以下要求：

（1）入江水道的整治工程，最根本的目的是要增加入江泄量。由于洪泽湖上游来量的增加，必须相应地扩大下游出路，以保证洪泽湖控制工程和沿湖地区群众和耕地的安全。

（2）重新选择入江水道线路，降低高宝湖水位，保证里运河和沿湖圩区（包括白马湖区）的防洪安全；缩短下游防洪战线。

（3）解决沿线地区（包括洪泽湖区、高宝湖区、白马湖区，甚至还关系到里下河地区）长期以来的洪涝矛盾，稳定和发展这些地区的农业生产。

1956年淮河流域规划中曾提出，入江水道设计标准为最大排洪流量11000立方米/秒，高邮水位9米。那时，淮河流域规划对入江水道设计标准曾多次推敲，认为因受地形限制，要降低高邮水位，所增加的造价是很贵的，当同样泄11000立方米/秒，高邮水位降低到8.5米，比9米水位估计将增加投资9100万元；即每降低高邮水位1分米，就要多投资近2000万元。考虑到经费问题，尽管高邮9米的设计水位偏高，但仍这样确定了。

---

① 《淮河下游入江水道整治工程规划报告》，江苏省档案馆馆藏档案：3072-2-2067。

② 《淮河下游入江水道整治工程规划报告》，江苏省档案馆馆藏档案：3072-2-2067。

根据此次勘察所新测的河道断面图及“水位—流量关系”等核算，入江水道泄量达11000立方米/秒时，高邮水位是9.3米；每降低高邮水位1分米，高邮以下疏浚切滩土方估计达830万立方米，投资1100万元。如将高邮水位9.3米降低到9米，高邮以下要做2500万立方米土方，投资3000余万元。但是，抬高高邮水位不仅对防洪安全不利，而且加大入江泄量，当江淮并涨时还会相应地增加长江的负担，抬高长江洪水位，加大扬中县的防汛压力。因此，考虑到以上两点，入江水道整治工程的设计标准，仍以淮委过去规划的入江流量11000立方米/秒、高邮水位9米为依据。

（三）石沉大海的整治规划

明确了上述几个问题后，省水利厅很快拿出了治理方案。在洪泽湖大堤加固工程和分淮入沂工程正在施工的情况下，省水利厅编制完成了《淮河下游入江水道整治第一期工程设计任务书》和《淮河下游入江水道整治工程规划报告》，经省人委审查同意后上报国务院，要求将入江水道整治工程“自1967年起列入国家计划，在‘三五’计划期内完成第一期工程”①（见图2－15）。

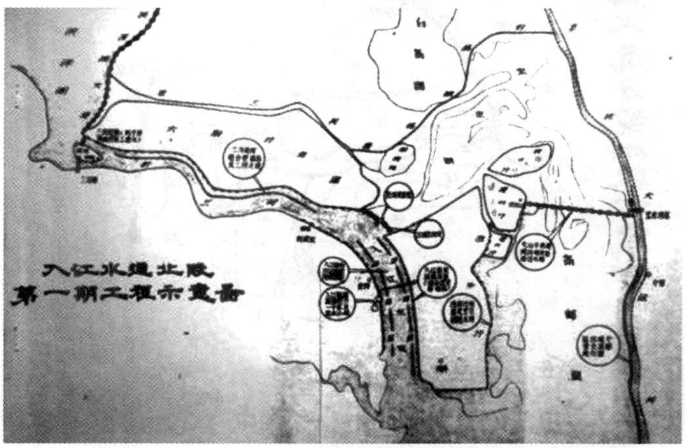

图2－15　入江水道北段第一期工程示意图②

那么，针对入江水道存在的行洪方面的问题，并在明确设计标准之后，对入江水道的整治应该从哪些方面入手？其中又有哪些工程时最为急迫的，需要先行

---

① 《关于报送淮河下游入江水道整治第一期工程设计任务书的报告》，江苏省档案馆馆藏档案：3072－2－2067。

② 图片来源：《淮河下游入江水道整治第一期工程设计任务书》（1966年3月），江苏省档案馆馆藏档案：3072－2－2067。

安排？规划都一一作了说明①。

1. 关于入江水道上游路线的选择：金沟改道工程

针对水道上游河线迂回、洪水流经高宝湖不能及时入江的问题，规划首先提出了入江水道的行洪线路问题，在高邮湖以上的部分，提出了三种比较方案，即原道行洪、银集行洪和金沟改道行洪方案：原道行洪即对水道路线现状不做改变，培修沿线堤防，使洪水仍走迂回曲折的高宝湖滩地；银集行洪路线是在原道路线以南，经淮南圩内的银集开辟一条新道；金沟行洪道即继续挖通 1958 年开挖的金沟改道。

对于这三条路线的选择，设计人员一致认为，原道培堤行洪对大面积防洪问题没有改进，不能采用；银集行洪道线路最短，但毫无工程基础，工程量巨大；而金沟改道的路线在 1958 年已经完成东堤大堤土方 140 万立方米，工程已初具规模。因此，采用金沟改道方案（见图 2－16）。

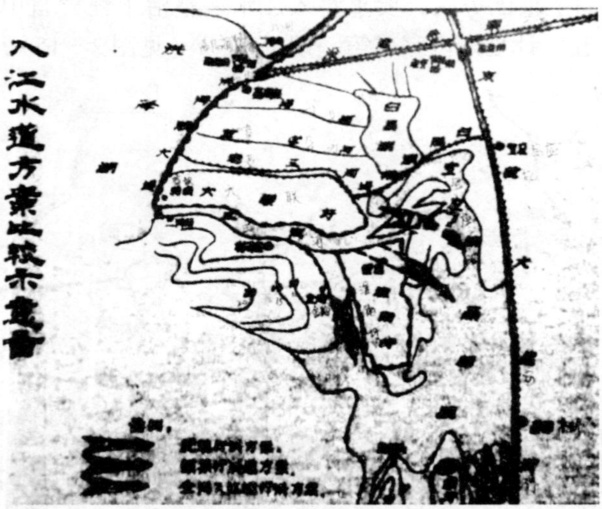

图 2－16　入江水道上游行洪路线比较方案示意图②

原道行洪时，淮水绕道宝应湖，宝应湖滩地行洪水面最宽达 8 公里。改用金沟行洪道，在未筑堤将宝应湖隔离出去的情况下，仍经宝应湖行洪，但行洪滩面将缩小到 3 公里。所以，金沟改道工程，如果仅束堤漫滩，将会壅高水位，估计

① 以下规划内容，档案中的原图不清晰。均根据《淮河下游入江水道整治第一期工程设计任务书》整理叙述，不再一一作注。

② 图片来源：《淮河下游入江水道整治第一期工程设计任务书》（1966 年 3 月），江苏省档案馆馆藏档案：3072－2－2067。档案中的原图模糊。

柏家涧附近要抬高 0. 8 米左右，三河闸下要抬高 0. 2 米。水位抬高必将影响三河闸泄水能力，洪泽湖水位在 12. 5 米至 13. 5 米时，估计每秒要减少 400 至 500 个立方米的流量，在高水位 15 米左右时，会减少 600 至 700 个立方米流量。

有两个方法可以解决这一问题：放宽堤距或开挖偏泓。经分析比较，若要放宽堤距，则金沟镇、塔集、闵家桥等集镇需要拆迁，占地太多，故不考虑。拟采用开挖偏泓的方案，按照入江水道 11000 立方米/秒的设计标准，要求开东、西偏泓各一道，东偏泓底宽 100 米，西偏泓底宽 50 米，估计需挖土 950 万立方米。东西偏泓开挖后，还可兼作通航之用。同时，金沟改道内所有与水流方向垂直的圩埂、桩台等障碍物，均需就地平毁，全部清障以畅水流，这部分清障土方，初步计算约 230 万立方米。投资共需 901 万元。

实施金沟改道路线后，将使洪水不再经过宝应湖地区，直接南下入高邮湖，大大缩短行洪路程。当时，为逼洪水出三河后走金沟改道行洪道，并不再进入宝应湖地区，还需要其他工程的配合。配合工程有两项，即三河拦河坝工程和金沟改道段以下筑堤工程。

2. 三河拦河坝工程

为切断三河入宝应湖区的去路，迫使洪水出三河后直入金沟改道段，必须在三河下口筑一道拦河坝，名为三河拦河坝。三河拦河坝位置，北从石港起，南至新河闸以东 150 米处止，全长 4. 4 公里。坝身筑在三河河床内，其中穿过三河深泓的部分长达 2 公里，淤泥深达 4 米多。设计标准：断面比照运河西堤同断面，顶宽 6 米，顶高按设计水位 11. 5 米外加浪高及超高做至真高 14 米，坡比 1：3，迎水面筑 50 米防浪林台，背水面做 20 米二台，迎水面设干砌块石护坡防护工程。要在深淤中筑起 14 米高的拦河坝，施工难度是很大的。但是，这项工程直接关系到金沟改道能否发挥作用，是入江水道整治的重点工程，而且具有不可替代性，因此，拟为“三五”期间兴筑，投资约 337 万元。

3. 金沟改道段以下筑堤方案

考虑到在特大洪水的情况下，如金沟改道段宣泄不及时，洪水还有漫溢到宝应湖地区的可能。所以，在金沟改道段以下，还需筑一道大堤，使宝应湖地区从入江水道行洪线中完全隔离出来。

关于金沟改道以下格堤的设计方案，规划提出了大汕子格堤、清水潭格堤、毛塘港格堤三种方案：大汕子格堤方案，即从金湖县德兴圩的张鼓墩到宝应县运河西堤的南云西闸筑堤，全长 12 公里；清水潭格堤方案，即自淮南圩东南角直穿高邮湖至清水潭筑堤，长 16. 7 公里；毛塘港格堤方案，则自淮南圩东南角斜向东南至郭集圩桥庄附近，破郭集圩、赤岸圩，折向东穿毛塘港滩地至高邮以南二十里铺，接里运河西堤，湖中筑堤 18 公里。

规划从筑堤难度、经费、效益等方面，对这三种方案进行了比较，见表2－14所列。

表2－14 高邮湖以下方案比较

方 案	格堤长度（米）	堤下淤土深（米）	筑堤土方（万立方米）	投资（万元）	运堤缩短长度（米）	可涸垦面积（万亩）	可供滞洪库容（亿立方米）	施工条件
大汕子格堤	11.5	2	490	7600	68	21	10	良好
清水潭格堤	16.7	20	6400	10760	90	50	26	困难
毛塘港格堤	18.0	15	6700	18760	110	70	36	良好

资料来源：《淮河下游入江水道整治第一期工程设计任务书》（1966年3月），江苏省档案馆馆藏档案：3072-2-2067。

以上三种比较方案，毛塘港格堤方案的施工难度是最小的，堤线有13公里是滩地，湖中筑堤只需5公里；而且所能提供的滞洪库容最大，还能将运堤防洪战线从130公里减少为20公里，其防洪作用是显著的，对解决防洪问题具有战略性意义。但是，由于这一方案的土方量最多、投资也最大，故拟选为远景计划，分期分年实施（因毛塘港方案为远景计划，故在规划内容中不做叙述）。为便于“三五”时期工程的安排，拟选用大汕子格堤方案。这一方案的滞洪库容和缩短运堤防线的效益，虽然没有清水潭方案显著，但易施工、土方少、投资少，具有花钱少、收效快的特点，并能逐步过渡，与毛塘港格堤方案不冲突。综合以上因素，规划最终确定选用大汕子格堤方案为近景计划，拟在本期工程时实施兴建。

三河拦河坝、大汕子格堤和金沟改道工程全部完成后，相互配合，共同发挥作用，将使宝应湖与入江水道完全分开，把宝应湖区放垦出来。这三项工程是入江水道上游整治的关键性工程。

上游的治理，除了上述三项工程外，还需对三河进行整治。

4. 关于三河的整治工程

上文提到，由于三河闸闸孔设计偏小和受下游河床束水影响，洪泽湖只能在高水位时才能走较大的流量，这使洪水不能及早入江，加重后期的防洪负担。因此，为创造洪泽湖在中低水位时能宣泄较大流量的条件，需增建水闸一座，名为三河越闸，归为洪泽湖控制工程。三河越闸的兴建，还能在以后加固三河闸时发挥导流的作用。为配合三河越闸的兴建，还需对三河进行整治。关于三河的治理，规划提供了四种方案可供比较。

第一种方案是利用老三河行洪方案：即三河越闸建在老三河河头，利用老三河排洪。但老三河河心多淤滩，滩面宽占河宽的60%左右，滩面高程也高；下游出口又有圩子所束，河宽仅十余米。按实测断面计算，当洪泽湖水位12.5米时，每增泄洪水1000立方米/秒，老三河疏浚结合筑堤需做土方1300万立方米，不仅不经济，还将使新、老三河的20多万亩耕地全部处于洪水包围之中。

第二种方案是切滩扩大三河河床方案：主要切除三河河床内的滩地，如观音滩、横阳滩、大墩岭等。实施这一方案，当洪泽湖水位达12.5米时，每增泄入江流量1000立方米/秒，切滩工程数量估计需2960万立方米。这种方案不仅土方多，而且运距较远，达2~3公里，还夹有砂姜。

第三种方案是开挖北偏泓方案：沿三河北堤南侧开北偏泓，扩大行洪断面，工程数量估计为2600立方米。这一工程的缺点在于出土不好处理，挖出的土方，如堆在河床内，则占用行洪断面；若堆至堤外，堆土估计需占用1万亩土地。

第四种方案是增辟三河越河方案：即沿三河北堤北侧增辟三河越河，漫滩行洪。越河亦按洪泽湖水位12.5米增泄1000立方米/秒设计，堤距400米，取土结合筑堤，开挖泓道底宽60米，挖深3米，土方720万立方米。这一方案，估计占用土地25万亩，拆迁房屋5500间，投资估计需732万元。

经比较，这四种方案中，三河越河方案的土方量最少，投资最小，唯独占用土地较多；同时，考虑到与三河越闸相配合发挥作用，三河越河方案的优势也是显著的。这两项工程完成后，可发挥早期腾低洪泽湖水位的作用，以便迎接淮河后期洪峰，保证洪泽湖汛期后期的防洪安全。此外，当洪泽湖水位早期腾低后，如发生高邮湖遇高水位、强台风的情况，也可临时关闭三河越闸，利用洪泽湖反调节，适当多蓄些洪水，使洪泽湖与高邮湖两湖水位均不致过高，更有利于防洪安全。以1954年实测洪泽湖以上最大30天泄洪量300亿立方米、洪峰15800立方米/秒进行调洪演算，在三河越河未开的情况下，建三河越闸与不建越闸进行比较，洪泽湖水位可自原来的15.22米降低至15米；如越闸与越河全部完成，洪泽湖水位可降低0.3~0.4米。再考虑上中游工情、水情变化以后，如同样遇1954年型洪水，最大30天来量按360亿立方米计，同时用三河闸和三河越闸控制，还多了越河一条分洪途径，5天可将洪峰降低至8000立方米/秒。总之，兴建三河越闸，增辟三河越河，以使洪泽湖在中低水位时增泄入江流量的工程措施，对于洪泽湖的防洪安全意义重大。

以上四种整治方案，是针对入江水道上游的。经过这些工程的实施，不仅可缩短上游行洪路线，放垦宝应湖区，还能增大洪泽湖在中低水位时的泄量。当然，上游的泄量加大了，必然要求下游的泄洪能力与之相适应，否则上游顺畅，下游却不通，必然会将下游地区置于洪水威胁之中。

5. 关于各归江河道的整治问题

高邮以下入江水道穿过邵伯湖滩地至六闸，六闸以下循运河、太平河、金湾河、凤凰河、壁虎河、新河等6条归江河道入江。水道下游的问题，就在于这6条归江河道河面窄、河床浅、落差大，严重束缚了泄水能力。1955年凤凰河的拓浚曾发挥很大的作用，因此对下游各河道的拓浚十分必要。邵伯湖内有老鹳咀、东西兴圩、孔家庄等滩地阻水，亦减弱了泄水能力。此外，除6条归江河道外，京杭运河亦可利用。下游河道的治理方案主要有以下几种：

一是切滩及河道疏浚：为加大入江出路、降低高邮水位，拟进行邵伯湖切滩，并疏浚太平河和金湾河两条归江河道。当高邮水位9米，入江泄量11000立方米/秒时，需做水上方1060万立方米，水下方50万立方米，投资761万元。切滩及浚河工程效果，见表2－15所列。此外，除太平、金湾两河未建闸外，其他归江河道均已建闸控制，故需增加太平、金湾两河河闸，完成归江控制的全部工程。

表2－15　不同实施方案的高邮水位流量表

单位：流量：立方米/秒　水位：米

入江流量	现状高邮湖水位	加大运河后水位	再加邵伯湖切滩300万立米后水位	再加凤凰河疏浚300万立米后水位	再加金湾、太平河疏浚600万立米后水位
10000	9.07	9.02	9.01	8.93	8.82
11000	9.32	9.27	9.25	9.15	9.02

资料来源：《淮河下游入江水道整治第一期工程设计任务书》（1966年3月），江苏省档案馆馆藏档案：3072-2-2067。

二是万福闸下切滩保坍工程：万福闸于1959年建成后，发挥了重要的控制作用。但经过几年的运行，也暴露出一些问题，需利用此次规划加以治理。万福闸建成后，由于上游凤凰河的流量大，到闸上与新河、壁虎河相遇，产生了横比降，闸上水位东高西低，向西偏流，过闸流量不能均匀通过；加之闸下东岸200米处的管陈滩伸入河心，迄未切滩，逼主流向西，直冲西岸的戴家庄。西岸口严家滩又把主流推向东岸的严家桥。由于河道曲折，凹段深槽产生了环流，加之河床为易被冲刷的沙质土壤组成，因此形成凹段愈凹、凸段继续增加、河床不稳定的局面。

经数年使用，万福闸下两岸坍塌长度达4350米，坍塌面积达600余万亩；闸下西岸的戴家庄，倒坍面积102亩、房屋259间，已迁移两个生产队340余人。若戴家庄冲刷坍塌继续发展，势将威胁万福闸闸身安全。为此，计划切除万福闸下管陈滩、严家滩等阻水滩地，并对坍塌严重段进行沉排保坍防护。初步估计，该项工程需做土方70万立方米，经费197万元。

三是京杭运河的利用：京杭运河瓦窑铺到都天庙段，全长17.8公里，已完成1400万立方米，仅需增加节制闸1座，即可发挥分洪作用。当入江泄量11000立方米/秒时，可分泄750立方米/秒。投资1500万元。

以上便是此次规划的核心内容。完成全部整治工程，共需做土方7380万立方米，块石护坡242万吨，建筑物14座，合计总投资12.762万元。

全部工程完成后，效益是显著的：可保高邮水位9米，入江泄量11000万立方米安全入江；特大洪水滞洪36.2亿立方米；运堤防洪战线可自130公里缩减至20公里，湖区防洪圩堤可自原来的400公里减至116公里；并可放垦宝应湖、白马湖，两湖可开垦出21万亩耕地；毛塘港格堤以北的830平方公里的湖面，在大面积扩垦开始以前，可以作为高宝湖地区的滞涝库容，汛期除相机退水入运外，亦可自纳自蓄，湖水位不超过6.5米，比现状降低1.5~3米，彻底解决高宝湖地区长期以来的洪涝矛盾。

通过前文论述可知，江苏关于入江水道的整体整治规划，前后共有1份意见——1955年的《对淮河下游流域规划的意见》中关于入江水道的规划，2份规划——1956年的《入江水道第一期工程初步设计》和1966年的《淮河下游入江水道整治第一期工程设计任务书》。将1966年规划与之前的规划进行比较，可以看出，1955年意见已经提出了入江水道整治的思路，后两份规划则是按照1955年意见，设计出具体的工程措施。尤其是1966年规划，无论在所考虑问题的全面性，还是治理方案的成熟度上，都是比较成熟的，既有近期的计划，又有远景的规划；既有对未完成工程的补充，也有新建工程，还有对已建工程的修复措施。这不仅是因为在编制规划之前进行过详细的实地勘测，而且前期所建工程在投入使用一段时间之后，所暴露出来的实际问题有些是规划所不能预料的；再者，前期的工程效益是否如规划所愿，也必须经过实践的验证。这些都为1966年规划的提出，提供了可贵的实践经验。另一点也不容忽视，即经过“大跃进”和经济困难时期，水利工作者明白了水利建设不能好大喜功，所花费的人力、物力和财力必须符合实际的情况。所以，这次规划所安排的工程项目及投资预算，是符合当时国家财力的情况的，如果工程能按计划逐步实施，是能够完成的。

但是，20世纪60年代的中国经历的坎坷太多。1966年6月，省人委向国家计委和水电部报送了这两份规划，重申对入江水道进行整治的必要性和急迫性，但因“文革”已经发动，省委的申报，已石沉大海。

（四）上马开工的坎坷历程

“文革”期间，省水利厅仍关心入江水道的整治工程，入江水道沿线的居民更是期盼工程能早日实施，特别是利害攸关的金湖县干部群众，多次到省委、省政府、水利厅，甚至不远千里到北京去水电部上访，反映水道沿湖的疾苦。1967年8月，省军管会指派梁公甫专程去水电部和国家计委汇报情况，并上报了《淮河下游入江水道初步规划及设计任务书》。这一规划是在1966年规划基础上整理完成的。功夫不负有心人，后来，水电部军管会向国家计委转报了设计任务书的审查意见，同意入江水道按照排洪12000立方米/秒设计，高邮湖水位按照9.5米控制，金沟以上应为将来扩大洪水泄量留有余地；入江水道中段实施金沟改道，并兴建大汕子格堤。从1956年水电部要求推迟入江水道第一期整治工程，到1967年作出同意施工的批复，已经过去了整整11年！

这次整治工程是从1969年11月正式开工的。1969年年底，正值"文革"高潮，水利建设工作很难开展：无政府主义思潮泛滥，各种规章制度被破坏了，科学技术、组织纪律也被批判了，省水利厅众多的领导干部作为"当权派"已无法留在岗位上领导施工了。但是，留任的干部，以及江苏人民，没有放弃这次来之不易的机会。他们在省军管会成立的"江苏省入江水道工程指挥部"① 的领导下，25.5万人次进驻工地，经过两个冬春，全面加高加宽了三河南北大堤，兴建了三河拦河坝，完成了金沟改道段东西大堤，新建了大汕子格堤和宝应湖大汕子退水闸，使淮河洪水由过去弯曲迂回到宝应湖的状况改由金沟直接入高邮湖，缩短洪水入江线路20多公里，放垦宝应湖高程6.5米以上的湖荡洼地20余万亩。同时，加固了里运河西堤和金湖县的淮南大圩，建立了金湖控制②和高邮湖控制③，完成了入江口门的控制，使入江水道成为以排洪为主，结合灌溉、排涝、交通航运等多功能的重要通道。

淮水通过入江水道进入长江，一方面，在江淮并涨的情况下，不仅受江水顶托而使入江受限制，还会加重长江的排洪负担；另一方面，长江最终也是要入海的。这大概就是政务院《关于治理淮河的决定》中，把入江水道作为淮河暂时尾闾的原因所在。但事实证明，利用这条黄河夺淮后自然形成的通道，放淮河洪水入江，无论是在当时，还是现在，既是必要的，也是重要的。那时，入海水道工程因施工难度高、投资经费大，被苏北灌溉总渠工程代替。苏北灌溉总渠的最

---

① 在1969年11月入江水道整治工程开工时，省军管会为加强对工程的管理，特成立"江苏省入江水道工程指挥部"，由六合分区司令员兰伯庄任指挥，许家屯、梁公甫、吴山任副指挥。

② 1969年兴建入江水道金沟改道段工程时，在金湖县城东，修了一条跨越入江水道的漫水公路，东、西偏泓各建了漫水闸一座，西偏泓还建了漫水套闸一座，加上1971年建成的石港船闸，1974年建成的石港抽水站，这些工程，形成了金湖控制线。

③ 在入江水道中段高邮湖至邵伯湖之间，要穿过长8.8公里、宽6.7公里的新民滩，滩面高程5~6米，其间有大小16条港汊将两湖串通。每年汛后堵闭各港蓄水。1953年，从运河西堤到高邮湖西的郭集大圩，串联各河港，在湖滩上建起了一条11公里长的控制线，并实施并港建闸。1969年第二次整治入江水道时，对新民滩进行了彻底的治理，先后兴建和改建了老王港、新王港、新港、毛港、杨庄河、庄台河等6座漫水闸和1座漫水套闸，并将漫水闸和东西向堤埂连接成一道高程6.5米的控制线，以解决排洪和蓄水灌溉、航运等问题，这道控制线，通常称为高邮湖控制。

大流量仅700立方米/秒，根本无法适应下游排洪的需要。从地形上说，这条南北方向的入江水道，也正符合水流自然的方向，只要加以整治，便能发挥出巨大的泄洪能力。

因此，入江水道的规划与整治，是江苏省治淮工程的重要内容之一。淮河入江水道，上起洪泽湖三河闸，下至江都附近的三江营，因沿途所经路线较长，影响范围大。它不仅直接关系到水道内部洪泽湖和高邮湖等地区的安全，还直接影响到与之仅有一堤之隔的里下河地区的防洪安全。这些地区人口稠密，又是苏北地区的重要粮食产地。因此，保证入江水道行水的畅通，意义重大。新中国成立后至“文革”期间，江苏省集中开展了两次对入江水道大规模的治理，此后，从1974年到1980年，又对已建工程进行了全面的整修、除险和加固。

两次大规模的整治工程，做出了很大的成绩：在水道上中段，三河拦河坝、大汕子格堤和金沟改道的完成，使入江水道所泄洪水不再迂回绕道宝应湖和白马湖地区，不仅使宝应湖和白马湖地区放垦出20余万亩耕地，使金湖、洪泽、淮安、宝应4个县（市）14个镇的32万人免遭洪水灾害，还大大缩短了行水路线，使入江水道由原来的185公里缩减为156公里，加快了水流的速度，大大增加了入江泄量；白马湖、宝应湖圩堤防洪长度，也由原来的400公里缩短至130公里，减轻了沿湖的防洪压力。水道下游，对各归江河道进行了切滩、裁弯取直，并建闸控制，使之与上游泄量相适应。经过多年整治，入江水道的泄洪能力达到了12000立方米/秒的设计标准，可将淮河上中游70%以上的洪水泄入长江，先后建立起了三河闸控制、金湖控制、高邮湖控制和归江控制的四级控制、五级水位，形成了以排洪为主，结合发展灌溉、排涝、航运、交通等综合开发的系统工程，与入海水道、分淮入沂、苏北灌溉总渠等工程联合运用，为洪泽湖地区的防洪安全提供了保障，保证洪泽湖大堤的防洪标准达到百年一遇；同时也承泄京杭运河西部宝应湖和高邮湖地区及里下河地区的涝水，改善区域排涝状况，具有较好的社会、经济综合效益。

鉴于淮河入江水道的重要作用，当前，进一步加紧了对其综合治理。2011年12月9日，入江水道整治工程在高邮正式开工建设，中国将为此投资34亿元[①]。当然，新时期淮河入江水道的建设，不仅仅是为了排泄淮河洪水，还将发挥航运、水力发电等效益。入海水道工程与入江水道工程的建设完成，必将从根本上改变淮河下游受涝受洪的历史。

---

① 《中国投入34亿元整治淮河入江水道》，中国新闻网：http：//www.chinanews.com/gn/2011/12-09/3522195.shtml，2011年12月9日。

第三章 沂沭泗水系重大水利建设

沂河、沭河和泗河流域，习惯上称为沂沭泗流域，位于淮河流域东北部，北起沂山山脉，南至废黄河与淮河流域接壤，西自黄河古堤，东临黄海，包括山东省南部、江苏省北部，以及河南、安徽两省小部分地区共12个地（市）。流域的地势自西北向东南倾斜，流域东西长约400公里，南北宽约200公里，流域面积近7.18万平方公里。

江苏省位于沂沭泗流域的下游，流域面积占全流域的1/3，约2.6万平方公里。流域范围北起省界及青口河，西南讫废黄河，东抵黄海，属徐州和淮阴地区，即通常所说的徐淮地区。

沂、沭、泗河均发源于山东沂蒙山区，下游经江苏出海。南宋之前水系畅通，航运发达。后黄河夺泗夺淮，原有水系被打乱，下游排水无出路，河道失治，徐淮地区洪涝灾害严重（见图3-1）。苏北地区解放后，便开始对沂沭泗水系进行整治；新中国成立后，将这一流域作为全省水利建设的重点地区；至“文革”前，调整了部分水系，开挖了多条分洪河道，使洪水的入海出路得到扩大，基本上改变了洪水漫流的局面。

第一节 新中国成立初期沂沭泗流域的灾情及易灾原因

1949年夏季，苏北全境解放后不久，便遭受了一次40年一遇的洪灾。这年入夏以后，沂沭泗流域阴雨连绵，导致沂、沭河水猛涨。据淮阴地区实测，7月3日至9日，六天的降雨量达371毫米，最大一日雨量为240毫米，超过以往多年的纪录；运河宿迁水位较1931年洪水位2.64米高出0.34米①。7月25日，6

① 《苏北一九四九年水利工作总结》，江苏省档案馆馆藏档案：3067-1-0351。

号台风过境，江堤海塘受狂风暴雨大浪的冲击损毁严重，沂河、中运河、不牢河、六塘河、沭河等干河共漫决150多处，徐淮广大平原南自废黄河，北至陇海铁路，一片汪洋，为苏北40年来所未有的大水患。

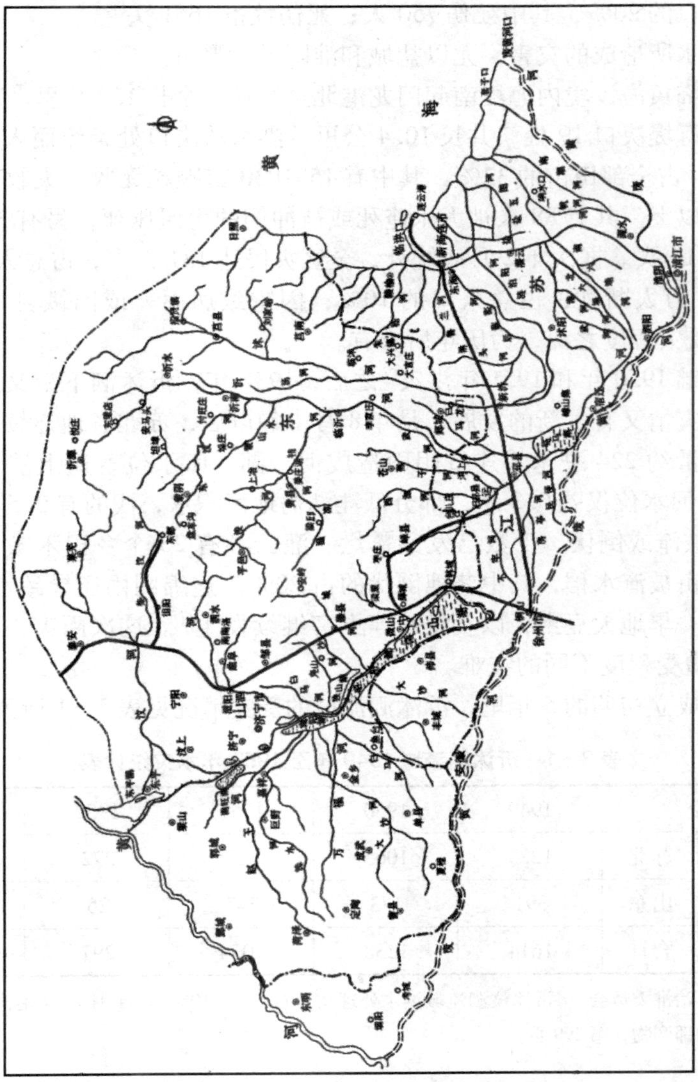

图3－1　新中国成立前夕沂沭泗水系图①

① 图片来源：水利部淮河水利委员会沂沭泗水利管理局编：《沂沭泗河道志》，中国水利水电出版社，1996年11月第1版。

在洪水、雨涝、台风的袭击下出现了波及苏北全境的严重水灾。洪水导致1770余万亩耕地被淹没，占全区耕地总面积的33%以上，其中有700万亩全部失收，损失粮食10多亿斤；淹没、淹倒房屋256974间，受灾人口达400余万，是全区总人口的20%，其中死伤750人；死伤牲畜1651头①。

这次洪水所造成的灾害，尤以盐城和淮阴最为严重。

盐城濒临黄海，境内海堤南起门龙港北至潮河，全长150公里。7月25日台风过境时，海堤决口19处，共长10.4公里。洪水从决口处奔流而入，淹没农田4262844亩，占全部田亩的33%，其中有1531930亩颗粒无收，失收与减收的粮食达4亿斤以上。共有88人被大水淹死或被冲倒的房屋压死，另有319人受伤，损失牲畜9714头。据次年2月底统计，全区灾民达131万人，占总人口的29%。其中，有46万人断炊，占总人口的10%；因饿致病而死或因饿自尽者，共74人②。这次受灾程度之深，为历年所未有。

随后，继1950年和1951年洪灾③之后，1952年，沂沭泗下游又遭受了雨灾和虫灾，使灾情又有了新的发展。是年8月中旬以后，苏北各地连续降雨。盐城专区平均雨量约224毫米。连日阴雨造成河、湖、库水位普遍上涨。建湖县距1949年最高河水位仅差0.3米，部分低洼湖荡地区积水，浅的有0.5米，深的有3米。秋禾被淹或倒伏，少数已发芽霉烂。灌云县有23个乡田禾被淹；盐城县秦南区1万亩被淹水稻，其中茎穗倒伏的占20%。连绵阴雨还导致水田稻苞虫、棉田卷叶虫、旱地大豆虫，以及秋蝗等虫害继续发生④。这次雨灾、虫灾，导致400余万人遭受程度不同的灾难。

新中国成立初期的5年里，沂沭泗流域的受灾情况见表3-1所列。

表3-1　沂沭泗流域1949年至1953年水灾统计表

年　份		1949	1950	1951	1952	1953
受灾面积（万亩）	苏北	1223	1065	327	272	298
	山东	391	173	747	25	1039
	合计	1614	1238	1074	297	1337

资料来源：治淮委员会：《沂沭汶泗流域洪水处理初步意见》（1954年11月），《治淮汇刊·第四辑（1954年）》，内部刊物，第299页。

① 苏北导沂整沭司令部：《苏北导沂整沭第一期第一阶段工程总结》，《苏北政报》第二期，苏北人民行政公署秘书处编，1950年5月20日出版，第13页。

② 《苏北灾情图》（1950年4月），江苏省档案馆馆藏档案：3067-1-0066。

③ 这两年的洪水灾害，参考前文淮河流域的灾情。

④ 《紧急行动起来排涝防涝，为确保秋熟丰收而奋斗!》，《苏北日报》，1952年9月2日。

5年里，除1952年为小水年外，其余4年每年水灾面积都在1000万亩以上，灾区占总耕地面积的比例，依次为21%、16%、14%、4%和17%。可见，水灾频繁且受灾范围大。

沂沭泗洪水易发的主要原因，是下游地区的去水量远远小于来水量，导致水无出路。上游山区山岭起伏，源高流急，水势凶猛，而下游泄水的出路严重不足。大水年份，上游沂、沭两河洪水倾注而下，峰高势猛，统计流域来水量，沂水于1949年估计有6000立方米/秒，沭水于1924年实测为4470立方米/秒，泗水经南四湖、由韩庄运河和蔺家坝入中运河的水量，一般为500立方米/秒，加以区间的暴雨量约2000立方米/秒，共约13000立方米/秒①。即便是普通洪水年份，洪水来量也高达7000～8000立方米/秒。这些洪水，全部汇注下游苏北地区。不论沂、沭河来水，还是南四湖来水，最终都分别经灌河、临洪河和埒子口入海。新中国成立前夕，由南、北六塘河及盐河，流经灌河入海的流量仅为1200立方米/秒；由蔷薇河出临洪口约600立方米/秒；由古泊善后河出埒子口的流量不足50立方米/秒②。入海流量总计不足2000立方米/秒，与来水量相比，相差近7倍。下游河道宣泄不及，洪水肆意漫流，泛滥成灾，势所必然。正如沿河地区百姓所常说的那样“来时一袋烟，去时一顿饭，逃也来不及，一淹一大片”。为害的区域，在苏北地区囊括邳苍、睢宁、宿迁、泗阳、淮阴、涟水、沭阳、灌云等县，并危及淮安、宝应，间接影响至平原地区；沭水为害的面积虽较沂水稍小，但却十分频繁，波及沭阳、灌云等县。

沂沭泗下游地区来水量与泄水量的差距之大，是水患的根源，并引起了两对矛盾：一是洪水与洪水争夺去路：这以沂水最为显著，如1931年，淮沂并涨，沂水不仅威胁里运河，还“助淮为虐”；又如1949年，沂河对中运河、不牢河、房亭河横冲直撞，到处漫决，造成数十年来所未有的严重灾难。二是洪水与积水相互侵扰：如1949年春，淮阴专区为疏导积水曾突击挖土方500余万立方米，在7月上旬排泄雨水时见了相当的功效；但在8月间沂沭泗洪水暴发之时，不但雨水无路排泄，洪水又由干河泛滥或由小河倒灌，为害亦大。汛期过后，积水又长期退不出去，因洪致涝。

以上几点因素，便是苏北地区沂沭泗流域洪涝灾害严重的症结所在。

总之，至1949年之前，沂沭泗水系经过数百年的演变，尤其是受黄河决口夺道的影响，水系紊乱：沂河、沭河、泗水三大干河各自独流，却又相互连接串通，且由分而合，由合而分，形成一个极为复杂紊乱的水系（见图3－2）；除干

---

① 苏北人民行政公署：《苏北导沂整沭工程计划初稿》，1950年9月编印，内部资料，第3页。

② 苏北人民行政公署：《苏北导沂整沭工程计划初稿》，1950年9月编印，内部资料，第3页。

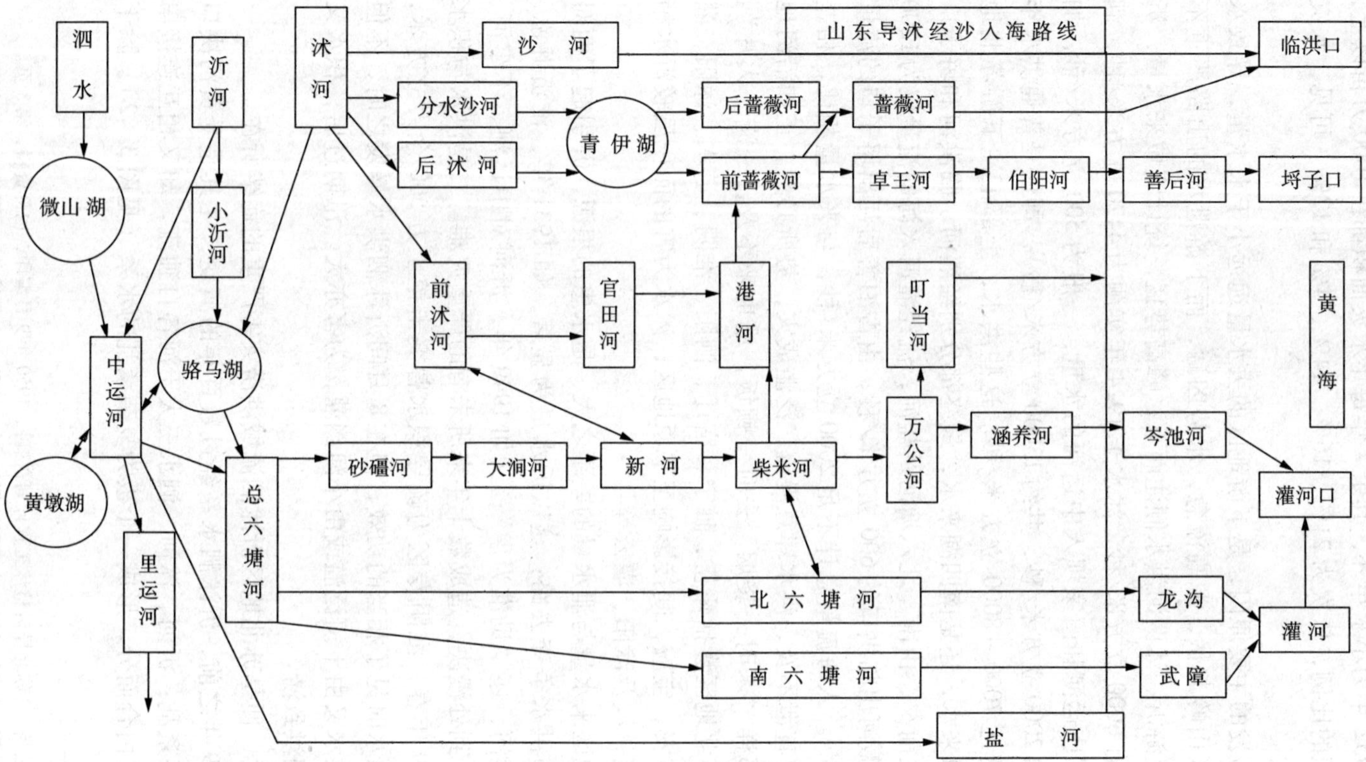

图3-2 沂、沭、泗流域水系简表①

附注：①次要的支流没有列入；②中运之十字河口及车路河口与骆马湖水皆交流；③新河与前沭河互相侵灌，而以沂侵沭之时较多，为害较大，常倒灌至后沭河入蔷薇河；④北六塘河在排洪期间亦常倒灌柴米河，为害较大。

① 图片来源：苏北人民行政公署：《苏北导沂整沭工程计划初稿》，1950年9月编印，内部资料，第2页。

河外，其余中小河流极多，各河上下串联，漕河大都上宽下窄；且河与河之间没有显著的分水岭，大水时漫流而下，互相侵扰，所以每逢洪水漫决或内地积涝，不但水不易入河，且波及范围极广。各河道的防洪、排涝标准极低，防洪能力一般的仅3年或5年一遇，最大的也只达到10年一遇；排涝标准更低，一般在3年一遇，甚至2年一遇以下。这种水系紊乱且标准低下的状况，导致下游排水量与上游来水量极不相符，洪涝不分、泄水不畅，因此洪涝灾害十分严重，年平均受灾面积在1200万亩以上。

第二节　流域规划的制定

华东局和苏北区党委、苏北行政公署对沂沭泗流域的治理是比较早的。早在1949年六七月间，苏北区党委就派出了专门的调查大队，到沿线灾区实地勘察，为治理方案的确定收集水文资料；同年11月开始，连续召开了数次治导会议，讨论、研究沂沭泗流域的治理措施，并确定了治理思路。在此基础上，第一个五年计划时期，治淮委员会先后编制了沂沭泗洪水处理意见及治理规划，并根据实际洪水经验，又对治理规划做了进一步的修正。

一、新中国成立初期的治导会议

1949年8月沂沭泗流域发生特大洪水之时，正是淮海战役之后，苏北地区解放不久，因此，能否及时处理灾情、关心人民疾苦，关系着政治大局的稳定。这种情况下，中共中央立即电告苏北区党委，指出：这个地区历史上经常遭受洪涝旱灾害，群众生活很苦。现在解放了，如果不认真治水，根治水害，政权就无法巩固，应抓紧当前战争刚刚结束的有利时机，采取以工代赈的办法，积极着手治水[①]。这是中共中央关于治理沂沭泗洪水的最早指示。

面对这场大水灾，苏北区党委自然没有怠慢。在实地勘察、取得基本水文资料后，连续召开了数次会议，研究、制定治理原则及措施。

（一）徐州会议

洪水过后，苏北区党委和苏北行署组成淮阴区救灾治水大队，一行40余人，前往淮阴进行调查，研究整治方案。治水大队由农水处副处长熊梯云带队，由工程师唐太初、王元颐、孙翰堂等40余人组成，经与淮阴地委书记李广仁、专员

---

① 王祖烈编著：《淮河流域治理综述》，水利电力部治淮委员会淮河志编纂办公室1987年3月印，第183页。

陈亚昌等人共同调查后，认为沂、沭河易灾的关键，在于下游没有相应的排洪通道，洪水一来，内部排涝河道全部被侵占，洪涝不分，水不归漕，遍地漫流。因此，首先应对沂河进行治理和疏导，拟开挖一条新的河道，以畅其流。

这一思路，得到了水利部的认可。1949 年 11 月 8 日，就在新中国成立一个月后，中央人民政府水利部召开了各解放区水利联席会议。会议为期 11 天，在 18 日的闭幕式上，水利部部长傅作义宣布了 1950 年各地区的水利事业计划，其中就有在沂沭泗流域兴办沂沭河治导工程的计划。这就将沂、沭河的治理工程正式纳入国家的治水计划中，推动了沂沭泗流域治导工程的开展。

为制定沂沭河治理的基本思路，11 月 26 日至 29 日，华东军政委员会水利部在徐州召开沂沭汶（指汶河，原为泗河的支流——笔者注）运治导会议（以下简称“徐州会议”）。经过为期 4 天的讨论，会议拟定了沂沭泗流域治理的总原则，即“治沂必先治沭，而后泗运”和“沂沭泗采取分治方针，沂沭分道入海”①。在这一治理原则下，会议决定分别兴办“导沭整沂”和“导沂整沭”工程，工程由苏、鲁两省共同兴办，导沭以山东为主，苏北为辅；导沂以苏北为主，山东为辅。

徐州会议对治导工程的标准，也拟定了初步意见：沭河流量按 4500 立方米/秒设计，分别由大官庄东流经沙河入海 3500 立方米/秒，南流经新沂河入海 1000 立方米/秒；沂河临沂洪水流量按 6000 立方米/秒为导沂设计标准，经骆马湖调蓄后，由新沂河经灌河口入海；泗河、运河流量 1000 立方米/秒，分由不牢河、韩庄运河入苏北。

在徐州会议召开之前，山东省已于 1949 年 4 月开始了对沭河的整治——“导沭经沙入海工程”，即开辟一条新河道，沟通沭河与黄海，使沭河洪水经这条新河道直接入海，新河道后来被命名为新沭河。徐州会议肯定了山东的这一治理方案。山东的导沭工程，使沭河洪水不再下泄苏北，这样，苏北就可以全力治沂。受导沭工程的启发，并根据救灾治水大队的查勘结果，会议确定，开辟一条新的河道，沟通沂河与灌河入海口，使沂河直接入海。这条新河道就定名为新沂河。

这里还必须交代一下，由于沂河跨越山东和苏北两个省区，所以，以两省区的界限华沂为界，沂河流域分属山东省和苏北行署（当时江苏尚未建省，该地区的行政区名为苏北行政公署）管辖。从这种意义上说，徐州会议确定的沂、沭分而治之的原则，即山东省“导沭整沂”、苏北区“导沂整沭”，使两省各有侧重，又相互配合，也符合“谁受益，谁负担”的治水负担原则；同时，沂、沭分道

---

① 《沂沭汶运治导会议总结》（1949 年 12 月 2 日），江苏省档案馆馆藏档案：3067-2-0010。

入海的治理方针，既缓解了苏北的治沂压力，又不影响导淮工程的进行。同时，会议拟定的导沂的基本措施，为苏北导沂工程的开展指明了方向。

（二）两次专项会议

徐州会议之后，为进一步研究沂、沭河分洪方案，华东水利部又接连召开了两次会议。

1950年1月，在上海召开沂沭河治导技术会议上，根据徐州会议所确定的沂河洪水6000立方米/秒的设计标准，规定向沭河分泄1000立方米/秒，在江风口向武河分流1500立方米/秒入中运河，其余3500立方米/秒由新沂河下泄骆马湖。同时，为了容蓄洪水，会议还决定将骆马湖、黄墩湖作为临时拦洪水库，在汛期临时蓄洪。可见，这次会议主要是解决沂河洪水的分流问题，具体拟定了沂河洪水大部分（3500立方米/秒）由新沂河排入黄海的方案，这也等于是确定了新沂河的设计标准，即3500立方米/秒；其余入运、入沭。其中，分流部分沂水入沭河，是后来治理沂河的一项重要的工程措施，即“分沂入沭”。

同年2月，华东水利部再次召开沂沭汶运会议。会议首先决定将导沭经沙（河）入海段定名为新沭河，分泄沭河2800立方米/秒，加区间1000立方米/秒共3800立方米/秒洪水，直接东流入海；大官庄以下沭河南段（即老沭河）承泄沭河1700立方米/秒，分沂入沭1000立方米/秒及区间来水共3500立方米/秒。可见，这次会议主要是讨论沭河洪水的分流方案，确定新沭河的设计标准为3800立方米/秒，肯定了前次会议的“分沂入沭”方针。

通过这三次治导会议，不难看出，新中国成立之初对沂沭泗流域进行初步治理的治导工程，包括“导沭整沂”和“导沂整沭”两个部分，重在为上游来水安排入海出路，并做出合理的分流。这一治理思路，主要通过开辟新沭河和新沂河来实现，疏通水系，使沭河、沂河有直接入海的通道。当然，由于新中国成立初期各方面条件的限制，这一时期的治导工程，停留在单一的导河治洪阶段。尽管如此，新沭河和新沂河的开辟，为以后大规模地开展治理工程奠定了基础。

二、流域规划的制定与修正

沂沭泗流域的治理，作为苏北地区治水的一个重要方面，在第一个五年计划时期得到了快速的发展，这首先表现在流域规划及修正规划的相继出台。而1953年，有两件事情，为治理沂沭泗流域提供了有利条件。

第一件事情是，1953年1月，徐州地区由山东划归刚刚建省的江苏管辖，这样，沂沭泗下游地区，全部在江苏省境内，为沂沭泗下游地区的统一规划提供了便利。第二件事情是领导机构的建立。上文提到，沂河原分属山东和苏北两个省区管辖，故苏北区于1949年11月22日，成立了苏北导沂整沭工程司令部和政治部，专门负责苏北导沂工程。直到1953年9月，华东局在上海召开了水利工作座谈会议，决定将沂沭汶泗流域的水利工作划归治淮委员会统一领导①，并成立了江苏省治淮总指挥部，同时撤销导沂整沭委员会。这意味着，将沂、沭、泗的治理纳入了治淮工程中。凭借以上两点有利条件，沂沭泗流域的治理开入了快车道。

同时，这一时期，随着全省治水思路的转变，在“导沂整沭”工程对沂、沭河初步治理的基础上，治理工程转入到沂、沭、泗统一治理，洪、涝、旱综合整治的全面规划阶段。至“文革”前，对沂沭泗流域的规划，大致经历了两个阶段。

（一）第一阶段

1954年的江淮特大洪水，既考验了沂沭泗流域初期治导工程的成效，又进一步暴露出下游水利现状的存在问题。洪水发生时，沂沭泗流域因水系复杂紊乱、河槽浅淤、又无控制，既不能顺畅地排水，又不能有效地容蓄洪水，造成洪流溢漕、冲决河堤。这种状况，为沂沭泗流域的下一步治理提供了思路：控制沂沭泗洪水，首先可以利用湖泊进行容蓄，下游则要对洪水出路进行安排，合理分流，使洪水分成多股，经由多条河道入海。按照这一思路，治淮委员会于当年11月，编制了《沂沭汶泗流域洪水处理初步意见》（以下简称《初步意见》）。《初步意见》虽然关注到了水利的综合利用，“必须通盘考虑，做到防洪要与除涝以及将来的灌溉、航运、发电等兴利事业恰当地结合”，但主要着眼点正如其名称，在于洪水灾害问题的解决，“现阶段……工程着重在解决洪水”问题②，目的是对沂沭运河中下游及南四湖区（即泗河）的洪水，做出合理的分流，使之经由不同的途径、多渠道入海。

如前所述，新中国成立初期召开的三次治导会议，已对沂沭泗洪水处理提出了意见。但是，经过1954年的洪水考验，证明初期对洪水来量的估计明显偏低了，所以，沂、沭洪水必须重新分配处理。

对南四湖洪水的处理是，南四湖蓄水位以微山湖水位为准，暂定为33.5米，最高水位36米；在南四湖出口处兴建蔺家坝闸和韩庄闸，控制不牢河和韩庄运河，以微山湖33.5米水位下泄1000立方米/秒为设计标准。

《初步意见》着重对沂沭运区的洪水安排提出了具体的处理意见。洪水来量是洪水分流的前提，原采用的大官庄沭河百年一遇洪水洪峰流量为4500立方米/

---

① 1956年9月，经国务院批准，汶河流域水利工作移交黄河流域的管理机构管辖。

② 治淮委员会：《沂沭汶泗流域洪水处理初步意见》（1954年11月），《治淮汇刊·第四辑（1954年）》，内部刊物，第299页。

秒，系根据新安镇水文站的水文记录，较为可靠。但原采用的沂河百年一遇的最大洪峰流量（6000 立方米/秒）则明显偏小，经研究，原采用的 6000 立方米/秒的洪峰量，为 6～7 年一遇[①]，适宜作为一般年份的洪水量；百年一遇最大洪峰量暂以 9200 立方米/秒为准。

在对沂河洪水来量做出修正的前提下，《初步意见》提出了具体的分流方式：沂河上游来水经 3 条途径分流，分别是沂河干流、江口风分洪和分沂入沭。在百年一遇洪水临沂流量达 9200 立方米/秒时，李家庄以下沂河干流下泄 4650 立方米/秒；江风口分洪 2100 立方米/秒入中运河；分沂入沭的方式及流量，经过 3 种方案的比较，决定采用"分沂入沭采取自由分水方式，分沂河水入龙门水库"的方式，分沂河洪水 2450 立方米/秒入沭河。沂河干流下泄的 4650 立方米/秒洪水，再分别由芦口闸分 200 立方米/秒、华沂闸分 500 立方米/秒入中运河，其余流量全部进入骆马湖。经骆马湖调蓄后，一部分由六塘河分 600 立方米/秒直接入海；一部分东出由嶂山经新沂河入海。那时，嶂山控制工程尚未兴建，出嶂山的流量不能控制。为新沂河的安全，需建堤和闸，把新沂河与骆马湖分开，控制入新沂河的流量在 2000～3000 立方米/秒左右。这便是沂河洪水处理的具体意见（见图 3－3）。

为实施这一方案，具体安排了 16 项工程：

(1) 兴建龙门、傅旺庄、东里店及石岗 4 座多目标性的水库。(2) 加大分沂入沭河道，使临沂流量到达 9200 立方米/秒时，可自由分水 2450 立方米/秒。(3) 在江风口武河上建江风闸，控制入武河流量，并分泄一部分桃汛。闸的规划标准应为：①李家庄沂河流量 4500 立方米/秒时，武河至少能分泄 2000 立方米/秒；②临沂桃汛到达 710 立方米/秒时，武河至少能分泄 260 立方米/秒；③应考虑在上游水库未做成前遭遇百年一遇大洪水时，能通过 2750 立方米/秒，并在千年一遇大洪水下闸本身不致发生危险。(4) 在城河口及华沂建芦口闸及华沂闸排泄桃汛，并分泄一部分洪水。分泄桃汛的标准为当临沂桃汛流量达 710 立方米/秒时，芦口闸至少可分泄 180 立方米/秒；华沂闸在水位 26.0 米时至少可排泄 180 立方米/秒。芦口闸仅于特殊情况时始分泄洪水；华沂闸则于一般较大洪水时能分泄 500 立方米/秒。两闸均应考虑在遇特大洪水时，有通过 1000 立方米/秒的能力。(5) 在骆马湖北部采取沂、湖分家办法，用闸与堤将沂河与骆马

---

① 治淮委员会：《沂沭汶泗流域洪水处理初步意见》（1954 年 11 月），《治淮汇刊·第四辑（1954 年）》，内部刊物，第 308-309 页。

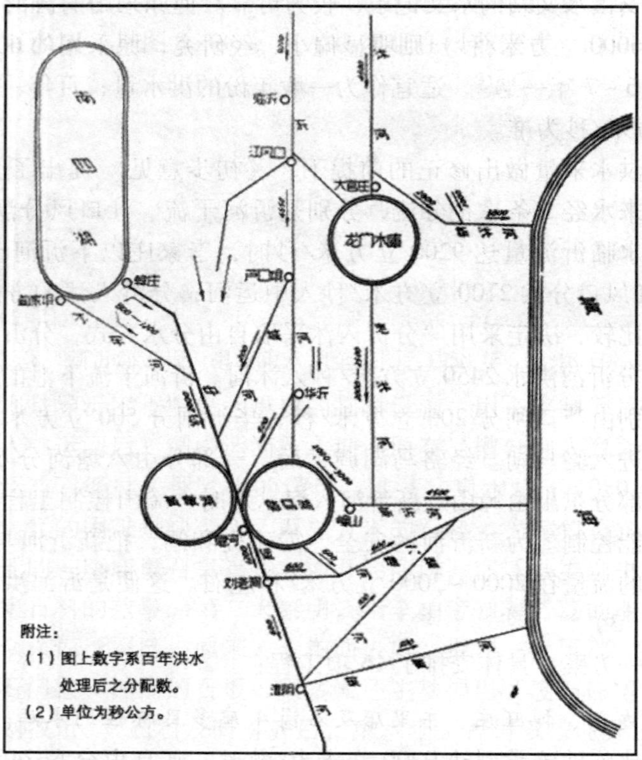

图 3－3　沂、沭河及南四湖洪水处理示意图①

湖分隔开。(6) 扩大嶂山切领，在回水不影响铁路桥的要求下，并借骆马湖进湖闸抬高水位，使东出嶂山的洪水最高可达到 3000 立方米/秒。(7) 加强李家庄以下沂河两岸堤防，使能安全通过 5000 立方米/秒。(8) 巩固新沭河，使能安全排洪 3800 立方米/秒。(9) 在大官庄人民胜利堰顶上加做控制工程，必要时可减少沭河入龙门水库的水量。(10) 刘老涧的分洪闸仍应建造，分洪量为 600 立方米/秒（视六塘河将来需扩大程度而定）。(11) 骆马湖中运河间大堤上，可加做简单控制工程，以代替目前的缺口。(12) 扩大各河下游及出口泄量。……目前暂定扩大新沂河使能泄 4500 立方米/秒。(13) 加强骆马湖大堤及其他有关堤防。(14) 增建其他有关的堤防涵闸等建筑物，对某些河道作适当的疏浚。(15) 对一些在大洪水年份将遭受水灾地区，如武河流域、分沂入沭两岸等，应酌做各类工程，以减少不必要的损失。(16) 对本地区洪水总分配无大关系的各河洪水，

① 图片来源：治淮委员会《沂沭汶泗流域洪水处理初步意见》（1954 年 11 月），《治淮汇刊 · 第四辑（1954 年）》，内部刊物，第 317 页。

如上游各支流局部地区的洪水等，各省可自己考虑，不拟列举[①]。

这样安排虽是初步设想，但可以看出，它具有沂、沭、泗统筹规划，洪、涝、旱兼治的综合治理思想，对上游洪水采取建闸建库的办法，实现控制、拦蓄和分流，这是规划思想的一个进步。

（二）第二阶段

《初步意见》虽然不是正式的规划，但为规划的编制，提供了基础。为使沂沭泗流域的治理有更为详细的规划作为指导，1955 年，淮委会同江苏、山东、河南三省的水利厅和交通厅的技术人员，共同参加流域规划的编制工作。编制工作自当年 11 月始，逐步开展查勘测量、水文演算、讨论及优选方案等工作。经过 16 个月的努力，最终于 1957 年 3 月编写完成了《沂沭泗区流域规划报告初稿》（以下简称《规划报告》）。

《规划报告》是建国后关于沂沭泗流域治理的第一份正式的规划，共分 8 卷 49 章，概述了沂沭泗流域的自然概况、社会经济概况，制定了防洪、灌溉、除涝、航运、水力发电、水土保持等 6 个方面的规划，全面规定了沂沭泗流域治理的各个方面。

《规划报告》重点讨论了沂、沭河的防洪方案。沂河流域在临沂以上为山区，防洪问题不大，主要是在临沂以下。沂河来水除大部分由干流下泄外，建国后先后兴建了分沂入沭水道和江风口分洪道，分泄沂河洪水。但是，沂河经上述路线分洪后，按设计洪水核算，只能抵御十年一遇的洪水，超过十年一遇，干流仍无法承泄。因此，规划提出了沂河洪水的三个方案：一是分洪道方案，即将沂河超额洪水由邳苍开分洪道，直接送入骆马湖；二是大龙门水库方案，将沂河洪水及兴利水全部纳入龙门水库调节，然后分由沂河、新沭河和老沭河下泄；第三，沂河上游兴建水库，并适当扩大下游河道的方案。经比较，技术人员选定方案一和三的结合方案，这样工程效益最佳。遂提出初步方案如下：

沂河以修建铁山、姜庄湖水库，或傅旺庄、姜庄湖水库为最佳方案，但需根据地质条件结合下游灌溉选定。沭河上游建刘家峪等 4 座水库，削减干、支流洪峰及发展灌溉；在中、下游修建龙门水库和石梁河水库，以保障新、老沭河的防洪安全，并蓄水灌溉。

在沂河上游水库建成前，邳苍分洪道年年需要分洪；水库建成后，考虑邳苍地区排涝，控制分洪。进入分洪道的东泇河、汶河、西泇河、大沙河等排水河道，除了上游应建庙疃、万庄、万村、峄县 4 座水库外，下游还应疏浚河道、调整水系，以便洪涝分排。

---

① 《沂沭汶泗流域洪水处理初步意见》，《治淮汇刊·第四辑（1954 年）》，内部刊物，第 315–316 页。

沂、沭河下游，扩大和巩固新沂河、新沭河行洪能力；整修中运河、六塘河及其堤防，以排泄上游洪水。在排涝期间六塘河不分洪。新沂河以北丘陵区，修建安峰山等3座水库；开挖新开河、鲁兰河和朱稽河等截水沟；疏浚平原区河道，调整水系；新沭河、新沂河分别由临洪口、埒子口入海，并在河口建挡潮闸①。

当年汛期，沂沭泗发生全流域大洪水，在南四湖出口泄量尚未扩大的情况下，下游防洪形势已经异常严峻。经过黄墩湖滞洪后，骆马湖超过设计洪水位达23.15米。沂河和分沂入沭水道，以及沭河下泄的洪水均汇入新沂河，致使新沂河超过设计标准行洪达3710立方米/秒。经过一个多月的抗洪，虽保住了骆马湖下游平原的安全，但骆马湖以上的中运河两岸，以及邳苍地区仍是一片汪洋，有700万亩农田受淹，其中重灾达300多万亩②。

这年的洪水考验，反映出《规划报告》对洪水来量的估计不足，工程设计标准偏低。汛后，江苏省水利厅于同年10月完成了《江苏省淮沂沭泗下游治理意见》（以下简称《省治理意见》），对《规划报告》中原设计的防洪措施进行了修订，提出整治方案如下：

沂河上游筑铁山、姜庄湖两水库，中、下游扩大现有河道的排洪能力，老沂河由3500秒公方增大至6000秒公方；嶂山切岭在骆马湖从目前水位23米时泄1500秒公方，加大至22.5米时泄3500秒公方，并建嶂山泄洪闸；新沂河从3500秒公方加大至5500秒公方（分沂入沭保持现状自由分水）；兴建宿迁枢纽工程，提高骆马湖（包括黄墩湖）水库的蓄洪水位，防洪标准选定为千年一遇设计水位25米，万年一遇校核水位26米。

沭河中游建石梁河水库及龙门水库。在百年一遇的情况下，石梁河水库最高水位为78.8米，校核水位29.4米；新沭河最大泄量保持原有的3500秒公方；龙门水库最高水位为54.6米，校核水位57.3米；老沭河的最大泄量仍按目前的2500秒公方。

泗水在微山湖下泄量为1500秒公方（包括伊家河），建韩庄及伊家河节制闸，邳苍排涝时关闸控制下泄洪水，服从邳苍排涝。中运河扩大，在不牢河口以下平槽行水为2210秒公方（排涝流量）；汛期可漫滩行洪，排涝标准为300年一遇。不牢河不作排洪用，作为大运河，专用于航运，建蔺家坝闸。微山湖堰按

① 《沂沭泗区流域规划报告初稿》（1957年3月），转引自：水利部淮河水利委员会沂沭泗水利管理局编：《沂沭泗河道志》，中国水利水电出版社，1996年11月第1版，第38页。

② 陈克天：《江苏治水回忆录》，江苏人民出版社，2000年1月第1版，第113页。

300 年一遇标准，堤顶做到真高 39.5 米①。

《省治理意见》提出后，省水利厅有关人员将此意见连同《规划报告》一起交给苏联水利专家请教意见。苏联专家听取汇报后提出，铁山、姜庄湖、付旺庄一带的地质勘测工作尚未进行，筑库问题尚不能确定。但 1957 年的沂沭泗流域大洪水，更加反映出解决沂沭泗洪水的紧迫性，因此，建议重新安排沂沭河洪水。于是，1957 年 12 月，在水利部技术委员会的主持下，江苏和山东两省对沂沭泗流域的原治理规划进行了修订。江苏省编制出《沂沭泗流域规划初步修正成果及 1962 年以前工程意见（草案）》（以下简称《修正成果》）。《修正成果》对沂沭泗的水情做了测算，并以此为依据提出了洪水处理意见。

《修正成果》对上游洪水来量重新作出判断，规定将沂河临沂洪水位，由徐州会议上所确定的 6000 立方米/秒，提高到 8000～11000 立方米/秒；南四湖出口泄量亦需扩大，当微山湖水位 33.5 米时，泄量由原设计的 1000 立方米/秒扩大至 2000 立方米/秒。

在上游洪水泄量加大的情况下，下游必须增做相应的工程，以便保证下游地区的防洪安全。为此，《修正成果》对各排水河道的设计标准，再次进行了提高，分别是：新沂河的设计标准，由原设计的 4500 立方米/秒，扩大至 6000 立方米/秒；将新沭河由 3800 立方米/秒扩大至 6480 立方米/秒，并兴建石梁河水库；骆马湖出口嶂山切岭，按湖水位 23 米时，下泄流量由 3000 立方米/秒扩大至 5400 立方米/秒扩大；中运河按平槽泄量 2000 立方米/秒开挖，两岸大堤防御百年一遇洪水②（见表 3-2 所列）。

表 3-2　沂沭泗水系各频率下洪峰流量、洪水量表

	频率	沂河	沭河	南四湖
洪峰量（立方米/秒）	千年一遇	38000	17800	—
	百年一遇	28000	12900	
	五十年一遇	23000	10800	
	二十年一遇	17000	8400	
	十年一遇	11800	6400	
	五年一遇	8200	4650	

① 江苏省水利厅：《江苏省淮沂沭泗下游治理意见》（1957 年 10 月 30 日），江苏省档案馆馆藏档案：3224-2-0346。

② 《沂沭泗流域规划初步修正成果及 1962 年以前工程意见》（1957 年 12 月），江苏省档案馆馆藏档案：3224-2-0511。

（续表）

	频率	沂河	沭河	南四湖
洪水量（亿立方米）	千年一遇	51.6	23.4	115.5
	百年一遇	38.4	17.3	87.3
	五十年一遇	34	15.3	71
	二十年一遇	28	12.4	51
	十年一遇	23.1	10.3	37.9
	五年一遇	18.2	8.2	26.2

备注：1. 洪峰量：沂河流量以临沂站数据，沭河为大官庄站数据；

2. 洪水量：沂河、沭河为7天水量，南四湖为30天水量。

资料来源：《沂沭泗流域规划初步修正成果及1962年以前工程意见》（1957年12月），江苏省档案馆馆藏档案：3224-2-0511。

《修正成果》编制完成后，中央要求有关各省参加讨论。因此，江苏省水利厅于1958年2月21日召集有关专县在宿迁座谈讨论，以拿出意见上报中央。省水利厅、淮阴、宿迁、徐州、铜山、睢宁、邳县、新沂、东海、赣榆、沛县、丰县等有关地区的负责人员参加了座谈。经讨论，座谈会议一致认为："淮委计算的水文资料，经1957年实测的核实是可以作为依据的，惟对于治理方向和措施不够明确"①。比如，新中国成立后虽开挖了分沂入沭和邳苍分洪道分泄沂河洪水，但只能抵御十年一遇的洪水，超过十年一遇即使经分洪，干流仍无法承泄。而《修正成果》对沂沭河超过二十年一遇的洪水没有交代。又如，对于地区性的除涝措施，提出沂南地区在哪里建闸控制涝水外，对其他地区的洪涝问题没有提出有效的解决措施。所以，会议提出："必须研究出一个切实可行的能安排特大洪水和解决一般内涝灾害的方案"②，是目前沂沭泗流域规划所亟待解决的问题。

随后，1958年初，根据淮委的要求，淮委勘测设计院第2地质队分别对沂南县铁山水库和费县姜庄湖水库坝址的地质条件进行了勘察。经查勘指出，铁山水库的"坝址区河谷太宽，坝线太长，东防程不够，西坝头断层较多，易渗漏；东坝头亦有大断层，坝基下为石灰岩，喀斯特发育，易漏水"，因此不易

① 《沂沭泗地区规划座谈记录》（1958年2月21日），江苏省档案馆馆藏档案：3224-3-0675。

② 《沂沭泗地区规划座谈记录》（1958年2月21日），江苏省档案馆馆藏档案：3224-3-0675。

建坝①。姜庄湖水库坝头亦因处于中寒武纪灰岩上，风化破碎，断层较多，亦不易兴建②。

因上游水库不能兴建，汛期下泄的洪水来量将有所加大。这也反映出苏联水利专家考虑问题的谨慎性。为此，省水利厅于1958年6月，在《修正成果》的基础上，编制完成了《沂沭泗下游修正规划要点》（以下简称《修正要点》），对水利分配、洪水安排、工程措施等一系列问题，都根据新的水情进行了重新演算和安排。

根据新的水情及水文演算，《修正要点》对沂河上游临沂洪水流量做了充分的估计，再次提高了设计标准，确定以20000立方米/秒为设计标准，校核流量25000立方米/秒。在这一设计标准下，经过比较和论证，对各河道的洪水方案安排如下：

沂河下游洪水安排：江风口分洪道和分沂入沭工程相继完成，沂河上游洪水出路增加。临沂20000立方米/秒时，分沂入沭4000立方米/秒，至江风口可减低洪峰1000立方米/秒③，其余15000立方米/秒由沂河和江风口分洪道排泄。在这15000立方米/秒的分配上，以沂河下泄10000立方米/秒，江风口分洪道下泄5000立方米/秒为最优。

骆马湖洪水安排：骆马湖原计划实行临时蓄水库方案进行灌溉年调节，蓄水位24米，汛期限制水位22.5米，最高洪水位25米。但由于上游小型农田水利工程开展，中等旱年来量将大大减少，为了满足灌溉需要，确定将骆马湖改为常年蓄水库。根据比较计算，选定最高蓄水位25米，汛期限制24米。由于蓄水位抬高，嶂山开挖，可减少为1270万立方米（原规划2270万立方米），中运河设计流量按1000立方米/秒设计，新沂河按6000立方米/秒，黄墩湖26米开放频率70年一遇，但为了提高黄墩湖开放频率至百年一遇，可以考虑增加新沂河泄量④。

这个修正规划虽然是在“大跃进”的形势下编制的，但因以《规划报告》

---

① 《山东沂南县沂河铁山水库技术经济调查阶段工程地质勘察报告》（1958年3月1日），全国地质资料馆藏档：档号-14062，电子文档号-DZ047374，http://www.ngac.cn/AdvanceSearch/Search_Detail.aspx?tableName=CGML&pkiib=14062

② 《山东省费县崩河姜庄湖水库技术经济调查阶段工程地质勘察报告》（1958年3月1日），全国地质资料馆藏档：档号-14061，电子文档号-DZ039268，http://www.ngac.cn/AdvanceSearch/Search_Detail.aspx?tableName=CGML&pkiib=14061

③ 据统计资料显示，临沂下泄至江风口的洪水流量超过10000立方米/秒时，经河槽容蓄，可减少流量1000立方米/秒左右。如1956年9月5日，临沂流量10300立方米/秒的情况下，三支泄洪水道共走9000立方米/秒，因江风口和河槽容蓄，减少了1300立方米/秒。

④ 江苏省水利厅、省治淮总指挥部：《沂沭泗下游修正规划要点》（1958年6月），江苏省档案馆馆藏档案：3224-2-0510。

和《修正成果》为依据，对各个方案的设计亦有多种方案的比较和合理性论证，因此各项规划的制定比较符合实际情况。

这些规划及修正规划，统筹安排了沂沭泗流域的防洪、排涝工程。其中，南四湖工程涉及苏鲁两省，而以山东省为主；沂南、沂北及邳苍、郯新等地区的排涝工程，多为疏浚河道的农田水利工程，本文不作论述，只关注新沂河的开辟和骆马湖改建水库这两项大型的水利工程。

第三节　导沂重点工程的实施
——新沂河的开挖与续建

导沂整沭工程，是新中国成立伊始苏北人民打响治水战役的第一枪，集中展现了获得解放的苏北人民向大自然挑战的豪迈气概。

苏北的导沂工程，重点在于解决沂河下游的洪水出路问题，主要工程内容包括：新挖一条东西向的河道，即新沂河，将沂河洪水拉入新沂河直接入海；堵闭芦口坝、建江风口分洪闸、开辟邳苍分洪道，分沂河水入中运河；辟骆马湖为常年蓄水库，调蓄上游洪水，并兴建嶂山闸等控制性建筑物。这些工程总体上的布局，是为沂河下游安排多条出路，形成沂河单独的入海水系。

开挖新沂河是苏北导淮工程的重点。当时，新中国成立仅一个月，山河重整，千头万绪。但是，为了解除长久以来危害人民的水患，苏北区党委决定以治水为先。1949 年 11 月 25 日，新沂河工程全线开工，至 1952 年，分三期全部挖通。十余万民工靠双手，采用挖河结合筑堤的方式，平地开挖出的新沂河，西起骆马湖出口嶂山闸，东流经新沂、宿迁、沭阳、灌云、灌南 5 个县市，至燕尾港与灌河相汇注入黄海，全长 144 公里；河面宽度，即两堤堤距，自起点至入海口，从 500 米逐渐展宽至 3150 米（见图 3－4）。此后，经过多年续建，新沂河达到了设计的 6000 立方米/秒的行洪标准。随着新沂河投入使用和发挥效益，徐淮地区的面貌有了很大改善。

一、河线查勘与工程设计

1949 年夏季沂、沭河洪水暴发后，苏北区党委和苏北行署立即派出了淮阴区救灾治水大队，前往淮阴地区进行查勘，以寻找治理沂河洪水问题的解决方法。经过为期一个月的实地查勘，查勘队提出了开辟新沂河的设计方案。

首先，查勘队通过实地勘察，选定了河线。

由苏北行署农水处水利专家组成的治水大队，一行 40 余人，于 1949 年 8 月

10 日从苏北行署原驻地泰州出发，一路北上，到达淮阴后沿中运河向上游行进，至 9 月 11 日结束返回。

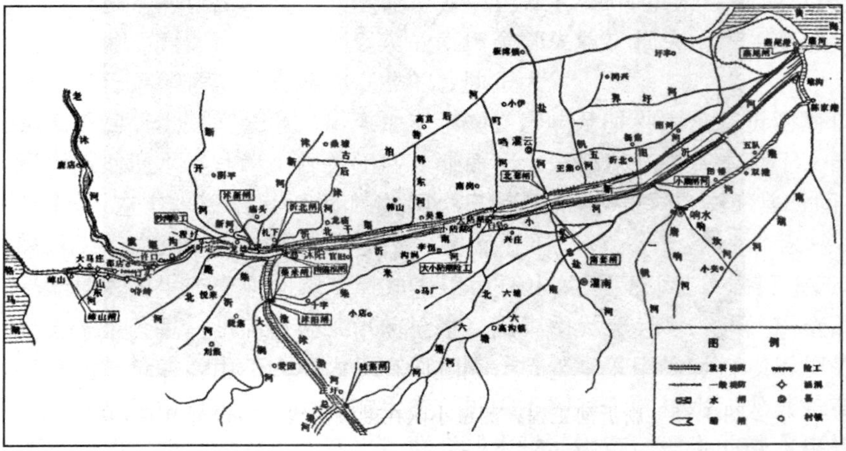

图 3－4　新沂河工程示意图①

8 月 12 日，治水大队到达淮阴专区清江市，正式开始查勘。8 月 26 日，治水大队沿运河北上至宿迁，在宿迁召开了水利座谈会，邀请宿迁、新安和邳睢三地有关干部参加，向他们初步了解当地情况。当地干部向治水大队反映了淮阴地区易受水灾的原因：由于鲁南山区地高流急，淮阴却没有相应的排洪河道和调蓄水库，所以洪水一来，所有排涝河道被侵占，洪水、涝水相互侵扰，宣泄不及。正如当地群众所说的那样：一袋烟工夫，洪水就到家门口。根据这一情况，王元颐、熊梯云等技术人员认为，沂沭泗下游治水的关键，在于解决洪涝矛盾：首先要使洪水得到控制，必须使洪水归槽，由此想到，可以开辟一条专门的排洪河道，把山东下泄的沂沭河洪水直接拉下入海，这样，就可以腾出沂沭河水系尾闾的南北六塘河、柴米河、古泊善后河、黄泥蔷薇河等骨干河道，专作内部排涝之用。

可见，这一设想的关键，在于开辟一条专排沂河洪水的排洪河道。有了基本思路，接下来的查勘工作就更有目的性了——查勘、选定河线。

8 月 30 日，治水大队经宿迁行至嶂山。这一地带，西为骆马湖，东为傅家湖，均为沂泗洪水泛滥区。面对沿途的一片汪洋，大队一时间无从下手。于是，

① 水利部淮河水利委员会沂沭泗水利管理局编：《沂沭泗河道志》，中国水利水电出版社，1996 年 11 月第 1 版，第 241 页。

图3－5　新沂河工程，测量小队在勘测河线（1949年9月）①

淮阴专区委派了地委书记李广仁、副专员刘锡九等，协助大队进行查勘。经讨论，他们选定了嶂山最凹陷处——峒峿山、嶂山之间的马陵山断麓，勘测地形、地质和水势等。为了摸清地质情况，他们对一农户家的水井进行了测量，发现井底比较低，并且没有挖到石头。据此判断，这一线土质较好，容易挖深，便决定对马陵山进行切岭，导沂东行。

这就是说，治水大队已经初步确定了导沂东行直接入海的方案，并决定对嶂山进行切岭，为沂河洪水东行打开一个出口。接下来的任务就是，确定沂河东出嶂山后的入海路线。

为选定河线，9月1日，大队由嶂山出发继续向东查勘，3日沿途涉水至沭阳。经过这一路的查勘，大队发现，嶂山以东至口头，因南面领地高宽，不能通过，必须借道老沭河的一段，到龙堰后即离开沭河采用新线。关于新线的选择，当时，大队考虑了五种方案：一是由临洪口入海，但此处入海口淤塞严重，且新沭河也从这里入海，因此山东省表示反对；二是走埒子口入海，但河道太小，需开挖大量土方，财力不允许；三是拟将水送入洪泽湖，但洪泽湖淮水已不够容蓄，不可能增加沂水的负担；四是利用废黄河入海，可是废黄河淤沙达10余米深，技术上也没有把握，仅能适当利用，不能解决全部沂、泗洪水的问题。经过反复比较之后，大队最后决定采用第五种方案，即穿过前沭河、港河、官田河、万公河、盐河和小潮河，至灌河入海。因灌河不易淤塞，与排涝又无矛盾，被大

① 图片来源：苏北导沂整沭工程司令部、政治部编印：《新沂河年鉴》，河工照片部分。本章以下图片未标注出处者，均引于此书，不再一一作注。

队初步认为是较理想的入海口。这就是治水大队最初选定的河线。

但是随后，大队在考察灌河时，发现了一个问题：灌河原有河槽不够容纳，且两岸人口稠密，若扩浚河道，需迁移人口的规模较大。所以，大队放弃了由灌河入海的计划，重新选定了穿过小潮河后继续东行，经滨海堆沟入海的方案。就这样，河线基本确定下来了。

9月11日，大队结束地形勘察，返回沭阳，将查勘的结果及开辟新河的设想向苏北区行署作了汇报。9月28日，苏北区行署主任贺希明赶赴淮阴，召开了县长联席会议，就导沂方案征询意见。10月4日，又召开了干部扩大会议，初步决定了开辟沂河的入海水道——新沂河的路线及拆迁补偿等具体政策。

为进一步确定新沂河的具体路线及排涝措施，治水大队又组织人马对全线进行了测量；首先将全线分为三段，编组三个测量队同时施测。第一队负责测量下游港河至小潮河，第二队负责中段口头至港河，第三队负责上游周家口至口头。每队有测量人员18人，分成导线、水准、断面、地形、调查、绘算6个组。全部人员于10月7日分头出发，至10月下旬大部分测完。之后又抽调人员赶制图表、计算土方。

1950年初，随着工程的开工，测量队又根据施工的要求，重新补充调整，继续测量，至1950年3月前，第二阶段的测量工程全部完成（导沂整沭工程测量成绩，见表3－3所列）。

1949年11月25日，在新沂河即将开工时，华东水利部林平一到新沂河尾部查勘，提出新沂河下出口应改由燕尾港出海的建议，设计部门立即更改线路的测量、放样等工作。

查勘和测量工作完成后，治水大队成员根据调查及测量的结果，开始起草导沂计划。1950年9月，《苏北导沂整沭工程计划初稿》（以下简称《导沂工程计划》）编制完成，是初期导沂整沭工程的总规划。

《导沂工程计划》首先将新沂河的路线确定了下来：

由沂河华沂起，在草桥附近南穿陇海铁路入骆马湖，经堰头镇西，沿马陵山西脚向东南至夏营，折而向东，穿过峒峿山、嶂山间之马陵断麓，沿嶂山镇以东岭地北坡脚，经郑庙等地至口头入沭河旧道，过颜家集由龙堰集出沭河，向东至沭城北穿前沭河，至官田集北穿官田河，在周湾附近穿港河，经吴集南过大竹园，穿过万公河，与涵养河衔接，顺涵养河穿盐河，顺岑池河穿小潮河，经灌河以北草原，由堆沟燕尾港间经灌河口入海①。

① 苏北人民行政公署：《苏北导沂整沭工程计划初稿》，1950年9月编印，内部资料，第5页。

表 3－3　导沂整沭工程测量成绩统计表

队别	测量范围	施测日期	完成成绩						
			选点（点）	导线（公里）	水准（公里）	一万分之一地形（平方公里）	二千分之一地形（平方公里）	断面（个）	设立水平标点（个）
一队	吴集至响水口	1949 年 10 月 11 日至 12 月 25 日	242	148.4	122.6	8	—	1018	37
二队	口头至葛庄①	1949 年 10 月 8 日至 10 月 21 日	56	30	30	—	6.55	450	15
二队	嶂山至华沂	1949 年 11 月 29 日至 1950 年 1 月 20 日	194	99.7	99.7	152.2	—	11	37
二队	周咀至陆渡口	1950 年 1 月 20 日至 2 月 28 日	185	82.3	77.9	111.5	—	30	31
二队	李圩至陆圩及皂河束水霸	1950 年 3 月 1 日至 3 月 20 日	87	27.4	35	54.4	4.78	36	13
三队	口头至夏营	1949 年 10 月 9 日至 25 日	48	21.2	21.2	10.2	6.00	240	12
三队	小潮河至海口	1949 年 11 月 4 日至 1950 年 1 月 15 日	143	77.1	77.1	—	—	829	38
三队	骆马湖（烟店庄—嶂山—陆渡口）	1950 年 2 月 12 日至 3 月 10 日	249	71.2	71.2	232	—	—	24
三队	总沭河	1950 年 3 月 15 日至 3 月 25 日	56	30	30	—	—	300	15
合　计			1260	587.3	564.7	568.3	17.33	2914	222

资料来源：苏北导沂整沭工程司令部、政治部编印：《新沂河年鉴》，第 26 页。

---

① 葛庄：旧村名，位于沂水城西北 15 公里、诸葛镇政府驻地西南 8 公里处的沂河北岸。1959 年修建跋山水库后，原村址已全部淹没，部分村民迁往沂南县，余者迁往松山岭定居，仍称原村名，即今葛庄村。

在排洪方法的设计上，总工程师王元颐的贡献很大。王元颐指出，如果全线都采用平地挖河的办法，要在短期内挖一条地下行水大河，是根本不可能办到的。因此他提出，嶂山、口头、沭阳一线，只要南北筑堤，堤距宽 1 至 3 公里，留出滩面，避免坐湾迎溜造成险工。这样，将洪水约束在两堤之间，利用天然地势的倾斜，就可以将沂沭洪水送入黄海①。这一措施，实际上是让洪水在地面上走，多数人认为这样太冒险，都表示反对。但经反复查勘和论证，这个办法在技术上是可行的，而且费工少、收效快。最后决定采用王元颐的建议，并为其起了个名字，叫作"束水、漫滩、排洪"。这种排洪方式的设计，节省了大量的土方工程，使新沂河有可能在短期内尽快建成。

新沂河的设计排洪标准为 4500 立方米/秒，计划从 1949 年冬至 1952 年，分 4 期全部挖成，全部工程共计土方 7266 万立方米。

《导沂工程计划》编成后，于 10 月间经华东财委会批准，并报华东局、中共中央批准开工兴建。随后，各地动员了 24 余万民工开赴工地，轰轰烈烈的导沂工程拉开了帷幕。

二、洪泛区挖出的新河道

新沂河工程是开国之初苏北大规模治水的第一仗。工程的实施，不仅关系到治水的效果，更加寄托了灾区百姓对新政权的殷切期望。因此，苏北区党委对此十分重视，经过精心的准备和有效的动员，终于带领苏北人民挖成了这条河。

（一）施工前的准备

兴建像新沂河这样一项规模较大的水利工程，需要有专门的机构领导施工。为此，1949 年 11 月 22 日，苏北区党委、苏北行署和苏北军区发布联合命令，宣布苏北导沂整沭工程司令部、政治部成立（以下简称导沂司令部、政治部），以李广仁为司令员兼政治委员，陈亚昌、熊梯云、王通吾为副司令员；任命高心泰为政治部主任，张化远、林凡为副主任。司令部内设秘书处、动员处、工程处、供应处、卫生处、督导室；在司令部之下，县成立总队部，区成立大队部，乡成立中队部，中队以下设分队，以加强领导（详情如图 3－6 和图 3－7 所示）。

在工程正式开工之前，工地指挥部首先领导民工们做了一些准备工作。主要包括工段的划分、土方量的分摊、工地排水、开挖垄沟等。

20 余万劳动大军，齐聚 150 余公里的工地上，必须要有明确的分工。划分工段与分配土方数量是关系到工程顺利进展的重要工作。

---

① 熊梯云：《忆导沂工程》，《治淮回忆录》，水电部治淮委员会 1985 年 9 月编印，第 108 页。

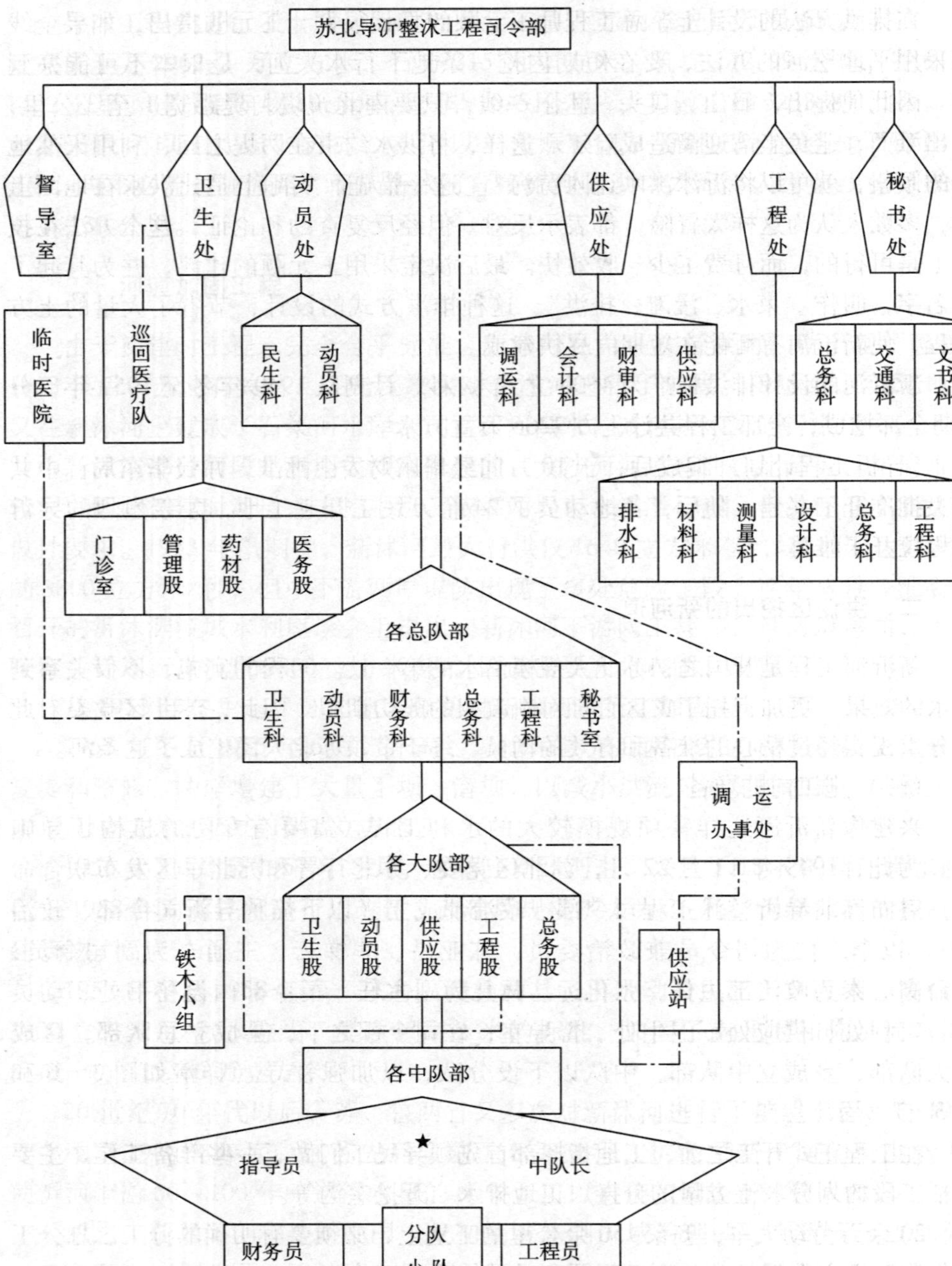

图 3－6　苏北导沂整沭工程司令部组织系统图

资料来源：苏北导沂整沭工程司令部、政治部编印：《新沂河年鉴》，第 84 页。

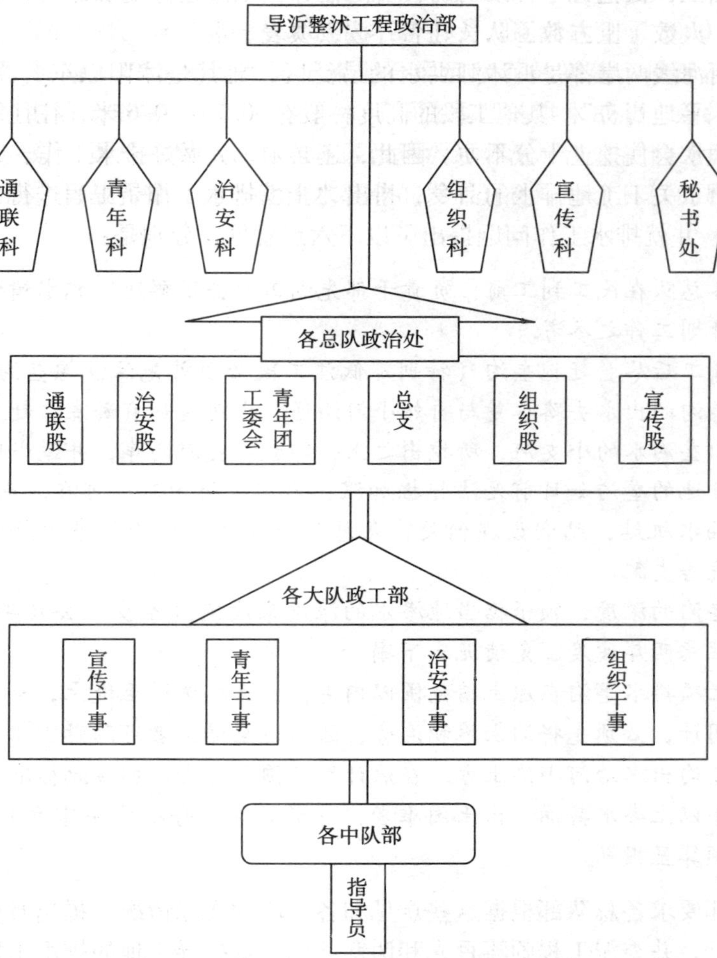

图 3－7　苏北导沂整沭工程政治部组织系统图

资料来源：苏北导沂整沭工程司令部、政治部编印：《新沂河年鉴》，第 85 页。

在划分工段之前，技术人员先于 11 月 10 日至 20 日，完成了 150 公里长的河堤放样工作。放样时所插的木桩，将全部河线分成若干段，称为工段。因此，放样插桩，是划分工段的基础。在放好样的工段，划分工段的工作随后开展。

划分工段，首先根据就近原则，将各个大工段分配给各总队，总队再分配给中队。在分配给中队时，根据人数及所摊的土方数，按照工段长度划分，如遇复杂的地形，由技术人员根据实际情况，加以检查核算，进行分方。中队再将分到的工段，继续划成小段，分配给小队。在划分各级工段时，各级队长及工程人员还需亲自到工，认记桩号，以明确各自的任务。工段经分配确定后，将队名、桩号、工长、人数、土方数、队长姓名，按级填表上报。

新沂河河线两岸都是沂沭泗洪水的易泛区，尤其是沭阳以东，“洪水茫茫，望无涯际，平地行舟”。其他工段的高度一般有-0.7～-0.6米，往往能渗出地下水。地面积水会使挖土十分不便。因此，还必须事先做好排水工作。11月20日，司令部发出了关于工地排水的命令，指出“土塘排水工作是工程进行中的一个主要问题”①，并就排水工作问题提出了以下六点意见，分别是：

一、各总队在民工到工前，负责干部先到工地去了解地下积水情形，河流状况，作为计划工作之参考。

二、开工后尽量赶挖垄沟（特别是低洼工段必须首先注意挖垄沟），务使垄沟畅通，垄沟的出水去路尽量与自然小河沟通，小河道如有淤塞，赶紧浚通。

三、出垄沟水的小支河，所挖出之土，即放在支河两岸，并适当地推平。

四、洼地的垄沟如目前无法挖掘加深，出水又极困难，可在滩面上层取土，一面布置抽水机站，站宜设在何处？每总队应设几站？均须事先筹划，报告本部，以便统筹支配。

五、垄沟的深度，须根据当地渗水的深度来决定（至少一公尺半）。在挖垄沟时，并注意两岸坡度，免使泥土下塌。

六、上项排水垄沟在原土塘范围以内者，出土尽量送至堤上，如因特殊情况为争取时间计，必须先将沟土堆积沟旁，随后运至堤上者可酌贴挖工每公方玉米一市斤，垄沟出水治河小沟土方，在原计划范围之外者，亦按此标准给粮（垄沟远一公尺半以上渗水甚涌，出土困难者，得酌加挖土每公方半市斤），均应由总队部赶编预算呈报②。

司令部要求各总队部根据这些意见和各工段的实际情况，提出具体的排水计划认真执行，并委派工程师蒋百先和谢铎共同负责指导工地的排水工作。

全部工程准备工作，用了10余天的时间基本完成。在这段时间里，民工熟悉了工地环境，了解了挖土的方法和标准，明确了各自的任务，为工程的正式开工做好了准备。在春季工程开工之前，由于有了冬季工程的经验，准备工作亦进行得比较顺利，保证了工程的按时开工。

（二）新沂河的开挖

准备工程做得快的中队，于11月20日前后先行开工，其他中队也在此后几

---

① 《苏北导沂整沭工程司令部命令》（1949年11月20日），苏北导沂整沭工程司令部、政治部编印：《新沂河年鉴》，第92页。

② 《对排水工作的意见》，苏北导沂整沭工程司令部、政治部编印：《新沂河年鉴》，第93页。

天里陆续完成准备工程，至25日，准备工作全部完成，新沂河工程正式开工。主体工程包括：开挖新沂河干河、嶂山切岭、建小潮河束水坝等。在施工过程中，由于各方面原因，民工遇到了不少困难，情绪逐渐低落。导沂政治部及时制定出各式各样的激励政策和劳动竞赛运动，带领民工走出了低谷，保证了全部工程的按时完成。

第一期的导沂工程有两项任务：一是开河筑堤的土方工程部分，一是兴建配套的建筑物。冬季工程以土方工程为主，建筑物工程大都在春季工程中兴建。不论是土方工程，还是建筑物工程，在面积并不宽敞的工地上，聚集了众多的民工，场面较为壮观。工程之初，民工怀着对未来生活的美好向往，治水的干劲很高。由于这是新中国首批治水工程，中共中央也十分重视，华东水利部副部长钱正英先后3次到工地视察，苏北区委员会书记肖望东、副书记万众一、苏北行署主任惠浴宇等，也都多次到工地检查和慰问。

新沂河沿线河道众多，水系复杂，新沂河要横穿许多小河，沿途积水又多，给挖河带来了很多的不便；而且两岸还要修筑起两道大堤，在没有机械施工的情况下，只能靠民工的双手，一寸一寸地培土筑堤。

第一阶段的土方工程，经过一个冬春的努力，20余万民工不到两个多月的时间里，共挖土方7039031立方米，除了难工、险工，大部分河段已开挖成功（见表3-4）。

表3-4　导沂第一阶段工程土方成绩统计表

总队别	实做工数（工日）	土方数（立方米）		工作效率（方/工日）
		实做土方数	折合普通方	
新安	672950	527875	1612064.31	2.4
沭阳	1099933	2286351.86	3109257.32	2.83
宿迁	565663	753325.88	753325.88	1.33
涟水	285280	365041.26	527282	1.85
泗阳	438718	876422.73	876422.73	2
邳睢	674004	1266220.20	1263380.58	1.87
淮阴	650544	963794	952442	1.46
合计	4387092	7039031	9094175	（平均工效）2.07

资料来源：苏北导沂整沭工程司令部、政治部编印：《新沂河年鉴》，第99页。

新沂河工程除了开挖河道、培筑大堤外，还需兴建相应的控制建筑物，主要包括皂河束水坝、小潮河坝等。建筑物工程主要是在春季施工时兴建的。

在冬季工程快要结束的时候，华东军政委员会水利部决定在中运河的皂河镇，抢建皂河束水坝（见图3-8）。束水坝须赶在汛前完成，时间紧任务重。

图3-8　新沂河工程，皂河束水坝全貌图，1950年6月18日拍摄①

皂河束水坝是导沂工程中最为重要的临时设施，用来控制沂沭泗上游来水使之经骆马湖泄入中运河后，循中运河及六塘河原有河槽分别入海，并约束下泄洪峰流量，不致泛滥。经过一番紧张的设计、准备，束水坝于1950年5月2日开始建造。当时最大的困难是缺少2.7万立方米的石料。为筹集石料，熊梯云、孙翰堂等人在宿迁的一座庙里召集有关方面开会商讨，宿迁县委副书记李柏主动请缨，揽下了筹集石料的差事。第二天黎明，当李柏带领着浩荡的船队源源不断地运来石料时，众人惊讶不已。原来，李柏回去后，带领一批干部，动员当地群众拆除了家中的石门槛、铺街的石板，很多人还主动捐出了废石磙等，筹集的石料大大超过了计划数量②。石料及时筹齐后，束水坝工程得以按时开工。

小潮河坝工程，与整个导沂工程的成败有着密切的关系（见图3-9）。小潮

图3-9　新沂河工程，小潮河坝施工现场一角，1950年2月拍摄③

---

①　图片来源：水利部淮河水利委员会沂沭泗水利管理局编：《沂沭泗河道志》，中国水利水电出版社，1986年11月第1版，图片部分。

②　熊梯云：《忆导沂工程》，《治淮回忆录》，水电部治淮委员会1985年9月编印，第111页。

③　图片来源：水利部淮河水利委员会沂沭泗水利管理局编：《沂沭泗河道志》，中国水利水电出版社，1986年11月第1版，图片部分。

河在盐河以东，河面宽阔，又是潮水河道，潮差达3米以上。因它是南北流方向的河道，纵切新沂河，所以，要修筑新沂河南、北两堤，首先必须打坝以截断小潮河水流。打坝工程于冬季工程末期即已开始，由于潮水涨落冲击，上下游水位差高，坝头连续被冲塌3次，4次堵筑均未能合龙，直到1950年4月25日第5次合龙时方成功，前后历时5个月。

除了以上重点建筑物，还完成了五图河工程、刘老涧筑坝工程、骆马湖堤工程、沂南小河工程和三岔口筑坝工程等附属工程。

加修工程的施工第一期工程全部结束后，司令部组织各总队对工程进行了检查和验收。

由于第一期导沂工程任务太重，时间仓促，加以大部分工程系春季抢做未经夯实，部分工程未能尽合标准，加以与新沂河有密切关系的总沭河、六塘河，堤防年久失修，难以抵御最高洪水，故司令部根据5月底和6月初的检查验收和测量结果，决定麦后动员30万人，抢建300万方的补充工程，以保证第一年放水的安全。

1950年6月20日左右，麦收刚刚结束的时候，各总队加修工程先后开工。最早的如沭阳在5月29日即已开工，竣工日期一般在7月上旬。任务重的灌云、宿迁等县，到7月底才结束。加修工程共计完成新沂河堤加工1567797.8立方米，骆马湖堤改线及加工513159.76立方米，总沭河堤加修131723.8立方米，总六塘河修复564699.36立方米；另灌云境内新沂河南万公河至盐河段疏浚排水小河共做256640.27立方米。以上5项工程，共做1851310.5工日，完成土方3033921.99立方米，硪方793985立方米[①]。经突击加工后，大大增加了河湖堤防的御水的强度，保证了汛期的安全。

至此，新沂河第一期工程全部结束。经过为期8个月的施工，55余万民工，靠着双手和双肩，一铲一铲地挖、一筐一筐地抬，硬是在原本一片泥泞、荒芜的水漫之地，平地开挖出一条长达144公里的新河道，开创了新中国苏北治水历史上的第一个奇迹！

（三）培修加固工程

1950年汛期，新沂河虽安全度汛，但经过雨淋和冲刷，河堤上界沟、陷塘、裂缝极多。沭阳城西关南堤，因受主流冲击，坡脚坍塌3米宽、200多米长。

刚刚开挖的新沂河新道，之所以在行洪之后出现险情，不仅与短时间内集中行洪有关，也暴露出工程设计和质量方面的问题。新沂河大部分没有中泓，假如堤工不固，就有决口的危险；原设计的堤身断面不够、超高不足；两岸河堤工程

① 苏北导沂整沭工程司令部、政治部编印：《新沂河年鉴》，第164页。

艰巨，施工时间仓促，难免粗糙，部分河堤硪工较差。这些问题都亟待继续整治。

从1950年至1953年，连续3个冬春，淮阴专区又组织导沂民工，对新沂河大堤进行了培修加固工程，并实施第二、三、四期的工程（见表3－5）。主要包括：继续修筑第一期工程未完成的两岸大堤，包括堆沟至燕尾港段，共45公里，使两岸大堤全线筑成，总长277公里；按骆马湖水位23米、泄洪1500立方米/秒的要求继续扩大嶂山口门；兴建沂河华沂至骆马湖草桥段堤防工程，堤距760～1800米，堤顶超高1.5米，顶宽6米，中泓底宽120～150米；为解决盐河通航问题，在两河相会处的新沂河南、北大堤上，各建闸一座（单孔，净宽6米，闸底高程-1米，闸顶高程7.5米，框架式结构，设计流量60立方米/秒），新沂河行洪时关闭断航，洪水后通航；同时对嶂山以下新沂河大堤又全面进行复堤加固。

表3－5　导沂整沭工程统计表

分　期	开工日期	竣工日期	完成土石方（万立方米）	动员民力（万人）	工程项目
第一期工程（包括加修工程）	1949年11月25日	1950年7月底	4000	85	华沂至骆马湖和嶂山至海口段新沂河筑堤束水漫滩，嶂山切岭，骆马湖大堤修筑，修建皂河束水坝
第二期工程	1950年12月	1951年春	2574	56	新沂河和骆马湖大堤培修加固、嶂山切岭续建，附属河道开挖疏浚
第三期工程	1951年冬		—	—	新沂河大堤加固，兴建骆马湖下泄控制工程，嶂山切岭续建，新沂河两岸水系调整，内堤排涝工程
第四期工程	1952年12月	1953年春	—	—	新沂河加固，嶂山切岭扩建，兴建华沂束水坝，兴建盐河南北闸，黄墩小河疏浚复堤

（四）河道一开成便发挥了巨大的效益

导沂第一期工程结束后，河道基本开成，在当年汛期就发挥了重要的排洪作用，对于缓解淮阴地区的沂河洪水威胁，起到了不可替代的作用；同时，在治水实践中，一大批技术人员得到了锻炼，灾区的民工也得到了以工代赈的粮食，得以度过灾荒。

经过一个冬春的兴工建设，新沂河第一期工程如期完成。工程刚刚结束，1950 年 7 月就遇上沂河洪水，新沂河发挥了效益。从 1950 年 7 月 6 日至 8 月 21 日，新沂河先后 5 次行洪；1950 年 7 月 4 日，淮阴地区普降大雨，7 月 5 日新沂河初汛即到。沭河上涨后，全河流量约 600 立方米/秒，全部经新沂河道流出，水深约 1.5 米，水势平稳，水流通畅①。此后一个多月，沂河两岸雨量加大，水位猛涨。8 月 16 日，新沂河第 5 次行洪，沭阳最高水位 9.46 米，洪峰流量达 2551 立方米/秒，为是年最大。沿线动员防汛民工 2.5 万人，在各级防汛机构的指挥下，历时 47 天，终于安全度过汛期。从此，骆马湖以下的沂河洪水有了出路，结束了洪水漫流的历史。

新沂河开成后，在沂沭泗水系上，分清了排洪河道与排涝河道，沂河洪水有了专门的入海捷径，淮阴境内原有的六塘河、砂姜河、后沭河、沙河等河道，都可以腾出专泄雨水与内部涝水。这样，基本上免除了洪水与涝水争夺去路，以及洪水与积水互相顶托纠缠的状况。

图 3-10 竣工后的新沂河堆

导沂工程培养了一大批技术人员，在一定范围内普及了治水技能。新中国成立初期，建设事业上的技术人员奇缺，且掌握的技术也较为有限，还有一大部分是刚刚迈出校门的学生，没有实践经验。参加导沂的技术人员，边学习、边工作，逐步摸索查勘、测量、放样、设计、操作等各个程序。整个程序走下来，他们的业务水平有了很大的提高。广大技术人员的成长和成熟，为新中国水利事业的快速发展奠定了基础。淮阴地区的大部分干部，通过领导治水工作和身体力行，也初步学会了治水的常识和经验；广大治水民工，也懂得了简单的工程常识，多学会了一项本领。

尤其是灾区的民工，通过参加导沂工程，用自己的劳动挣来了工资粮。做工多的民工，不仅够自己吃，还攒下了一些带回家，帮助他们度过了灾荒。根据新安、沭阳、邳睢、灌云、淮阴、涟水 7 县统计，7 县民工总数为 215496 人，赚到粮食的即有 123282 人，占民工总数的 58.8%。7 县民工共赚粮食

① 《苏北新沂河度过初汛》，《人民日报》，1950 年 7 月 21 日，第 2 版。

1397294 斤，以民工总数计算，平均每人赚 64 斤①。工程贯彻了"以工代赈，工赈兼顾，治水结合救灾"的方针，虽然范围不够普遍，但保证了青壮年灾民民工的体力，缓解了淮阴专区一部分灾民生活上的困难；同时，导沂经费 2 亿斤粮食多数从外区运来，且绝大部分用在本地，对稳定市场、度过严重灾荒，起到了很大作用。

总之，新沂河工程是开国之初苏北全民动员的大治水运动。整个工程分为四期，历时 4 年，共完成土方 1.08 亿立方米，石方 18 万立方米，混凝土 2.5 万立方米，总计投资折合人民币 4197 万元（内含以工代赈工资粮大米 2.15 亿斤）②。工程基本上达到了原设计的要求：由骆马湖嶂山口至燕尾港，长 144 公里的河道全部挖通，除上段嶂山至沭阳段南岸因地势较高未筑堤外，沭阳以下河段两岸筑堤，南堤长 130 公里，北堤长 147 公里；可安全行洪 4500 立方米/秒。在设计洪水位下，河床可容蓄水量 10 亿多立方米，保护着新沂河两岸平原地区 1000 万亩农田和 600 万人口的安全。

三、三次续建工程

新沂河投入使用后，经数年汛期的行洪冲刷，堤身连续出现险工。根据新沂河的运行情况及流域规划的要求，从 1954 年起至"文革"之前，治淮委员会对新沂河进行了三次续建工程（20 世纪 70 年代中期又进行了第四次续建）。

（一）两次小规模的续建

前两次续建工程规模都比较小。1954 年的第一次续建，是在淮河发生特大洪水之后，淮委于 11 月提出了《沂沭汶泗流域洪水处理初步意见》，要求加强沂河堤防，安全通过 5000 立方米/秒，嶂山切岭行洪从 1500 立方米/秒扩大到 3000 立方米/秒，新沂河排洪 4500 立方米/秒。根据这一要求，淮阴专区组织沿线 8.4 多万民工，对沂河、新沂河、骆马湖堤等进行了整修加固，完成土方 524.1 万立方米。第二次续建是在 1958 年春进行的，在 1957 年沂沭泗特大洪水中，新沂河因超标准行洪（沭阳站最大流量达 3710 立方米/秒），两岸大堤多处渗漏，堤身沉陷。大水后，根据《沂沭泗流域规划初步修正成果及 1962 年以前工程意见（草案）》，决定将新沂河防洪标准提高到三百年一遇，行洪标准提高到 6000 立方米/秒。1958 年春，淮阴专区动员泗阳、泗洪、沭阳、淮阴、涟水、灌云、灌南 7 个县民工共 12 余万人，按设计标准加固南、北大堤，共做土方 2142 万立方米，并在背水坡加做了戗台，增建和改建木便桥 22 座③。

---

① 苏北导沂整沭工程司令部、政治部编印：《新沂河年鉴》，第 113 页。
② 王祖烈：《淮河流域治理综述》，水利电力部治淮委员会淮河志编纂办公室 1987 年 3 月印，第 184 页。
③ 江苏省地方志编纂委员会：《江苏省志 · 水利志》，江苏古籍出版社，2001 年 9 月第 1 版，第 71 页。

由于前两次续建都只做了急要的土方工程，对于涉及大堤安全的护砌、防浪问题，则很少采取措施，所以，新沂河距离安全行洪 6000 立方米/秒的标准相差甚远。加之 1960 年前后，随着沂沭泗水系水情的变化，新沂河的特性也相应地发生了改变，并暴露出许多安全问题。

（二）第三次续建工程

经过数年运用，新沂河的特性发生了改变。最主要的表现是，南四湖口门和嶂山切岭的扩大、分淮入沂工程的实施，增加了沂河的洪水流量。相应地，新沂河行洪的流量，随沂河流量的加大而越来越大，行洪的水深越来越深，行洪的时间也越来越长。

尤其是 1957 年第二次续建后，要求新沂河的行洪流量，从原来的 4500 立方米/秒提高到 6000 立方米/秒。而新沂河是束水漫滩、地面行洪河道，河床已在第一期工程开挖时定型，行洪流量的提高，使地上行洪水深从原设计的 2～3 米，提高到了 4～5 米。洪水长期高于地面，反而带来了隐患，加重了洪水对两岸地区的威胁。

这里需说明一下，新沂河经过多年的运用，逐渐暴露出了“束水漫滩，地上行洪”的弱点。尽管这种方式有其不足之处，但却具有节省土方、工程见效快的优势。新中国成立之初，河防经费有限，苏北人民又急于要求解决沂河洪水，工程必须尽快发挥效益。在此情况下，设计人员对河道的选型，也是经过了综合比较和深思熟虑的。我们不能以今天的标准去苛求前人。

除上述情况之外，新沂河的行洪历时也在逐年加长。据统计，1957 年以前的 8 年中，新沂河行洪超过 2000 立方米/秒的时间只有 8 天，其中仅 1957 年就有 5 天。而 1963 年一个汛期，行洪超过 2000 立方米/秒的就达 33 天①。其担负的行洪任务，越来越重。

新沂河防洪任务的加重，使之出现了不少问题：河床既已定型，问题主要集中在两岸大堤上。两岸大堤的险工，在 1963 年的汛期集中暴露了出来，这年 8 月，沂沭河又遇洪水，骆马湖最高水位达 23.87 米，沭阳最高水位 9.21 米，新沂河最大行洪流量达 4150 立方米/秒。在未遇大风的情况下，沿线堤防发生了堤基沙层渗漏等险情，严重之处已在背水坡出现了管涌；堤坡普遍冲刷坍塌②。经过汛后检查，发现两道大堤存在以下安全隐患：

其一，行洪方面。

一是嶂山至口头段的防洪标准过低。嶂山切岭以东至老沭河 11 公里的北堤，

① 《新沂河续办工程设计任务书》（1964 年 6 月），江苏省档案馆馆藏档案：3072-2-1753。
② 《新沂河续办工程设计任务书》（1964 年 6 月），江苏省档案馆馆藏档案：3072-2-1753。

仍为1949年按3500立方米/秒设计的老堤。1963年汛期，嶂山最大下泄2640立方米/秒时，大堤超高不足0.7米，部分涵闸的高程低于洪水位30毫米，临时用子堰挡水，且有6.5公里的堤坡冲坍严重。其中3公里堤坡的三排紫穗槐被连根冲走两排。堤后为新沂河与老沭河间三角形洼地，积水很深，无法取土，沿线居民用“搬东墙，补西墙”的办法，从背水坡取土，装了5万多只草包，打桩6万多根，才勉强保住了大堤。南岸为岗岭地，开河时没有建堤。1963年汛期洪水，淹没了岭脚5个村庄约800户居民。

二是口头至沭阳段，险工突出。口头至沭阳县城的24公里，表土大都为粉沙壤土。口头至龙堰，河床内原有老沭河中泓，河身弯曲，河底比降陡达三千分之一。新沂河北堤三处紧邻老沭河湾段，并有多处穿经厚沙层。这年汛期，堤后普遍严重渗水，房圩附近发生穿孔，孔径0.3米。经及时抢救，才没有决口。堤后渗水的宽度最大达500米，一般的达200米。庄稼与树木被淹死，房屋被泡倒4000多间。老沭河汇入新沂河处，北堤坐湾迎溜，堤脚被冲出5处深塘，其中两处长达500米，塘深5米左右，个别10米以上，冲至粗沙层，更加重了堤后渗水。龙滩与龙堰之间，也由于主溜逼近北堤，滩面不足70米，深槽陡立，深达11米。另外，因这一段堤防处于老沭河与新开河之间，防汛抢险内外交通非常不便。

三是河宽浪大，堤坡坍塌严重。新沂河自西向东，河面展宽，地势渐洼，堤身增高。是年汛期高水位持续一个月，最大的风尚未超过5级，堤身已普遍坍塌陡立，深1.5～2米。初步统计，较严重的险工长48.3公里。有些陡立的险段用草包装土挡浪，但经风浪反复冲击，土散包浮，一个汛期要更换数次。

四是河口高滩挡潮堤等阻水。新沂河滩地向东渐低至1.7米，再向东至河口复又升高至2.2～2.8米，长约14公里。原开挖三道中泓，两道已淤废，河口高滩芦苇丛生，影响行洪。麦季高潮水位达3.4米，需筑临时挡潮堤挡御卤潮倒灌，保护河床大片麦田，堤顶高达4.4米。汛前拆除不及时或不彻底也严重影响行洪。1963年汛期海口高潮虽然较低，由于这些影响了新沂河下段的洪水位，在小流量时，水位仍然很高。

可见，行洪方面出现的这些问题，已经严重威胁新沂河的行洪安全。

其二，桃汛方面。

自新沂河建成后，汛期行洪水退之后，滩地涸出种麦。自小潮河以东有30万亩滩地，实行一水一麦耕作制，滩地三麦是新沂河移民的主要口粮。随着新沂河行洪性质的变化，桃汛方面也出现了一些问题。

一是两岸治理后，桃汛来量逐渐增大。新沂河桃汛原来只承受老沭河和两岸部分高地来水，新开河水系逐步治理和南岸淮沭河以西高地截水河道开辟后，来量逐渐增大。1963 年 5 月下旬两次降雨，其中一次三日暴雨 150 毫米，沭阳以上来水 5500 立方米/秒；而沭阳以东，南北两偏泓的漫水闸闸上水位 8 米时仅能排水 30 立方米/秒，两偏泓的最大泄水能力 120 立方米/秒。洪水在闸上迅速壅高，冲破堤堰，由滩面直泄而下，沭阳以东的麦田全部失收，损失小麦 4000 余万斤。下游桃汛出路已不能适应，对滩地麦收的威胁很大。

二是新沂河行洪时间长，汛后滩地退水慢，影响及时种麦。新沂河海口段河床高，汛后滩地退水慢。嶂山闸关闭后，滩面积水全部退光并基本晒干，能够耕种，尚需 15 天左右。1963 年 9 月底关闸，已使正常种麦季节较正常时间推迟，耽误农时。

三是滩地麦田生产交通问题。滩地麦田由迁出的居民种植，农民上滩种麦，最远的要走十余公里。汛后抢种，汛前抢收，需集中大量劳力，并使用全部牛车及拖拉机抢运与抢耕。由于大堤内外有河相隔，历年来采用临时打坝拆坝的办法维持生产交通，往往打坝不及时影响生产；拆坝不彻底影响排水。尤其是在南北偏泓河宽水深的地段，矛盾更为突出。群众涉水过河生产，发生的溺水事故逐年增加。

新沂河滩地麦收，涉及十余万迁移群众的生活，一熟不收，全年生活无靠，所以麦熟必须确保，否则将成为新沂河工程很大的遗留问题。

新沂河存在的这些险工，严重威胁行洪安全，亟待解决。鉴于此，省水利厅于 1964 年 6 月和 10 月，先后向国务院和水电部报送了《新沂河续办工程设计任务书》和《新沂河续办工程总体设计》，提出对新沂河进行一次全面的修复和加固，要求“全面加固堤防及沿线涵闸，增设防浪措施，清除滩面行洪障碍，消灭险工险段，使新沂河在 10 级台风下，安全行洪 6000 立方米/秒，并按 7000 立方米/秒校核，确保两岸群众的生产生活的安全。同时根本解决桃汛出路问题，滩地汛后退水种麦及生产交通问题，确保滩地 30 万亩麦熟高产稳收”①。这是新沂河的几次续建中，唯一有专门规划的一次。

这次续建的工程项目，包括防洪工程、桃汛工程、航运交通、机电排水工程、动力电源与通信线路和绿化管理等方面，详见表 3－6 所列。

工程计划于 1965 年开工，用 3 年时间分三期完成。估计工程共需做土方 947.1 万立方米，混凝土 6264 立方米，石方 187.101 立方米；建嶂山坝工程、黑马引水涵洞等建筑物 8 座，机电排水站 8 处，扩建嶂山变电所等，共计经费 1517.7 万元。

① 《新沂河续办工程总体设计》（1964 年 10 月），江苏省档案馆馆藏档案：3072－2－1753。

表3-6　新沂河续建工程项目、数量及经费汇总表

段别	长度（公里）	投资额（万元）	工程数量			块石护坡或护脚工程		复堤土方工程		险工处理（处）	建筑物工程（座）			防浪林及绿化（公里）
			土方（万立方米）	砼（立方米）	石方（立方米）	长度（公里）	石方（立方米）	长度（公里）	土方（万立方米）		涵闸	桥梁	机电站	
嶂山至口头	18	470.6	227.5	4630	44181	6.7	3.04	12.7	89	2	6	7	4	12.7
口头至沭阳	24	1078.4	406.9	3252	166740	27.2	13.94	24.2	29.7	2	5	7	9	39.2
沭阳至沭、灌县界	36	1449.6	875.9	16131	204950	30	18.86	72	793.7	—	4	28	—	72
沭、灌县界至小潮河	32	987.55	717.6	15284	48180	4	2	64	538.6	—	8	43	—	64
小潮河至入海口	34	603.85	256.4	827	138080	68	13.36	68	177	1	1	37	—	68
总计	144	4590.0	2484.30	40124	602131	135.9	51.22	240.9	1628	5	24	122	13	255.9

备注：嶂山至口头段，需拆迁880户，2800间房屋。

资料来源：《新沂河续办工程总体设计》（1964年10月），江苏省档案馆馆藏档案：3072-2-1753。

1965年12月，经水电部和国家计委批准后，新沂河第三次续办工程开工。原计划1967年竣工，但因受“文革”的干扰，历时7年，直到1972年才完成。这次续建，先后动员了7个县民工54万人次，完成复堤264公里，新建防浪林台147公里，块石护坡123公里，处理口头至龙堰段堤基沙层渗漏险工和对沭阳以西河泓进行整治等，共完成土方3213万立方米、石方64万立方米、混凝土4.1万立方米，新建涵闸16座、偏泓桥70座、电排站6座，国家投资4417万元①，完成了规划的任务。

总之，新沂河的开辟，是新中国成立初期沂沭泗流域治理的一项重要工程，关系到整个水系的布局和洪水分流。其为减轻沂沭泗下游地区的洪水威胁，发挥了重要作用。新沂河于1952年建成，经此后几十年的续建和加固，总计完成土方2228万立方米，石方25万立方米，混凝土2.5万立方米，完成总投资6114万元②。其安全行洪能力，由最初的3500立方米/秒，逐步提高到6000立方米/秒；抵御风浪的能力，也由抵御5级风浪，提高到10级风浪。新沂河已成为沿岸数千万亩农田和百万群众的防洪保障线。

第四节　苏鲁两省协力治水的成果

——新沭河的开辟

新中国成立前后，在苏北地区进行导沂工程的同时，山东省开展了“导沭整沂”工程，即导沭经沙（河）入海工程，主要工程项目包括：开辟新沭河，兴建大官庄枢纽等建筑物，开挖分沂入沭水道等。新沭河的性质与新沂河相仿，是为沭河洪水开辟一条直接入海的捷径。1953年初，徐州由山东省划回江苏管辖，新沭河下段亦随徐州地区划入江苏管辖（上段从大官庄至省界的一段，仍由山东管理）。苏北人民接过新沭河，继续完成尾工工程。这条新沭河，是两省协力治水的见证。

一、开挖干河

沭河也是条多灾的河流，冬春季节常干涸无水，夏秋雨季又山洪暴发，峰高流急，常常与沂河洪水连成一片，“沂涨犯沭，沭涨犯沂”，沂沭并涨则洪水漫流，灾害频繁严重。山东沿河两岸地区，深受沭河洪水威胁，苏北地区自新沂至

---

① 江苏省地方志编纂委员会：《江苏省志·水利志》，江苏古籍出版社，2001年9月第1版，第72页。

② 江苏省地方志编纂委员会：《江苏省志·水利志》，江苏古籍出版社，2001年9月第1版，第72页。

沭阳、东海，均为沭河泛滥区域。早在徐州会议召开之前，山东省已于1949年4月，开始实施“导沭经沙入海”工程。

“导沭经沙入海”工程计划，是由沂沭流域水利工程队于1948年年底提出来的。经过勘测和设计，水利工程队提出了工程的总体布置，即：在临沭县大官庄拦沭河建人民胜利堰，由人民胜利堰向东开挖一条长14.2公里的引河，凿开马陵山，分沭河洪水穿过马陵山东流入沙河；引河以下，拓宽沙河旧道，采用挖土结合筑堤方式，按两岸堤距800～1000米筑堤，经东海、赣榆县境在临洪口入海。新沭河全长80公里，设计标准为3800立方米/秒。

1949年4月21日，经华东局批准后，导沭经沙入海工程在山东省的领导下正式开工，至1952年12月底，先后施工8次，基本挖成了河道；1953年，新沂河下游划归江苏省管理后，又开展了两期工程，工程于当年年底竣工。新沭河各个时期的施工内容及做工数量，见表3－7所列。

表3－7　新沭河工程施工进度表

年　份	工程分期	施工时间	工程内容	完成数量		动员人数（万人）
				土石方（万方）	工日（万个）	
1949	第一期	4.21—5.12	新沭河筑堤	211.71	117.6	3.7
		4.21—5.12	新沭河开挖引河	46.71	66.4	6.3
	第二期	12.1—1950.1.3	新沭河开挖引河	61.3	90.9	3
	小计			309.73	274.9	
1950	第三期	3.19—5.21	新沭河开挖引河	199.65	351.73	6
	第四期	10.22—12.28	新沭河开挖引河	430.98	550.33	11.04
		10.30—12.20	老沭河筑堤	186.77	152.54	3.31
		11.1—12.25	新沭河筑堤	314.94	299.13	4.24
		11.27—12.12	老沭河挖排水沟	11.37	10.01	0.7
	小计			1143.71	1363.74	
1951	第五期	4.6—7.18	新沭河筑堤	325.07	213.63	4.06
		3.25—8.20	新沭河开挖引河等	117.16	113.88	3.04
		4.30—8.14	老沭河水沟改道	5.26	3.36	0.98
	第六期	6.19—12.26	老沭河挖水沟	61.07	43.07	0.91
		11.3—12.26	老沭河筑堤	19.58	14.78	0.32

（续表）

年　份	工程分期	施工时间	工程内容	完成数量		动员人数（万人）
				土石方（万方）	工日（万个）	
		6. 7—12. 26	新沭河筑堤	218. 09	196. 56	4. 61
		6. 17—12. 30	新沭河开挖	338. 77	350. 84	7. 97
	小计			1085. 36	936. 12	
1952	第七期	6. 19—7. 23	老沭河筑堤	14. 9	11. 17	0. 38
		3. 6—7. 7	新沭河筑堤	59. 03	89. 18	2. 58
		4. 7—7. 20	新沭河开挖	53. 85	55. 03	1. 56
		4. 7—7. 1	临洪河堵坝筑堤	123. 57	67. 1	2. 1
		3. 26—5. 15	临洪河裁湾等	88. 33	51. 36	1. 5
		4. 7—7. 5	乌龙河改道	4. 5	2. 38	0. 82
	第八期	11. 27—12. 24	新沭河筑堤	2. 58	10. 87	0. 43
		11. 25—12. 23	新沭河开挖	183. 04	236	9. 7
	小计			529. 8	523. 09	
1953 年	第九期	6. 10—7. 19	老沭河筑堤	1. 31	2. 81	0. 17
		3. 15—7. 23	新沭河筑堤等	32. 31	25. 04	1. 03
		3. 24—6. 6	新沭河开挖等	174. 09	107. 56	2. 96
		4. 1—4. 19	老沭河排水沟	0. 55	0. 4	0. 03
	第十期	11. 24—12. 7	新沭河下游截流沟	0. 34	0. 21	0. 02
	小计			208. 6	136. 02	
总　计				3277. 2	3233. 87	

注释：①分沂入沭水道：上起沂河左岸临沂市彭道口北，东南走向至沭河人民胜利堰，全长 19. 6 公里。其作用是将沂河洪水东调入沭河，以减轻沂河下游的洪水压力。设计流量临沂洪峰流量 6000 立方米/秒时，分沂入沭 1000 立方米/秒。于 1951 年 11 月开挖，至 1952 年 7 月全线挖通。②1952 年 5 月建成的人民胜利堰，位于临沭县大官庄西北，为大官庄枢纽工程的组成部分，主要是控制沭河下泄流量。设计标准，沭河大官庄设计洪水流量 4500 立方米/秒时，分洪 2800 立方米/秒入新沭河，其余 1700 立方米/秒经人民胜利堰入老沭河。采用欧基式条石堰顶，宽 75 米，高程 50. 8 米，堰上河底高程 49. 59 米，设计水位 55. 8 米。

资料来源：汪国栋、张兰阁：《山东省导沭整沂工程》，《治淮回忆录》，水电部治淮委员会 1985 年 9 月编印，第 101-103 页。

导沭工程共进行了十期，历时近5年，鲁、苏两省先后动员65万人次，总计完成土方2962.2万立方米，石方315万立方米，筑堤172.99公里，挖引河14.2公里，建成建筑物80余座，护岸10.5公里①，实做工日3233.87万个。工程亦采取“以工代赈”方式，支出以工代赈粮7.9万吨。沭河经过“劈山开道”，再不必流过陇海路，而从新沭河直接流到临洪口入海，入海路线比原来缩短了130公里。

二、河道加固工程

由于初建时工程未完全合乎标准，新沭河在第一次行洪时，就出现了险工。1953年后，苏北有关县、区先后数次对新沭河进行了加固。1958年，苏北地区又在新沭河上建成了石梁河水库，调蓄沭河洪水，减轻新沭河的行洪压力。

新沭河部分河段是利用大沙河修建的。大沙河河道弯曲、比降大，拓浚难度较大，因此初建时河道多未挖中泓，依靠两堤束水漫滩行洪，行洪标准不能达到设计要求。1953年汛期中，新沭河最大行洪仅1640立方米/秒，虽远未达到设计的3800立方米/秒，但中下游两岸堤防出现了多处危险工段。这年9月，淮委在召开的沂沭泗流域水利座谈会上提出，新沭河下游险工甚多，且河道弯曲，不能按宣泄计划行洪流量3800立方米/秒，因此需要大力巩固、改善。

从1953年冬季起，苏北地区分期对新沭河进行了加固。

1953年冬至1955年6月，东海、赣榆两县先后两次组织民工、技工，进行复堤和整修，两岸增建了大量丁坝、潜坝，以减小洪流对河堤的冲刷。共做土方10.2万立方米，石方1641立方米。

1956年11月至1957年5月，在蒋庄新沭河上，兴建了18孔的蒋庄漫水闸；后于1958年对蒋庄闸进行了改建，改建后规模扩大为36孔，为新沭河的控制性建筑物。

1957年冬至1958年春，东海、赣榆两县，再次动员民工1.9万人，按行洪3800立方米每/秒水位线、堤顶超高2米的标准，加固了南北堤和临洪河东堤，完成土方175.66万立方米。

20世纪70年代以后，苏、鲁两省又多次对新沭河进行了扩建工程。自1972年冬季至1980年年底，江苏先后实施了8期工程，扩大了新沭河的行洪能力，使沂河上游50~100年一遇洪水量的80%，可以直接东调经新沭河入海。

总之，新沭河工程是新中国成立初期沂沭泗流域治理的一个重要组成部分，是苏鲁两省统筹兼顾、团结治水的一项大型工程。经过连续5年的治理，完成了

① 《山东和苏北导治沂河沭河工程全部完工》，《人民日报》1952年6月20日，第2版。

新沭河的切岭、挖河、筑堤等工程，为沭河洪水开辟了一条直接入海的捷径。此后，经过数年的加固，新沭河的行洪流量不断扩大，逐渐达到了 3800 立方米/秒的设计标准。同时，1958 年新沭河干流上石梁河水库的兴建，使沭河水系形成“一河一库”的防洪格局，大大减轻了沭河下游地区的洪水威胁。新沭河与新沂河的开辟，是新中国成立伊始，苏北地区治理沂沭泗流域洪水的两项大工程，工程的顺利完成，首战告捷，为苏北治水事业的发展开创了一个良好的局面。

第四章 里下河“锅底洼”的治理

省级水利规划将苏北灌溉总渠以南、扬州至南通328国道及如泰运河以北、里运河以东、海堤以西的地区，称为里下河地区，包括淮安、扬州、泰州、南通、盐城等5市17县（区）21342平方公里的面积，1300万多人口。区内以串场河为界，分为里下河地区为腹地和沿海垦区两部分。

里下河腹部地区，是著名的“锅底洼”。由于地势低洼，既要承受周围高地来水，又受海水顶托，历来自然灾害频繁。沿海地区又经常遭受风灾、潮灾的侵袭，灾难亦多。新中国成立以后，针对里下河地区的地形特点，开展了大规模的治涝、挡潮工程。经过不断的探索，逐渐形成了一套较为科学的工程布局。

第一节 淮河下游的“锅底洼”

苏北里下河地区，是江苏境内著名的低洼地带，西面是洪泽湖大堤，洪泽湖高高悬于头上；北面是黄河北去后留下的废黄河，亦高出平地数米；南面的通扬运河和东面的串场河，是两条高水河。“登堤而望，内若釜底，外若建瓴”，因此得名“锅底洼”。这正是由于这一自然地理因素，使里下河地区极易遭受洪水和内涝灾害。

一、里下河地区的历史状况

距今6000年前，里下河为浅海水域，当时镇江、扬州、淮阴一带，受海潮所浸。随着长江、淮河三角洲的不断向海延伸，以及海底泥沙经海流的冲积，至距今三四千年前，在里下河东部滨海浅滩上，即现在范公堤处，形成了从西北向东南延伸的岸外沙堤，当地居民称其为沙岗或龙岗。岸外沙堤的形成，将里下河与外海海域分隔，形成封闭式的潟湖。沙堤上的一些缺口（当地居民成为冈门），是潟湖向外海排水的通道，后经历代人工疏浚、改造，逐渐形成今日的射阳河、新洋港、斗龙港、东台河等河流。

潟湖形成后，长江、淮河入海时所携泥沙在此沉积，填高湖底，原来的水面被分割成许多大小不等的湖荡、沼泽和洼地，其中最大的湖泊就是射阳湖。南宋年间黄河改道南侵以来，里下河地区水患频繁，洪水所搬运来的大量泥沙沉积于此，覆盖低地，南北地势逐渐壅高，腹地则显低洼，逐渐形成低洼平原的地形轮廓。与此同时，人们又在四周高地上，修建运河、开挖河道、筑堤圩田，使四界区域渐趋明显，逐渐形成了今日所见的长方形的低洼平原。人们将这一区域称为里下河平原。

地理变迁决定了里下河地区的状况。该地区河湖纵横，水荡密布，是个著名的水乡。据统计，新中国成立初期，里下河腹地的水域面积3048平方公里（其中自然湖荡面积1529平方公里），约占总面积的26%。通常以串场河为界，将里下河地区分为两个区域：串场河以西为里下河腹部地区，以东为沿海垦区。里下河腹部地区涵盖苏北的高邮、宝应、兴化、江都、泰州、盐城、建湖、阜宁和淮安等9个市、县，总面积约11722平方公里，占全省土地总面积的11.4%。沿海垦区，即滨海平原，包括盐城市的射阳、大丰、东台，南通市的海安、如东等县，总面积9620平方公里。

从地形上看，里下河地区呈现四周高、中间低的蝶形洼地状，四周地面高程大都在2~4米之间，部分在7米以上：东部串场河西地面高程2.5~4米；西部运河沿岸地势高爽，地面高程3~4米；南部在通扬公路北侧，地面高程3~5米[①]。中、北部腹部地区，地势低平，兴化、溱潼、建湖三块洼地高程一般在1.5~2.5米左右（见表4-1所列）。

据1959年年底统计，该地区耕地面积1232.2万亩，占全省16.3%；人口总数678.6万人，其中农业人口596.1万人，农村劳动力241.2万人[②]。

本地区的农业生产，腹地以种植水生作物为主，是全省水稻耕作区之一。据1954年统计，全区水稻种植面积是1226万亩，占全省水稻总面积的38.6%。但由于旱涝灾害频繁，产量极低，平均亩产量258.9斤[③]，大大低于苏南地区的水稻平均亩产量。沿海垦区土质含碱，气候温湿，则以种植棉花为主。但由于经常遭受海潮倒灌，滨海一带的含盐量较高，对作物的产量也有很大的影响。

---

① 扬州市水利局编：《扬州水利志》，中华书局，1999年11月第1版，第36页。

② 《关于里下河地区农业生产问题（资料）》（1960年11月6日），江苏省档案馆馆藏档案：3214-3-0011。

③ 《中共江苏省委对淮河下游流域规划的意见》（1955年3月25日），江苏省档案馆馆藏档案：3224-3-0204。

表4-1　里下河腹部地区不同地面高程面积统计表

地面高程（米）	圩　区		自流灌区		合　计	
	面积（平方公里）	占比（%）	面积（平方公里）	占比（%）	面积（平方公里）	占比（%）
1.5 以下	1669.1	17.8	—	—	1669.1	14.2
1.5～2.0	2095.7	22.3	—	—	2095.7	17.9
2.0～2.5	3047.5	32.5	97.1	4.1	3144.6	26.9
2.5～3.0	1929.6	20.6	560.3	23.9	2489.9	21.2
3.0～3.5	363.1	3.9	595.2	25.5	958.3	8.2
3.5～4.0	126.0	1.3	370.7	15.8	496.7	4.2
4.0～5.0	135.0	1.4	444	19	578.0	4.9
5.0 以上	16.0	0.2	272.7	11.7	288.7	2.5
合　计	9382	100	2340	100	11722	100

数据来源：叶正伟、许有鹏、徐金涛：《江苏里下河地区洪涝灾害演变趋势与成灾机理分析》，《地理科学》2009年第6期，第880-885页。

在里下河腹地和沿海垦区，沟河纵横交错，水网稠密。建国后，在治理里下河的过程中，尤其是在1958年的河网化建设中，又开挖了许多新的河道。根据排涝、灌溉及航运的作用，将全区主要河道划分为三级：一级河道定名为省道。东西向有三条，即：射阳河（包括支河潮河、戛粮河、西塘河、东塘河及海河），新洋港（包括支河蟒蛇河、朱沥沟及上官河、海沟河及东涡河、唐港河及冈沟河、皮汊河），斗龙港（包括支河兴盐界河及七灶河、海沟河及龙河、白涂河、车路河、梓辛河、西团河、北澄子河、斜丰河、蚌蜒河）。南北向亦有三条，为：串场河，卤汀河（下接南官河、下官河），三阳河（下接潮河、戛粮河）。东西向的三条河道，即射阳河、新洋港、斗龙港，从里下河腹部地区穿越沿海垦区北部入海，既是里下河腹地排水入海的干河，也是沿海垦区的排水干河；并将两个地区的水系连成一气，因此在治理上，要求两个地区统一规划。二级河道定名为县道，即连接省道的大河，或一县范围内的主要排水、灌溉和航运干河；以及河道虽然不大，但与省道相接、排涝作用较大的河道。如子婴河、横泾河等，约有100余条。三级河道定名为区乡道，即连接省道的较大河道，或关系两个或以上区、乡的河道，以及在一个区、乡范围内的主要排水和灌溉河道。这类河道为数众多，密布乡间。这三级河道组成了里下河地区的基本水网。

二、历史上的自然灾害及易灾原因

里下河地区是个多灾多难之地，洪、涝、旱、潮、卤、渍、碱、虫等自然灾害竞相肆虐，其中以洪灾和涝灾为主。如在民国短短的38年里，里下河地区常常受到洪、涝、旱、潮灾害的交相侵扰。

民国初期，里下河地区就遭受了一次大旱灾，这次大旱尤以盐城、兴化为重，"岁大饥，民多流亡"。旱后又发生海潮倒灌，为害更形严重。民国三年(1914年)农历四月，海水猛涨，倒灌滨海地区及腹地兴化县，浸没农田百余里，"受侵之田亩，有百分之九十六颗粒无收"[①]。海水直到农历八月才退下去。因长时间受海水侵蚀，土质返碱严重，一直到民国十六年(1927年)的大水，才把田中的卤气冲干净。民国十七年至十八年(1928至1929年)的旱灾更为严重。这两年，里下河地区连续大旱，并引发蝗虫灾害。"里运河水竭，航运断绝……串场河干涸，河底能跑人。里下河地区所有河港湖荡大部见底。蝗蝻害稼，卤潮倒灌"[②]。灾民颗粒无收，又无余粮，过起了"夹着棍子讨饭"的流亡生活。

由于濒临黄海，里下河地区尤其是滨海垦区，极易遭受海潮倒灌，潮灾也是很严重的。民国二十八年(1939年)农历七月，里下河北部地区发生海啸，大潮漫决，自射阳河北岸直至陈家港的25公里长、7.5公里宽的地带，全为潮水吞没，据不完全统计，海潮淹死13000多人，有的全村、全家无一生还，畜生田舍损失无法统计[③]。被淹没的土地全部荒废，多年不能耕种。

最为严重的还属洪涝灾害。在民国二十年(1931年)的大洪水中，以"江苏北部运河以东之区域，受灾最为惨重"[④]。8月初开放里运河堤归海坝后，里运河东堤一夜之间决口26处，滚滚洪流横扫里下河地区，里下河平原尽成泽国。大水淹没农田1330万亩，倒塌房屋213万间，350万人次受灾，其中7.7万人葬身鱼腹，140万人逃荒外流。洪水过后，低洼地带一片沟满河平，地处最低处的兴化全县一夜间整个淹没。因排水河港标准普遍较低，积水数月不退，因洪致涝。"各地区内几乎百分之百之农村均报告积水太久，播种冬季作物，完全无望。

---

① 水利部淮河水利委员会《淮河水利简史》编写组：《淮河水利简史》，水利电力出版社，1990年8月第1版，第370页。

② 水利部淮河水利委员会《淮河水利简史》编写组：《淮河水利简史》，水利电力出版社，1990年8月第1版，第371页。

③ 水利部淮河水利委员会《淮河水利简史》编写组：《淮河水利简史》，水利电力出版社，1990年8月第1版，第371页。

④ 民国政府救济水灾委员会委托金陵大学农学院农业经济系调查编纂：《中国民国二十年水灾区域之经济调查》，金陵大学农学院印行，1932年1月，第8页。

且夏季作物与房屋所受之损失亦高，或者高邮北部情形，亦与此大致仿佛”[①]。

建国后的几年里，里下河地区也是灾情不断。在1949年汛期的淮河大洪水中，里下河地区受灾也是十分严重的。据统计，盐城、南通、扬州三个专区的受灾面积达1200余万亩，占江苏省受灾总面积的41.4%。其中，腹部地区高邮、宝应、兴化和建湖，受灾面积461余万亩；受灾人口44万余人[②]。1950年遭遇雨涝，仅滨海县就被淹没农田186.5万亩，失收33万亩[③]。1952年受灾441万亩。1954年淮河流域发生特大洪水时，省里下令“滴水不入里下河”。为了确保里下河腹地的安全，堵塞了三仓河、方塘河[④]、栟茶运河、通扬运河区的水路，使洪水不入里下河。采取这一措施后，三仓、方塘等区的受灾面积增加了180万亩；而腹地的淮水量虽然减少了，但因为兴化最高水位涨至3.09米，连同三仓、方塘等区的受灾面积，共达472万亩，损失水稻6.38亿斤、棉花6400万斤，灾情仍很严重。同时，洪水造成了沿海垦区严重的内涝，盐城全区棉田因涝而废弃的面积达100万亩以上[⑤]。

里下河地区的自然灾害频繁，是多种原因共同造成的结果。在自然成因方面，流域性暴雨是成灾的最直接原因，“锅底洼”的地理形态是易洪易涝的地貌背景，错综复杂的水系布局也加重了灾害的程度。在人为因素方面，这一地区往往被作为黄淮洪水的非常滞洪区，大水时候破堤行洪，导致里下河地区遭受灭顶之灾。

首先，里下河地区处于亚热带向温带过渡地带，具有较为明显的季风气候特征，年平均降雨量达1000毫米。由于梅雨天气存在，6、7月份的强梅雨和8、9月份的台风暴雨，是造成区域大洪水灾害的最直接的原因。

其次，里下河地区处于黄海、淮河、里运河三面高水的包围之中，形成一个相对封闭的水网。北部灌溉总渠下泄洪泽湖水，西部有高邮湖、邵伯湖水漫决里运河堤，南部有江淮分脊线通扬运河，东部濒海易受海潮顶托、卤水倒灌。每逢

① 民国政府救济水灾委员会委托金陵大学农学院农业经济系调查编纂：《中国民国二十年水灾区域之经济调查》，金陵大学农学院印行，1932年1月，第8页。

② 《华东区江苏省历年水灾情况调查表》（1949年），江苏省档案馆馆藏档案：3224-1-0009。

③ 《滨海县水利志》编纂委员会编：《滨海县水利志》，江苏古籍出版社，1997年9月第1版，第469页。

④ 三仓河、方塘河流域，栟茶运河流域，以及通扬运河南部局部地区，是里下河地区的受水范围，这些区域内的水，均排入里下河腹部。三仓河西接通榆河，东至梁垛河南闸入海，全场61公里。后为减轻里下河的受水压力，将三仓河疏通出海。方塘河西起东台市富安镇东坝闸，向东流经富安、富东、许河、唐洋、新街、新农六乡，全长41.15公里。三仓河和方塘河均为里下河东台垦区的骨干河道。栟茶运河与通扬运河将在后文做专门论述。

⑤ 《中共江苏省委对淮河下游流域规划的意见》（1955年3月25日），江苏省档案馆馆藏档案：3224-3-0204。

雨水季节，除了本地区囤积的涝水外，外部涝水从四周高地倾泻而下，汇注洼地；沿海海堤单薄残缺，海水长驱直入，漫没洼地。这就是里下河区长期以来所面临的“四水投塘”的困境。

再次，除了地理位置导致“四水投塘”的情况外，排水路线长、内部排水河道不畅通，更加重了洪涝灾害的程度。新中国成立之前，这一地区的水利基础极差，河道的排涝标准一般只有3年一遇的频率。不仅水系凌乱，而且河道大都河身狭窄、多弯道，又有障碍物阻碍行水的畅通，加之泄水入海的路线长达300多米，导致囤积的涝水不能及时排水。在里下河进行全面治涝之前，每年汛期，兴化水位均在2.5米以上，非汛期水又退不下去，严重影响农业生产。

尤其是沿海垦区，对里下河腹地的排水影响极大。原来，里下河腹地与垦区排水尚未分开，排水相互侵扰。里下河腹地通过“四港”排水入海，而北部垦区往往抢先排入“四港”，占据入海河床，形成“水坝”，堵闭腹地退水的出路；垦区的三仓河、方塘河流域和栟茶运河流域，由于地势上东高西低，均向西排水入里下河腹部洼地，加大了腹地的受水面积。

其四，除了自然因素，里下河地区的易灾状况，也有人为的因素。清朝时期，官府为了保证大运河的漕运安全，常常破堤行洪，将里下河地区作为黄淮洪水的滞洪区。

这还要从清康熙年间建归海坝时说起。康熙十八至二十年（1680—1682年），河道总督靳辅推行“蓄清刷黄”治河方针，大筑高家堰，以使淮水专出清口。同时，为保证高家堰在遇淮河大洪水时不致漫顶决口，在运河东堤上兴建了8座归海坝，以利宣泄。后经过改建与新筑，到乾隆二十二年（1757年），形成了5座归海坝，即南关坝、五里中坝、新坝、车逻坝和昭关坝。这就是著名的“归海五坝”（见图4-1）。

自归海坝建成后，里下河地区的灾难更加深重和频繁。里运河东堤原本是这一地区的防洪屏障，但清朝政府为保全洪泽湖大堤和里运河堤不溃决，以保证大运河漕运的通畅，便把里下河地区作为淮河、运河以东的滞洪区。一旦遇到淮河大水，就开启归海坝，分泄淮河洪水。据统计，嘉庆、道光时期，从1796年至1850年的54年中，共开95坝次，平均每年开坝近2道；自1850年黄河改道北徙之后，至1938年的88年中，也开了39坝次，平均每两年开坝1道①。

---

①　水利部淮河水利委员会《淮河水利简史》编写组：《淮河水利简史》，水利电力出版社，1990年8月第1版，第259页。

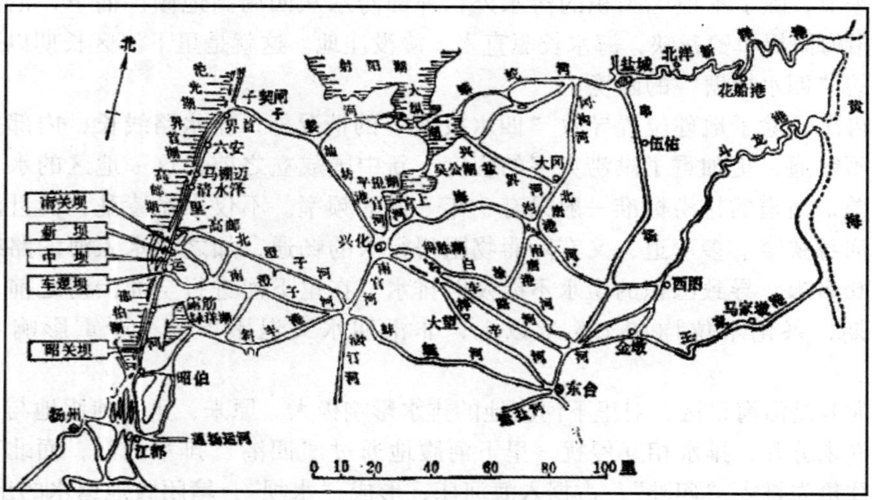

图 4－1　里运河归海五坝位置图①

这 5 座坝，名为“归海坝”，实则是放洪水任其自流。每当归海坝开启，滚滚洪流从高处倾泻而下，瞬时漫没广大洼地，轻则农田被淹没、平地行舟；重则房屋飘零、人畜死伤无数。在《同治续纂扬州府志 · 卷一 · 河渠一》中，关于挖开归海坝对里下河地区造成的危害的记载，比比皆是。如道光十一年（1831年）六月中旬，高邮运河漫决，启放车逻坝后，“下游田禾，先因大雨兼旬，半遭淹没，近更全无收成，情殊可悯”。咸丰元年（1851 年）七八月间，高邮绛县令夏实晋目睹了车逻坝、中坝开放后，水淹里下河的情形，愤然写下了《避水词》，诗曰：“一夜飞符开五坝，朝来屋上已牵船。田舍漂沉已可哀，中流往往见残骸。”这首词形象、贴切地描述了里下河的悲惨境况，是里下河长久以来遭受洪水灾害的现实写照。

总之，上述种种原因，使里下河地区的洪涝灾害频度高、程度严重，不仅给人们带来极大的威胁，也使这一地区的农业发展受到了很大限制。同时，这一天然的水网地区，水资源丰富，是农业发展的优势条件，若能治理得好，不仅能够摆脱灾害威胁，对全省的农业发展也具有重要意义。

① 图片来源：水利部淮河水利委员会《淮河水利简史》编写组：《淮河水利简史》，水利电力出版社，1990 年 8 月第 1 版，第 258 页。

第二节　从治涝防洪到综合整治的治理思路

江苏省对里下河地区的治理，分成两个阶段。第一个阶段是20世纪50年代初，治理里下河主要是从防御淮河洪水入手的，洪水初步控制以后，逐步转入内部治涝，解决排涝出路和内部水系整治。第二个阶段，1960年以后，江水北调跨流域调水工程的实施，结合抽排里下河地区的涝水，大大减轻了里下河的内涝危害，为里下河的进一步治理创造了条件。里下河地区的治理思路，逐渐发展到灌溉、除涝、防洪、防渍兼治的全面治理的模式。

一、以治涝、防洪为主的治理规划

对里下河地区的治理，虽然从1949年就开始了，但有统筹的治理规划，是从1954年开始的。在这之前，1953年前后，按照淮河防洪的总体部署，结合治淮工程的实施，加高培厚里运河堤，加固归海坝，并堵闭里运河西堤上的通湖口门，使河湖分开，一定程度上减轻了洪水对运河大堤的威胁，使里下河地区的洪水危害得到了初步的控制。洪水初步控制后，开始集中力量解决内涝，解决排涝出路和内部水系整治。

1954年淮河流域的特大洪水，对里下河地区产生了巨大影响。其中，兴化县的最高水位达3.08米，有744万亩农田被淹。洪水中，江苏省委、省政府下令“死保”里下河，才没有酿成更大的灾害。10月20至29日，省水利厅召开了全省水利工作会议。出席会议的有各专区正副专员、地委生产合作部部长、县委副书记、正副县长，以及各专署、县农林科长、国营农场场长、各流域机构和省属有关部门代表共275人。会议针对1954年淮河流域特大洪水，讨论研究淮河下游洪水出路问题，及各流域、各地区防洪治涝的措施。此外，会议就组织领导、民工动员、投资政策、赔偿政策等问题也进行了讨论。会议之后，省水利厅向中共江苏省委、省政府提交了《江苏省一九五四年水利会议的报告》（以下简称《会议报告》）。针对淮河水患问题，《会议报告》指出：“当前水利建设方针应该是防洪、防旱统筹兼顾”，淮河下游“应有步骤地安排特大洪水的出路，结合解决内涝”，“积水未排除的地区，应结合生产自救，首先进行堵口排水，清除河道障碍，增加泄量”①。

---

①《江苏省一九五四年水利会议的报告》（1954年11月9日），江苏省档案馆馆藏档案：3224-2-0033。

在这次会议上，也讨论了里下河地区的防涝问题。会议提出：里下河等低洼易涝地区，要大力建设防涝工程，“应有重点的疏浚干河……大力开挖沟洫，清除各种排水障碍，疏浚浅段，畅通水流”①。

在这次会议期间，会议组织者还专门举行了里下河地区规划座谈会，重点讨论里下河地区的防洪和除涝的问题。根据“淮河下游应有步骤地安排特大洪水的出路，结合解决内涝”的要求，会议部署了里下河地区的治理重点：疏浚射阳河、新洋港和斗龙港，以加快排水速度；港口建闸以抵御海潮；灌溉总渠以北、通扬运河以南以及东台县串场河以东的外围高地，单独排水入海，不再排入里下河地区，免除“四水投塘”。灌溉方面，主要依靠淮水，利用灌溉总渠和里运河发展灌溉。

1954 年全省水利会议和里下河座谈会所提出的治理里下河地区的意见，得到了省委的肯定。为统筹规划淮河流域各水利、各区域的工作重点，安排当前全省亟须解决的水利问题，根据省水利厅的《会议报告》，省委于 1955 年 3 月 25 日制定出《中共江苏省委对淮河下游流域规划的意见》（以下简称《省委意见》）。这是江苏省关于淮河流域最早的一份规划，规划的内容也比较全面，包括防洪、除涝、灌溉、航运和水能利用等部分。里下河地区作为淮河下游的易洪易涝区域之一，在规划中得到重点讨论。关于里下河内涝的治理方案，《省委意见》指出：

> 消除淮河下游内涝灾害，首先要减少里下河区（指里下河腹地——笔者注）受水面积。灌溉总渠以北区，三仓、方塘河、通扬运河及栟茶运河地区积水均直接入海，与里下河排水分开，垦区与里下河排涝干河能结合者结合，无条件结合也单独出海。

紧接着，《省委意见》提出了今后里下河地区治理的一个很重要的思路，即“四港排水”：

> 里下河本区尽量利用原有湖、荡、河、港潴蓄雨水，但须疏浚射阳河、新洋港及斗龙港为排水主要河道，如果不够，再考虑扩大黄沙港，兼排里下河雨水，合为四港排水。并建筑射阳河、新洋港、斗龙港等防潮大闸，以资操纵。

关于四大闸的操控运用，指出：

> 这些闸建成后，可以预先腾空底水，加大蓄水能力，减少潮水影响，增加河道泄量，同时在干旱时也可以御卤蓄淡。

---

① 《江苏省一九五四年水利会议的报告》（1954 年 11 月 9 日），江苏省档案馆馆藏档案：3224-2-0033。

沿海垦区内部的水系建设，是里下河地区治涝的重要方面。里下河腹地与沿海垦区毗邻，这两个地区自然地理条件相似，水系相通，在治理上，省水利厅制定了“统一规划，分而治之”的原则，目的是使两地水系基本分开：

在滨海垦区要修建海堤防御潮水，并划清排水区域，整理通海河港，并港建闸，调节水量，冲刷闸外淤垫。

可见，这一时期的治水思路，主要是以治理内部涝水，解除洪水、潮水“外四水投塘”的危害为主。这一意见成为此后一段时期内里下河地区治理的一个全局性的措施。

二、综合治理思路的形成

到1960年代初，经过10年的治理，江苏全省的水利基础大为好转，为里下河地区的进一步治理创造了条件。对苏北里下河地区的治理，1950年代主要是从治涝入手，通过修建堤防、联圩并圩，初步实现了外部洪水与内部涝水的分开。尤其是1950年代末期，江水北调跨流域调水工程的实施，结合抽排里下河地区的涝水，大大减轻了里下河的内涝危害，为里下河地区的进一步治理创造了条件。随着内涝威胁得到初步的控制，到了1960年代初期，江苏省对里下河地区的治理思路，从以治涝、防洪为主，逐渐发展到灌溉、除涝、防洪、防渍全面治理的模式。

这一时期治理思路的发展，得于一场雨涝的警示。1962年9月1至9日，里下河地区遭到台风和暴雨袭击，成灾严重。9月初，13号和14号台风陆续登陆，台风带来强降雨，暴雨中心溱潼雨量483.6毫米。9月2日，兴化水位即由2.2米陡涨到2.93米，导致1204万亩耕地受涝（其中里下河区592万亩，垦区288万亩）。这次涝灾，共损失粮食8亿斤，棉花80万担；里下河地区破圩、沉圩14141个，冲毁桥涵6220座，房屋倒塌40.8万间，损坏90.8万间，死90余人，伤2566人[①]。当时，“水天相连”的受灾情景，十分悲惨。

这场大雨涝告诫人们：单单从加固堤防、联圩并圩等工程着手治涝，不能彻底地免除里下河地区的内涝灾害，还必须从大处着眼，加大治理内涝的力度，必要时要重新调整水系。雨灾之后，省委书记江渭清在兴化县主持了里下河地区县委书记会议，研究水利治理措施。11月，省水利厅编制了《苏北里下河地区今冬明春水利工程设计任务书》，提出里下河区的治理要采取“引淡排卤，冲淤保港，整理水系，巩固圩堤，分区分级，控制调度”的原则，使“灌溉与排水相

---

① 《苏北里下河地区今冬明春水利工程设计任务书》（1962年11月），江苏省档案馆馆藏档案：3224-2-1074。

适应、相制约，既增加水源又增加排水出路”①。这一原则，包括了排涝、灌溉、防渍等多个方面，提出了对里下河进行综合治理的要求。

但是，当时正处于国民经济困难时期，很多建设项目纷纷下马，省水利勘测设计院也撤销了，治理里下河难有大的动作。1963 年底，经省编委批准，在恢复省水利勘测设计院的同时，为加强里下河和淮北地区水利规划工作，在勘测设计院下面增设里下河和徐淮两个规划室。省水利厅和扬州、盐城、南通有关地区选调了熟悉情况的 40 余人，组成了里下河规划室，常驻兴化县，负责里下河地区、滨海垦区和高宝湖地区的治理规划，以及入江水道整治规划。此外，江水北调、江都水利枢纽等跨流域调水工程相继开工，结合里下河地区的排涝和灌溉，为里下河地区的综合治理创造了条件。作为跨流域调水线上的一环，里下河也抓住这一时机，大规模地进行了内部水系的整治工作，使全区的水利布局出现了新的面貌。

第三节　里下河地区的工程布局

串场河将里下河地区分为腹地和沿海垦区两个部分，区内湖荡密布、河网纵横，是个著名的水网区，极易成涝。又因地势低洼，腹部地区要承受淮河、里运河来水，沿海垦区又常常遭受海潮倒灌。未经整治前，腹地和垦区河道相通、水系紊乱，一旦遇大水年份，洪水、涝水、潮水混为一谈，各河串通一气，相互侵扰。根据里下河地区的这些特点，省委和省水利厅制定了解决“四水投塘”的规划，即兴建里下河地区的梯级控制，将里下河地区单独作为一个梯级，把它和渠北、运西、通南地区分离开来，成立里下河独立的排灌系统；又采取了“统一规划，分而治之”的治理原则，即对腹地和垦区分而治之，各有侧重，腹地主要控制涝水、洪水，解决“四水投塘”；沿海垦区则主要是挡潮、防渍、整治内部水系。经过多年的治理，里下河地区逐渐形成了“四分开，两控制”和“大引，大排，大调度”的工程布局。

“四分开，两控制”，即洪涝分开、内外分开、高低分开、灌排分开与控制地下水位、控制外河水位。洪涝分开，即整治水系，使排涝河道和排洪河道分开，避免洪水、涝水相互侵扰。内外分开和高低分开，即修筑西部的里运河堤和东部的海堤，挡外部高地和高水河的来水不入低洼的里下河内部，为里下河内部的治理扫清外部干扰。灌排分开，即灌溉河道与排涝河道分开。控制地下水位，

① 《苏北里下河地区今冬明春水利工程设计任务书》（1962 年 11 月），江苏省档案馆馆藏档案：3224-2-1074。

是通过洼地治涝和发展机电排灌实现的。控制外河水位，与新通扬运河的开辟、江都抽水站的建成密切相关。“大引，大排，大调度”，即大排涝水和大引江水并举，在河流之间实现跨流域调水，“四大干渠”设想的提出，江水北调、江都枢纽工程的兴建，为里下河实现“大引，大排，大调度”创造了条件。

一、“四分开，两控制”

里下河地区的治理，最初是控制洪水，治理内涝。在工程方面，通过整修堤防、联圩并圩，初步实现了外部洪水与内部涝水的分开。在腹地兴建灌区之际，又发展了机电排灌，既实现了灌排分开，又控制了地下水位。这些工程的兴建，使里下河地区形成了“四分开，两控制”的工程布局。

（一）加固整修堤防

洪水威胁是新中国成立伊始里下河地区首先要解决的问题，如果外来洪水挡御不住，内部的治涝就无从谈起。所以，“洪涝分开”和“内外分开”是紧密联系在一起的。1949 年淮河大洪水之后，里下河人民在苏北区行署和党委的带领下，首先加固了运河大堤和沿海海堤，挡住西部外来客水和东部海潮的入侵，初步实现了内部涝水与外部洪水的分开。

1949 年入夏，里下河遭遇洪水灾难后，华东局和苏北行署立即展开救灾工作，苏北区党委于 10 月发出了《关于开展冬春生产救灾的指示》，要求在 1950 年麦收前，一切以生产为中心，尽力修治水利，发动群众，战胜灾荒。根据这一指示，在救灾的同时，苏北行署决定“治水兴垦”，组织民力大兴水利。1950 年入汛以后，大规模地开展了里运河堤加固、沿海海堤修复和废除归海坝等工程。

在加固里运河堤工程方面，宝应、高邮和江都等 10 个县，投入了 30 余万劳力，于 1950 年 8 月上堤开工。在加固过程中，因雨水不停，8 月 10 日，运河堤防水位过高，皂河以南 250 余公里的堤防出险百余处①。位于高邮境内的里运河中坝险工坝脚渗漏，致使内戗（堤段靠陆地面的培修工程）塌陷 20 余米，中部外坡下沉入水，几至溃决。高邮县委立即组织人力抢救，经过 16 个小时的抢修，才转危为安。这期里运河堤加固工程，连同春季治河工程、长江复堤工程，共动员民力 100 余万人，完成土方 5470 万立方米，石方 46 万立方米②，保护了苏北 700 余万亩的耕地。

在里下河地区加固运河堤防的同时，沿海垦区则首先大规模兴筑海堤，抗御

① 《苏北人民全力防汛运河防汛工作已获初步胜利》，《人民日报》，1950 年 8 月 20 日，第 1 版。

② 《当代中国的江苏》编辑委员会等编：《江苏省大事记》，江苏人民出版社，1988 年 1 月第 1 版，第 12 页。

潮患。

垦区沿海一线，原建有海堤为抵御海潮入侵的屏障。因长期失修及战争的破坏，至建国前，苏北海堤断断续续，不相联系。每逢潮高浪大的时候，无堤之处，卤水长驱直入；有堤之处，因堤身单薄，亦易溃决，不能发挥挡潮御卤的作用。这种情况下，苏北行政公署农水处于1950年编制了苏北棉垦区修筑海堤计划，要求从废黄河以南至南通江边长425.8公里的范围，全面新建、退建和加高培厚原来的海堤。各堤段修筑要求：废黄河至射阳河，原有海堤长54.4公里，除五丈河道双洋闸间旧堤，因离海岸太近，需退建新堤外，其余均在旧堤上加高培厚，全面复堤。射阳河至新洋港盖港北岸，长19.8公里，原无海堤，全部需建新海堤。新洋港至斗龙港下明闸段，需加复旧堤24.5公里。斗龙港至角斜，长112.2公里，北部海堤为大丰、裕华两公司所建，因年久失修，不能挡潮，需重建；中部为草滩，原无海堤；南部循太远公司等旧堤进行复堤加高。角斜至南通江边，循三余、大有晋等垦牧公司所筑旧堤，长215公里，全面加固修复。所建海堤的标准为：顶高6米，顶宽8米，外坡1∶5，内坡1∶3[①]。这是关于苏北海堤整修工程的完整方案。

按照这一要求，沿海各专区和县积极组织劳力，逐年进行修复。盐城、南通两专区从1949年冬季到1957年，全面规划，分期实施，用了8年时间，先后动员盐城、滨海、阜宁、射阳、建湖、东台、大丰、海安等8县的民工31.6万人，先后5次施工，共做土方1410万立方米，基本上完成了283公里海堤的修复、新建和退建工程。

此后，经过多年的不断修建，沿海海堤逐渐形成了北起赣榆，向南经连云港郊区、灌云、响水、滨海、射阳、大丰、东台、海安、如东、南通、海门，至启东止，历经13个县（市）、全长686.7公里的规模，其中连云港市120.9公里，盐城市361.1公里，南通市204.7公里（见表4－2所列）。沿海海堤的兴修，挡住了外部潮水，减轻了沿海垦区的治水压力。

受风潮冲击的影响，对运堤、海堤的修建和加固并不是一劳永逸的，此后，加固和培修工程时常进行。尤其是1960年代以后，由于沿海地区历年遭受台风、海潮、暴雨的袭击，海堤经常受到损坏，每年冬春，需要不断加固修复。基本上是在已做工程的基础上，加高、加宽堤身，放大坡度，重点增做一些块石工程。1970年代至1980年代末，随着海岸线的东移、沿海港闸的兴建，以及结合滩涂围垦和开发，沿海各县在原海堤的东面，又筑起一道新堤，堤顶高程一般为5.5

① 转引自苏北人民行政公署农水处编印：《苏北区五年（一九五二——一九五六年）治水与垦植棉计划纲要初稿》，内部资料，《水利》部分第4页。

~9 米、堤顶宽 5~10 米、内坡 1∶3、外坡 1∶5~1∶15 的新海堤，全长约 310.1 公里，成为现在的主要抗台御潮海堤。为区别新、旧两道海堤，人们将新建海堤称为一线海堤；将原来在 1950 年代修建的海堤，称为二线海堤。这两道海堤，筑起了沿海地区的挡潮屏障，保护着 722 万余人和 14482 平方公里的土地的安全。

表 4-2 1987 年江苏苏北海堤现状表

<table>
<tr><th rowspan="3">市别</th><th rowspan="3">地 点</th><th rowspan="3">长度（公里）</th><th colspan="4">设计标准</th><th colspan="4">现状标准</th></tr>
<tr><th rowspan="2">堤顶高程（米）</th><th rowspan="2">堤顶宽（米）</th><th colspan="2">坡 比</th><th rowspan="2">堤顶高程（米）</th><th rowspan="2">堤顶宽（米）</th><th colspan="2">坡 比</th></tr>
<tr><th>迎水坡</th><th>背水坡</th><th>迎水坡</th><th>背水坡</th></tr>
<tr><td>连云港</td><td>绣针河口至燕尾港</td><td>120.9</td><td>6.5~7</td><td>6</td><td>1∶3~1∶5</td><td>1∶3</td><td>5~10</td><td>3~8</td><td>1∶0.3~1∶8</td><td>1∶2~1∶3</td></tr>
<tr><td rowspan="2">盐城市</td><td>陈港哨所至中路港</td><td>195.9</td><td>5.27~6.35</td><td>6~8</td><td>1∶5</td><td>1∶3</td><td>5.5~7</td><td>5~10</td><td>1∶3~1∶5</td><td>1∶2~1∶3</td></tr>
<tr><td>中路港至新港闸</td><td>165.2</td><td>6.3~9.37</td><td>6~8</td><td>1∶5</td><td>1∶3</td><td>7~9.6</td><td>6~20</td><td>1∶5~1∶15</td><td>1∶3</td></tr>
<tr><td rowspan="3">南通市</td><td>新港闸至海门南通交界</td><td>115.7</td><td>7.06~8.77</td><td>6~8</td><td>1∶7~1∶10</td><td>1∶3</td><td>6.8~9</td><td>6~18</td><td>1∶7~1∶20</td><td>1∶2.5~1∶3</td></tr>
<tr><td>海门南通交界至七门闸</td><td>36.4</td><td>6.88~7.88</td><td>6~10</td><td>1∶6~1∶10</td><td>1∶3</td><td>7.24~8.24</td><td>6~18</td><td>1∶3~1∶6</td><td>1∶2~1∶4</td></tr>
<tr><td>七门闸至东南元陀</td><td>52.6</td><td>6.88</td><td>6~8</td><td>1∶3~1∶10</td><td>1∶3</td><td>5.34~6.74</td><td>6~8</td><td>1∶3~1∶10</td><td>1∶2.5</td></tr>
<tr><td colspan="2">总 计</td><td>686.7</td><td colspan="8">—</td></tr>
</table>

资料来源：江苏省地方志编纂委员会：《江苏省志·水利志》，江苏古籍出版社，2001 年 9 月第 1 版，第 169 页。

总之，里运河堤和沿海海堤，是保护里下河地区免受淮水和黄海入侵的屏障，只有筑起稳固的外围屏障，内部的治理才有意义。苏北筑堤、修堤的效益是立竿见影的。1954 年，在淮河流域发生特大洪水的情况下，里下河地区保住了水稻丰收，共收获 35 亿多万斤，平均亩产量 175 公斤，亩产量高的达 350 公斤①。里运河大堤与海堤的加固，初步挡住了洪水入侵，达到了“洪涝分开”与

① 《江苏省北部里下河地区水稻大面积增产》，《人民日报》，1954 年 10 月 6 日，第 1 版。

“内外分开”的目的，为下一步集中力量实施治涝规划创造了条件。

（二）联圩并圩

里下河地区的地形复杂，地势有高有低。从整体上来看，腹部洼地的地势比沿海垦区低得多，形成西低东高的形态。地形上的这种特点，是造成腹地排水不畅的一个非常重要因素。要根治里下河地区的内涝灾害，必须使高地与低地的排水系统分开，建立“一高一低”的排水系统。这种“高低分开”的治理思路，在腹部洼地是通过联圩并圩实现的。

里下河腹地湖荡密布，河沟众多，是历史上的老河网地区，居民历来筑圩，以防御外水入侵、进行垦殖。建国以前，大都是小圩“当家”。1949 年冬，除兴化老圩地区有几个大圩外，绝大部分是小圩。据不完全统计，小圩有 13000 多个（兴化 8673 个，高邮 2063 个，泰县 1357 个，宝应 1463 个）。最小的圩口，耕地仅有二三十亩，圩身仅高出地面 0.3 ~0.5 米。这些小圩，规模过小，标准太低，圩口分散，圩堤卑矮，圩口又无节制，因此不能发挥作用。春季低水位时，灌溉困难，苦于干旱；夏秋季，一遇洪水、雨涝，即溃圩成灾。

鉴于小圩的种种缺陷，建国初期，里下河各地区便自行组织培修圩堤，联圩并圩。如 1954 年大水后，兴化县李健乡（现为李健区）便组织民力 1.3 万人，开挖土方 40 万立方米，建成了包括 200 个子圩的李健大圩①。当年汛期，大圩在排涝方面发挥了显著作用，使内外河水位相差 1 米以上，大大降低了圩址内的水位。此后，各地区纷纷效仿李健乡，进行联圩并圩。

在 1950 年代末期，联圩并圩成为解除里下河地区内涝的一项重要措施，在全区普遍开展起来。1958 年 1 月，省水利厅在向省委请示里下河排涝工程安排的报告中提出，要把“加固圩堤，有条件的进行联圩并圩”，作为解决里下河涝灾的一个重要途径②。不久后，“大跃进”运动全面爆发，江苏在全省范围内开展了以梯级河网化为中心的水利大跃进。随着河网化运动的开展，各地进行了大规模的联圩并圩。但在开始阶段，由于缺乏经验、步子过大，带来了一些问题，比如有的联圩过大，有的打乱了水系。经过总结经验和教训，逐步总结出这样几条标准：其一，联圩并圩，必须在不打乱引排水系和行政区划，不影响重要航道通航的前提下进行；其二，圩内沟河荡的水面积一般以保持在 7% ~8% 为宜；其三，按照地势高低，合理联圩并圩，以节约加圩工程，缩短防洪战线；其四，联圩面积一般宜控制在 5000 亩左右，如果过大，可能会带来高低地之间的许多矛

① 《兴化水利志》编纂委员会编：《兴化水利志》，江苏古籍出版社，2001 年 12 月第 1 版，第 104-105 页。

② 陈克天：《关于解决里下河地区排涝问题的报告》（1958 年 1 月 20 日），江苏省档案馆：3011-2-0429。

盾，也不利于排灌和通航；其五，圩堤标准按建国后最高水位加高确定；第六，圩址建好后，必须立即建立管理组织，形成制度。这样，把联圩并圩逐步纳入正轨。

在联圩并圩建设中，起初有一些地区只重视了外圩修建，忽视了圩内高低地的分割处理，使高低田的矛盾又突出出来；再加上机电动力不足，涝水仍然得不到根本解决。后来进行了“内封闭”与“外封闭”相结合的办法，即采取大圩套隔圩，大圩挡外水，隔圩将圩内高低田分隔，并增加机电排灌设备等一系列措施，使圩区的内涝问题得到了解决。

（三）发展机电排灌

里下河地区原以种麦为主。1957 年全省实施“旱田改水田”，里下河作为著名的水网，也大力发展灌区，种植水稻。但在兴建灌区初期，灌排不分，地下水位也降不下来。后来实施灌排分开，发展机电排灌，使这些问题迎刃而解。

里下河腹地有两大自流灌区，沿灌溉总渠自流灌区和沿运河自流灌区。这些地区河沟稠密，在兴建灌区之处，就没有开挖灌溉渠道，而是利用原有的排水沟河来灌溉，渠系不配套，结果造成灌排不分。这样，这些河沟经常处在高水位，一遇降雨，就受涝受渍；有的地面坡降大，又无闸控制，串灌、漫灌经常发生；还有的作物布局不合理，“水包旱”“旱包水”，水旱不分，地下水位高，受渍返盐，导致水稻减产无收。当地农民无奈地感叹“旱改水，活见鬼，收不到粮食尽喝水”，还刮起了“回旱风”。后来，结合整个里下河区的水系整治，采取了灌排分开和水旱分开的措施，才缓解了这些问题。

此外，发展灌区，结合治理洼地，搞好排灌提水设施建设很重要。从 1956 年开始，里下河逐步发展机电排灌。经过长达 10 余年的摸索和争论，最终确定了建设大电网、发展机电排灌的方案。1968 年，泰州至兴化的 11 万伏高压输电线全线接通，兴化陈家变电所建成投产，华东电网强大的电流源源不断地输送到了里下河地区，不仅为大面积“旱改水”提供了可靠的电力来源，也使地下水位得到有效控制。

（四）控制外河水位

里下河地区常年水位较高，汛期滞涝库容小，非汛期水又退不下去。到耕作季节，外河水位经常处于 2 米左右，造成烂耕烂种。这是里下河地区粮食产量低的一个很重要的原因。20 世纪 50 年代末到 60 年代初，随着新通扬运河的开辟，江都抽水站的兴建，“四港”的整治和内部工程的逐步完善，兴化正常水位从过去的 2 米以上逐渐降到 1.6 米，后又继续降到 1.2 米左右，里下河地区基本实现了控制和降低外河水位的目标，不仅为发展农业生产创造了有利条件，也使全区的水利环境得到很大改善。

二、“大引，大排，大调度”

历史上，里下河地区面临的不仅是排水不畅的问题，灌溉水源不足也是影响里下河地区农业发展的原因之一。区内虽然河网密布，但渠系不配套，可用的灌溉水源不多。腹地圩区容易积涝，土地易受渍返盐；沿海垦区容易遭受海潮倒灌，也需要充足的淡水洗盐。

建国以后，里下河地区的治涝防洪，初步改善了洪涝不分、内外不分的情况，为里下河的进一步治理奠定了基础。沿海垦区的水利整理，完成了“四港”排水工程，有效减少了受水面积。还有其他水利工程的兴建，也为里下河的综合治理创造了条件。苏北灌溉总渠、三河闸、高良涧闸建成后，利用洪泽湖蓄水，为发展里下河自流灌溉提供了水源。在此基础上，省里部署了“四大干渠”计划，经调整后，发挥了大引淮水、江水灌溉的作用。“江水北调”这一跨流域调水工程的实施，不仅可以结合江都抽水机站，大规模地引江水灌溉，还能抽排涝水。这些工程的建设，实现了里下河“大引，大排，大调度”的工程布局。

（一）“四大干渠”

1950年代初，在里下河地区的治理规划中，曾有一个“四大干渠”的综合治理方案，计划以东、南、西、北四条大河作为里下河腹地的外围屏障，并发挥灌溉、排涝、挡潮的作用，进一步奠定里下河腹地“内外分开”的格局，并实现“大引，大排”。但东干渠和南干渠因故告停，被“两条低水河”方案所代替。工程计划调整后，依然发挥了预期功效。

如果仔细观察苏北地区的水系图，就不难发现一个奇怪的现象：在里下河地区，存在着两对“奇怪”的河——通榆河和串场河、新通扬运河和通扬运河。这两对河流之所以奇怪，是因为河道两两平行，走向大体一致。查阅有关书籍，串场河是宋代已有的河道，通榆河是于1958年开挖的，所以我们不仅产生这样的疑问：既然历史上已经存在着一条串场河，为什么还要开挖与之平行的通榆河呢？同样，又是什么原因要开挖新通扬运河呢？

这就要从里下河地区的“四大干渠”计划说起了。1952年，苏北治淮总指挥部曾提出了一个“四大干渠”的设想。所谓“四大干渠”计划，就是要开挖东、南、西、北四条河道，既可挡住外部客水，又能输送淮水灌溉里下河腹地、沿海垦区和通扬运河以南地区。这“四大干渠”分别是：以苏北灌溉总渠为北干渠，除供给沿线灌溉外，还与东西两干渠沟通，分水灌溉里下河区、通扬运河区及滨海垦区。西干渠，由淮安向南，利用里运河至邵伯与南干渠渠首相接。南干渠，由邵伯经仙女庙，顺通扬运河至海安接栟茶运河至小洋口入海。东干渠，利用原有的串场河，北与灌溉总渠沟通，南至海安接南干渠[①]。可见，这四大干渠，实际上就是里下河腹地的“边框”，使里下河腹地形成一个相对封闭的水网，“保护”里下河不受或少受外来客水的侵扰，同时发挥灌溉作用。

这一设想提出后，至1950年代中期，苏北灌溉总渠已经挖通，里运河业已初步整治，还剩东干渠串场河和南干渠通扬运河没有建设。

串场河是宋代开挖的人工河道。宋天圣年间（1023—1032年），在兴工修筑捍海堰时，把取土的地方连通起来，就变成了一条河道。此后，随着捍海堰的不断加固和南延，河道也得到不断拓浚。后来，因这条河道将16个古盐场（海安、富安、安丰、梁垛、东台、丁溪、草堰、白驹、刘庄、卞仓、伍佑、新兴、上岗、草堰口、沟墩、庙湾）串通了起来，故得名“串场河”，南起海安与通扬运河相接，北至阜宁县与射阳河相通，全长176公里。

“四大干渠”规划提出后，在1956年5月，省治淮总指挥部编制了《串场河整治设计任务书》，提出了要“利用串场河做苏北灌区东部的灌溉干渠的基本路线”的想法。不久后，又编制了《串场河整治工程（东干渠）初步设计》，对这一设想进行了详细的规划，计划将串场河北端与灌溉总渠接通，以引洪泽湖水，灌溉里下河腹地东部地区和沿海垦区的农田[②]。当年冬，便开工兴建东干渠的渠首工程。

但是，东干渠的计划引来了非议。盐城专区认为，将串场河与总渠接通，就会切断渠北地区排水入射阳河的河道，必将给渠北地区带来严重的内涝；同时，里下河地势低洼，而东干渠是高水河，建成后势必也会影响西部地区的排涝。反对的呼声越来越大，在这种情况下，已开工的渠首工程停了下来，宣告东干渠计划的破产。

东干渠方案被搁置下来之后，由东干渠联想到应该另新开辟一条纵贯苏北沿海、南北向的骨干河道，河道南起南通，北至连云港、赣榆，以两端地名命名，名为通榆河。河线的位置，根据沿海滩涂逐渐东移扩大的特点，定在串场河以东2～3公里处。这样，既可以让串场河继续发挥作用，又可以使通榆河更加适应沿海地区发展的需要。河线具体的走向，与串场河大致平行：“自南通九圩港起，建引江闸，利用通扬运河南段，北到海安，建船闸，再北利用串场河，经东台、盐城至阜宁西北，穿过灌溉总渠及废黄河，建船闸23座，再北至顺河集，接通盐河，直达新海连市和赣榆”[③]。

---

① 苏北治淮总指挥部：《苏北灌溉总渠工程规划概要》，《治淮汇刊·第二辑（1952年）》，内部刊物，第218页。

② 《串场河整治工程（东干渠）初步设计》（1956年9月），江苏省档案馆：3224-1-0040。

③ 《江苏省水利规划提纲（草案）》（1957年8月），江苏省档案馆：3224-2-0381。

可见，新规划的通榆河，虽然与原东干渠串场河走向一致，但实际上，它与东干渠有很大的区别：其一，它是低水河，不仅适应江水的低水位，通过自流引水的方式引江水至里下河，而且还能用以排涝；其二，它的水源是以江水为主，江淮并用，并考虑到发挥河道的综合效益。

南干渠的“遭遇”与东干渠极其相仿。里下河水系，历史上存在一条通扬运河。汉文帝元年（公元前179年），吴王刘濞为运输海盐而开挖了一条人工河道，起于扬州的湾头镇（茱萸镇），经泰州、海安至如皋县城东汤家湾，古有“古盐河”“上官运盐河”等之称。清宣统元年（1909年），通州大达轮船公司疏浚扬州到南通段的河道时，命名为通扬运河。西起扬州江都市仙女庙镇，至南通市木耳桥，全长191公里。

在“四大干渠”的规划中，原计划将通扬运河定为南干渠作灌溉之用。后来，经过省、地委的实地勘察，老河沿岸城镇密集，人口多，与通南地区封闭交叉的建筑物也多，如要改造，不仅拆迁任务太大，还使已建的建筑物废弃，浪费也大；此外，通扬运河河线的地势又高，是条高水河，不能满足自流引江的需要。经反复研究，决定在宜陵以东，通扬运河北面，平行开挖一条低水河，西自江都芒稻河，经宜陵、姜堰东至海安，长90.1公里，定名为新通扬运河。与串场河的情况相同，通扬运河被新开河道——新通扬运河所代替。

就这样，串场河被通榆河代替，通扬运河被新通扬运河代替。通榆河和新通扬运河，后来与“引江济淮，江水北调”工程结合起来，成为引江河道的组成部分，在“大跃进”时期动工开挖（关于通榆河和新通扬运河的建设情况，将在后文有关章节中做具体阐述）。通榆河和新通扬运河与北干渠、西干渠形成两高（苏北灌溉总渠和里运河）和两低（通榆河和新通扬运河）的布局，两条高水河可自流引淮水灌溉，两条低水河可提引江水灌溉。比如，新通扬运河自发挥效益以来，一般情况可以自流引江500立方米/秒，不仅可以灌溉里下河地区的广大农田，还可利用江都站抽排里下河地区涝水480立方米/秒，效益显著。

（二）两座大闸

1955年的《省委意见》提出了疏浚射阳河、新洋港和斗龙港为腹部洼地的主要排水河道，并在出海口建挡潮闸的要求。按照这一意见，里下河地区在“一五”计划末期建成了射阳河闸和新洋港闸。这两座大型挡潮闸的建成，不仅发挥了“挡潮御卤”的基本作用，同时还具有蓄洪、滞洪和排涝等多种功能，是实现“大引，大排”的重要控制建筑物。

1956年建成的射阳河闸，是建国后江苏在沿海地区兴建的第一座大型挡潮闸。射阳河闸位于射阳县合德镇以东，由淮河水利委员会勘测设计院设计，按照200年一遇设计，千年一遇校核，设计日平均流量960立方米/秒，设计最大流量

3360立方米/秒，全部工程需各种物资45万多吨，为大（2）型水闸。因其规模巨大，被当时的《人民日报》称为“流域性巨闸”（见图4－2）。

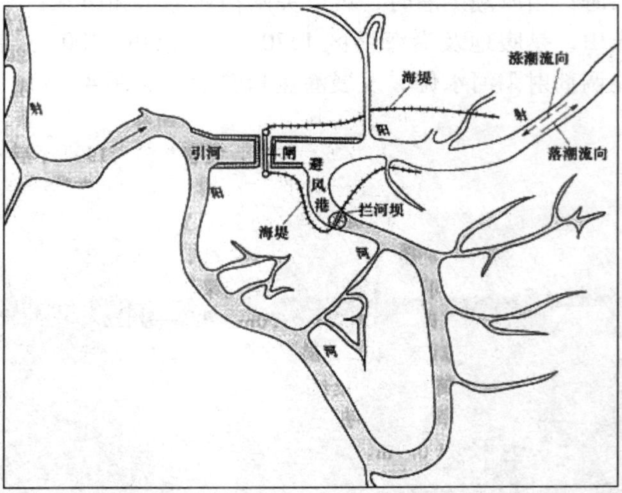

图4－2　射阳河闸工程布置简图

射阳河闸的主要建筑物包括挡潮闸、上下游引河、拦河坝和海堤（射阳河至新洋港），工程总造价1596.2万元。挡潮闸为主体工程，一般讲射阳河闸，就是指射阳河挡潮闸。闸身为钢筋混凝土结构，共分35孔，两侧为通航孔，其余33孔为排水孔，每孔净宽10米，孔与孔之间以1.5米宽的闸墩分隔，闸体全长410.1米。为便于频繁操作，闸室采用胸墙式；闸门的设计上，排水孔采用10m×5.5m弧形钢闸门，用33台21吨卷扬式启闭机启闭，挡御海潮；而通航孔采用直升式上下双扉平面钢闸门，用1台2×45吨卷扬式启闭机和1台2×21吨卷扬式启闭机启闭，平潮时开闸通航。闸底为平底板结构，共设13块底板，除通航孔单设外，每3孔一块底板，以伸缩缝连接；每块底板高程-3.5米，厚度1.5米，顺水流方向长18.5米。

该闸于1955年9月21日正式开工。大闸闸址，经过水利部副部长钱正英和苏联专家沃洛宁现场查勘，最终选定了合德镇以东现在的闸址。当时，这里是一片荒无人烟的海滩，既没有道路，又没有淡水，还受潮水干扰，因此，要在这里建闸，施工十分艰难。尽管如此，水利干部、技术工人和民工们，仅用了8个月的时间，克服种种困难，将大闸建成！1956年5月23日举行了竣工放水典礼。射阳河闸的建成，在当时来说可谓轰动一时，来自社会各界的13000多人参加了放水典礼，江苏省副省长冷遹、水利部副部长周骏鸣、治淮委员会办公室主任陈力生和中共盐城地委书记陈宗烈等领导，出席了大会并剪彩。《人民日报》也于

5月24日在头版报道了这一消息。

射阳河闸自建成以来，发挥了巨大的效益，在汛期淮水暴涨或暴雨时，可以开闸放出洪水入海；当海潮倒灌时，可以关闸挡住潮水和卤水；平时还可以蓄贮淡水灌溉两岸农田，是腹地及沿海垦区13700平方公里1400万耕地的排涝、灌溉干河，并且能调剂射阳河水位，发展渔业和航运（见图4－3）。

图4－3　射阳河闸全貌①

射阳河闸建成后不久，里下河排涝挡潮工程的第二期工程——新洋港闸，很快投入施工。新洋港闸选址于射阳县新淤尖，于1956年9月23日开工，1957年5月30日完成放水。工程总造价629.5万元，共完成混凝土工程32600立方米，砌石工程83000立方米，土方工程729万立方米②。

该闸为大（3）型水闸，按百年一遇潮水位设计，千年一遇潮水位校核。日平均过闸流量485立方米/秒，最大效能流量1540立方米/秒。控制流域面积2478平方公里。工程包括挡潮闸、拦河坝、上下游引河和海堤工程。上下游引河长2.55公里，底宽210米，河底高程-4.5米；拦河坝长434米、坝顶高程8米；结合兴修海堤长20.975公里③，与南北的海堤相衔接。

新洋港挡潮闸是新洋港闸工程的主体工程，闸体为钢筋混凝土结构，共17孔，左边孔为通航孔，每孔净宽10米，高5.5米；闸身总长200.09米，高11.50米。共设9块底板，每块顺水流方向长18.5米，除通航孔单设一块外，其

① 图片来源：射阳县水利志编纂委员会编：《射阳县水利志》，河海大学出版社，1999年10月第1版，图片部分。

② 《新洋港闸外宾参观介绍资料》，江苏省档案馆馆藏档案：3224-2-0350。

③ 水利部治淮委员会：《报送新洋港闸技术设计初审意见书的报告》（1956年9月29日），江苏省档案馆馆藏档案：3224-1-0042。

余排水孔每两孔一块底板，底板之间设有紫铜片柏油毛毡的止水和伸缩缝。通航孔采用钢质弧形闸门（净宽11.84米），用1台2×10吨卷扬式启闭机和1台2×18吨卷扬式启闭机启闭；并设有钢桁架钢筋混凝土面板单叶式开启桥（活动公路桥），船只不下桅杆即可穿孔而过。排水孔亦为弧形钢闸门（净宽10米），用16台21吨卷扬式启闭机启闭。

拦河坝也是新洋港闸的一个主要工程，建于闸下引河口的旧河槽内。河口宽360米，河底高程-5米，水深视潮水涨落而不同，一般在7米左右。河底土质与闸基土质相似，仅在面层有1米浮淤，一般流速在1.5立方米/秒左右。工程于1957年1月中旬开工，整个施工过程经历了柴石枕护底、堵筑断流坝、正坝进土三个阶段，至7月底，筑成一条全长434米、顶高程8米、顶宽10米的拦河坝。拦河坝配合挡潮闸发挥挡潮、御卤、蓄淡、排灌等作用。

今天，你若来到射阳新淤尖，仍然能看到新洋港闸屹立于黄河沿岸，气势宏伟（见图4－4）。50余岁“高龄”的新洋港闸，依然发挥着防洪、排涝、灌溉的作用。据统计，建闸50年来，累计开闸1.5余万潮次，排水980余亿立方米，年均排水量20亿立方米。新洋港闸能够傲然挺立50余载，这与当时技术上的先进设计是分不开的。该闸的建设，一方面吸取了射阳河闸的设计和建设经验，另一方面采用了当时苏联的先进技术，因此设计和施工上都比射阳河闸更加完善，被国家列为全国性示范河闸。

图4－4 新洋港闸全貌图①

① 图片来源：射阳县水利志编纂委员会编：《射阳县水利志》，河海大学出版社，1999年10月第1版，图片部分。

新洋港闸的先进技术有：

第一，由于滨海一带地基多为粉、细沙或淤泥质黏性土，存在着地基承载力小、压缩性大、抗冲能力弱、抗滑性能差和易渗透、易液化等缺点，所以，闸址的选择是非常重要的，否则会影响闸身的稳定和闸基的安全。新洋港闸的选址，根据土质情况、建筑物的安全程度和排水效能、经济效益等多方面因素的比较，最终选址于新淤尖。

第二，为了增强闸身的稳定性和安全性，在施工程序上，也采取了有效的方式。挖闸塘土方时为了达到降低渗水的目的，首先将防冲槽挖出（防冲槽较底板的底面深3～4米），并在闸塘四周留出一定余地开挖排水沟，闸塘两岸坡根据圆弧滑动的要求，开挖成安全的坡度防止塌坡，再根据各部分工程底面的高低，在开挖基坑时预留不同厚度的表土保护层，防止土层的软化和土壤结构的破坏。混凝土拌和方式采用机械集中拌和，下层建筑物的浇灌是直接用人工以小斗车运送入仓，上层建筑（工作桥、公路桥和上节闸）的浇筑先用卷扬机，将熟料升高再由人工运送入仓。浇筑高程薄壁建筑物不超过4米，大体积的浇筑高度根据模板强度而定，一般不超过4米，混凝土浇灌的程序根据地基可能的沉陷量的大小而定，先浇筑深层和承载量较大的或需要多次浇筑部位的基础，然后浇筑基础较高的建筑物。在冬季施工中采用热水拌和，掺用氯化钙和保温措施来保证入仓温度维持在5℃～10℃①。这种施工程序，有效地保证闸身的稳定和防止渗漏。

第三，为防止海浪的冲刷，大闸还设置了防冲消能设备。在闸身下游设消力塘和上下游防冲设备，均按不同流速设计了混凝土、水泥浆砌块石，以及干砌块石等不同抵抗冲刷的海漫工程，最末端设防冲槽一道，填蒲草和块石。

总之，这些设计和施工上的方法，克服了滨海一带地基的种种缺陷，有效地保证了闸身的稳定性。

新洋港闸建成后，连同第一期的射阳河闸工程，以及射阳河、新洋港及支流的疏浚工程，不仅发挥了挡潮御卤的作用，改变了里下河地区高潮顶托、海水倒灌的状况；还大大提高了里下河腹地及垦区的防涝标准，能够使13700平方公里的耕地免除10年一遇以下暴雨频率的内涝灾害②，并使更高频率的内涝灾害有所减轻；同时，还增加了淡水灌溉的面积。总之，两座大闸发挥了挡潮、蓄洪、泄洪、排涝的综合作用。

（三）“四港排水”

1955年的《省委意见》提出了“四港排水”的治理思路。里下河地区的

---

① 《新洋港闸外宾参观介绍资料》，江苏省档案馆馆藏档案：3224-2-0350。

② 江苏省治淮总指挥部：《新洋港挡潮闸初步设计》（1956年1月），江苏省档案馆馆藏档案：3224-1-0043。

"四港"，即射阳河、黄沙港、新洋港和斗龙港，是里下河腹地的主要排水干河。所谓的"四港排水"，就是浚通这四条大河港，并在各港港口建闸控制，使它们成为里下河地区骨干排水河道，改变原来的"四水投塘"为"四港排水"，化害为利。

但是，这四条河港又横贯沿海垦区，与垦区内部水系相通，排水上相互侵扰，存在矛盾。由于垦区地势高于腹部洼地，大水时，垦区涝水往往抢先排入"四港"，占据河床，影响腹地排水；同时，垦区受到里下河高水下压，又易变成"水鼓胀"，水也排不出去。所以，必须把垦区和腹地的排水出路分开，分别建立各自的排灌水系。

整治沿海垦区的水系是实现"四港排水"的第一步。《淮河流域规划报告》将沿海垦区，以斗龙港为界，划分为南北两块。斗龙港以南地区，地势西低东高，各排水河道汇水西流入里下河腹部。为改变东水西压，这一地区先后全线疏浚了王港河、三仓河、栟茶运河、东台河、川东港等主要东西向排水河道，并在海口建王港河闸、三仓河闸、东台河闸、川东港闸、掘苴河闸、东安闸等，引水直接东流入海。1950 年代末又新开挖了南北向的大丰干河长 38.4 公里，建大丰闸，解决三卯西河以北、老斗龙港以东 393 平方公里排水。这样，地面较高的垦区汇水不再排水入腹部洼地，改历史上的南水北排，排水四港，变为南水东排，通过这些河道直接入海；而"四港"被腾出，可以专排腹部洼地的涝水。斗龙港以北地区，也是按照"高地分开"的格局，建设垦区内部独立的排水系统。在射阳河、黄沙港、新洋港和斗龙港四条干河之间，分别开挖新河道，开辟干河之间地区的涝水出路。在斗龙港和新洋港之间，疏浚了西潮河入海口（从 1950 年至 1966 年先后 5 次疏浚），并建成西潮河闸（1965 年 7 月）；在新洋港与黄沙港之间，开挖了利民河（1955 年、1965 年和 1967 年分三期开挖），并建闸控制；在黄沙港与射阳河之间，新运棉河（1958 年沿老运棉河北开挖），建运棉河闸；射阳河海河地区地势低洼，地下水位高，又兴建了海河地涵，穿过海河直接排入运棉河出海。这样，按照地势的高低，分区分片建立起了"一高一低"、独立排水的系统。

这样，在沿海垦区按照"高低分开"的布局，在各干河之间开辟新的独立入海出路，划清了垦区内部的水系，并让出干河专排里下河涝水，改变了历史上的南水北排入"四港"为南水东排入海，不仅有效减少了里下河地区的受水面积，也为"四港排水"创造了先决条件。

1960 年代以前，射阳河闸和新洋港闸建成后，针对闸河不相适应的问题，进行了河道疏浚，对这两条河港的整治也已完成。还有斗龙港和黄沙港亟待解决。

斗龙港是里下河南部地区唯一自流排水入海的专道，1954 年大水时最大日平均流量曾达到 115 立方米/秒，而后闸下引河淤塞，逐渐失去排水作用。此后，里下河南部 5000 余平方公里的面积，主要从新洋港排水，泄量明显不足。而斗龙港“位置适中，入海较近，可承担兴盐界河以南大面积排水任务”①，因此整治斗龙港，对于加大“大排”的力度是十分重要的。

1965 年秋汛后，省水利厅于 9 月 30 日出台了《斗龙港整治工程设计任务书》，指出“斗龙港工程需要提前施工”。规划就里下河的地下水位问题，提出“排水以 1962 年型设计，要求将汛期兴化不破圩水位 3.3 米降低至 2.5 米，十月份种麦期水位从 2.5 米降低至 1.8 米”，这就需要将排水能力扩大一倍，即当兴化 2 米水位时，入海入江总泄量要从 629 立方米/秒扩大到 1289 立方米/秒。根据这一标准，要求“将斗龙港泄量从目前 32 秒立米扩大到 132 秒立米，增加 100 秒立米。遇兴化水位 2.5 至 3 米时可增加到 165 至 200 秒立米”，预算投资 1447 万元②。

是年冬，江苏省政府动员了 7 万余人，动工整治兴盐界河至入海口的 55.5 公里的干河。上游改造自兴化县雌港，向东利用已有河道进行拓改，下游金墩以东旧河扩浚与裁弯相结合，再扩浚运料河，向东北与大丰闸闸下引河合口入海。1966 年 6 月，又建成斗龙港闸，位于斗龙港入海口。该闸为大（3）型水闸，共分 8 孔，全长 90.575 米，设计日均排水流量 200 立方米/秒，设计最大过闸流量 1164 立方米/秒（见图 4－5）。

图 4－5　斗龙港闸开闸泄水（1966 年 6 月）

① 《江苏省水利修正规划（草稿）》（1960 年 5 月），江苏省档案馆馆藏档案：3224-2-0792。

② 《斗龙港整治工程设计任务书》（1965 年 9 月 30 日），江苏省档案馆馆藏档案：3224-2-1780。

斗龙港整治后，东水西压的现象基本改观，并加大了里下河腹地的排水流量。高邮、江都、兴化、东台、大丰、姜堰、盐都7个地区的部分涝水经此港排泄入海。斗龙港与江都、高港抽水站共同承担里下河南部4428平方公里的排水任务。

里下河地区地势低洼，要求排水出路越多越好，排水能力越强越好。但对于排水出路到底需要多少的问题，省水利厅内存在不同意见。根据《对淮河下游流域规划的意见》对里下河地区的排水规划，最初是安排射阳河、新洋港和斗龙港3条河港为排水主要河道，“如果不够”时，再整治黄沙港，合为四港排水。三港整治和挡潮闸建成以后，里下河地区的排水能力大大增强，加之江都抽水站也结合抽排里下河涝水，因此，有人提出，不需要大搞“四港”，仅维持射阳河、新洋港和斗龙港三港排水的格局就可以了，不必增辟黄沙港。但从整体来看，里下河地区的现有排水出路仍严重不足，连同江都抽水站和安丰、富安等几座中型抽水站在内，排涝流量也只有1500立方米/秒。水利厅最终决定“扩浚黄沙港，改建挡潮闸”，按照黄沙港受垦区来水130平方公里、里下河建湖地区来水70立方米/秒的标准拓浚[1]，使之由垦区的排水河道，扩建为里下河区的排水河道。整治黄沙港后，不仅可增加日平均排水流量200立方米/秒，还能带来航运交通等其他方面的效益。

黄沙港整治工程是在1970年代初进行的。民工用3年时间，疏浚了全长88.9公里的河道，并于1972年6月建成黄沙港闸。黄沙港闸为大（3）型水闸，共16孔，全长113米，设计日均排水量200立方米/秒，设计最大过闸流量1418立方米/秒（见图4－6）。

图4－6 黄沙港全貌（1972年6月）

---

① 《苏北里下河地区今冬明春水利工程设计任务书》（1962年11月），江苏省档案馆馆藏档案：3224－2－1074。

黄沙港的开辟，大大减轻了射阳河和新洋港的排水压力，使上游地区洪水涨幅较整治前有明显的降低。至此，里下河地区“四港排水”的规划最终实现，加之江都等排灌站的建成投产，里下河最终具备了大排涝水的规模。

纵观里下河地区的治理，“四分开，两控制”和“大引，大排，大调度”的工程布局基本形成。运河堤、海堤挡住了西部洪水和东部海潮；苏北灌溉总渠、入江水道截断了淮河洪水；外围3000平方公里的高地，另辟排水出路，减轻了洼地压力；沿海垦区按地形分区分片排水直接入海，与腹地水系分开，排除了相互干扰。在里下河内部进行联圩并圩，缩短防洪线三分之二；圩区建闸控制，建站抽排，沿运河和灌溉总渠等灌区建立了排水灌溉两套系统，发展自流灌溉近300万亩；新通扬运河、通榆河为灌区引来滚滚江水；射阳河、新洋港、斗龙港、黄沙港“四港排水”入海，江都水利枢纽抽排涝水入江，降低了大面积河网水位。

第五章“大跃进”对水利建设的特殊影响

——江苏省的“水利大跃进”运动

20世纪50年代中后期，全国掀起了一场农田水利建设的热潮。它以反对“右倾保守”和反“反冒进”为指导思想，实际上成为“大跃进”运动的序曲。笔者称之为“水利大跃进”。这场大规模的群众运动，将水利建设带入全国性的超常规畸形发展的阶段。在极“左”的“跃进”思想下，江苏贯彻中央提出的“大干一冬春，基本实现水利化”的口号，上马开工了若干工程，包括全省性的骨干工程，大、中型工程，小型的农田水利更是遍地开花。江苏省的水利大跃进，根据中央反对“右倾保守”和反“反冒进”的指导思想，以“自办为主”为方针，导致高指标风、浮夸风和共产风盛行，出现了一系列严重问题。然而，这个时期的水利建设却是存在合理性的，当时兴修了许多工程，奠定了江苏省水系的新系统，其中有很多工程都保留了下来，至今仍造福于当地百姓。

第一节 “大跃进”运动前后的国家形势

从1957年开始的反“反冒进”，到1958年8月“大跃进”运动的全面爆发，“冒进”思想不断膨胀，中共中央的路线不断向“左”的方向发展，具体表现为各项经济工作盲目追求“高指标”。水利工作方面，在“大跃进”思想的支配下，中央推广安徽省淮北地区水网化运动，并确定了“以蓄为主，小型为主，自办为主”的治水方针，要求各地在“三个为主”的方针下，大力兴办水网化。中央的极“左”路线和“三个为主”的治水方针，构成江苏省“水利大跃进”运动的背景。

一、国内政治的发展形势

江苏省“水利大跃进”运动的兴起以及表现出的急躁冒进思想和经济建设中的“左”的倾向，同贯彻执行中共中央的农业发展政策有关。1956年1月23

日，中共中央政治局提出了带有多项冒进指标的《一九五六年到一九六七年全国农业发展纲要（草案）》[①] 并下发各地讨论。纲要草案提出“兴修水利，保持水土”是农业增产的主要措施之一，指出“一切小型水利工程（例如打井、开渠、挖塘、筑坝等等）、小河的治理和各种水土保持工作，都由地方和农业生产合作社负责有计划地大量地办理”[②]。

这一纲要是在全国农业合作化运动蓬勃发展的形势下，在1953年开始的以农业社会主义改造为主要内容之一的三大改造运动中，出现了急躁冒进的思想。这一思想逐渐波及经济领域，导致1956年的经济工作中出现了基建规模过大、原材料和设备严重不足、职工人数激增、财政赤字拉大等现象。

为了控制贪多求快的急躁思想给经济发展带来的负面影响，在周恩来、陈云等的主持下，全国开展了反“冒进”工作。但是，毛泽东对“反冒进”一直心存不满。1957年6月，反右派运动发动并呈严重扩大化的趋势，在这一过程中所宣扬的“左”倾急躁情绪，为毛泽东反击反冒进提供了恰当的时机；加之1957年工业增长速度远不如1956年，并且整风鸣放中有党外人士曾批评过1956年的冒进，这就使毛泽东更加认为反冒进在经济上、政治上都是错误的。他将反冒进与反右倾联系了起来，多次对二者进行批判。

在错误地批判反冒进的空气中，1957年9月20日至10月9日，中共中央召开了八届三中全会。根据“农业发展纲要”实施近两年来的实践，会议对其作了一些修改和补充，形成了《一九五六年到一九六七年全国农业发展纲要（修正草案）》。修正草案仍然重视水利对农业发展的作用，要求“在十二年内，基本上消灭普通的水灾和旱灾”[③]，以保证粮食平均亩产量，视各地情况，每年分别按8%、12%和14%[④]的速度增长[⑤]。明确指出12年的水利发展，“应当以修建中小型水利工程为主，同时修建必要的可能的大型水利工程”，并仍然强调小型水利工程由地方和农业合作社自办的方针。为了实现这一要求，会议还通过了《关于今冬明春大规模地开展兴修农田水利和积肥运动的决定》，指出“积极广

---

① 该纲要提出了40条关于农业发展的要求，俗称“农业四十条”或“农业发展纲要”。1957年10月，中共中央对该草案作了一些修改和补充，形成了《一九五六年到一九六七年全国农业发展纲要（修正草案）》。仅就农田水利方面而言，调整不大。

② 《一九五六年到一九六七年全国农业发展纲要（草案）》（1956年1月23日），《建国以来重要文献选编》（第八册），中央文献出版社，1994年版，第51页。

③ 《一九五六年到一九六七年全国农业发展纲要（修正草案）》（1957年10月25日），《建国以来重要文献选编》（第十册），中央文献出版社，1994年版，第640页。

④ 根据《纲要（修正草案）》第六条计算而得。

⑤ 《一九五六年到一九六七年全国农业发展纲要（修正草案）》，《建国以来重要文献选编》（第八册），中央文献出版社，1994年版，第637-638页。

泛地兴修农田水利，是扩大农业生产，提高单位产量，防治旱涝灾害最有效的一项根本措施”，号召全国人民“一定要在今年冬季，集中大力开展一个大规模的农田水利建设运动和积肥工作。这个运动，应该成为随着目前农村社会主义教育高潮而来的生产高潮的主要组成部分”。《决定》同时指出，“群众性的农田水利，主要是依靠合作社的人力、物力、财力，并且鼓励社员积极投资，国家只能作必要的补助”①。这一指示成为指导“水利大跃进”运动的经济政策。

中共八届三中全会以后，为响应农业增产和大办水利的号召，各地政府组织群众以“大鸣、大放、大辩论、大字报”的形式，批判右倾保守思想，掀起了兴修农田水利和积肥运动的高潮。“空前规模的农田水利建设运动的掀起，实际上吹起了农业‘大跃进’的号角”②。

11 月 13 日，《人民日报》发表社论，批评说“有些人害了右倾保守的毛病，像蜗牛一样爬行得很慢，他们不了解在农业合作化以后，我们就有条件也有必要在生产战线上来一个大的跃进”③。毛泽东对“跃进”一词十分欣赏。

为了制造“大跃进”，1958 年春中共中央先后召开会议，继续批判“反冒进”，1 月 11 日至 22 日，在南宁召开了有 9 省 2 市工业书记参加的会议，即南宁会议。会上，毛泽东把“反冒进”说成是方针性的错误，是政治问题，声称一提“反冒进”就泄了六亿人民的气。会议前后，毛起草了《工作方法六十条(草案)》。文件强调“不断革命”的思想，提出要苦战 3 年、使大部分地区的面貌基本改观等急于求成的口号。这次会议使党内“左”倾思想迅速发展起来。

紧接着，3 月 9 日至 26 日中央召开了成都会议，除了批判“反冒进”外，主要讨论了社会主义建设的问题。会议提出，为适应农业生产和文化革命的需要，要有计划地、适当地把小型的农业合作社合并为大型的合作社④，这促使农村立即涌现出并大社的高潮，推动了人民公社化运动的兴起。同时，毛泽东提出了“鼓足干劲，力争上游，多快好省”地建设社会主义的总路线的基本观点，这标志着“左”的错误扩散到了经济工作中。

成都会议提出的社会主义建设的总路线，在 1958 年 5 月 5 日至 23 日召开的八大二次会议上正式通过。以此为标志，“大跃进”进入全面发作的阶段，全国工农业生产和建设片面追求高速度和高指标的现象越来越严重。

“大跃进”首先在工业和农业战线上节节升温。六七月间，华东、西北、华

① 《关于今冬明春大规模地开展兴修农田水利和积肥运动的决定》（1957 年 9 月 24 日），《建国以来重要文献选编》（第十册），中央文献出版社，1994 年版，第 567、571 页。

② 薄一波：《若干重大决策与事件的回顾》（下卷），中共中央党校出版社，1993 年版，第 681 页。

③ 《发动全民，讨论四十条纲要，掀起农业生产的新高潮》，《人民日报》，1957 年 11 月 13 日，第 1 版。

④ 《建国以来重要文献选编》（第十一册），中央文献出版社，1995 年 1 月第 1 版，第 209 页。

北、西南、西北等地区相继召开农业协作会议，确定农业“大跃进”的任务。华东地区不切实际地提出，要在两年内把粮食产量提高到每人1000斤至1500斤；一向低产的西北地区提出，到1960年全区人均粮食产量要突破3000斤（1958年全国人均粮食产量为406斤）①。从7月份起，各地农业高产的“卫星”不断发出。工业方面，毛泽东提出1958年钢铁总产量翻一番的任务，他在6月19日说：“干脆，今年钢铁比去年翻一番，何必拖拖拉拉呢?”这种情况，促使虚报、浮夸风愈演愈烈。

为了进一步推动“大跃进”，1958年8月17日至30日，中共中央政治局在北戴河召开扩大会议。参加会议的有中央政治局委员和各省、自治区、直辖市党委书记以及政府有关部门和党组负责人。会议不仅没有纠正日益严重的浮夸现象，反而对高估产和农业“大增产”予以充分的肯定，决定1959年的工业和农业要用比1958年更高的速度前进，粮食产量要达到8000~10000亿斤，钢产量要达到2700~3000万吨。会后，全国掀起了规模空前的大炼钢铁运动。此外，会议还通过了《关于在农村建立人民公社问题的决议》，促使全国迅速兴起了人民公社化运动的热潮。大炼钢铁运动、人民公社化运动和农田水利建设运动，共同构成“大跃进”运动的中心内容；高指标、瞎指挥、浮夸风和“共产风”伴随着运动的开展，达到了极其严重的程度。

二、中央水利方针的制定

“左”倾错误支配下的“跃进”思想，随着历次会议的召开，逐步渗入国民经济的各个部门。在农田水利方面，“雄心勃勃”的淮北水网化运动，被当作全国水利运动的典型而得到宣传和推广。

八届三中全会以后，安徽便立即组织农田水利建设。1957年11月，淮北地区根据当地的特点，编制了水网化的规划轮廓，计划“整修原有十五条较大河道，新开九条新河道，使淮北各较大的河流结成河网的骨干”，然后在“这些大的河网之间再开挖二千六百多条大沟（实际上也是河道，顶宽三十到五十公尺，深六公尺），一万五千多条中沟（顶宽二十公尺，深五公尺），十一万多条小沟（顶宽十公尺，深四公尺）”，这些河、沟之间，还要“根据不同地形，开挖小的渠道和塘、井，并圈圩”，达到“把整个淮北织成稠密的水网”的目的②。规划

① 周华虎、蒋辅义、李体文主编：《中华人民共和国大事纪事本末》，四川辞书出版社，1993年7月第1版，第223-224页。

② 《淮北人民的雄心》，《人民日报》，1958年7月30日，第5版。

出台后，安徽全省便开始了大规模的水网化建设，一个冬春便开挖土石方11.4亿立方米[①]。

1958年3月，当淮北的水网化运动热火朝天地进行的时候，24日，《人民日报》对淮北的水网化进行了专门的报道和宣传。报道称，淮北地区要3年内实现水网化，计划在每平方公里的土地上做25万土方的沟塘网工程，把河流、沟塘构成网状，密布全区。水网化实现后，“不但在自然面貌上实际和江南无异，在生产上也将和江南一起跃进”，粮食亩产量将大大提高，如阜阳县要跃进到1000斤；而且既能免除涝灾，又能发展灌溉，还可以“走遍淮北都能通船”[②]。

几乎同时，1958年3月，中央确立了“以蓄为主，小型为主，自办为主”的治水方针[③]。《人民日报》之所以大肆宣传淮北的水网化运动，一方面是因为这个计划足够“跃进”，另一方面，它的原则——“依靠群众，相信群众；全面规划，全面治理；小型为主，大中支持；以蓄为主，尽量少排”——与中央的“三个为主”方针完全吻合。农业部门正苦于缺少平原治水的有效经验，淮北水网化的出现恰逢其时。中共中央政治局委员、中共中央书记处书记谭震林，及时将其向全国介绍推广。

同年6月20日，由农业部召开的北方地区农田水利工作会议在河北保定开幕，河北、河南、山东、宁夏等省、区和北京市的100多名代表出席。会议采取边开会边参观的方式，依次到河北、安徽、河南三省，参观了徐水、安国、宿县、濉溪等9个县的水利建设，交流了各省不同地区兴修农田水利、改造洼涝等方面的经验。会议历时27天，于7月16日在河南郑州闭幕。谭震林与会，并随同会议代表到各地参观视察。27日，行至安徽蚌埠，谭震林参观了水网化建设，把“水网化”改称为“河网化”，并发表了重要讲话。在讨论平原地区的治水经

---

① 中共安徽省蚌埠地委办公室编：《淮北河网化和水稻化》，安徽省出版社，1958年10月第1版，第16页。

② 《淮北争取提前实现水网化》，《人民日报》，1958年3月24日，第2版。

③ 这一方针是谭震林在推广治理漭河经验的过程中总结出来的。漭河是黄河中游的一条支流，流经河南省济源县，洪涝灾害频繁。新中国成立后，济源县人民大力治水，效果明显。1957年9月，谭震林到郑州视察，听取了济源县水利局的汇报。同年11月，谭参加了河南省委召开的豫北十三县水利座谈会，将济源县治理漭河的经验总结为：“全面规划，综合治理，依靠群众，兴修水利”（见《总结和推广治理漭河经验》，《人民日报》，1957年11月15日，第2版）。12月10日至15日，中共河南省委在总结济源县漭河治水经验的基础上，在郑州召开了沙、颍河治理工作座谈会。谭震林到会指导，提出“搞水利，必须在全面规划，依靠群众的基础上，以蓄为主，小型为主，群众自办为主”（见《谭震林传》，浙江人民出版社，1992年12月第1版，第317页）。1958年3月21日，《人民日报》根据谭震林的讲话，发表了题为《蓄水为主，小型为主，社办为主》的社论，对“三个为主”治水方针进行了详细的阐述。“三个为主”方针被确定为“大跃进”时期全国的治水方针。

验时，他比较了徐水经验①和皖北经验②，认为“解决平原水利问题，根据今天的这种经验来看，河网化是最完善的”，并建议各省效仿。他号召：“河网化，不仅在皖北，而且在苏北、河南、河北、山东以及东北、内蒙古、陕西、山西等若干地方，都可采用。”他要求各地“七八九三个月把规划做好，十月份动手。一冬一春搞河网，给它干成”③。河网化便作为“大跃进”时期中央所肯定的治水途径，在多省普遍开展起来。

第二节　江苏的水利跃进规划

中共中央在经济领域中表现出来的急躁冒进思想很快渗透到了水利工作中来。1956年2月，在全省农田水利建设的高潮时，江苏省水利厅出台了《江苏省水利建设初步规划（草案）》，作为全省一个时期内水利建设的计划。此后，随着中央“大跃进”方针的一步步确立，“左”倾冒进思想通过各级会议的形式，迅速向地方渗透。江苏省紧跟形势趋向，召开了一系列会议，贯彻中央精神。江苏省贯彻“左”的错误，在水利方面的表现，就是对全省水利规划反复修改和不断加码，数易其稿，使全省水利规划越来越“跃进”，最终制定出了“水利跃进规划”，成为“大跃进”时期全省水利建设的指导性文件。

一、最初的全省性水利规划便带有“冒进”性

从1955年下半年起，农业合作化运动进入一个迅猛发展的时期。为进一步促进全国农业生产的高潮，1956年1月23日，中央最高国务会议讨论了《一九

① 河北省保定市徐水县的“葡萄串，满天星”的治水经验，也曾得到中央的大力推广。农业四十条颁布后，徐水县委立即组织民力大兴水利，在沿河两岸修建以蓄洪为主的“葡萄串”式水库，在平原修建以蓄沥水防涝为主的“满天星”式水库，有效地把洪水和沥水储蓄起来，保证灌溉水源。这就是徐水的“葡萄串，满天星”经验。1958年2月，谭震林到保定视察，听取了徐水县委第一书记张国忠的汇报，很感兴趣，临时调整日程，到徐水考察了两天。回京后，谭震林一方面向新闻界推荐徐水事迹，一方面派中央农村工作部副部长陈正人赴徐水调查研究，总结经验。3月11日，《人民日报》发表了题为《徐水创造了好经验》的社论，并全文刊登了张国忠在河北省四级干部会议上《苦战三月改变全县自然面貌》的报告，还以“葡萄串满天星”为题详细介绍徐水县的水利建设布局。3月21日，毛泽东看到陈正人的调查报告，批示“此件连同谭震林的报告付讨论。徐水县的经验普遍推广”。（毛泽东：《关于推广徐水县实现农田水利化经验的批语》（1958年3月21日），《建国以来毛泽东文稿》第七册，中央文献出版社，1992年8月第1版，第143页。）徐水经验作为平原治水的典型，一度兴起。

② 皖北，即安徽省北部，就是指安徽淮北地区；皖北经验，即淮北的河网化建设。

③ 《谭震林同志在北方地区农田水利工作会议上的讲话》（1958年6月27日），江苏省档案馆馆藏档案：3224-2-0362。

五六年到一九六七年全国农业发展纲要（草案）》。《纲要（草案）》要求，“在7年至12年内，基本上消灭普通的水灾和旱灾”①，保证粮食平均亩产量，视各地情况，每年分别按8%、12%和14%的速度递增②。为实现农业增产的要求，指导这一时期的水利建设，江苏省水利厅于1956年2月2日，发布了《江苏省水利建设初步规划（草案）》（以下简称《初步规划》）。《初步规划》分为全省水利的基本情况、规划要求、工程布置和基本措施四个方面的内容。

关于全省水利的基本情况，《初步规划》总结了1956年之前完成的工程。苏北地区：淮河流域主要开挖了苏北灌溉总渠，建造了三河闸，扩大了入江水道；在里下河地区疏浚了三仓河、栟茶运河等排涝干河；沂沭泗流域开挖了新沂河、新沭河，兴建了骆马湖临时蓄水工程等，减轻了洪水威胁，并疏浚了六塘河、柴米河等排涝干支河流，建造了五图河闸、善后河闸、南潮闸等挡潮闸，改善了排涝情况。从1949年年底至1955年6月止，国家用于江苏省水利建设投资达到29214万元，完成了较大的涵闸等建筑物工程26483座，土方88600万立方米③。

但是，由于江苏位于诸大流域的下游，受水面积大，加之新中国成立前水利基础太差，全省仍有1100万亩的农田经常遭受水旱灾害。各地区普遍存在着亟须解决的问题。

比如，徐淮粮棉区，由于沂沭泗洪水尚未得到安排，洪涝灾害仍很严重，灌溉除依靠微山湖外，别无灌溉水源。这些问题造成徐淮地区的粮棉产量低且不稳，全年耕地利用种植指数仅140%，平均亩产量仅114.2斤，为全省最低水平。

又如，里下河麦稻区，因淮河特大洪水尚未得到安排，洪灾问题没有得到解决；沿海垦区各港大部分没有整治，内涝也很严重；灌溉方面因渠道不够，不能输送足够的水源供给农作物的需要。因此，这一地区平均亩产量仅196.9斤，远远低于全省平均水平。

为使全省的水利条件满足农业合作化运动以后农业增产的要求，《初步规划》提出，当前江苏省的水利建设，应“根据蓄泄兼施，治本治标结合防洪、防涝、防旱并顾的原则，配合流域治理，积极举办防洪、排涝、灌溉工程，大量兴办小型农田水利，有条件地发展机电灌排和小型水力发电工程，并认真做好国营农场的水利建设，扩大耕地面积，要求在今后五年内基本上消除全省普通的

---

① 《一九五六年到一九六七年全国农业发展纲要（草案）》，《建国以来重要文献选编》（第八册），中央文献出版社，1994年8月第1版，第51页。

② 同上，根据《纲要（草案）》第六条计算而得，第49页。

③ 江苏省水利厅：《江苏省水利建设初步规划》（1956年2月2日），江苏省档案馆馆藏档案：3224-2-0148。以下摘录本规划的内容皆出自于此，不再一一作注。此外，规划中关于苏南地区的部分，不做引用。

洪、涝、旱灾”，具体要求是：

第一，防洪方面：一般河流需能抵御百年一遇频率的洪水灾害（淮河需安排五百年频率的洪水）。确保洪泽湖大堤、里运河堤及关系到城市、铁路交通和大面积农业生产的堤防，在任何情况下的安全。

第二，排涝方面：浚河工程要按照抵御十年一遇雨涝的标准做足；不同地区根据具体情况，采取沟塘蓄水、腾空底水和利用机械、人力、风力等方法，达到遇二十年至三十年频率的雨量时，能及时排出积水，不影响农作物的生长。

第三，灌溉方面：有水源的地区要确保各种作物的需水量；水源困难的丘陵、高田地区，要求每亩供应水稻田300立方米的水量、旱作物100立方米，保证70天不下雨的情况下不受旱。

根据上述三个方面的具体要求，《初步规划》对近期的水利工程建设，做了如下安排：

第一，大型工程方面：

沂、沭、泗地区：（1）积极举办骆马湖黄墩湖的蓄洪灌溉工程和宿迁大控制，扩大嶂山切岭（包括建闸），加固新老沂河堤，使能安全行水6000秒公方，根本解除1000余万亩农田特大洪水的威胁，并结合发展约600万亩的灌溉水源。（2）加固新沭河堤，使能安全行水3800秒公方，并修建石梁河（或龙门）水库，拦蓄约100万亩的灌溉水源。（3）培修微山湖埝，扩大中运河、不牢河的排泄能力，并利用微山湖蓄水发展200余万亩灌溉水源，同时要疏浚微山湖西及郯新邳苍地区的排涝干河，以消除该地区的内涝灾害。（4）疏浚沂南、沂北地区的排涝干河，并建筑灌河、临洪河、车轴河等闸，以消除该地区的内涝灾害。（5）结合航运整治盐河，利用淮水发展400万亩左右的灌溉水源。

淮河下游地区：（1）继续扩大入江水道，开辟入海分洪道，加固洪泽湖大堤，以解除里下河地区特大洪水的威胁，并结合解决渠北和高宝湖地区的排涝问题。（2）疏浚四大输水干渠，整治灌溉渠系，以解决里下河地区的输水灌溉问题。（3）疏浚沿海排涝干河，兴建新洋港、斗龙港、川东港、王港等挡潮闸，彻底消除里下河地区的内涝灾害。（4）疏浚安河、濉河以解除废黄河以南广大农田的内涝灾害。

在大型工程方面，连同沿江及太湖地区开河建闸工程，共需开挖土方12余万立方米。其中属于投资补助的农田水利工程土方12984万立方米（约动员劳力187万人，占农业总人口的5.1%，每年实做100个工日），建筑大中型涵闸共389座，其中大型60座，中型329座，估需经费108510万元；属于投资补助的农田水利工程经费3167万元。这些工程完成后，可以解除3000万亩农田的洪水威胁和2500万亩的内涝灾害，并能发展2000余万亩农田的灌溉水源。

第二，小型农田水利工程方面：

1. 丘陵地区：根据现有1070万亩耕地面积，按水稻田每亩供水300公方、旱作物每亩供水100公方，抗旱七十天的要求，现有四十余万处各种塘坝、涵闸等蓄水效能约可供应220余万亩水稻田，十余万亩旱作物的灌溉水量外，应首先整修扩大和浚深原有塘坝，增加蓄水量，并配合林业、农业措施，兴办谷坊、拦沙坝、截水沟、小水库、大型塘坝、囤水田等工程，共需开挖土方约33992万公方，石方703万公方，可蓄水116000余万公方，达到增加旱改水440000亩，水浇地508万亩，改善灌溉433万亩。水土保持面积，基本控制3100平方公里，初步控制1600平方公里。

2. 平原地区：在现有61925万亩耕地（水稻田1405万亩，旱地4787万亩）中，除改善原有灌溉设施553万亩及配合发展机电排灌等工程做好2130万亩渠道工程，和配合兴办骆马湖、盐河、微山湖等1200万亩蓄水工程做好支渠以下的输水工程外，在微山湖西北的丰县、沛县、赣榆、东海、盱眙等1200余万亩缺乏水源的地区积极进行打井约60万口，并普遍开展沟洫田间工程，共需开挖土方152000余万公方，达到旱改水1073万亩，水浇地2619万亩，改善灌溉1947万亩，排水面积429万亩。

3. 低洼地区：在现有2232万亩耕地中（水稻田1420万亩，旱作812万亩）除配合做好引潮灌溉和机电提水的渠道工程外，在圩田地区普遍整修加固堤岸，建筑隔堤，开挖沟洫，在徐淮洼地全面做好沟洫畦田。计土方93000余万公方，达到水浇地203万亩，改善排水面积2002万亩（其中沤改旱785万亩）。

以上工程共需开挖土方28余亿立方米，计动员360万人，占全省农业人口的10%。对于工程的进度，《初步规划》预计：“每年施工100个工作日，平均工效以3立方米计算，每年可完成10亿多立方米，三年内即可全部完成任务。”

第三，国营农场的水利建设方面，要求今后发展175万亩国营农场的水利建设，估需劳力2605万工日，开挖排水和灌溉渠道土方5209万立方米，连同各种涵闸建筑物估需投资3508万元。

第四，在发展机电灌溉和排水方面，那时全省有条件发展机电工程的农田共有4000万亩，除加强和发挥现有9万匹马力机电设备的效能，要求在今后5年内，发展520000匹马力（其中电力360910匹马力，机械159090匹马力），解决38338500亩农田的灌溉与排水，达到全省有条件使用机电抽水农田的92.1%以上。

第五，水力发电方面：要求配合排洪灌溉工程，兴建中小型水力站10余处，其中以高良涧发电量为最大，约10000万千瓦，杨庄发电量约2000千瓦，总计发电量约为14000余千瓦，以供给电耕、电灌和农村照明的需要，约需投资900万元。

对于上述所以水利建设的工程进度，《初步规划》计划动员540万劳动力（占全省农业人口的15%），以每年实做100个工日、每人每天平均做2.5立方米计算，每年共可做土方13亿立方米。按照这一标准计算，全部水利工程计划在5年之内完成。

通过上述内容可以看出，《初步规划》对全省水利建设提出了明确的要求，并制定了防洪、排涝、灌溉、小型农田水利、水力发电和水土保持等各个方面指标，是一个较为全面的全省性的水利规划。该规划反映出了江苏人民亟待摆脱水患灾害的愿望，也指出了江苏治水亟待解决的问题，但是，以1956年江苏省的经济水平，特别是国家财政补助的能力，规划所确定的任务是完成不了的。由于"农业四十条"的冒进性质，江苏最早的水利规划也带有相当的"冒进"倾向。

二、极"左"方针在江苏的贯彻

1957年9月，党的八届三中全会以后，各省、自治区、直辖市纷纷召开党的代表大会，贯彻中央的反"反冒进"政策，采取"四大"的方法反对右倾保守。江苏省紧跟中央的形势，召开了数次会议，执行贯彻中共中央的极"左"方针。在这几次会议上，水利作为农业增产的重要措施，得到了重点的讨论。在"左"倾思想的干涉下，对1956年2月的《初步规划》制定的全省水利建设的任务，作出了很大的调整，任务不断加码，并先后出台了两份水利"跃进"计划。

第一次是江苏省第三届代表大会第二次会议。

1957年11月1日至12月12日，江苏召开了全省第三届代表大会第二次会议，预备会议34天，正式会议8天。会议采取鸣放方式，批评了右倾保守思想和"反冒进"，贴出了15000张大字报①。为了推进江苏省"大跃进"运动的开展，省委书记刘顺元发出了"提前达到五百斤、八百斤的增产指标"的指示。兴修水利作为农业增产的措施之一，在大会上进行了讨论，最后确定"二五"计划时期，全省的水利任务是：

> 在第二个五年计划期间，必须坚决贯彻中央"以小型为主，中型为辅，兴修必需和可能的大型工程"的方针，要求到一九六二年以前，全省计划做土方工程二十五亿公方；做大、中型闸坝一百三十四座，打井二十五万五千眼。

---

① 刘顺元：《中共江苏省第三届代表大会第二次会议预备会议的总结》（1957年12月3日），《中共江苏省第三届代表大会第二次预备会议上刘顺元的讲话、总结（记录稿）》，江苏省档案馆馆藏档案：3011-1-0112。

这些任务完成后，可以达到“根本改变江苏省的水利面貌”的目的，“水稻田将达五千万亩，水浇地二千五百万亩，彻底改善灌溉一千三百四十万亩，消除四千七百六十万亩农田内涝灾害的威胁，防洪能力将达到海堤和江堤在百年一遇的高潮和八至十级台风袭击下不决堤；淮河和沂沭河流域，在三百年至五百年一遇的洪水袭击下不成灾”。为了尽早实现这个目标，会议决定完成上述五年水利建设任务时，“要向前赶，不能向后拖，而关键在于前三年，特别是一九五八年。因此，必须从现在开始，立即掀起一个轰轰烈烈、广泛群众性的农田水利运动，保证完成和超额完成一九五八年五亿土方和大中型建筑物三十座的任务”①。

通过会议上对全省水利任务的规划，以及水利建设的目标、任务完成的时间，人们可以看出，这次会议已经有了极“左”的倾向。

第二次是江苏省第三届代表大会第六次全体委员会议扩大会议。

1958 年 1 月 17 日，江苏召开了全省第三届代表大会第六次全委扩大会议。会议为期一天，主要是贯彻中共中央八届三中全会精神，讨论、制定本省的农业发展规划。会议除通过了《江苏省农业规划（草案）》之外，同时还通过了水利、肥料、繁殖耕畜、土壤改良、农业改制、防治病虫害等 16 个单项规划（草案）。在“反冒进”浓厚的气氛中，会议制定的各项规划，对三届二次会议的任务“加了一点码”“促进了一下”，明确了实现农业发展纲要的期限，“苦干五年，基本实现实现农业发展纲要”。在水利方面，会议也提出了明确的要求：

> 三年基本解决江苏水利问题。三年完成大小水利工程 30 亿土方。水稻面积（包括水浇地）发展到 7100 万亩。现在我们完成了 3 亿土方，进度是比较慢的。但是，我们是在党代表大会以后形成高潮的，到现在只有一个月的时间；按现在的进度，一天完成 2000 万土方，5 天就可以完成 1 亿。因此，要求在春节以前完成 6 亿土方，清明以前完成 10 亿。任务是紧的。安徽是 3000 多万人口，已经完成 14 亿土方，我们江苏 4400 万人，如果完不成 10 亿土方也不像样。……②

上述 17 项规划（草案），并没有在会后立即下发，而是于 3 个月后的 4 月 16 日，省委办公厅将它们下发给各地贯彻执行。这期间，成都会议继南宁会议后召开，各地各部门从上到下，开展反右倾，批判经济建设中的所谓“稳健派”“观

① 刘顺元：《江苏全党动员起来，为提前完成全国农业发展纲要的任务而奋斗》（1957 年 12 月 3 日），《刘顺元、惠浴宇、许家屯在全省三届二次党代表大会上的报告》，江苏省档案馆馆藏档案：3011-3-0314。

② 江渭清：《我们苦干五年基本实现农业发展纲要四十条》（1958 年 1 月 17 日），《刘顺元、许家屯、惠浴宇在中共江苏省三届代表大会第二次会议上的报告和江渭清在会议闭幕式的报告》，江苏省档案馆馆藏档案：3011-1-0144。

潮派”“促退派”，使“高指标”和“浮夸风”日益盛行。江苏也先后召开了全省第三届代表大会第七次全委会议（1958 年 2 月 2 日至 15 日）和地、市、县委书记会议（1958 年 2 月下旬至 3 月上旬）。在这两次会议上，再次追加了规划任务，最后颁布了《江苏省水利规划（草案）》。

三、高指标的“4 月草案”

省委于 1958 年 4 月 16 日下达的《江苏省水利规划（草案）》（因其是在 4 月下发的，故以下简称“4 月草案”），共分为总的目标和任务、工程标准、主要工程项目和工程经费及投资补助政策四个方面的内容。

第一，全省水利建设的总的目标和总任务。

“4 月草案”提出了全省水利建设的总的目标：“1958 年基本上实现全省水利化，1959 年扫尾。做到：水田亩亩有灌溉，旱田片片有水浇，堤防条条不出险，洼地块块不受涝，山区处处保水土，平原河道能通船”①。“基本实现水利化”即为“4 月草案”规定的“二五”计划时期全省水利建设的总的方向和目标。

为实现这一目标，在贯彻中央提出的“以蓄为主”即“防洪、治涝、灌溉、航运相结合”方针的前提下，安排 1958 年和 1959 年全省水利建设的任务是：

1958 及 1959 二年内，共要完成大、中型建筑物 232 座，其中 1958 年上半年要完成 34 座；1958 年下半年（到 1959 年 3 月底前）要完成 148 座；1959 年要完成 50 座。共要完成土 76.6 亿公方（其中大型工程土方 11.9 亿公方）；1958 年汛前要完成 35 亿公方（其中大型工程土方 2.2 亿公方）；1958 年下半年要完成 27.1 亿公方（其中大型工程土方 4.1 亿公方）；1959 年要完成 14.5 亿公方（其中大型工程土方 5.6 亿公方）。

这个计划到底有多“跃进”呢？我们来与 1956 年的《初步规划》做一个比较，《初步规划》安排每年做土方 13 亿立方米；而“4 月草案”要求两年做 76.6 亿立方米，平均每年要完成 38.3 亿立方米，是《初步规划》任务的近 3 倍！

第二，工程标准。

除了土方任务方面的要求，我们再来看“4 月草案”对防洪、治涝、灌溉、水土保持、降低地下水位等方面的工程所要达到的标准的规定：

① 《江苏省水利规划（草案）》（1958 年 4 月 6 日），江苏省档案馆馆藏档案：3224-1-0058。以下摘录的该规划的内容不再一一作注。

（一）防洪方面：淮、沂、沭、泗流域确保五百年一遇的洪水，堤不溃决，对千年一遇的洪水有对策；长江确保百年一遇的洪水与十级台风，堤不溃决；重要城市、工矿、铁路的堤段达到抗御三百年一遇洪水的标准；海堤、海塘确保百年一遇的最高潮水位与十二级台风，堤不溃决；太湖、里下河圩堤确保五十年一遇的洪水与十级台风，堤不溃决。

（二）治涝方面：目前达到十年一遇的降雨频率不受涝，今后通过预降水位，挖深沟塘，增加容蓄量，机电排水等措施，达到在二十年或三十年一遇降雨频率下不受涝。

（三）灌溉方面：必须保证每亩灌溉水量，单季水稻400-450公方，双季水稻600公方。水浇地，废黄河以南及长江以南地区单季120公方，双季200公方；废黄河以北地区，单季150公方，双季240公方。

（四）水土保持方面：三日暴雨量200公厘[①]水不下山，土不流失；三日暴雨量200公厘以上，清水下山，水不出川。

（五）地下水位方面：棉田降低至地面以下1.5至2公尺，杂粮田降低至0.8至1公尺。

这几个方面的工程标准，比《初步规划》亦有提高。

第三，为实现全省水利建设的总目标，充分发挥已有水利工程的作用，1958年和1959年两年内，需要兴建一些“必要的关键性的大型工程”。这些大型工程主要有：

首先，淮、沂、沭、泗流域的防洪问题必须尽先得到安排。在规划上……提出了分淮入沂综合利用工程及骆马湖水库工程。这些工程都要求在1959年灌溉季节前完成，骆马湖水库在1958年汛期开始蓄水。……

其次，全省的排水干河要在兴修小型水利的基础上进行疏浚，并在江、海、河口建闸控制，既可以排水，又能蓄水及控制水位，发展和改善灌溉。主要工程有：沂北地区的黄泥蔷薇河疏浚及临洪河建闸、古泊善后河疏浚及建闸；沂南地区的灌河闸；白马湖、高宝湖地区排涝灌溉工程；通扬运河以南地区排涝灌溉工程；南官河及白塔河灌溉工程；南通九圩港地区排涝灌溉工程；沿海棉垦区的王港、斗龙港地区排涝及川东港地区排涝工程；苏南及苏北沿江并港建闸；苏南地区的镇武运河疏浚及建闸、太湖西排涝灌溉工程、秦淮河治理工程等，以及结合航运的大运河治理工程。

---

① 公厘：现已废止的计量单位，相当于法定计量单位中的毫米。即1公厘=1毫米。以下引文中再次出现“公厘”时，不再一一作注。

以上这些工程，被看作是实现全省水利化的关键性工程，要求必须在1959年年底之前全部完成。在完成这些工程的基础上，可以继续开展1960—1962年的工程。“4月草案”对“二五”计划后三年的水利规划是：

除进一步改善和巩固已完成的水利工程及调整灌排渠系，加强灌溉管理、计划用水、计划排水，以充分发挥全部水利工程的作用与效益外，还要进行以下的大型工程：引黄济运灌溉工程、引江济淮电力提水工程、芜太运河及固城湖、石臼湖治理工程、皂睢运河、太湖流域治理、江海堤的培修加固工程、长江下游重点保坍工程、淮河归江河道疏浚以及各主要航运整理与船闸工程等。完成上述工程，使全省的灌溉水源更有保证，防洪标准可以进一步提高，并完成江、海、河、湖四通八达的航运网。

“4月草案”对工程项目的安排，成为“大跃进”时期水利建设的依据之一。为使读者对“4月草案”规定的“二五”计划时期全省水利工程有一个更加直观、更加清晰的认识，特将这些工程项目及其具体任务制作成表格（见表5-1）。

表5-1　《江苏省水利规划（草案）》规定的全省水利事业基本建设工程项目表

工程项目	土方数量		起止年度	备注
	土方（万立方米）	建筑物（座）		
全省总计	142932	286	1958—1962	—
内：中央投资	88977	147	1958—1962	—
地方投资	53955	139	1958—1962	—
其中主要工程：				
1. 分淮入沂工程	11373	55	1958—1959	包括二河闸、淮沭新河、干河建筑物、朱码头等工程
2. 骆马湖工程	4100	9	1958—1959	包括宿迁及嶂山控制、新沂河堤加固、骆马湖灌区等工程
3. 微山湖西排涝工程	4555	—	1958—1959	包括微山湖埝，复新河、大沙河整治，机械排灌工程
4. 邳苍地区排涝	4396	2	1958—1959	包括江风口分洪道、中运河拓浚、铁路桥、林白湖圈堤等工程
5. 运西地区排涝	6890	3	1958—1959	包括濉安河地区扩浚，房亭河、安河及皂河等开浚工程

（续表）

工程项目	土方数量		起止年度	备　注
	土方（万立方米）	建筑物（座）		
6. 沂沭河整治	5570	3	1958—1959	包括石梁河水库，龙门水库及新老沭河、老沂河培堤等工程
7. 沂北排灌工程	5590	20	1958—1959	包括黄泥蔷薇河疏浚，青口河水库，临洪河闸，善后河、古泊河等疏浚
8. 沂南排灌工程	3180	2	1958—1959	包括灌河疏浚及建闸，柴米河疏浚等工程
9. 洪泽湖蓄垦工程	4619	3	1958—1960	包括洪泽湖挡浪堤、防浪林，张福河闸、三河闸、高良涧船闸加固工程
10. 大运河治理工程	7774	23	1958—1959	包括不牢河、中运河、里运河、镇武运河疏浚及丹徒闸、奔牛闸工程
11. 高宝湖、白马湖排灌工程	2644	3	1958—1959	包括三河至夹沟堤防、周桥闸、浚河及抽水机站工程
12. 里下河排涝工程	9640	2	1958—1959	包括斗龙港闸、射阳河船闸、里下河区河道疏浚工程
13. 沿海垦区排涝工程	5983	11	1958—1959	包括大丰闸、王港闸、川东港闸、大漾港闸及河道疏浚工程
14. 灌溉总渠排灌工程	3940	11	1958—1961	包括北渠排水整理、运东船闸、阜宁船闸、阜坎北船闸及灌溉渠首工程
15. 通扬运河以南排灌工程	2272	27	1958—1959	包括南官河、马甸港、天星港、六圩港、八圩港、夏仕港等建闸浚河工程
16. 引江济淮工程	16000	6	1958—1962	包括白塔河，南官河建闸引水及三万瓦电力抽水站等工程
17. 滁河、秦淮河流域治理	3490	15	1958—1959	包括滁河、秦淮河疏浚河道，武定门建闸及山区水库等工程

（续表）

工程项目	土方数量		起止年度	备　注
	土方（万立方米）	建筑物（座）		
18. 九圩港地区灌溉工程	5800	10	1958—1959	包括九圩港、碾砣港、龙游河建闸浚河，九圩港电力抽水机站等工程
19. 南通专区沿江排灌	3995	12	1958—1959	包括任港、老洪港等沿江并港建闸及通吕运河、通启海河等疏浚
20. 太湖湖西排灌工程	6000	10	1958—1961	包括湖西河道疏浚，东坝引水工程，宜兴节制闸、船闸等工程
21. 太湖湖东通江各港治理	4650	16	1958—1962	包括浏河、扬林、浒浦、福山各口建闸浚河及东太湖蓄垦工程
22. 黄浦江建闸及上游河道治理	3000	4	1958—1962	包括黄浦江闸及船闸，上游惊愕道治理，蒲汇塘均建闸等工程
23. 江海堤防加固	8376	2	1958—1960	长江江堤，苏北海堤，苏南海塘加固工程
24. 国营农场及垦荒	4160	—	1958—1962	原有农场及新建农场场外水利工程
25. 水力发电	—	—	1958—1962	前两年兴建大、中、小型水电站35000瓦

资料来源：《江苏省水利规划（草案）》（1958年4月6日），江苏省档案馆馆藏档案：3224-1-0058。

第四，在工程经费及投资补助政策方面，“4月草案”规定：除大型流域性防洪工程、大型灌溉排涝干河的枢纽工程及500万立方米以上的工程、电力灌溉排水的远距离的高压输电线及大型机电提水站和较大的水力发电站由国家投资外，其余的工程“主要依靠农业社自己的力量去完成”。按照上述规定计算，“二五”计划时期，全省的水利建设需要国家投资9亿元，其中1958年需投资3.22亿元，1959年需3.32亿元。其余工程需要各县、市及农业社自筹经费解决。农业社除了负担中、小型工程的全部土方外，还要投资约6亿元。

以上便是“4月草案”的主要内容。“4月草案”对全省水利建设的总的任务和工程标准的提法，已经暴露出明显的极“左”“跃进”思想；尤其是在土方任务的计划上，比原来的任务翻了两番。因此，这一规划“算是够大胆的了”。

但在“大跃进”的形势下，这个规划被认为是“保守”的。不久，一份更加“跃进”的水利规划被抛出来了。

四、层层加码的“7 月提纲”

“4 月草案”下达后不久，中共八届二次会议召开。这次会议使“大跃进”在工业和农业战线上不断升温。所以，“4 月草案”又跟不上形势，成为落后、保守的了。在这种情况下，省委于 1958 年 7 月 28 日重新将“4 月草案”下发给各地讨论，要求继续提高计划指标。

经过各地、市、县委讨论后，在“4 月草案”的基础上，省委对各项任务的制定再次加码，制定出一个新的全省水利规划，名为《江苏省水利规划提纲（草案）》（以下简称“7 月提纲”）。“7 月提纲”共分为总要求和总任务、情况分析及灌溉水量估计、治理原则、综合利用、分片规划、关键性工程、水力风力利用、工具改革和其他具体问题九大部分。

第一，关于总要求和总任务。“7 月提纲”对水利任务的加码，首先表现在总要求和总任务上。总的要求是这样表述的：

鼓足干劲，大干一冬春，基本上消灭全省严重性的旱涝灾害，达到：一年不雨保灌溉，日雨 5 百公厘不成涝，千年洪水不出险，普植林带防台风，水力、风力、水面多利用，县市乡社能通船①。

中共八届二次会议后，省委要求水利方面要在“4 月草案”的基础上，提高计划指标。提高计划标准要有依据，当时全省最大点雨量为扬州六闸水文站测到的一日暴雨量 448 毫米，但对这个标准“仍感到不够”，就索性将“日雨 5 百公厘不成涝”确定为全省统一的防涝标准，防洪标准提高到“千年洪水不出险”。

为达到这个总要求，各项工程标准也要相应地提高：

灌溉标准：单季稻每亩水量 600 至 800 公方，双季稻每亩 800 至 1000 公方，旱作物单季每亩 200 至 250 公方，双季每亩 400 至 500 公方。

治涝标准：日雨 350 公厘全拦蓄，超过了平槽排出。

水土保持标准：日雨 350 公厘不下山，超过了清水下山。

地下水控制标准：三麦及其他旱作 1.5 公尺，棉花 2.5 公尺。

水力、风力利用标准：尽量利用水头及潮差，每秒 1 公尺左右的流速、2 级

---

① 《江苏省水利规划提纲（草案）》（1958 年 7 月 28 日），江苏省档案馆馆藏档案：3224-2-0381。以下摘录的该规划的内容不再一一作注。

以上的风力等自然资源，做到乡乡社社有加工厂、发电站。

通航标准：省道通1千至2千吨轮船，县道通5百至1千吨轮船，乡道通1百至3百吨轮船，社道通木船。

为达到上述标准，“7月提纲”确定全省水利建设总的任务是：

全省需挖土方173亿公方。农田水利占149亿公方，其中：支河570条，土方15亿公方；大沟3700条，土方20亿公方；中沟1.7万条，土方46亿公方；小沟32.9万条，土方50亿公方。丘陵山区水库8千座，塘坝3.3万座，土方18亿公方。干河土方24亿公方。大、中型建筑物355座，小型建筑物34万座。机井5万6千眼。

那么，完成这173亿立方米的土方任务，需要多长时间呢？“7月提纲”规定：

根据以上任务，干河土方平均工效以8公方计，施工150天，需动员147万人；农田水利土方平均工效以10~18方计，施工200天，需动员民力594万人。

也就是说，完成全部173亿立方米的土方任务，总共需要350天。这一任务是远远脱离实际的，是不可能实现的。对比两个数据便可以看出，1949年10月至1957年11月底，全省累计完成土方18亿立方米①，即平均每年完成2.25亿立方米土方。再从中选择一个水利建设的高峰年来看，1956年全省完成土方数量2.26亿立方米②，仅仅是173亿立方米的0.013%！“7月提纲”任务的不切实际，一目了然。

此外，“7月提纲”提出的动员民力的数量，也是不科学的。要求动员741万人，占当时农业人口的20%多。这个比例，远远超出了水利民力占农业总人口的合理比例。

第二，“情况分析及灌溉水量估计”部分，对全省所需的灌溉水源作出了估算，全省共需灌溉水量800亿立方米。除可利用的现有湖泊水库调节的水量250亿立方米外，其余550亿立方米需要通过以下途径解决：一是在平原坡洼地区，开深沟、打深井，丘陵山区大型塘库，要求再拦蓄雨水111亿立方米；二是引浅层地下水及回归水35亿立方米，抽深层地下水40亿立方米；三是利用自然条件扩大引用江水、黄水296亿立方米；四是利用里运河和苏北灌溉总渠，抽引江水68亿立方米。此外，为保证现有湖泊调节水量的充足，要使洪泽湖蓄水位达13.5米，高邮湖水位6米，骆马湖水位22.5米。

---

① 《江苏省水利事业第二个五年计划（草案）》，江苏省档案馆馆藏档案：3224-2-0309。

② 《江苏省1956年水利工作总结》（1956年12月31日），江苏省档案馆馆藏档案：3224-1-0021。

第三，关于“治理原则”，“7月提纲”指出，在遵循中共中央“三个为主”治水方针下，各地区应采取下述原则：

丘陵山区：坡沟兼治，治坡为主，荒山绿化，耕地梯田化，环山开沟，沟塘井库相连，建成自流灌排系统；平原坡地：实现“梯级河网化”，按照地面高低，分片分级四控制（控制地下水位、蓄水深度、排涝水位、航运水位），开河成网，沟深底平，级级拦蓄控制，做到上下左右能通航，江海河湖皆相连。圩田地区，可按照“梯级河网化”的治理原则，对原有河网积极加以改造，部分死洼地区，应因地制宜，蓄水养鱼，种植水生作物。通过以上不同治理原则，大中小型工程密切结合，达到防洪、排涝、灌溉、防风林带、水电、航运、机耕、公路、水产、灭螺等全面综合利用的目的。

“7月提纲”提出了一个很重要的概念，叫作“梯级河网化”。这个“梯级河网化”是“大跃进”时期江苏省水利建设的核心内容，也是江苏省“大跃进”运动的一个重要表现。这是下一章所要论述的主题。上段引文对“梯级河网化”进行了解释，即“按照地面高低，分片分级四控制，开河成网，沟深底平，级级拦蓄控制，做到上下左右能通航，江海河湖皆相连”。接着，“7月提纲”提出了建“梯级河网化”的具体要求：

梯级河网化应做到“深”、“网”、“平”。深有“四深”：沟（河）深、塘深、井深、库深，它的特点是“水大不漫，水小不干”，可以全面拦蓄各种水源，达到“四多”、“二好”，就是蓄水量多，引用浅层水多，养鱼多，遇特大暴雨排出水多；控制地下水位好，通航好。网有“四网”：“社网”、“乡网”、“县网”和“省网”，社网是沟渠井塘库五相连，乡网是大中小沟河相通，县网是干支河交叉成网，省网是江海河湖运全通。沟河如果不连成网，不能互通有无，蓄泄能力有限，也就不能“大蓄、大排、大调度”。连成网以后，可以化整为零，以小代大，小中出大。平有“二平”：每区每片每个梯级内，河底平、沟底平，它的好处是可以节节蓄水，到处通航，到处引水。

第四，在水利建设的综合利用方面，提出了水利规划要做到“八结合”，即工程布局与机耕、居民点相结合；沟、渠、林、路、肥相结合；灌排、航、渔相结合；桥、闸、水能、航运相结合；沟、塘、井相结合；护堤、造林相结合；山区农、林、水、牧相结合；结合深翻，挖土筑畦。做到这八个方面的结合，水利工程便能发挥综合利用的目的。

第五，“分片规划”部分，将全省分为徐淮地区、通扬盐地区和苏南地区三大片。要求徐淮地区“必须实现梯级河网化”；通扬盐地区则要“充分利用地方径流及地下水，积极开辟引江河道，集中引水，分散送水，大引、大蓄、大排”，使“江连湖，湖连河，河通海”，变“死河网”为“活河网”；苏南地区也要“全部河网化，扩大通江河道”。

第六，为解决全省的灌溉水源，除了正在进行的分淮入沂、沂沭泗流域治理等工程外，必须兴建以下“关键性工程”：

引江济淮工程：主要开南官河引江水，穿通扬运河入里下河，分散送水。干线经卤汀河、射阳河出海，总称引江河。拓浚通扬河，调节输送江水，结合航运。在南官河口及通扬运河西口各建引江闸1座，并建邵伯湖口控制工程，高邮湖作为蓄水库，在邵伯、大汕子先设3万瓦抽水机站，灌排两用。

通榆运河工程：自南通九圩港起，建引江闸，利用通扬运河南段，北到海安，建船闸，再北利用串场河，经东台、盐城至阜宁西北，穿过灌溉总渠及废黄河，建船闸2~3座，再北至顺河集，接通盐河，直达新海连市和赣榆，总称通榆运河。今冬拟先做到阜宁。

这两项工程，其实就是“引江济淮，江水北调”工程，通榆河是引江河道之一。引江济淮工程是苏北在“大跃进”时期上马的一项大工程。尽管此后的规划设计与此处略有不同，但“7月提纲”提出了这一工程计划。除了上述工程外，还需建海堤河工程、引黄灌溉工程、沂河防洪工程、芜沪运河及太湖控制工程等关键性工程。

第七，关于水力、风力的利用问题，提出坚持“依靠群众、以小型为主、以生产服务为主、有条件地发展照明”的方针，对水头、潮差、流速及风力加以全面利用。要把水力、风力与沼气、火力发电构成电力网，为“在两三年内实现农村机械化、电气化创造条件”，要求1958年冬至1959年春，“在全省开展一个实现‘七县百乡’的农村初步电气化运动，做到每专区至少有一个县，其他县至少有1~2个乡树立电气化旗帜”。

第八，关于工具改革问题。对于“工具改革运动”，当时《人民日报》的解释是：“群众性的以工具改革为中心的技术革新运动”①。其实，所谓的“工具改革”，并不是真正意义上的技术革新，只是为了适应“大跃进”对工作效率提高的要求，对生产工具进行简单的加工改造。在水利工具方面，就是要改人抬肩挑为用小车推土。这个问题，后文将详细谈到。“7月提纲”要求，基建土方工程，70%使用铁木轨四轮平车或胶轮车，共需配备56万辆；其余30%使用铁木轨独轮车或子弹盘木轮车，共29万辆。使用这些“先进”工具后，要求平均工效达到8立方米。

---

① 《加强工程改革运动中的科学研究工作》，《人民日报》，1959年4月8日，第2版。

第九个部分，谈到了几个具体问题：一是规划、设计、施工的分工，要求省负责阐明全省规划意图；为加强对施工的统一领导，将省水利厅工程局各区队下放各专区领导；专区负责地区的规划；县负责本县规划并协助乡的规划。二是树立典型。三要加强与邻区的协作。四是关于投资经费管理问题。五是工具准备问题。六是对增产节约方面的要求。七是要执行检查验收制度。其中值得一提的是，投资经费和工具准备这两个问题，规定经费投资方面：

省对水利工程的投资补助范围，限于一千万公方以上的干河土方工程，其民工工资标准，除淮沭河、大运河、洪泽湖防浪堤、嶂山切岭等每工日0.5元外，其余工程均为每工日0.35元；对500万公方以上、1000万公方以上的土方工程，施工条件特别困难的，可以酌予补助先进工具费的一部及民工口粮差额。对建筑物的投资，限于主要堤防、河道上投资在30万元以上的闸坝及水电站，蓄水量在一千万公方以上的水库工程。其他工程应由农业社投资，或县财政酌予补助。

工具准备方面：

依靠群众做好物资器材准备，特别是水泥及铜铁，要求县县、乡乡、社社开办水泥厂及土高炉，做到农田水利工程所需水泥及钢铁完全自给。

投资补助的标准压得很低，工具还要“依靠群众”“完全自给”，“共产风”和“平调风”已暴露无遗。

1958年8月召开的中共中央政治局扩大会议（北戴河会议），将“大跃进”运动推向高潮。“7月提纲”又落后于形势的发展，再次追加任务量，最终形成了以梯级河网化为中心任务的全省水利规划（将在第七章展开讨述）。在这些规划的指导下，全省开展了规模空前的水利建设运动，建成了一大批水利工程，一定程度上奠定了全省水系的新格局。

第三节　“大跃进”时期水利工程概述

尽管“大跃进”时期江苏的水利规划十分“跃进”，但是，不得不承认，1958年至1960年，苏北地区乃至江苏全省，在水利工作方面取得了不小的成绩。兴建了一系列全省骨干性的大型工程，各地区的小型农田水利工程更是不胜枚举。这些水利工程的兴建，大大改善了苏北地区的水利面貌，一定程度上奠定了全省新的水系系统。

1958年至1960年，国家对江苏省水利建设的投资达6.1亿元，相当于1957年以前8年投资总数的1.2倍。共耗用水泥25万吨，木材8万立方米，钢材2.3

万吨，均相当于前8年耗材总量的一到两倍。全省共做12.5亿个工日，完成土石方28亿立方米；新开、疏浚较大的河道140条，建成大中型涵闸102座；全省实际库容在10万立方米以上的水库达569座，比1957年增加476座，防洪灌溉总库容比1957年增加19倍。全省机电排灌设备达到50万马力，比1957年增加了3倍①。“大跃进”时期苏北地区水利情况见表5-2所列。

表5-2 “大跃进”时期苏北地区水利对农业生产条件改善情况表

项 目	单 位	徐州	淮阴	盐城	扬州	南通	苏北地区合计
1957年灌溉面积	万亩	135	231.9	466.9	772.1	269.6	1875.5
三年增加灌溉面积	万亩	456.1	530	209.4	90.2	428.7	1714.4
1960年达到灌溉面积	万亩	463	657	648	840	698	3306
三年改善灌溉面积	万亩	179	527	853	504	433	2496
三年改善排涝面积	万亩	861.2	1087	518.4	487.1	999.5	3953.2
1957年机电灌排面积	万亩	3.6	34.8	28.7	98	18.5	183.6
三年增加机电灌排面积	万亩	306.9	206.9	316.9	375.7	231.9	1438.3
1960年达到机电灌排面积	万亩	310.7	241.7	335.6	473.7	250.5	1612.2
三年水土保持控制面积	平方公里	1692	462	—	80	—	2234

备注：①1960年大多数系初步统计数，其中机电排灌面积1960年发展数系计划数列入；②三年增加机电灌排面积总计数，包括了1960年农林、公安厅所属农场的发展面积在内；③三年改善灌溉和排涝面积，系根据每年进行治涝或改善灌溉面积的数字相加而得，因此有重复面积。

资料来源：《关于水利工程三年（1958—1960）成就和效益及配套情况》（1960年），江苏省档案馆馆藏档案：3224-2-0708。

一、防洪工程

防洪工程依然是1958—1960年水利工程的重点。在沂沭泗地区，扩大了中运河，新开了邳苍分洪道；在微山湖、骆马湖的口门，兴建了蔺家坝、宿迁大控制和嶂山控制工程；新沭河上兴建了石梁河水库；在淮河下游地区，“淮水北调，分淮入沂”工程全面兴建，完成了二河段河道及沿线枢纽控制性建筑物，为淮河下游洪水增加了出路；结合京杭大运河的兴建，加固或新做了里运河东西堤防，巩固了里下河广大地区的防洪屏障；在沿海地区，加固堤防，并港建闸，缩短了防洪线；在滨湖地区，着手兴办洪涝结合和大面积的机电灌排工程。这些工程的

① 《江苏省水利厅熊梯云副厅长的发言》（1962年6月19日），江苏省档案馆馆藏档案：3224-1-0120。这是熊梯云在江苏省第二届第三次人民代表大会上，关于全省水利建设总结方面的发言。

完成，使处理淮、沂沭泗洪水的要害工程有了基础。此外，各地还兴建了大量的水库，这对于防御洪水、保护下游平原圩区的安全，也发挥了很大作用。

二、排涝工程

全省大部分排水干支河都经过了疏浚；沿江沿海的主要港口，结合防洪灌溉，基本上已经建闸控制，增强了挡潮、排水的能力。在里下河水网圩区，进行了修圩建闸，兴建机电排水工程，部分圩区初步控制了地下水位；在平原坡地比较普遍地进行了“洪涝分开，高低分级”的治理工程，如在灌溉总渠以北地区兴建了穿运地下涵洞、排水渠腰洞等，初步解决了排水问题。由于以上工程的兴建，全省各地排涝标准都有了不同程度的提高。到1960年，全省能够抗御日雨200毫米的平原洼地已达1700余万亩，比1957年增加了1.5倍。比如，新沂河以南、以北地区的邳苍洼地，1959年和1960年连续两年都遇到200毫米以上的暴雨，受灾程度显著减轻；灌云县1959年遇到日雨400毫米的大暴雨，80%以上的耕地没有受灾。

三、灌溉工程

兴建了大量的蓄水引水工程，开辟了水源。在苏北地区，加强了湖泊蓄水；同时，在京杭运河苏北段和淮沭新河二河段开挖后，沟通了沂泗水和淮水，水源已经能够相互调度，并且为江水北调打下了基础。沿江两岸，建成了大批涵闸，开挖了新通扬运河等骨干河道后，引用江水的能力大大增强。在山区，兴建了大量蓄水库和机电翻水站，水源也显著增加。1960年，全省灌溉面积已达到3600多万亩，比1957年增加360万亩。在灌溉方式上也有了很大改进。比如，自流灌溉原来只有410万亩，1960年已达到870万亩；机电排灌面积原来只有620万亩，1960年已达到2300万亩。大部分县都有了机电灌排①。这些工程发挥了很大的效益。1959年夏秋，江淮下游长期少雨，淮河断流108天，洪泽湖水源严重不足。此时正值插秧季节，需要大量灌溉用水。于是，通过骆马湖、大运河、淮沭新河二河段，调来沂水30亿立方米，补给淮水灌区1000万亩水稻的插秧用水和灌溉用水；沿江两岸利用万福闸、江都闸，把江水直送到了南通、如东、如皋、东台、邵伯湖和里下河腹地，使里下河地区保持了比较适宜的灌溉水位，改变了过去“卤潮倒灌，河湖干涸”的状况。1960年，苏北地区再遇干旱，在抗御春旱中，由洪泽湖放出水量6亿立方米，骆马湖放出水量0.6亿立方米，供给

① 《江苏省水利厅熊梯云副厅长的发言》（1962年6月19日），江苏省档案馆馆藏档案：3224-1-0120。

了淮阴、盐城、扬州三个地区部分三麦等越冬作物和春播作物的抗旱用水，减轻了春旱所造成的损失。

此外，在航运、水产、水利的综合利用方面，较之前的情况也都有不小的改善。

第四节 “淮水北调，分淮入沂”工程

“淮水北调，分淮入沂”是在淮河和沂沭泗流域之间进行的跨流域调水工程，是江苏省最早进行的大型跨流域调水工程。“淮水北调”，就是引淮水北上，满足苏北地区发展水稻的灌溉用水的需要；“分淮入沂”，就是利用新沂河相机分泄淮河下游部分洪水，缓解淮河下游洪水出路不足的问题。“分淮入沂”沟通洪泽湖（即淮河）与新沂河的分洪道，也就是“淮水北调”的总干渠，因而两者实际上是相互结合的统一体。这一大型跨流域调水工程，是在全省大面积发展“旱田改水田”的情况下提出的，于1957年初开始规划，当年冬季开工，开工后不久，“大跃进”运动全面爆发，使工程受到严重影响，历经种种困难，至1981年才基本建成。

一、以“旱改水”为中心的农业改制

徐淮地区以“旱改水”为中心的农业改制，是“淮水北调，分淮入沂”工程实施的背景。

1957年10月25日，在党的八届三中全会上，中共中央对1956年1月制定的《一九五六年到一九六七年全国农业发展纲要（草案）》作了修改和补充，产生了《一九五六年到一九六七年全国农业发展纲要（修正草案）》（后简称“四十条”或《农业发展纲要》）。“四十条”要求从1956年开始到第三个五年计划末期的“十二年内，粮食每亩平均年产量，在黄河、秦岭、白龙江、黄河（青海境内）以北的地区，由一九五五年的一百五十多斤增加到四百斤；黄河以南、淮河以北地区，由一九五五年的二百零八斤增加到五百斤；淮河、秦岭、白龙江以南地区，由一九五五年的四百斤增加到八百斤”[①]。江苏省苏北地区，按照“四十条”所规定的各个区域的增产任务，要在“三五”计划末期，平均亩产量要达到500斤。

前文曾提到过淮阴地区的情况，它是个多灾多难的老灾区，因经常遭受洪涝

① 《一九五六年到一九六七年全国农业发展纲要（修正草案）》（1957年10月25日），中央文献研究室编：《建国以来重要文献选编》（第十册），中央文献出版社，1994年9月第1版，第638页。

灾害，农业产量极低且不稳定。全区约有1960万亩耕地经常遭受轻重程度不同的旱涝灾害，平均每年受灾面积达750万亩①，占全部耕地面积的38%。据1955年年底统计，全区耕地单位亩产量仅114.2斤②，为全省最低水平，距离500斤的目标相差甚远。

为根治徐淮地区的洪涝灾害，改变徐淮地区的贫困面貌，中共江苏省委在1956年7月3日召开的第三次代表大会上，通过了淮北地区除涝改制（改旱作物为水稻）的方针，即所谓的“旱改水”。当时，“旱改水”改制方针的提出，主要有两方面的原因。

第一，从几年来全省的粮食产量看，水稻产量高且基本保持稳定。全省主要种植水稻、三麦、棉花、杂粮等作物，其中，产量最不稳定且低产的是杂粮。1956年，全省杂粮面积4042万亩，约占秋季作物总面积7600万亩的53%，而产量为35.5亿斤，仅占秋季作物总产量173亿斤的20%③，种植面积大，但产量低。而淮阴专区就以种植杂粮和小麦等旱作物为主，旱作物种植面积达98%以上。当时就有人认为，种植产量低且不稳定的杂粮等旱作物，是淮阴专区长期贫困的原因之一。

相比较于杂粮，全省水稻产量一直是比较稳定的，且每年保持10%左右的增长速度。1956年，全省作物只有水稻是增产的，总产量为137.5亿斤，比1955年的134亿斤增产3.5亿斤。富庶的苏南地区，就以种植水稻为主。松江、苏州两个专区耕地面积达1400万亩，为淮阴专区的70%；而1956年粮食产量达76亿斤，为淮阴专区的380%④。苏南种植水稻与苏北种植旱作物在产量方面的差距，是省委提出在徐州、淮阴地区实现“旱改水”的重要原因。

第二，水稻不仅产量高，而且能够减轻内涝，加速盐土改良。淮阴专区境内有不少洼地，如司家荡、马厂荡、田户荡等，因排涝河道标准普遍较低，且蓄洪能力较弱，涝水无法及时排出，因此极易受涝，且不能种植旱作物。天津利用洼地种稻的经验，给了淮阴专区一种启发。天津地区1956年实行了洼地改造，主要是利用洼地种稻：浅水种淀稻，洼边种水稻，地势稍高的地方种旱稻。洼地改造比较成功的团泊洼，共有排水无出路的死洼地47万亩，除19万亩最低地划为

---

① 《“淮水北调、分淮入沂”规划意见》（1957年），江苏省档案馆馆藏档案：3224-2-0319。

② 《江苏省水利建设初步规划（草案）》（1956年2月2日），江苏省档案馆馆藏档案：3224-2-0148。

③ 江苏省水利厅：《关于徐、淮地区水利工程的规划意见》（1957年1月3日），江苏省档案馆馆藏档案：3224-2-0216。

④ 《“淮水北调、分淮入沂”规划意见》（1957年），江苏省档案馆馆藏档案：3224-2-0319。以下该规划内容皆引自此档案，不再一一作注。

鱼苇区外，1956 年种稻 23 万亩（其余 5 万亩为高地旱作），并采用了电力排水和自流灌溉的措施。23 万亩稻作物中，有水源的 12 万亩种了水稻，其他有 3 万亩种淀稻、8 万亩种旱稻，原本颗粒无收的洼地，开始收获粮食。利用洼地种稻，不仅能扩大种植面积，增加粮食产量，还使原本没有用处的涝水有了可用之处，减轻了内涝，因而得到了国家的支持。1957 年国家投资 343 万元，用于进一步进行洼地改造。

如果说天津的经验证明了洼地种稻可以减轻内涝，那么，江苏本省盐城的射阳县则证明了种稻可以改善盐碱地。苏北沿海一带，因常年受涝受渍，水质含盐量较高，土壤为不同程度的盐渍土，粮食产量不高。1953 年，射阳县林基村农民陈维芝，开盐蒿地种植水稻。这一做法，于 1954 年被苏北沿海的一小部分地区效仿，并按时对土地进行含盐量检测。据检测，种水稻前，重盐地表土 2 分米内含盐 0.5% ~1%，种植水稻两年后降至 0.01% ~0.03%；表土 2 ~4 分米处，原含盐量 0.5% ~0.64%，两年后降至 0.03% ~0.05%；轻盐地也能由 0.3% 左右降至 0.02% ~0.04%。陈维芝的盐蒿地，土层含盐量也由原来的 0.3% 左右，下降到了 0.1% 以下。

通过以上两点，省委不少官员认为，利用旱地改种水稻的经验值得推广，种植水稻不仅能够大幅度提高粮食产量，而且还有利于减轻内涝，改善土质，一举多得。因此，他们把种植水稻视为淮阴专区提高粮食产量、全省实现“四十条”增产目标的关键：“所以全省农业增产之主要关键首先在于大力发展水稻，重点是徐淮。”故 1956 年 7 月 3 日省委在第三次代表大会上，通过了淮北地区除涝改制的方案。

根据省委的这一决定，省水利厅于 1957 年 1 月 3 日作出了《关于徐、淮地区水利工程的规划意见》。这一规划，实则是结合“旱改水”所要兴修的水利工程，其中心内容是对“旱改水”的规划，因此，与其说是“水利工程规划”，倒不如说是“旱改水规划”。

规划根据本省及外省的增产经验，并从本地区特点及具体条件出发，提出了徐、淮地区以改制为主的综合措施，即实行以“旱改水”为中心的农业改制，要求从 1957 年到 1960 年，水稻面积在现有 225.5 万亩的基础上，再扩大 940 万亩，其中：1957 年改制 200 万亩，1958 年及 1959 年各 370 万亩，1960 年扫尾①。

1956 年提出的“旱改水”改制方案，其出发点是为了改善徐淮地区的贫困落后面貌，增加粮食产量，但后来却成为“大跃进”的主要场所之一，这是后话。

---

① 江苏省水利厅：《关于徐、淮地区水利工程的规划意见》（1957 年 1 月 3 日），江苏省档案馆馆藏档案：3224-2-0216。

二、从盐河整治到淮水北调

在推行"旱改水"的过程中有一个实际困难，就是如何调度灌溉水源的问题。苏北地区的外来灌溉水源有三：沂水、淮水和江水，看似充足，但不能有效利用。沂河来水主要由骆马湖调蓄，淮河来水由洪泽湖调蓄。而那个时候，骆马湖蓄水工程还没有实施，引江工程也还没有提上日程，沂水、江水不能合理调度；洪泽湖水只能灌溉沿湖地区和灌溉总渠两岸。因此，徐淮地区要大面积地发展旱改水、种植水稻，首先要解决的就是灌溉水源的问题。

为解决"旱改水"灌溉水源问题，省水利厅于1957年1月编制了《盐河整治计划任务书》，计划利用盐河，采用50%的灌溉保证率，发展灌溉800万亩，其中"旱改水"400万亩①。

盐河位于江苏省东北部，起于今淮安市淮阴水利枢纽，东北行至连云港市新浦，汇注临洪河，全长175公里，是一条南北向的河道，贯穿沂南、沂北的中部地区。这一地区既缺水，内部也没有像样的灌溉引水河道，因此，需要建设灌溉渠道。而建设灌溉渠道，最好是能够利用现有河道，不仅可以大大减少土方任务，还能缩短工期。盐河和废黄河是这一地区比较大型的河道，但是废黄河偏南，是淮沂水系分水岭，弯道多，险工多，河床不稳定；而盐河虽然位置偏东，河床较窄，但较为顺直，险工少，整治起来比废黄河省时省力。所以，最初的方案是，利用与沂、沭河相通的张福河接通盐河，这样便使沂、沭河与洪泽湖通过盐河连通了起来，既可利用盐河引洪泽湖水灌溉，结合解决新海连市（今连云港市）电厂、锦屏磷矿等工矿用水；又可进行反向调节，分沂、沭洪水经盐河入洪泽湖后下泄入江，还能沟通盐河与运河航运。这就是盐河整治方案。

1957年3月，水利部副部长钱正英在规划局局长李化一等的陪同下，前来江苏进行实地考察。针对当时正在进行的盐河整治规划，钱正英等人提出以下几点意见：淮河和沂沭泗流域规划应结合考虑；并应通盘研究发挥现有工程及水利资源的潜力；灌溉采用50%保证率偏低；原规划对当前情况如何过渡到长远方面考虑不够；还应该争取大部分地区能发展自流灌溉②。根据这一意见，省水利厅在盐河方案的基础上，调整了思路，提出了一个跨流域调水的方案——"淮水北调，分淮入沂"的设想，即从洪泽湖起，向北到新海连市新辟一条河道，以灌溉为主，结合分洪，并发展航运、发电等，实行多动能综合利用。

① 江苏省水利厅：《盐河整治计划任务书》（1957年1月），江苏省档案馆馆藏档案：3224-2-0289。

② 陈克天：《江苏治水回忆录》，江苏人民出版社，2000年1月第1版，第303页。

三、工程的设计和规划

当时，“淮水北调，分淮入沂”工程还仅仅是一个设想，关于这个工程的可行性和渠线选择、洪水设计等一系列具体问题还没有进行论证和设计。因此，该工程从提出到规划的确定，经历了一个比较复杂的过程。

1957年4月，省水利厅编制了《淮水北调、分淮入沂工程规划设计任务书（草稿）》，确定了该工程规划的思路，即该规划需要解决哪些具体的设计问题。

首先，“任务书”选定了该工程的范围：

淮水北调、分淮入沂工程范围，包括灌溉总渠以北，黄泥蔷薇河以南和中运河以东地带，分属淮阴、盐城两专区，以淮阴专区所占面积最广，故简称淮阴地区，计有八个县市，人口400万人，耕地1400万亩①。

其次，关于该工程的意义及主要目的，“任务书”也做了明确说明：

……必须争取在今后3至5年内初步改变这一地区（淮阴地区）的贫困面貌……其重要环节在于解除洪涝灾害，稳定农业生产，实行以“旱田改种水稻”为重点的农业改制，这不仅是增加生产的关键，而且也减轻内涝的威胁。初步拟扩种水稻680万亩。除充分利用沂沭泗水源外，并利用淮河水利资源潜力，将淮水北调，扩大淮水灌溉面积。同时利用灌溉干渠和新沂河沟通的有利条件，汛期经新沂河分淮入海②。

从这段说明中可以看出，“淮水北调，分淮入沂”是一项工程的两种功能，“淮水北调”是灌溉功能，即引淮水灌溉淮阴地区的广大农田，为“旱改水”提供充足的灌溉用水；“分淮入沂”是排洪功能，汛期可排泄淮河洪水经新沂河入海。其实，“分淮入沂”不仅可以“分淮入沂”，也可以“分沂入淮”，即沂、泗来水可以通过中运河，伺机引入洪泽湖，或借道淮河水系入海入江，所以，“分淮入沂”是双向的，是淮水和沂、沭、泗水的互调互济。当然，对这一功能的解释，是在后来的设计中充实起来的。

那么，“淮水北调”与“分淮入沂”两种功能的结合，是如何实现的呢？就是通过“任务书”中所提的“灌溉干渠”来实现的。因此，这条“灌溉干渠”就是本工程的核心。最初的想法是，利用盐河来充当这条灌溉干渠，但是盐河位置偏东，钱正英也指出它无法实现淮水与沂泗水的灵活调度。这时有人提出了选

① 后经过进一步计算，该工程范围内的农业人口为520万人，耕地面积为1960万亩。

② 《淮水北调分淮入沂工程规划设计任务书（草稿）》（1957年4月），江苏省档案馆馆藏档案：3224-2-0319。以下该设计任务书的内容皆引自该档案，不再一一作注。

择一条比较理想的河线、开挖一条新河的想法。关于河线的选择，以及其他的一些具体问题，比如淮、沂沭泗洪水安排、防洪标准的选择、水量的分配、灌溉保证率等问题，“任务书”要求在工程规划设计时一并作出设计。

同年5月，省水利厅向水利部和国家计委报送了《淮水北调、分淮入沂工程规划设计任务书（草稿）》。水利部以（57）水计张字第1456号复函，同时转报国家计委，同意按此方案进行规划，并提出应该按照“三湖统筹考虑，淮水北调，分淮入沂，引江济淮，改制防涝，兼顾航运”[①] 的原则进行该工程的规划。

（一）技术难题攻关

在工程规划之初，设计人员遇到了不少棘手的问题。首先是关于该工程的可行性问题，“淮水北调”可以通过开挖一条灌溉渠线或者利用原有河道来实现，但“分淮入沂”能否实现呢？其次，作为该工程的核心部分，关于河线的选择也是一个关键问题，直接关系着工程的成败。既然盐河方案不可行，那就需要开挖一条新的河道。那么，如何选择河线？以及河道采用哪种方式开挖才最为经济？在具体方案的设计中，大家就“分淮入沂”的可行性、渠线的选择以及河道开挖的方式等问题，展开了比较激烈的讨论。

1. 关于“分淮入沂”的可行性问题

关于“分淮入沂”工程的可行性，有人指出：如果淮河洪水与沂沭泗洪水同时发生，淮、沂并涨，就无法利用新沂河分泄淮河部分洪水，“分淮入沂”就失去了意义。同时，作为“分淮入沂”排洪河道的新沂河，其泄洪能力亦是关系工程可行性的因素之一。所以，就要从这两方面着手，进行工程可行性的论证。

首先，要弄清楚淮、沂洪水的遭遇问题。这是决定“分淮入沂”有无可能的首要问题。所谓淮、沂洪水的遭遇，更明确地说，就是淮河与沂沭泗河同时发生洪水的概率。

设计人员主要分以下几种情况，研究了淮、沂洪水遭遇的问题：

一是淮河特大洪水年份与沂沭泗洪水遭遇的情况。这首先可以从历史上寻找规律。因为淮河洪水是主要的，所以在淮河近百年来的洪水年份中随机选择了5个年份，并找到了相应的沂沭泗洪水来量，见表5－3所列。

从表5－3可以看出，淮河的洪水年，并不都是沂河的洪水年。在这5年中，淮河洪水量最大的1954年，沂河洪水标准2年一遇，为普通洪水年份[②]；沂河洪

---

① 《水利部对江苏淮水北调分淮入沂工程规划设计任务书的意见》（1957年5月22日），江苏省档案馆馆藏档案：3224-2-0319。

② 关于洪水年份等级的划分，此处采取1953年的划分方法，即几年一遇为普通洪水年份；几十年一遇为中等洪水年份，百年一遇以上为非常洪水年。

水最大的1921年，也不过是淮河13年一遇遭遇到沂河27年一遇，即两个中等洪峰相遇。

表5-3　淮河五个大水年份淮、沂最大30天水量情况统计表

单位：（来水量）亿立方米

年　份	淮河洪水		沂沭泗洪水	
	30天水量（亿立方米）	重现期	30天水量（亿立方米）	重现期
1916	289	10年	9	1年多
1921	326	13年	64	27年
1931	364	18年	54	12年
1950	281	10年	29	3年
1954	483	50年	30	2年

资料来源：江苏省水利厅：《“淮水北调、分淮入沂”规划意见》（1957年10月），江苏省档案馆馆藏档案：3224-2-0347。标题为笔者所加。

二是新中国成立后7年来淮、沂洪水遭遇情况。根据行水资料，7年来，淮、沂来水情况见表5-4所列。

表5-4　1950—1956年淮、沂来水量统计表

单位：（来水量）亿立方米

年　份	淮河洪水		沂沭泗洪水		淮河、沂沭泗洪水合计	
	30天水量（亿立方米）	重现期	30天水量（亿立方米）	重现期	30天水量（亿立方米）	重现期
1950	281	10年	29	3年	310	9年
1951	70	2年	32	3年	102	2年
1952	113	3年	20	2年	133	3年
1953	64	2年	55	13年	117	2年
1954	475	50年	21	2年	496	40年
1955	91	2年	32	3年	123	2年
1956	357	17年	30	3年	387	16年

资料来源：《“淮水北调、分淮入沂”规划意见》（1957年），江苏省档案馆馆藏档案：3224-2-0319。标题为笔者所加。

由表5-4可见，近7年来，淮、沂来水情况可以分为以下几种：第一种是1951年、1952年和1955年，淮、沂皆无大水；第二种是1950年、1954年和

1956年，淮河大水，而沂河小水；第三种是1953年，沂河大水而淮河小水。没有淮河与沂河同时大水的情况。

因此，通过历史上淮河大水年份与近7年来淮、沂来水情况看，淮沂洪水部分遭遇是有的，但是全部遭遇的机会不多。再从大洪水发生的时期上来看，淮河洪水大部分出现在7月份，而沂河洪水大都在8月份，因此，即使同年发生洪水，如时间上互相错开，情况也很有利于分淮入沂。据此，设计人员得出了比较一致的看法，即利用新沂河相机不同程度地帮助淮河分泄部分洪水是可以的。

仅仅从历史情况与近期情况作为最终判断的标准是不够的，这是1954年淮河大洪水带给省水利厅的一个教训。在进行淮河流域规划时，设计人员便是根据历史上淮河洪水来量，作为治淮工程的设计标准的，但1954年淮河特大洪水，证明了这一设计标准偏低。为了避免这种情况再次发生，这次对淮、沂洪水遭遇情况的演算，持了比较谨慎的态度，除了收集历史与近期的数据外，又采用两种不同方法，对两河洪水遭遇的频率作了演算。

三是分析淮河与沂沭泗洪水的遭遇频率。采用了两种方法进行演算：

第一种方法：用淮河最大30天水量的时间为标准，找出同一时段（30天）的沂河洪水，相加即为该年的淮沂合计洪水量。再根据现有的29年的行水资料，计算出“淮沂合计洪水”的洪水频率，从中选择千年一遇、500年一遇、300年一遇和100年一遇几个代表性的洪水频率，这也是淮河洪水的频率；最后同样根据29年行水资料，计算出相应的沂河洪水频率，计算结果见表5-5所列。

表5-5 淮沂合计洪水频率按淮沂同期最大30天水量相加计算

单位：（来水量）亿立方米

淮沂合计洪水		淮河洪水		相应沂沭泗洪水	
重现期	30天水量	重现期	30天水量	重现期	30天水量
千年	836	千年	786	11年	50
500年	764	500年	717	9年	47
300年	712	300年	671	6年	41
100年	591	100年	555	4年	36

资料来源：《“淮水北调、分淮入沂”规划意见》（1957年），江苏省档案馆馆藏档案：3224-2-0319。

这种组合，便是淮沂洪水遭遇情况。根据这种方法演算出来的结果，最糟糕的情况是，淮河千年一遇洪水遭遇沂河11年一遇洪水，即淮河特大洪水年遭遇沂河中等洪水年。

第二种方法：采用一种更加保守的方式，用两个最大30天水量，不管时间是否相同，主观假设淮、沂洪峰同时发生，得出每年最大30天淮沂洪水，即

“淮沂合计洪水”（见表5－6所列）。同样方法计算出“淮沂合计洪水”的洪水频率，减去淮河（或沂河）相应频率的30天洪水量，便是相应的沂河（或淮河）30天洪水量。

表5－6　淮沂合计洪水频率按淮沂不同期30天水量相加计算

单位：（来水量）亿立方米

淮沂合计洪水		以淮河为主				以沂沭为主			
		淮河洪水		相应沂沭泗洪水		沂沭泗洪水		相应淮河洪水	
重现期	30天水量	重现期	30天水量	重现期	30天水量	重现期	30天水量	重现期	30天水量
千年	854	千年	786	37年	68	千年	114	600年	740
500年	779	500年	717	23年	62	500年	104	300年	675
300年	729	300年	671	18年	58	300年	97	200年	632
100年	604	100年	555	10年	49	100年	—	—	—

资料来源：《“淮水北调、分淮入沂”规划意见》（1957年），江苏省档案馆馆藏档案：3224－2－0319。

这种方法采用主观假设，将两河最大30天来水量放在一起计算，过于保守，因此数据是偏大的。即便如此，最糟糕的情况是淮河千年一遇的洪水频率，遭遇沂河37年一遇，即淮河特大洪水，遭遇沂河中等洪水。可见，即使采用最保守的方法计算，也没有出现淮、沂同时特大洪水的情况。

所以，根据上述几种演算结果，设计人员认为淮、沂同时发生特大洪水的概率极低，“分淮入沂”是有可能的。

其次，关于新沂河泄洪能力的问题。既然淮河、沂河同时发生大洪水的机会不多，那么“分淮入沂”就是有可能的，但这只是“分淮入沂”的条件之一。另一方面，新沂河作为“分淮入沂”的排水河道，能否胜任这一任务呢？换句话说，如果新沂河的设计行洪标准不能满足淮河泄洪的要求，那么，即使灌溉干渠引出了一部分淮水，减轻了淮河下游的压力，但是由于新沂河也不能及时排出，势必会给新沂河两岸带来威胁。即便是增做建筑物以控制“分淮入沂”的泄量，但若新沂河排洪能力过弱，工程也是不经济的。因此，问题的焦点又落在新沂河的泄洪能力上。

新沂河是新中国成立后苏北人民打响治淮工程的第一枪。新中国成立之初，为了治理沂沭泗流域洪水灾害，苏北人民开展了规模浩大的“导沂整沭”工程，平地开挖出一条长达146公里的新沂河，设计标准为3500立方米/秒，使沂河有了直接入海的通道，减少了沂河洪水泛滥下游的机会。但是，苏北人民辛苦挖成的这条河，并没有充分利用起来，新沂河建成7年来，行洪1000立方米/秒以上的只有12天，行洪2000立方米/秒以上的只有3天，远远没有达到原设计的

3500立方米/秒标准，不仅利用率低，"可能是我国利用率最低的一条河"①，而且没有充分发挥出作用。看来，利用新沂河分泄淮河洪水，不仅是可能的，而且还给了新沂河以"用武之地"。

综上所述，无论是从淮、沂洪水遭遇问题，还是从新沂河的泄洪能力问题看，前述"利用新沂河相机不同程度地帮助淮河分泄部分洪水是可以的"这一结论，是比较可靠的。所以，"分淮入沂"工程是可行的。

2. 关于灌溉渠线的最优选择问题

在否定了盐河整治工程中利用盐河作为送水河道的方案后，有人提出开挖一条新河的建议。经过初步的勘察，初步选定从洪泽湖起，穿新沂河接通新沭河，南北方向开挖一条新河，名为"淮沭新河"，作为"淮水北调，分淮入沂"的灌溉和分水干渠。这一方案具有以下优点：一是增加了一条南北向的骨干河道，沟通了沂沭泗流域与淮河流域，实现两个流域的互调互济。二是淮沭新河初步计划最大分泄3000立方米/秒，除可使淮河下游防洪标准在现有50年一遇的基础上，提高到300年一遇外，并可争取在500年一遇及千年一遇洪水下渠北不分洪。三是增加自流灌溉面积460万亩，增加灌溉面积140万亩，防止盐河向西倒送灌溉水源144万亩。四是增加了一条"淮阴—沭阳—灌云"的主要航线，打破该地过去不能通航的空白情况。

经权衡利弊后，决定采用淮沭新河方案。方案一经确定，勘察人员立即开始对初步选定的河线范围进行调查和勘测，以确定河线。最后作出初步决定，淮沭新河的河线，自洪泽湖起利用二河，于淮阴杨庄穿大运河后，抵沭阳接通新沂河，继续北上通入新沭河入海。这样，淮沭新河可以分为三段：自洪泽湖至淮阴杨庄利用老二河，仍称"二河"；自杨庄至沭阳新沂河，称为"淮沭河"；新沂河以北至新沭河段，称为"沭新河"。随后，在编制"淮水北调，分淮入沂"工程规划的同时，淮沭新河作为该工程的骨干，其规划设计也在进行。

3. 关于河道开挖的方式问题

淮沭新河二河段利用老二河，加以拓宽疏浚即可；沭新河由于位置最北，当时没有进行具体设计规划。所以，有关人员主要是在淮沭河段的开挖方式上产生了分歧，一派主张采用开挖深泓方式，地下行水；另一派则认为开挖深泓土方量太大，还是采用开挖东西偏泓、束水漫滩的方式好，土方工程量小、投资少、工期短。两种意见争执不下。

主张开挖深河、地下行水方案的，主要是淮阴的同志。他们出于对本地区利益的考虑，对分淮入沂工程是持保留意见的。他们认为：其一，即便经过洪水演

① 《"淮水北调、分淮入沂"规划意见》(1957年)，江苏省档案馆馆藏档案：3224-2-0319。

算，淮、沂洪水遭遇的概率较小，但也不能完全排除这种可能性，因此分淮入沂是投机排洪。其二，分淮入沂的风险较大：从杨庄至沭阳的淮沭河段全长60公里，沿线沙土就有50多公里，其中粉沙土又占37公里，行洪期万一出事，将影响到上百万人民的生命财产安全。其三，淮沭新河这条投机排洪河道开辟后，将大大增加淮阴的防洪任务。这一地区北有一条东西向长144公里的新沂河地面行洪，中间再挖一条南北向长60多公里、也是地面行洪的淮沭河，防洪战线太长。其四，束堤漫滩行洪要损失12万亩耕地，而且打乱了新沂河以西地区的水系，影响这个地区的排涝①。因此，淮阴的建议是，将淮沭河开成一条流量1000～2000立方米/秒的深河，既能灌溉，又能通航。如按照1000立方米/秒流量计算，一个月可分洪20多亿立方米，而且淮河流域面积大、来水慢，低水年份也可以解决问题；汛期的防洪压力也比地面行洪方案小。

这个时候，省水利厅厅长陈克天在北京中央党校学习，厅里工作由副厅长蔡美江主持。在两派意见争执不下的时候，蔡美江专程赴北京，向陈克天征询意见。陈老谈了几点意见，以供水利厅党组最终研究决定：

"淮沭新河的淮沭河段采用挖偏泓束水漫滩行洪方案，虽然不是一个理想的方案，但总的看来，它确有不少优点：首先，可以发展灌溉面积1000万亩；其次，淮沂洪水可以相互调度。利用新沂河相机分泄淮河洪水3000立方米/秒，分洪流量大。反之，当骆马湖水多，淮河水少或干旱年份，可利用中运河、二河分沂入淮，淮沂互济，充分利用淮沂水资源；再次，可增加淮北一条航道。……分淮入沂的机会是有的，而淮沂同时遭遇大洪水的年份不多，而且有三道水闸控制比较安全。淮沭河段土质虽差，现在应先按高标准筑好大堤，搞好植被防护，将来可逐步搞块石护坡。淮沭新河方案投资少，工期短，可很快投入运行，综合效益显著"②。所以，他倾向于采用束水漫滩这一方案。

蔡美江带着陈克天的意见返回南京，与其他同志，特别是淮阴的同志进行反复权衡，最终获得了一致意见，即淮沭河采用开挖偏泓、束水漫滩行洪方案。

（二）工程规划的内容

经过8个月的讨论，省水利厅于1957年12月编制完成了《分淮入沂、综合利用工程规划》。当时正值中共江苏省三届二次代表大会召开期间，该规划经过会议讨论通过，并作为定案上报国家计委和水利部。计委以（57）计农王字547号文、水电部以（58）字水设计李字第059号文批准，同意按规划兴办，并授权江苏省人民委员会批准有关以上规划的各项工程的设计任务书和设计文件。

① 陈克天：《江苏治水回忆录》，江苏人民出版社，2000年1月第1版，第304页。

② 陈克天：《江苏治水回忆录》，江苏人民出版社，2000年1月第1版，第305页。

该工程规划的要点是：

1. 灌溉采用75%保证率，共引淮水灌溉1140万亩，其中水稻700万亩；2. 分淮入沂3000立方米/秒，使淮河下游防洪标准提高到300年一遇；3. 排涝标准可提前达到10年一遇；4. 航运以盐河、淮沭河为干线，而以盐河为主①。

随后，省水利厅又编制了《分淮入沂干河（淮沭新河）工程设计任务书》，针对淮沭新河的设计和施工作了详细的规划。

淮沭新河是“淮水北调，分淮入沂，相互调度，综合利用”的骨干干渠（见图5－1）。该河南起洪泽湖二河闸，北行经洪泽县、淮阴市、泗阳县至沭阳县桑墟乡，穿黄泥蔷薇河，再向北至东海县洪门附近入蔷薇河，全长172.9公里②。

淮沭新河分为三段：上段为二河段，起自洪泽湖二河闸，向北穿过中运河至淮阴杨庄，主要工程有：在高良涧以北的洪泽湖大堤上兴建二河闸（即分洪闸），作为淮沭新河的渠首工程，并以洪泽湖大堤为西堤，新建二河东堤，利用二河向北引水；至中运河经夏家湖地区，兴建淮阴节制闸及船闸。

中段为淮沭河段，自淮阴杨庄，向北至新沂河沭阳处，该段工程分为两部分：一是土方工程，淮沭河沿废黄河以东向北行，河宽约1公里左右，东西偏泓筑成东西两道大堤，直达沭阳，堤内土地仍可种麦。共需土方6000万立方米，如需增强入沂泄洪能力，则可增加部分土方。二是控制性建筑物，在淮沭河河线上，建3座大闸、2座地下涵洞，自南向北依次为：淮沭河与北六塘河相交处，西堤建六塘河地下涵洞，东堤建钱集闸；与柴米河相交处，西堤建沭阳节制闸和船闸，东堤建柴米闸及地下涵洞。淮沭河以西的内涝，通过两个地下涵洞排除，另开截水沟将西部高地水直接拉入新沂河。

二河、淮沭河可相机分泄淮河洪水，经新沂河入海。设计标准为，洪泽湖蒋坝水位15.38米，分洪流量为3000立方米/秒。二河、淮沭河又是淮水北调的送水干渠，利用盐河、中运河、废黄河分水灌溉。在洪泽湖水位11.5米时，二河闸引水750立方米/秒，进淮阴闸440立方米/秒，设计灌溉面积1140万亩，其中水稻面积700余万亩。河道可以结合通航，还能在洪泽湖缺水，沂、泗有余水时，通过中运河、二河向洪泽湖补充水量。

---

① 《分淮入沂、综合利用工程规划》（1957年12月），江苏省档案馆馆藏档案：3224-2-0512。

② 淮阴市水利志编纂委员会：《淮阴市水利志》，方志出版社，2004年7月第1版，第200页。

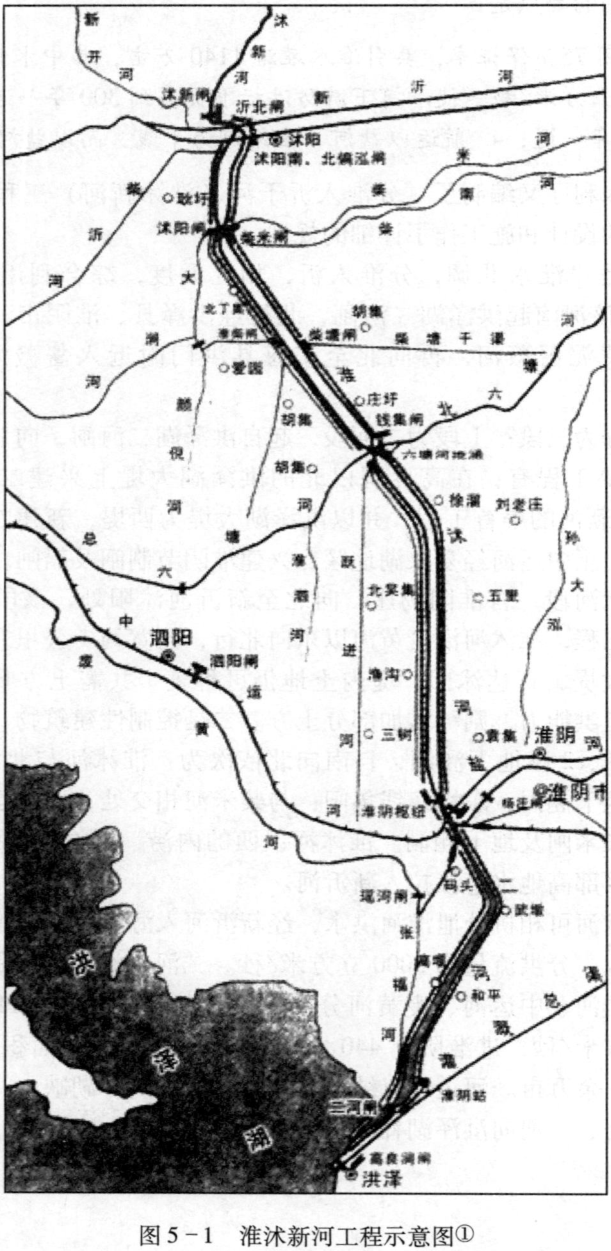

图5-1　淮沭新河工程示意图①

① 图片来源：《洪泽湖志》编纂委员会：《洪泽湖志》，方志出版社，2003年12月第1版，第275页。

淮沭新河的下段为沭新河，自新沂河至蔷薇河入海。淮沭河只送灌溉水，不作排洪之用。该段在规划中研究得比较粗糙，有待日后进一步完善。

淮沭新河全部工程（包括灌溉及排涝）共计投资5.9亿元，其中群众投资2.1亿元，国家投资3.8亿元，估计土方量为2.35亿立方米。上述工程全部完成后，淮河下游防洪标准由50年一遇提高到300年一遇；现有1200万亩的农田，排涝标准由不足3年一遇提高到10年一遇。灌溉方面，由没有灌溉发展到保证率75%，旱改水面积约680万亩，水浇地面积约470万亩。每年平均效益包括排涝、改制、防洪等共2.6亿元。

尽管国家计委和水电部曾发文将“淮水北调，分淮入沂”工程的审批权交由江苏省全权负责，但是，这一工程毕竟是江苏乃至全国的首个大型跨流域调水工程，工程规模浩大、投资大，必须上报中央。为争取国家的支持，省委书记刘顺元带领有关人员，专程赴北京向周恩来进行当面汇报。听取汇报的，还有计委和水利部等部门负责人，他们有人提出耗巨资搞跨流域调水，过去没有先例，现在条件还不具备。刘顺元说：“淮水北调，不仅有利于苏北的农业、工业和交通，还可以把水一直送到新海连市，支援那里的海军设施和部队，有利于国防建设”①。周恩来听了，称赞江苏有全局观点，想得好。搞水利工程，还想到支援国防，洼地改制这个办法好。国家计委和水利部也逐渐认同，工程立即定了下来。

四、“大跃进”时期苏北水利战线上的重头戏

“淮水北调，分淮入沂”工程，从方案的提出和讨论到设计任务书的最后完成，经历了大半年的时间，到工程获得批准并开工实施，已经是1957年的年底了。1958年，“大跃进”运动全面爆发，作为“大跃进”运动的排头兵，水利建设在运动深入开展的阶段更为“跃进”。许多工程好大喜功，不管国家财力、物力能不能跟得上，硬着头皮也要上马，结果由于资源跟不上，工程无法完成，成为“半拉子”工程。作为省重点工程，尽管省委、省政府十分关注“淮水北调，分淮入沂”的施工情况，但难免受到“大跃进”的影响；“大跃进”运动之后，又受到经济困难时期、“文革”等各种因素的影响，建建停停，至1981年才基本建成，尚余部分尾工没有完成。后来又因国民经济调整，列为缓建项目，直至1991年才复工，1995年终于将块石护坡等尾工全部完成。原本计划5年完成的工程，实际用了38年。

淮沭新河的北段沭新河段，自1958年9月开工后不久便因故停工（直至

---

① 陈克天：《江苏治水回忆录》，江苏人民出版社，2000年1月第1版，第305页。

1970年才重新开工，1972年全部竣工），故暂不讨论，只关注二河段和淮沭河段的建设。

（一）“高指标”风盛行的二河段工地

二河是淮沭新河的上游段工程，自洪泽湖至杨庄中运河，全长35.69公里。该段工程主要包括两项内容，一是兴建控制性建筑物二河闸和淮阴闸，一是疏浚、拓宽老二河。

二河闸是淮沭新河的渠首工程，既是淮河下游分泄洪水入新沂河的控制工程，又是淮水北调的进水闸。该闸的设计任务书——《二河闸扩大初步设计要点》，于1957年10月17日，水利部以（57）水设管钱字第2635号文批准后，于11月11日开工建造，1958年6月建成。该闸位于洪泽县砚台集的陈庄，距离洪泽湖大堤东北约3公里处，共分35孔，每孔净宽10米，孔高8米；闸身净高11.5米，总宽402米；闸底高程8米，闸顶高程19.5米。设计流量当洪泽湖水位达11.8米时，行水900立方米/秒；当洪泽湖水位达15.4米时，分洪3000立方米/秒，经新沂河下泄入海。如淮河洪水发生千年一遇以上的情况，洪泽湖水位超过16米时，二河闸的排泄能力可提高到7000立方米/秒。国家投资经费1225万元。

二河闸是继高良涧闸、三河闸建成后，洪泽湖的又一控制枢纽。可引淮水700立方米/秒，供淮阴、盐城、连云港三市1035万亩农田灌溉用水，还可在沂沭泗流域水量富余时，经中运河调300立方米/秒水入洪泽湖，以补淮水不足。自此，洪泽湖的控制口门全部建成，淮河洪水时期，三个口门可齐开放水，洪水经三河闸、高良涧闸、二河闸，分别通过入江水道、苏北灌溉总渠、废黄河和新沂河入江、入海，设计泄洪流量总计达到18900立方米/秒，能够有效控制淮河洪水，使之不再恣意泛滥。

淮阴闸位于淮阴县杨庄乡境内，中运河与淮沭新河的交汇处（见图5－2），是“淮水北调，分淮入沂”杨庄枢纽工程之一①。该闸于1958年7月16日开工，次年10月13日竣工。全闸共分30孔，每孔净宽10米，总宽345.4米，孔高8.5米，闸底高程6米，闸顶高程17米，设计水位高程：上游15.4米，下游8.5米，设计流量3000立方米/秒。国家投资722万元。

淮沭新河的土方工程，最先是从开挖二河开始的。二河是淮沭新河的上游段

① 杨庄水利枢纽：杨庄水利枢纽在淮阴杨庄西侧，为中运河、里运河、二河、淮沭河、盐河、张福河、废黄河等7条河的交汇处。新中国成立后，兴建分淮入沂、淮水北调工程，先后建成淮阴闸、淮涟闸、淮阴船闸、盐河闸、盐河船闸、淮沭河船闸等10余座，成为既能分淮入沂，又能淮水北调、江水北调，兼有航运等多种用途的水利枢纽。

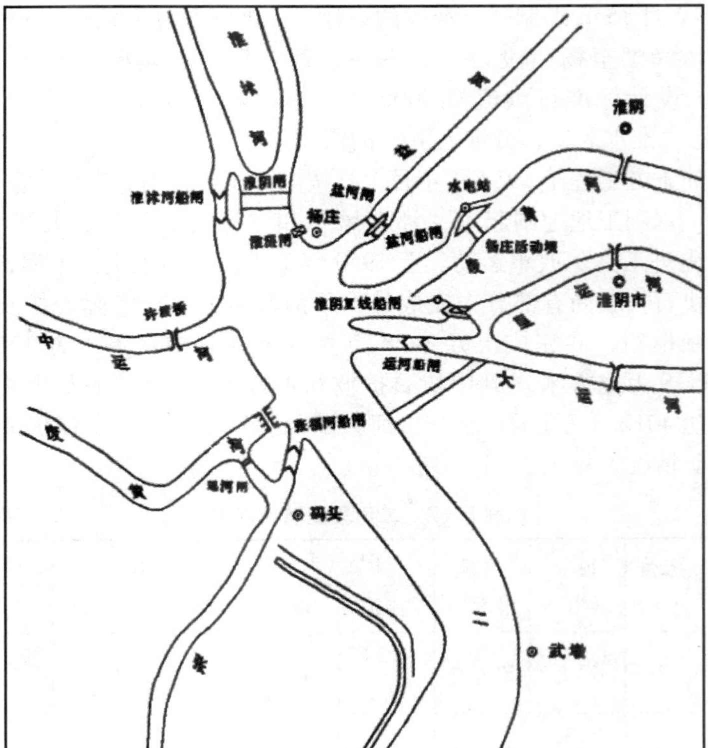

图 5－2　淮阴杨庄水利枢纽工程示意图①

工程，自洪泽湖二河闸至淮阴杨庄，分为两个工段：自二河闸起的 19 公里，是在老二河（即二河古河槽）的基础上开挖、拓浚的。老二河是清康熙四十一年（1702 年），由河臣张鹏翮挖成的，南起周桥横堤，北至武家墩盐河。后来年久失修，成为洪泽湖大堤边的废水塘。自武家墩继续向北，需要新开挖一段河道，穿过武家墩高地、古运河和废黄河，至淮阴杨庄。

为赶工期，也受到“跃进”思想的影响，《分淮入沂干河（淮沭新河）工程设计任务书》规定，“淮沭新河工程不再编制总体性的初步设计，根据施工进度，分期分别工程项目，直接编制扩大初步设计”②。省水利厅和治淮指挥部首

① 图片来源：水利部淮河水利委员会沂沭泗水利管理局编：《沂沭泗河道志》，中国水利水电出版社，1996 年 11 月第 1 版，第 255 页。

② 江苏省水利厅、江苏省治淮指挥部：《分淮入沂干河（淮沭新河）工程设计任务书》（1957 年 12 月），江苏省档案馆馆藏档案：3224－2－0512。

先于1958年2月15日编制了二河段的设计书，即《淮沭新河扩大初步设计之一二河工程（洪泽湖至杨庄段）》。计划在二河古河槽的基础上开挖二河，全长35.69公里，设计标准行洪流量3000立方米/秒，灌溉正常流量900立方米/秒[①]，以满足“淮水北调，分淮入沂”的需要。

二河段的土方工程于1958年4月1日按期开工。此时，“大跃进”运动一发而不可收拾。水利工地上刮起了“浮夸风”和“高指标”风，大肆吹嘘工作效率，开展“先进工具”改革运动。至1959年1月，二河段土方工程，历时10个月，除沿线块石护坡尚有部分未完成外，干河基本完成，实际开挖长度31.5公里。连同控制枢纽，共完成土方3428万立方米（其中水下土方155多万立方米）；石方11.9万立方米（其中块石护坡6.4万立方米），混凝土4.36万立方米，总投资达4012.5万元[②]。新开二河大部分利用老二河，所以仍命名为二河。二河段的堤防情况，见表5－7所列。

表5－7　二河段堤防情况表

堤别	地点	长度（米）	顶高（米）	顶宽（米）	子埝（米）		坡比		青坎（米）	
					顶高	顶宽	迎水坡	背水坡	高	宽
西堤	二河闸至头堡	21	17.5	50左右	19.2～19.5	5～8	1∶3	1∶4	—	—
	头堡至淮阴闸	10.5	19.35左右	21～85	—	—	1∶3	1∶4	10～11.8	80～90
东堤	二河闸至武墩三闸	18.7	17.9～18.4	7～8	—	—	1∶2.5	上1∶3 下1∶5	—	—
	武墩三闸至淮阴闸	12.8	18.3～19.6	30～100	—	—	1∶3～1∶4	1∶3～1∶6	—	—

资料来源：淮阴市水利志编纂委员会：《淮阴市水利志》，方志出版社，2004年7月第1版，第201页。

二河的开挖和拓浚，沟通了洪泽湖与废黄河，可为运西、盐河及竹络坝灌区输送灌溉用水，并为分淮入沂创造了先决条件。尽管在施工过程中受到了“大跃进”运动的影响，但河道全部开成，没有遗留问题，成为淮沭新河三个河段中唯一按期完成的工段。

---

① 江苏省水利厅、江苏省治淮指挥部：《淮沭新河扩大初步设计之一二河工程（洪泽湖至杨庄段）》（1958年2月15日），江苏省档案馆馆藏档案：3224－2－0473。

② 江苏省水利厅：《分淮入沂干河淮沭河段续办工程设计任务书》（1963年10月12日），江苏省水利厅：3224－1－0178。

（二）淮沭河段的施工

淮沭河为淮沭新河的中段，自杨庄淮阴闸，过沭阳闸至新沂河，全长66.1公里。该段工程亦包括建筑物和土方工程两部分。

淮沭河的开挖，截断了该地区内东西流向的河道，打乱了原有的水系。因此，需要建闸控制，以便于区间内涝水的排出。按照设计规划，淮沭河段上共需建3座节制闸和2座地下涵洞，由省水利工程总队负责施工。在这段河道上，建筑物比较集中，而且规模也较大，工程极为艰巨。

除了技术设计上的问题外，在施工过程中，主要是遇到了运送和筹集器材的困难。这些建筑物，所需工程器材共达200万吨，要在短期内运到工地，陆路运输来不及。经过研究决定，在柴米河、六塘河下游打坝，抬高水位，用船运输，里下河区派来4万吨木船给予支援。

运输途径的问题是解决了，但是，材料奇缺，筹备不起来。“大跃进”时期，举办了各种“大办”，不仅大炼钢铁，水利战线上也在“大兴水利”，耗费了大量的钢材、木材和石料。国家动员群众捐物献料用于“大办”，家家户户都把农具、生活用具拿了出来。兴修水利还需要木材、石料，不少农民的桌子、板凳、床板都被“平调”后，实在没有木头献了，甚至还拆除了畜舍、房屋，上交了房梁和砖头。可见，当年的平调之风，让群众遭受了巨大的损失。即便如此，建筑器材还是奇缺。淮沭河段上的建筑物，需要大量的石料，尽管东拼西凑，还是远远不够。为此，工地工程处绞尽脑汁。最后，他们想出了一个“拆东墙、补西墙”的办法：拆除洪泽湖大堤头堡至码头镇4.5公里的石工墙条石，拿来使用。主意既定，便向省里打了报告。拆除洪泽湖大堤的石工墙，总要有个名正言顺的理由，报告说：主要考虑这段石工附近，湖底淤高很多，已不是险工，护砌条石暂时拆用一下，没有什么问题，并保证以后复建①。迫于形势，省政府批准了这个方案。拆下来的条石一块重达三四百斤，运输也是个难题。为了运输这些条石，还突击铺了一条简易公路，又请南京军区支援了60辆军用卡车，才把大石条运来。经过种种“磨难”，所需的建筑材料总算是运来了，建筑物才得以开工兴建。

经过几年的努力，淮沭河段的控制性建筑物，终于在20世纪60年代初陆续建成。

一是六塘河地下涵洞。淮沭河开挖后，截断了淮沭河以西和总六塘河以南486.5平方公里的排水出路，为解决该地区排涝问题，于1958年兴建六塘河地下涵洞，位于淮沭河与总六塘河交汇处，横穿淮沭河，至1959年5月建成，设计

① 陈克天：《江苏治水回忆录》，江苏人民出版社，2000年1月第1版，第311页。

流量为233立方米/秒。为使区间高、低水分排，在洞上建了一道隔水墙，北侧3孔为高排孔，负担排淮泗河170平方公里涝水；南侧9孔为低排孔，排渠西河及跃进河316.5平方公里洼地渗水。地涵下游入北六塘河出海。总投资达75万元。该地涵规模甚大，共有12个孔，每孔净宽和高均为3.4米，总长500.22米，向地下挖深了16米。水电部张含英来验收时，惊叹道：其洞之大，可以藏一个军①！

二是钱集闸。1961年3月建成的钱集闸，位于六塘河地下涵洞以东，淮沭河的东岸（见图5-3）。主要用以排泄淮沭河以西、总六塘河以北的674平方公里的桃汛，经由北六塘河入海，并负担排除淮沭河床内的涝水。该闸共9孔，每孔净宽4米，设计流量600立方米/秒。六塘河地下涵洞、钱集闸的建成，解决了总六塘河流域的排水问题。

图5-3　钱集闸②

三是沭阳闸和柴米河地下涵洞。在沭阳县沭城镇西南的淮沭河上，有一处双层结构的水利建筑物，上层是行洪3000立方米/秒的节制闸，即沭阳闸，具有挡沂水、分淮水、分泄新沂河排汛流量和向沭新河送灌溉水、通航等综合作用（见图5-4）。下层是为解决淮沭河以西633平方公里的土地的排涝问题的并列式涵洞。上层节制闸共25孔，每孔净宽10米，净高7.5米，总长288.15米，西侧一孔为通航孔，可通1000吨级的船队；闸底板共13块，高程5米。上层闸顶设公路桥，现沭宿、沭泗公路即经该闸闸顶通过。闸下涵洞共22孔，宽高各3米，总长357米，设计流量360立方米/秒。

① 陈克天：《江苏治水回忆录》，江苏人民出版社，2000年1月第1版，第310页。

② 图片来源：淮安水利网，http：//slj. huaian. gov. cn/web/haslj/2011/11/16/2524247. shtml

这一大型水利建筑物的设计十分独特，沭阳闸的底板即为柴米河地涵的顶板，这种双层结构的水利建筑物，当时在全国是独一无二的。大闸在施工时，前来参观的人无不称赞这座双层涵闸的设计的精巧。当时能够设计并建成这样一座技术复杂的地涵，实属不易，仅地涵就用了六七万立方米的钢筋混凝土。

图5－4 沭阳闸

四是柴米河节制闸。位于沭阳闸南，1961年建成，共9孔，每孔净宽4米，设计流量300立方米/秒，具有分泄新沂河桃汛、淮沭河床排水、调度淮沂废弃水经柴米河到盐东控制冲淤保港等作用。

经过数年努力，淮沭河工程建成了两座涵洞和三座大闸，河道也初具规模，但工程未做足标准，护坡也没做。后来由于淮河上中游水情工情发生了变化，农业用水供需矛盾冲突出，排洪出路不足，迫切要求淮沭河工程续建，几经反复，到1990年代才完成了这项工程。

第五节 “引江济淮，江水北调”工程

“引江济淮，江水北调”工程是设想引长江之水灌溉苏北里下河地区和徐淮地区的农田，以解决这些地区灌溉水源不足的问题。后来，在江水北调工程的基础上，扩大规模，继续向北延伸，成为“南水北调”的东线。这一工程与“淮水北调”工程，将江、淮、沂沭泗三大流域串通起来，实现了水资源的互调互济。“引江济淮，江水北调”是“大跃进”时期江苏提出的又一大胆设想。

一、从引江灌溉到江水北调

“引江济淮，江水北调”工程，最初的设想是引长江之水灌溉里下河地区，称为“引江灌溉”工程。后来工程规模不断扩大，送水线路不断延伸，不仅要将长江之水送到里下河，还要送到徐淮地区甚至省外，支援安徽、山东两省的农业用水，工程的名称也改为“引江济淮，江水北调”。

（一）淮水“可用不可靠”

苏北地区虽濒临长江，又有淮河过境，但从整体上而言，却一直是个缺水的地区。20世纪50年代后期，随着淮河上下游地区灌溉及水利工程的发展，苏北

地区尤其是里下河地区，灌溉水源缺乏的问题越来越突出。在这种情况下，引长江之水补给淮河水源的不足，成为当时一个大胆的设想。

随着新中国水利事业的发展，苏北地区的灌溉面积增长得很快。在初步控制水灾之后，开展了大规模的农田灌溉工程，兴建了洪泽湖、骆马湖水库，开辟了苏北灌溉总渠、淮沭新河、新通扬运河等骨干输水河道，新建了一批大中型的自流灌区、提水灌区等，加之“旱改水”的实施，至1959年，全省有效灌溉面积发展到4191万亩，占耕地面积的55%，比新中国成立之初的2732万亩增加了22%①。其中，淮河下游地区的2200余万亩灌溉面积，向来依靠淮水灌溉，一部分利用灌溉总渠引当年灌溉季节的淮河长流水，一部分依靠洪泽湖拦蓄前一年上中游废弃的洪水或春季桃汛水。另一方面，沿海垦区两座大闸（射阳河闸和新洋港闸）建成后，沿海地区的保港冲淤、土质洗盐等，也需要大量的水资源。总之，苏北地区的需水量越来越大。

但是，与此不相适应的是，淮河来水变化幅度很大，加之1957年前后，随着淮河上中游水情、工情的变化，淮水越来越“可用不可靠”②。一方面，洪泽湖水库虽然形成，但由于苏皖两省间的水利矛盾尚未解决，长期以来水位蓄不高；另一方面，在“大跃进”时期大兴水利的高潮中，淮河上中游地区大规模地兴修灌溉蓄水工程，安徽就上马了蚌埠闸和临淮岗水库两项大型蓄水工程，至1959年，上中游已建山谷水库14座。随着这些工程效益的发挥，下游来水量愈趋减少，干旱年份尤为显著。如1959年大旱，淮河断流，洪泽湖水位一度降至10.95米，库存水量不足4亿立方米③。此时正值水稻田的插秧季节，湖水不能供给插秧需要，且灌溉总渠及运河水位低落，无法自流灌溉，造成大面积缺水泡田，400万亩农田受灾减产。这一增一减的变化，使淮河下游苏北地区水源不足的矛盾，越来越尖锐。

为明确掌握淮河下游来水量的变化，1959年年末，省水利厅对自1918年至1957年的淮河水文情况做了统计，并根据当年淮河来水情况，对将来的来水量做了估计，见表5-8所列。

资料显示，在上中游加速进行蓄水灌溉工程后，无论是哪种年型，淮河来水都将大大减少。正常年份估计只有60亿立方米来水；若遇旱年，只有几亿立方米，甚至无水下泄。这一情况十分严峻。

---

① 江苏省地方志编纂委员会：《江苏省志·水利志》，江苏古籍出版社，2001年9月第1版，第242页。

② 《苏北引江灌溉工程规划意见》（1959年），江苏省档案馆藏档案：3224-2-0661。

③ 《苏北引江灌溉工程规划意见》（1959年），江苏省档案馆藏档案：3224-2-0661。

表 5－8 淮河来水情况分析表（入洪泽湖）

年型	代表年份	历史来水（亿立方米）					估计上中游拦蓄后来水（亿立方米）		
		全年	10 月～次年 5 月	6～9 月	变化幅度		全年	10 月～次年 5 月	6～9 月
					全年水量	年数			
最旱年	1928—1929	63	19	44	小于 130	3	4	2	2
中等旱年	1933—1934	180	61	119	150～200	5	37	5	32
正常年	1918—1919	319	135	184	300～350	5	140	61	79
一般大水年	1956—1957	415	152	263	400～500	2	284	84	200
特大水年	1953—1954	787	96	691	大于 700	4	—	—	—

资料来源：《苏北引江灌溉工程规划意见》（1959 年），江苏省档案馆馆藏档案：3224-2-0661。

可见，苏北广大地区需水量越来越大，而淮河来水却日渐减少，缺少水源的矛盾日益严峻。如不另辟蹊径，扩大水源，灌溉用水必会发生青黄不接的情况。早在 1956 年，淮河流域规划报告就指出，“淮河本身水量极为有限，远不能满足流域灌溉要求。……必须引用邻近流域水源及地下水”①。这启发了江苏省引江水灌溉的思路。位于苏北地区南部的长江，水源充沛，大通站年平均径流量达 9730 亿立方米②，原来沿江部分地区引用江水灌溉，但水道狭浅，流量极小。若能疏通水道，做必要的工程，引江水灌溉整个苏北灌区，以补充淮水的不足，缺水问题自然就会得到解决。这便是引江设想的最初缘由。

（二）工程构想的提出

引江济淮，从设想的产生到完善成熟，经过了一个过程。

1956 年农业合作化以后出现的兴修农田水利的高潮不减，尤其是 1957 年全国农业发展纲要“四十条”公布以后，水利建设作为农业增产的保障，更是备受关注。在这种背景下，江苏省水利厅于是年 4 月编制了旨在“实现全省水利化”的《江苏省水利规划（草案）》（即“4 月草案”），其中灌溉方面，受到淮河流域规划的启发，提出了为“使全省的灌溉水源更有保证”，要用 3 年的时间，完成引江济淮工程，“计划整理白塔河，建南官河闸以引江水，配套建 3 万千瓦电力抽水站”③。但当时这一设想刚刚提出，对引江规划缺乏具体的论证，“4 月

---

① 《淮河流域规划报告（初稿）提要》（1956 年 10 月 31 日），江苏省档案馆馆藏档案：3228-3-0330。

② 《江都水利枢纽志》编纂委员会编：《江都水利枢纽志》，河海大学出版社，2004 年 8 月第 1 版，第 7 页。

③ 《江苏省水利规划（草案）》（1958 年 4 月 16 日），《中共江苏省委及农工部关于江苏省农业生产的规划》，江苏省档案馆馆藏档案：3224-1-0058。

草案”中对引江济淮工程仅此寥寥几句，没有具体的规划。

紧接着，同年10月的两个规划，对引江灌溉的范围提出了初步的意见。1957年10月，省水利厅在《江苏省淮沂沭泗下游治理意见》中就曾指出，将来在淮水不够分配的情况下，里下河南部地区“引取江水亦较容易”①，并框出了引江灌溉的范围：先引江水灌溉通扬运河以南及南通海门约1000万亩的耕地；1962年以后，在淮水来量可能减少的情况下，要逐步扩大引江灌溉的范围，包括射阳河以南、里下河水网区、串场河两岸、通扬运河北岸和栟茶运河地区，均须改用江水灌溉。同一时期编制的《“淮水北调，分淮入沂”规划意见》，也提出了引江水补给淮水不足的想法，补给的范围，主要是里下河水网区及射阳河以南的滨海垦区。引江灌溉的最初范围，之所以框定为滨江的通扬运河以南的地区和里下河地区，是因为这两块地区是用淮河灌溉的尾部地区，经常是“望淮兴叹”。

此后，随着苏北地区用水矛盾的日益突出，1958年11月制定全省水利规划时，省水利厅党组先后两次向省委报告，阐明淮河来水显著减少，加之淮水北调后，徐淮“旱改水”面积的扩大，水量分配将更加困难，因此，十分有必要抽引江水，以解决苏北地区的灌溉问题。在此情况下，省水利厅制定了“立足长江，引江济淮”的《江苏省水利规划提纲》，提出了开辟新通扬运河、泰州引江河和通榆河等引江河，以及在邵伯湖和大汕子建抽水机站，抽引长江水入里下河地区的意见：“主要开南官河引江水，穿通扬运河入里下河，分散送水。干线经卤汀河、射阳河出海，总称引江河。拓浚通扬运河，调节输送江水，结合航运。……在南官河口及通扬运河西口各建引江闸1座，并建邵伯湖口控制工程，高邮湖作为蓄水库，在邵伯、大汕子先设3万瓦抽水机站，灌排两用”②。可见，“规划提纲”勾勒了引江济淮工程的基本格局，设计了引水河、送水河、引江闸和抽水机站，枢纽工程已经大体有了模样。

这样，从1957年至1958年年底，引江济淮的设想，从一开始仅仅有这样一种想法，逐渐丰满，初步规定了引江灌溉的范围，并规划了主要引水、送水工程，为该工程的进一步规划及实施，奠定了基础。

二、数易其稿的引江规划

在引江设想的基础上，省水利厅于1959年下半年提出了引江灌溉工程规划。

---

① 江苏省水利厅：《江苏省淮沂沭泗下游治理意见》（1957年10月30日），江苏省档案馆馆藏档案：3224-2-0346。

② 《江苏省水利规划提纲》（1958年11月），江苏省档案馆馆藏档案：3224-3-0874。

但是引用江水灌溉苏北地区，要使江水倒流北上，毕竟不是一件简单的事情。在第一份引江规划完成后，省水利不断对规划进行改进、调整和完善。随着工程规划的日臻成熟，引江灌溉的范围也不断向北延伸，由最初的里下河地区，扩大到徐淮地区，甚至跨省补给安徽和山东，最终形成了“引江济淮，江水北调”工程规划。理顺引江规划的提出，到规划的最终确定，大体可以分为两个阶段：

（一）引江灌溉规划的形成及工程立项

1959 年，随着淮河来水情况的变化，引江济淮迫在眉睫。这一年，在已有设想的基础上，开始编制具体的工程规划设计。

1. 工程浩大的引江灌溉规划

在编制引江工程规划之前，1959 年下半年，省水利厅勘测设计院先行编制了《苏北引江灌溉工程规划意见》（以下简称《引江规划意见》），以明确工程规划的主要内容。《引江规划意见》总的思路是：计划是开辟 7 条引江河，并建相应的抽水机站，达到抽引江水北上的目的。计划分三期实施：1959 年冬至 1960 年春为第一期，1962 年为过渡期，以及 1962 年以后是逐步扩大阶段。《引江规划意见》在对引江灌溉面积进行统计的基础上，对引水量作出了估算，据此安排了 1959 年冬春的工程：开辟 7 条引江干河，即通扬运河、通榆河、引江河、三阳河、盐邵河、盐靖河和泰东运河，需开挖土方 6800 万立方米，可引江水 48 亿立方米，流量 330 立方米/秒；同时配备动力 40000 匹马力，安排在归江河道上装 13000 匹马力抽水机抽江水入高宝湖，在大汕子附近装 27000 匹马力抽水机抽水入运河，可抽江水 18 亿立方米，流量 130 立方米/秒。引江河与抽水机站，合计抽引江水 66 亿立方米，合流量 460 立方米/秒。工程总投资 7.7 亿元[①]。这一流量，虽不能全部满足需外水补给的水量，但可以大大缓解 6 大灌区的缺水问题。

《引江规划意见》是就将来如何编制引江灌溉工程规划所提出的一个指导意见，它规定了规划的基本内容，框定了引江工程的基本格局，提出了开挖 7 条引江河的主要观点，对引江的规模、建抽水机站的作用等都作出了明确的阐述；但尚留一部分问题，如引江的路线和抽水机站的分布等，需要在正式规划时进一步研究解决。这为此后正式规划的编制，提供了一个思路和依据。

《引江规划意见》提出后，省水利厅即行组织人员，赶编正式的引江灌溉工程规划。完成于 1960 年 1 月的《江苏省苏北引江灌溉工程电力抽水站设计任务书》和《江苏省苏北引江灌溉工程规划要点》（以下统称“1960 年规划”），是引江灌溉、江水北调工程带有纲领性的规划文件。

---

① 江苏省水利厅勘测设计院：《苏北引江灌溉工程规划意见》（1959 年），江苏省档案馆馆藏档案：3224-2-0661。

关于引江规划的缘由，“1960 年规划”指出：

我省（指江苏省，下同——笔者注）苏北地区的水利，经过十年来的大规模的治理，洪涝灾害大为减轻，灌溉事业已获得全面的迅速的发展，对农业增产起了重大的目的。但在苏北 6000 万亩的耕地中有 4270 万亩一向依靠淮、沂、沭、泗来水灌溉。近年来随着上中游灌区的不断扩大，水利形势变化很快。我省地处下游，水源不足的矛盾更趋尖锐，来水已远不能满足灌溉需要。去年（指 1959 年——笔者注）大旱，淮河断流，洪泽湖几乎干底，部分面积受旱严重。目前苏北新老灌区都面临着严重的缺水威胁，尤以淮河下游为最甚。这个情况如不及时改变，不仅淮水北调、骆马湖、微山湖等新灌区的工程不能发挥作用和继续发展，而且灌溉总渠、里运河等老灌区也难以确保。这就势必大大影响苏北地区贫困面貌的彻底改变。因此，解决苏北引江灌溉工程问题，是关系到苏北地区彻底翻身和我省农业生产迅速发展的一项战略性的措施①。

关于引江规划的原则，“1960 年规划”指出：

根据苏北地区特点及现有水利情况，引江灌溉工程及抽水机站的规划，本着“自力更生，互相支援”的原则，在大搞河网化，大修水库，多打水井，尽量蓄用本地水和外来水的同时，以抽引江水为纲，在必要条件下支援兄弟省区。在工程实施方面，采取两条腿走路的方针：（1）自流引江和抽引江水同时进行。既完成里下河引江挖河工程，同时兴建电厂及抽水机站。（2）集中抽水和分散抽水同时进行。地势较低离站较近地区，尽量采用集中提水自流上田；自流引取江水地区，发动群众，分散抽水上田。（3）近期与远景结合。苏北抽引江水灌溉工程与南水北调东线工程力求配合。（4）蓄、引并举。既利用湖泊调蓄抽水北上，又利用湖泊蓄水互相调剂。（5）抽水灌溉与除涝防洪结合，做到一站数用。

从“规划原则”上可以看出，此时，江苏省关于引江灌溉规划，已经相当成熟。提出了引江的方式分为两种，即自流引江和抽引江水，这是对《引江规划意见》在引江方式上的一个补充和发展；在工程目的上，不仅引江灌溉苏北地区，还提出了要与南水北调东线工程相配合，将江水送到省外去，支援外省的灌溉用水。

那么，苏北的缺水情况如何，需要引用多少江水用以灌溉呢？规划根据对苏北各地的灌区灌溉面积的统计，对需水量进行了估计，见表 5 - 9 所列。

---

① 《江苏省苏北引江灌溉工程规划要点》（1960 年 1 月），江苏省档案馆馆藏档案：3224 - 2 - 0789。以下规划内容，皆引自此处，不再一一作注。

表 5－9　苏北引江灌溉面积及水量表

引江方式	灌区名称	灌溉面积（万亩）		中等旱年引水量（亿立方米）
		总面积	其中：水稻	
自流引江	淮河下游地区	2150	1120	36
	其中：里下河地区	1150	750	36
	通扬运河以南沿江灌区	1000	370	—
抽引江水	淮河下游地区	1700	1060	111
	其中：高宝湖沿岸	120	90	—
	里运河	220	180	—
	洪泽湖沿岸	170	70	—
	苏北灌溉总渠	340	220	—
	淮沭新河	850	500	—
	骆马湖、南四湖区	1420	510	49
	其中：骆马湖	400	300	—
	睢宁、邳县	280	60	—
	东海、赣榆	140	30	—
	铜山、丰县、沛县	600	120	—
	合　计	3120	1570	160

资料来源：《江苏省苏北引江灌溉工程规划要点》（1960 年 1 月），江苏省档案馆馆藏档案：3224－2－0789。

根据以上估算，近期引江水量应达到 160 亿立方米。在此基础上，对引江的具体工程，做出了详细的设计。

苏北引江灌溉工程包括自流引江河和抽引江水两部分：自流引江，主要是开挖通扬运河、通榆运河和引江河等 7 条大河，引江水至苏北里下河地区。部分引江河道，在“大跃进”时期已经上马开挖。这 7 条自流引江河道，及周边的小河的设计数据，见表 5－10 所列。

表 5－10　自流引江河道工程表

河道名称	河　段	长度（公里）	设计流量（立方米/秒）	河底高程（米）	河底宽（米）	土方（万立方米）
通扬运河	江都—海安	90	90～240	−3	60～100	5000
通榆运河	海安—阜宁	160	100～300	−3	60～90	5700

（续表）

河道名称	河　段	长度（公里）	设计流量（立方米/秒）	河底高程（米）	河底宽（米）	土方（万立方米）
引江河	长江口—射阳	70	400～970	-3	100～300	9300
三阳河	宜陵—射阳湖	90	150	-3	45～50	3500
泰东运河	泰州—东台	70	300	-3	100～130	4100
盐邵河	兴化—盐城	60	180	-3	120	4000
盐靖河	泰东运河—盐邵河	70	130	-3	55	2500
沿总渠诸小河	—	10～20	共300	—	20～60	1400
运西输水渠	—	—	710	—	—	2500
合　计	—	—	—	—	—	38000

资料来源：《江苏省苏北引江灌溉工程规划要点》（1960年1月），江苏省档案馆馆藏档案：3224-2-0789。

抽水引江，则主要依靠动力，利用京杭运河苏北段河道分级抽引江水北上，灌溉里运河、灌溉总渠、骆马湖、微山湖等灌区。总体布局是“以京杭运河为纲，四湖串联，分八级抽水，使江淮沂沭泗沟通，达到引水蓄水相结合，把苏北地区逐步连成完整的电网、抽水站网和渠系网”。

根据这一总体布局，规划具体设计了抽引江水的路线：首先从靠近江边的滨江电力抽水站抽水至高宝湖，再由高宝湖电力抽水站分别抽水入运河和灌溉总渠，沿运河以西新开运西引江河作为送水入灌溉总渠的河道，再利用灌溉总渠向西至二河闸上，由洪泽湖电力抽水站抽水至洪泽湖，沿二河向北接通京杭运河，依照运河梯级先经过泗阳、骆马湖电力抽水站至骆马湖，再经过刘山、解台、微山湖等电力抽水站至微山湖（见表5－11所列）。

表5－11　抽水站工程规划表

级　别	电力抽水站名		设计流量（立方米/秒）	设计净扬程（米）	装机容量（万瓦）
一级	滨　江		520	6.5	5.5
二级	高宝湖	大运河	205	4.0	1.0
		运西引江河	520	7.5	6.5
三级	洪泽湖		520	4.0	4.5
四级	泗　阳		180	7.5	3.0
五级	骆马湖		180	6.0	2.5

（续表）

级 别	电力抽水站名	设计流量（立方米/秒）	设计净扬程（米）	装机容量（万瓦）
六级	刘 山	45	7.0	1.0
七级	解 台	45	5.5	0.5
八级	微山湖	45	2.0	0.5
合 计		—	—	25

资料来源：《江苏省苏北引江灌溉工程规划要点》（1960 年 1 月），江苏省档案馆馆藏档案：3224-2-0789。

洪泽湖、高宝湖、骆马湖、微山湖在抽引江水工程的总体布局上，占据着重要的位置。抽引江水工程利用这四湖的天然的蓄水功能，调节水位，可以达到减少动力的目的。为了使蓄水与防洪不致产生矛盾，规划拟定了四湖的调蓄水位，见表 5－12 所列。

表 5－12 湖泊调节表

湖泊	调蓄水位（米）	水位（米）	调节库容（亿立方米）	设计洪水位（米）
洪泽湖	13.5	11	48	16
高宝湖	6.5	5	13	9.5
骆马湖	23.5	20.5	8	26.5
微山湖	33.5	31.5	11	36.5
合计	—	—	80	—

资料来源：《江苏省苏北引江灌溉工程规划要点》（1960 年 1 月），江苏省档案馆馆藏档案：3224-2-0789。

全部工程分三期施工，计划在 1964 年 6 月以前完成，见表 5－13 所列。

可见，抽引江水工程的规划是很大的。这里需要指出的是，江苏之所以能够提出这么一个规模宏大的调水工程，不是脱离实际的空想，而是有一定的工程基础的。回顾前几年的已建工程：1956 年进行的里运河整治，为以后整治京杭运河苏北段，结合输水路线，打了一个前站；1957 年兴建了二河闸、骆马湖水库宿迁大控制；到了“大跃进”时期，在全省的梯级河网化运动中，苏北地区上马了一大批骨干工程，如向东送水的新通扬运河、纵贯苏北的京杭大运河、沿海地区的通榆河、淮水北调的骨干淮沭新河、引用江水的泰州引江河，以及万福闸、淮阴闸、沭阳闸等大中型节制闸、船闸。这些骨干河道及大闸的兴建与完工，为兴建江都抽水站，实行跨流域调水，奠定了一定的工程基础。

表 5－13 抽引江水工程分期施工表

<table>
<tr><td rowspan="3">级别</td><td rowspan="3" colspan="2">电力抽水站名</td><td colspan="5">装机容量（万瓦）</td><td colspan="5">设计流量（立方米/秒）</td></tr>
<tr><td colspan="2">1960 年抽水至灌溉总渠</td><td rowspan="2">1961—1962 年抽水至洪泽湖</td><td rowspan="2">1962—1964 年抽水至微山湖</td><td rowspan="2">小计</td><td colspan="2">1960 年</td><td rowspan="2">1961—1962 年</td><td rowspan="2">1962—1964 年</td><td rowspan="2">小计</td></tr>
<tr><td>上半年</td><td>下半年</td><td>上半年</td><td>下半年</td></tr>
<tr><td>一级</td><td colspan="2">滨江</td><td>1.0</td><td>1.0</td><td>2.4</td><td>1.1</td><td>5.5</td><td>90</td><td>90</td><td>220</td><td>120</td><td>520</td></tr>
<tr><td rowspan="2">二级</td><td rowspan="2">高宝湖</td><td>大运河</td><td>0.5</td><td>0.5</td><td>—</td><td>—</td><td>1</td><td>105</td><td>100</td><td>—</td><td>—</td><td>205</td></tr>
<tr><td>运西引江河</td><td>1.0</td><td>1.0</td><td>3.5</td><td>1.0</td><td>6.5</td><td>130</td><td>130</td><td>140</td><td>120</td><td>520</td></tr>
<tr><td>三级</td><td colspan="2">洪泽湖</td><td>—</td><td>—</td><td>3.0</td><td>1.5</td><td>4.5</td><td>—</td><td>—</td><td>400</td><td>120</td><td>520</td></tr>
<tr><td>四级</td><td colspan="2">泗阳</td><td>—</td><td>—</td><td>0.6</td><td>2.4</td><td>3.0</td><td>—</td><td>—</td><td>40</td><td>140</td><td>180</td></tr>
<tr><td>五级</td><td colspan="2">骆马湖</td><td>—</td><td>—</td><td>0.5</td><td>2.0</td><td>2.5</td><td>—</td><td>—</td><td>40</td><td>140</td><td>180</td></tr>
<tr><td>六级</td><td colspan="2">刘山</td><td>—</td><td>—</td><td>—</td><td>1.0</td><td>1.0</td><td>—</td><td>—</td><td>—</td><td>45</td><td>45</td></tr>
<tr><td>七级</td><td colspan="2">解台</td><td>—</td><td>—</td><td>—</td><td>0.5</td><td>0.5</td><td>—</td><td>—</td><td>—</td><td>45</td><td>45</td></tr>
<tr><td>八级</td><td colspan="2">微山湖</td><td>—</td><td>—</td><td>—</td><td>0.5</td><td>0.5</td><td>—</td><td>—</td><td>—</td><td>45</td><td>45</td></tr>
<tr><td colspan="3">合计</td><td>2.5</td><td>2.5</td><td>10.0</td><td>10.0</td><td>25</td><td rowspan="2" colspan="5">—</td></tr>
<tr><td colspan="3">灌溉面积（万亩）</td><td colspan="2">680</td><td>1850</td><td>590</td><td>3120</td></tr>
</table>

备注：1. 表内空格表示此年度不做本项工程；2. “设计流量”项不做纵向合计。

资料来源：《江苏省苏北引江灌溉工程电力抽水站设计任务书》（1960 年 1 月），江苏省档案馆馆藏档案：3224-2-0880。

规划中提出的引江灌溉结合南水北调东线工程的意见，得到了水利电力部的肯定。1960 年 3 月，水利电力部在北京召开了南水北调会议，确定全国南水北调的路线有三条：西线和中线在长江中上游，均自流引水灌溉华北和西北各省；东线在长江下游，也就是江苏省抽引江水的线路。

以上便是引江灌溉工程规划的主要内容。“1960 年规划”明确提出了“以京杭运河为纲，四湖串联，八级提水”的总体布局，并根据地形和已建工程情况，将引江方式分为自流引江和抽引江水两个部分。自流引江是通过开辟 7 条引江河道，把江水送到较近的里下河腹地和沿海垦区；抽引江水是通过“八级提水”的布局，将水送到更远的地方去。并计划第一期兴建一级滨江抽水机站和二级高宝湖抽水机站。这两份编制于上海会议期间的“设计任务书”和“规划要点”，标志着苏北引江灌溉工程规划的成熟。

2. 规划获得周总理的支持

在 1959 年《引江规划意见》提出之后，需要向国家申请立项，以便编制正式的工程规划。但是，像这样一项投资额高达 7.7 亿元的巨大工程，要获得审批，并非易事。经过省委的努力，工程规划最终得到了周恩来的批准。

1960 年 1 月 17 日，中共中央政治局在上海召开扩大会议，讨论国民经济计划。省委书记江渭清、刘顺元，省水利厅厅长陈克天、副厅长陈志定等代表江苏与会。会前，李葆华通知陈克天，就苏北引江灌溉工程问题，应尽快呈具报告送至上海。于是，陈克天、陈志定带领设计院的许荫桐、沈日迈先期赶到上海，赶编工程规划，以便向政治局汇报。引江灌溉工程的纲领性规划文件——《江苏省苏北引江灌溉工程电力抽水站设计任务书》和《江苏省苏北引江灌溉工程规划要点》，就是在这种情况下编制出来的。

会议期间，陈克天就苏北地区缺水状况和解决水位问题的意见，向周恩来作了具体的汇报，重点报告了引江灌溉的规划和设计，并提出当年即兴建滨江和高宝湖两座抽水站，请求国家予以支持。刘顺元又作了补充汇报①。周恩来听了江水北调的意见后很赞同。时至 1960 年春节期间，省水利厅派灌溉管理处处长戎政和工程师沈日迈又赶赴北京落实此事，在国家经委秘书处看到的一份工程项目目录上，有周恩来的批示：“请一波、志远（即薄一波、孙志远——笔者注）阅办。”该工程目录里，就包括“苏北引江灌溉工程”一项。

1960 年 3 月，水电部南水北调会议之后，省人委以苏水管字第 0512 号文，向国家计委报送了上述两份文件。不久，国务院即批准兴办苏北引江工程，新建 5 万千瓦电力抽水站，1960 年上半年先完成 2.5 万千瓦②。这标志着引江灌溉工程获得国家计委批准，正式立项。

（二）引江规模的调整和规划的修订

关于引江灌溉结合南水北调的计划，《江苏省苏北引江灌溉工程规划要点》原计划在 1964 年省内工程全部完成后，再行兴办。但水电部提出了在 1962 年将水送至山东、安徽的要求。据此，省水利厅对工程规划做了调整，扩大了工程规模。此后，水电部根据国家经济的实际情况，再次调整了规划要求，并形成了最终方案。“引江济淮，江水北调”规划最终形成。

在水电部审批苏北引江工程的文件中，考虑到山东、安徽两省用水需要，特别指出：“山东省水源缺乏，为了增加抗旱水源，要求在 1962 年抽引江水 100 至 200 秒立方米到东平湖。我部认为在首先满足江苏省洪泽湖以南所需抽水设备的条件下，山东这一要求亦应考虑。”并称“安徽洪泽湖、高宝湖、滨湖部分 1962

---

① 参见陈克天：《江苏治水回忆录》，江苏人民出版社，2000 年 1 月第 1 版，第 312 页。

② 《江苏省人民委员会关于报送我省苏北引江灌溉工程设计任务书及规划要点请迅予审批的报告》（1960 年 2 月 26 日），江苏省档案馆馆藏档案：3224-2-0880。

年抽水灌溉范围最大可达400万亩，在淮河枯水年份亦应由江水补给”。水电部并确定1962年江苏、山东、安徽抽引江水工程共需抽水动力30至38万瓦，其中为山东抽水7至15万瓦，为安徽抽水2万瓦。这样，江苏抽水动力将从原规划1962年前15万瓦，增加至21万瓦。

由于苏北电力引江工程规划的扩大、抽水量的增加，单靠京杭运河一河送水将不能满足，必须增加新的输水路线。1960年5月，省水利厅编制了“立足长江，引江济淮”的《江苏省水利修正规划》。根据水电部的要求，《修正规划》对抽引江水的路线及装机规模进行了修正，增加了废黄河和邳洪河路线：

抽引江水的线路，首先从靠近江边的滨江电力抽水站，抽水至高宝湖，再由高宝湖电力抽水站分别抽入里运河和灌溉总渠，沿里运河以西新开引江河，作为送水至灌溉总渠的河道，至灌溉总渠后分为两路：一路利用灌溉总渠向西至二河闸，由洪泽湖电力抽水站抽水至洪泽湖或直接沿二河向北至淮阴接通京杭运河；另一路沿京杭运河向北至淮阴，设淮阴电力抽水站，淮阴再向北，依照运河梯级，先经泗阳、骆马湖电力抽水站至骆马湖，再经刘山、解台、郑集等抽水站至南四湖；另外一线自洪泽湖向北经邳洪河至皂河，向西利用废黄河送水，沿线筑堤，抽引江水，灌溉微山湖以西等高地。由湖边起自南向北设洪泽湖北站、洋河站、宿迁南站、皂河站、古邳站、庙山站、铜山站、徐州西站、淮海站等九个抽水站①。

这两条引水路线的站址分布及设计数据，见表5－14所列。

表5－14　苏北抽引江水区1962年以前布站（自南向北）规划表

引水路线	抽水站名称	抽水设计流量（秒立方米）	设计扬程（米）	装机容量（万瓦）
京杭大运河线	滨江站	660	6	6.9
	高宝湖站	740	5.5	6.7
	洪泽湖站	500	4	3.4
	淮阴站	74	1.5	0.2
	泗阳站	74	7.5	0.9
	宿迁站	74	6	0.8
	刘山站	20	6	0.3
	解台站	20	5.5	0.2
	郑集站	20	4	0.1

① 《江苏省水利修正规划（草稿）》，江苏省档案馆馆藏档案：3224-2-0792。

（续表）

引水路线	抽水站名称	抽水设计流量（秒立方米）	设计扬程（米）	装机容量（万瓦）
邳洪河及废黄河线	洪泽湖北站	60	9.5	0.8
	洋河站	50	3	0.3
	宿迁南站	50	4	0.4
	宿迁北站（皂河）	50	9	0.8
	睢宁站（古邳）	30	3	0.2
	庙山站	30	4	0.3
	铜山站	30	3	0.2
	徐州西站	20	6	0.3
	淮海站	20	4	0.2
合　计	—	—	—	23

资料来源：《江苏省水利修正规划（草稿）》，江苏省档案馆馆藏档案：3224-2-0792。

可见，《修正规划》对“1960 年规划”的“八级提水”的站址布局，进行了一些调整，但引水的路线基本一致；主要是为满足送水至皖、鲁两省的要求，增加了邳洪河及废黄河线，增设了 9 级抽水机站。我们说，这一设想是好的，规划也是可行的，但是，必须考虑国家经济建设的基本能力。《修正规划》完成于 1960 年 5 月，这正是“大跃进”运动的后期，“左”的思想尚未得到彻底的肃清，国民经济已处于相当困难的境地。省内的引江工程投资额已经很大，若工程规模再行扩大，实在是超出了当时国民经济所允许的范围。

1961 年 1 月 14 日至 18 日召开的中共八届九中全会，正式通过了“调整、巩固、充实、提高”的“八字方针”，国家转入国民经济调整时期，基本建设战线开始缩减规模。在这种背景下，水电部和省水利厅对苏北引江灌溉工程再次进行了调整。

在中共八届九中全会召开之后，国民经济的各个领域陆续召开会议，贯彻中央的“八字方针”。关于苏北引江灌溉工程的调整会议，是 1961 年 3 月水电部召开的五省一市平原地区规划会议。这次会议经研究提出：近期抽引江水到山东的工程规模巨大，不易实现，决定暂缓送水至山东，先解决苏北地区的灌溉用水问题。这说明，《修正规划》提出的送水至外省的工程暂不实施，引江灌溉工程的规模，仍以“1960 年规划”为准。

1962 年 8 月，根据水电部意见，省水利厅对规划又作了进一步的补充和修改，完成了《苏北引江灌溉工程规划报告》。主要是对废黄河以南的淮河下游，包括淮水北调灌区，增加灌溉、排涝和沿海垦区洗盐、冲淤的综合考虑，使引江灌溉规划更加全面、合理。确定总的灌溉面积，包括里运河及苏北灌溉总渠自流灌区、里下河提水灌区、淮沭河灌区（即分淮入沂灌区，包括废黄河在内）、通扬河与通榆河灌区、洪泽湖滨湖灌区和高宝湖、邵伯湖滨湖灌区等6大灌区在内，水稻1483万亩，三麦670万亩，秋季旱作物650万亩；年灌溉需水量100～134亿立方米，连同洗盐、冲淤和其他用水等，合计年总用水量180～236亿立方米，需要抽引江水400立方米/秒，自流引江140立方米/秒；并肯定了前一规划中兴建江都抽水站，增建淮安抽水站的意见①。

11月23日，水利电力部以（62）水电规水字第269号批复，同意引江灌溉工程“综合考虑灌溉、排水、洗碱、冲淤的治理方针”“统一调度江、淮、沂、泗四水，互相调剂，遇干旱缺水年份，抽引江水以补不足”“根据地形条件，分区分级，控制径流，疏浚河道及港口，增加排水能力，结合灌溉进行抽排涝水，以解决内涝灾害”，以及“引淡排卤，进行垦区洗碱，利用淮、沂、泗余水，冲刷港口淤积，改善排水条件”等四大规划原则，并同意“在江都、淮安和海安，分别设置抽水站，以抽引江水和抽排涝水，灌排并用”“利用里运河、新通扬运河和通榆河，作为三条主要输水河道”的工程布局②。最终决定，同意引江灌溉工程上马施工：“除江都枢纽工程，我部已将你省报送的设计任务书转报国家计委审批外，其余工程如果条件成熟，可在你省水利项目中安排，并由你省负责设计和施工”③。

《苏北引江灌溉工程规划报告》将废黄河以南的淮河下游囊括到灌溉范围内，使规划更全面。11月23日，水利电力部批复，同意引江灌溉工程的设计原则和工程布局。至此，引江灌溉工程的规划最终定案。

就这样，这个旨在设想向长江要水，以京杭运河为输水干渠，江、淮、沂沭泗各流域沟通，建设能灌、能排、能调度、能通航的新水系的苏北引江灌溉工程，从最初的设想，到规划的形成及调整，直至国家最终批准，前后历经3年，经过了几轮修改，最终定案。

三、引江河道的开挖

引江河道是整个调水工程的重要组成部分。关于引江河道的布置，最早在

① 《苏北引江灌溉工程规划报告》（1962年8月），江苏省档案馆馆藏档案：3072-2-1077。

② 《水利电力部技术委员会对〈苏北引江灌溉工程规划报告〉及〈江苏省里下河水利规划补充资料〉的审查意见》（1962年11月23日），江苏省档案馆馆藏档案：3224-2-1074。

③ 《水利电力部技术委员会对〈苏北引江灌溉工程规划报告〉及〈江苏省里下河水利规划补充资料〉的审查意见》（1962年11月23日），江苏省档案馆馆藏档案：3224-2-1074。

1958年11月制定的《江苏省水利规划提纲》中已经提出了。此时，正是全省“梯级河网化运动”如火如荼开展的时期，在大挖河道、大兴水库的热潮中，7条引江河道作为全省的骨干性工程，迅速地动工开挖了。

1958年11月15日，新通扬运河全线开工，自泰州赵公桥向东经姜堰北到海安，动员江都、泰县、海安等县民工10.5万人施工，到1959年春，农忙将至，于4月、5月相继中途停工，仅完成土方831万立方米（其中江都、泰县完成土方633万立方米，海安县完成土方198万立方米），全线未贯通。1960年初复工，扬州、盐城、南通专区动员了11个县的民工12.5万人，开挖江都至泰东河口，长40公里的河段，于1961年5月竣工，完成土方1100万立方米。至此，新通扬运河江都至泰东河口段基本开通，河底宽20米，河底高程-2.5米；泰县大白米至海安19.7公里基本成河，河底宽10米，河底高程-1米；余下的泰东河口至泰县大白米段尚未挖通①。“文革”以后，经过扬州、盐城、南通三个地区21年的共同努力，4次开挖搬动土方4000万立方米，终于建成了这条河。

在新通扬运河开工的同时，通榆河阜宁至海安157公里河段破土动工，盐城、南通两地区动员了10余万民工上工开河。由于人力和物力不能跟上，工程于1959年春被迫停工。当时已开挖河道土方1800万立方米，竣工河床标准：底宽10米，底高-1米，河坡1∶4。由于大饥荒和“文革”的到来，通榆河工程被搁浅了下来。直到1985年，通榆河工程重新进行规划，1993年9月正式开工，至2002年，全长176.4公里的通榆河全线建成通水，同时完成各项配套工程。通榆河建成后，成为南北水利水运的骨干河道，不仅能够引调长江水，还能结合发挥通航、冲淤保港、调度排涝、改善沿海垦区水质等多项作用。

泰州引江河也与新通扬运河、通榆河同期开工，后因故停工，直到1995年才复工，至1999年河道、桥梁、枢纽三项主体工程竣工，投入运行。建成后的泰州引江河，位于泰州市与扬州市交界处，南接长江，北端与新通扬运河相连，全长24公里，是以引水为主，灌溉、排涝、航运综合利用的河道工程。首先，引江河是江水北调工程的一个引江口门，长江水经引江河、新通扬运河、三阳河、潼河，于宝应抽入里运河北送，送水量200立方米/秒。其次，提高了江水北调的能力，通过泰东河、通榆河、卤汀河等骨干河道，将水东引、北调至里下河腹地、沿海垦区及淮北的北调灌区，年平均供水量27亿立方米，受益面积424600平方公里，同时向通扬运河以南2000平方公里高沙土地区供水100立方米/秒。再次，引江河也是里下河地区的一条抽排涝水入江的出路，可在里下河出现洪涝时，抽排涝水300立方米/秒入江。

① 江苏省地方志编纂委员会：《江苏省志·水利志》，江苏古籍出版社，2001年9月第1版，第345页。

其余河道，如三阳河（由宜陵至潼河，全长68公里）、泰东河（由东台至泰州市，全长55.07公里）、盐邵河及盐靖河，没有在“大跃进”时期兴建，到20世纪70年代以后才纷纷开挖。

总之，“引江济淮”与“分淮入沂”两大跨流域调水工程的实现，在苏北的地图上，勾画了一幅江、淮、沂沭泗水系互调互济的壮阔水系图；并将苏北已建的各大水利工程，串联成为一个完整的系统，构成了一个有机的整体。

第六节　遍地开花的大中型工程

除“淮水北调，分淮入沂”和“引江济淮，江水北调”两项跨流域调水工程外，“大跃进”时期，苏北上马兴建的大中型水利工程可谓“遍地开花”。在沂沭河水系上，进行了微山湖复堤工程，开辟了邳苍分洪道，兴建了小塔山、安峰山、石梁河、骆马湖等数座大中型水库。在淮河水系上，续建入江水道并建成了一座大型控制建筑物——万福闸。大运河整治工程也如火如荼，这些工程有的如期完成，有的被迫中途停工。但这一时期的水利建设带动全省的水利事业高速发展。因资料所限，本节仅以骆马湖水库工程、石梁河水库灌区和万福闸为例。

一、骆马湖水库工程

江苏省淮北地区的骆马湖，原为沂河下游的一个天然湖泊。新中国成立后，根据沂沭泗流域的整体规划，江苏省决定将骆马湖改建为常年蓄水库，调蓄沂河洪水，减轻下游排洪水道的压力。骆马湖改建为水库后，减轻了沂沭泗下游地区的洪水灾害，并为徐淮地区的农业改制、发展农田灌溉等发挥了一定的作用。

骆马湖位于沂河末端，东临马陵山的南麓嶂山，西南至中运河，北与新沂相连。其成湖年代久远，宋代时，因牧马而得名，称为“乐马湖”。关于骆马湖的形成，《咸丰邳州志》载：“若夫川莫大于河，浸莫大于沂，而河故泗道也。自泗夺河徙沂不南注，泇、运既开，齐鲁诸水挟以东南，营、武、泇、沂一时断截，隄牐繁多，而启闭之务殷，东障西塞而川脉乱矣。”① 湖区全部位于江苏省境内，流域面积5.2平方公里（当水位23米时，湖面积375平方公里），其中大部分在淮阴地区的宿迁县境，小部分在徐州地区的新沂县境②。

---

① 《咸丰邳州志·卷四》，《中国地方志集成·江苏府县志辑63》，江苏古籍出版社，1991年6月第1版，第267页。

② 1987年12月，撤销宿迁县，设立县级宿迁市；1996年7月，县级宿迁市又升格为地级宿迁市。1990年2月，撤销新沂县，设立县级新沂市，仍隶属于徐州市管辖。

历史上，骆马湖是沂沭泗流域的滞洪区之一，承接上游沂河来水，受水面积达5万平方公里。沂河、沭河均发源于山东沂蒙山区，源短流急，每逢汛期，两河并涨，洪水下泄入骆马湖。骆马湖原有两条泄洪出路，一路排入中运河，一路经六塘河排水入黄海。新中国成立前，因中运河、六塘河年久失修，泄洪量极小，汛期往往宣泄不及时，沂、沭洪水恣意泛滥，漫溢平地，因此，骆马湖区的洪水灾害是非常严重的。据统计，清代至民国的305年间，沂沭泗流域共发生水灾267次[①]，几乎年年受灾。

新中国成立后，为减轻沂沭泗流域下游地区的洪水灾害，先后开挖了新沭河和新沂河，使沭河和沂河有了直接入海的通道。同时，为了缓解沂沭泗下游排洪通道在汛期时的排水压力，在1950年1月华东水利部召开的沂沭河治导会议上，决定将骆马湖、黄墩湖作为临时拦洪水库，汛期滞洪，设计防洪水位23米，蓄水量9亿立方米。1955年，水利部批准骆马湖从临时防洪水库，改建为“防洪、排涝、灌溉、航运等综合利用的常年水库”[②]，并要求进一步制订详细的规划设计方案，包括蓄水位及调蓄库容、主要水工建筑物的设计、迁移赔偿书及工程分年实施计划等方面。这一审核意见，使骆马湖改建水库的规划初步确定了下来。

1957年，淮沂沭泗流域的大洪水，加快了骆马湖水库工程的设计进度。是年7月，沂沭河等地区数十日内连续出现6次暴雨，黄墩湖破堤蓄洪，骆马湖最高水位仍达23.15米[③]，超过设计水位0.15米，骆马湖等地区遭遇1949年以后最严重的水灾。汛后，省水利厅于9月和10月，先后编制了骆马湖水库工程的初步设计和技术设计，提出为提高骆马湖的防洪标准，减少淹没土地的损失，并结合徐淮地区发展“旱改水”，决定将骆马湖、黄墩湖两湖蓄水的方案，改为骆马湖一湖蓄水，蓄洪水位调高为千年一遇25米。为配合骆马湖常年蓄水，黄墩湖需作为非常滞洪水库，并新建宿迁大控制。这就是“一湖蓄水，二湖调节，三级控制”治理方案。

这一方案得到了水利水电部的批准。1958年2月26日，水利部以水设计(58)第366号文决定：骆马湖为常年蓄水库，黄墩湖为非常洪水临时滞洪区(见图5-5)。是年冬，骆马湖开始蓄水。

---

① 水利部淮河水利委员会沂沭泗水利管理局编：《沂沭泗河道志》，中国水利水电出版社，1996年11月第1版，第30页。

② 《水利部关于骆马黄墩两湖水库工程计划任务书的审核意见》，江苏省档案馆馆藏档案：3224-2-0196。

③ 江苏省地方志编纂委员会：《江苏省志·水利志》，江苏古籍出版社，2001年9月第1版，第88页。

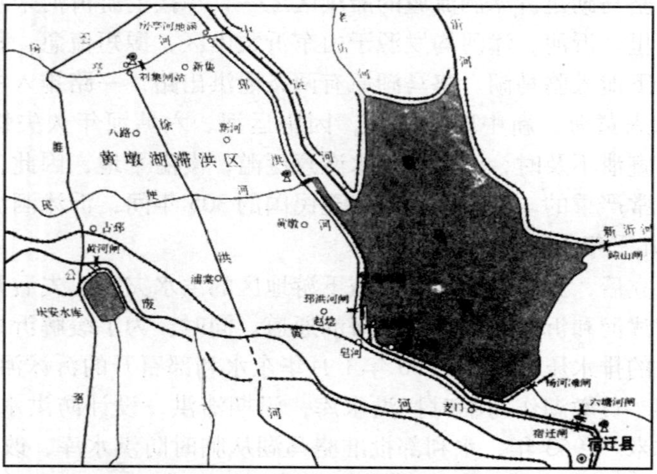

图 5－5　骆马湖、黄墩胡工程示意图①

骆马湖改建水库，蓄水位从原来的 23 米提高到 25 米，需要做相应的控制工程。根据工程的规划，骆马湖水库有两处枢纽，一处是宿迁大控制工程，一处是嶂山控制工程。

宿迁大控制是一个综合性的枢纽工程，包括宿迁节制闸、宿迁船闸、六塘河节制闸、六塘河拦河坝和防洪大堤等工程。这项工程的主要作用是，调度整个沂沭泗流域的洪水，提高下游地区的防洪标准，当沂河遭遇大洪水时，保证骆马湖防洪水位达到设计标准。

1957 年 9 月，经淮委和水利部批准开工，宿迁节制闸工程开工。该闸位于宿迁城北的中运河上，闸身分 6 孔，每孔净宽 10 米，总宽 69. 23 米，闸底高程 15 米，闸顶高程 28 米。该闸设计洪水位，闸上 25. 1 米、闸下水位 18. 88 米时，最大流量 600 立方米/秒，1958 年 6 月建成，投资 210. 6 万元。宿迁节制闸亦是控制中运河泄量的主要建筑物。

宿迁船闸位于宿迁县井儿头镇，闸室长 210 米，宽 15 米。1957 年 9 月 29 日开工兴建，至 1958 年 7 月 16 日，正式开放通航。设计年通过能力为 1100 ~ 1700 万吨；设计通航水位高程：上游最高 25. 1 米，最低 18 米；下游最高 18. 5 米，最低 18 米。宿迁船闸主要是为了发展运河航运，并配合宿迁节制闸、六塘河闸共同负担拦洪蓄水任务。

六塘河节制闸位于宿迁节制闸和船闸的北面，闸身共 3 孔，每孔净宽 10 米，

① 图片来源：江苏省地方志编纂委员会：《江苏省志 · 水利志》，江苏古籍出版社，2001 年 9 月第 1 版，第 89 页。

总宽32.8米，闸底高程15米，闸顶高程28米。1957年10月开工，次年6月竣工，投资136.85万元。1964年起不再承担排洪任务，只负责拦蓄。

六塘河拦河坝建于1958年，从宿迁城北至六塘河闸北全长2800米。坝顶高程28米，坝顶结合公路宽10米，临水坡做有防浪林台，高程24.5米，宽40米，坡比1∶3.5。

防洪大堤从宿迁节制闸上游向南建堤与废黄河北堤连接，而后循废黄河北堤修复，经皂河镇穿荷花池与黄墩湖堤衔接，这段堤防也是中运河的右堤。堤防的设计标准，堤顶高程28米，新建堤防顶宽6米。1964年工程完成后，从宿迁、邳县交界处到宿迁节制闸形成一条全长34.6公里的比较完整的防洪大堤，确保了沿湖地区的防洪安全。

宿迁大控制工程建成后，形成了骆马湖水库的第二道防线①，确保湖水位达到25米的设计标准（此时，骆马湖水库库容15亿立方米）。

嶂山控制工程，包括嶂山闸和嶂山切岭，是骆马湖水库的又一控制工程。新中国成立初期的导沂整沭期间，骆马湖原计划辟为临时拦洪水库，利用开挖峒峿山、嶂山之间的马陵山断麓，以控制下泄入新沂河流量。1958年骆马湖批准为常年蓄水库后，决定兴建嶂山闸，并扩大嶂山切岭，增加下泄新沂河的流量。

嶂山闸位于宿迁县嶂山集西1.1公里处，闸下就是新沂河，是控制骆马湖洪水排入新沂河的主要建筑物，于1959年10月开工兴建，1961年春建成。该闸共36孔，每孔净宽10米，闸身总宽428.97米，闸底高程15.5米，闸顶高程28米，设计闸上水位25.1米，闸下水位23.8米时，最大泄量8000立方米/秒。要求骆马湖水位22.5米时，泄洪3500立方米/秒。

嶂山闸建成后，嶂山切岭段即为上下游引河。导沂整沭期间，曾进行过3次切岭工程，但因土质坚硬夹有砂姜，施工困难，未做足标准。为充分发挥嶂山闸的排洪、蓄水作用，必须相应地扩大嶂山切岭。该闸的设计标准为闸上2.5公里，河底高程15.5米，底宽600～430米；闸下6公里，河底高程15.5～14.3米，底宽430～90米，全长8.5公里。

1958年，随着宿迁大控制工程的兴建和嶂山闸的规划，骆马湖由临时蓄水库改为常年蓄水库的条件已经具备。这年秋冬季节，骆马湖水库开始蓄水，拦蓄范围包括，北界堰头剑秋圩，南至骆马湖大堤，西界中运河西堤，东至马陵山，水域面积约407平方公里。

---

① 骆马湖的第一道防线，是1952年建成了皂河控制工程，由皂河节制闸及船闸，六塘河杨河滩闸，骆马湖南堤组成。该项工程是为配合骆马湖汛期蓄水，汛后退水种麦，实行"一水一麦"而兴建的。

二、石梁河水库灌区

石梁河水库位于苏、鲁边境的东海、赣榆、临沭3县交界处的新沭河干流上，水库集水面积5573平方公里，总库容5.31亿立方米，其中防洪库容3.23亿立方米，兴利库容2.65亿立方米。该水库是沂沭泗防洪工程中的重要水库之一，负担调节沭河洪水。按沂沭河流域规划，沂水东调时，石梁河水库可调节沂河洪水，保证连云港市、陇海铁路和东海、赣榆等县大面积农田的防洪安全，并提供农田灌溉、工业和生活用水等水源。水库灌区的设计灌溉面积88万亩，有效灌溉面积63.6万亩。

水库于1958年12月动工，1962年12月竣工。工程有主副坝各1座，主坝长5200米，副坝长3600米，坝顶高程均为31.5米，主坝最大坝高22米；溢洪闸1座，设计泄洪流量4000立方米/秒，校核流量5000立方米/秒；灌溉输水涵洞5座，包括水电站涵洞1座，设计流量171.5立方米/秒；水电站1座，装机1120千瓦；1976年，在库下又建抽水站1座，装机36台、4680千瓦，设计流量20立方米/秒①。

水库灌区分为沭南（东海县）和沭北（赣榆县）两个灌区。除部分面积直接从水库引水外，主要经过新沭河两岸涵洞放水。沭南灌区位于新沭河以南，石安河以东，蔷北干渠、鲁兰河分干渠以西，鲁兰河以北地区。灌区内有石梁河、黄川、浦南、青湖、驼峰、石榴、白塔、房山、安峰、牛山、曲阳等11个乡镇。设计灌溉面积48万亩，有效灌溉面积33.6万亩。灌区早于1955年春开始建设，1957年完成灌区配套建设，1958年兴建石梁河水库后，扩大灌溉面积，以后又逐年完善灌区内配套工程，共完成总干渠1条、长55公里，干渠32条、长148公里，支渠226条、长918公里，斗渠以上建筑物5816座。沭北灌区位于赣榆县南部，新沭河以北、青口河以南，东临黄海。有沙河、大岭、殷庄、朱堵、罗阳、城南、墩尚、青口、门河、宋庄、城头等11个乡镇。设计灌溉面积40万亩，有效灌溉面积30万亩。工程于1957年年底开工，由赣榆县分期实施，分期发挥效益，至1968年全部完成。计有总干渠3条、长33.4公里，干渠9条、长120公里，支渠191条、长350公里，斗渠以上建筑物4222座。

石梁河水库建成后，既可以在沭河大洪水时，容蓄一部分沭河洪水，减轻新沭河的排洪压力；同时，又依托库区，建成两大灌区，保证东海、赣榆两县60余万亩农田的灌溉。此外，除了石梁河水库，在"大跃进"时期兴建水库的高潮中，新沭河流域内先后建成了石梁河、安峰山两座大型水库，及凌山头、房山、横沟、

① 江苏省地方志编纂委员会：《江苏省志·水利志》，江苏古籍出版社，2001年9月第1版，第262页。

昌黎和西双湖5座中型水库，总库容7.64亿立方米，控制流域面积1411.7平方公里①。水库的兴建，对新沭河流域的防洪和灌溉，都起到了十分重要的作用。

石梁河水库自1959年11月正式开工，1960年5月土坝基本建成，至1961年8月底，累计完成土方761.91万立方米，石方20.78万立方米，混凝土46240立方米②。该水库原计划灌溉90万亩，实际灌溉面积约40万亩。

三、入江水道上的万福闸

入江水道中下游，历史上就有蓄水灌溉的做法，六闸以下归江河道上也经常打坝蓄水，建于清代的“归江十坝”，就是为便于蓄水而建（见表5－15）。那时，每年汛后就在归江河道上筑柴草坝蓄水灌溉，便利通航，汛期再拆坝排洪。清末以后，归江坝启闭十分频繁。据统计，民国三年至二十二年（1914—1933年）和三十二年至三十七年（1943—1948年）的26年间，共开坝98坝次。1949—1960年的12年中，共开坝71坝次。1961—1972年据不完整资料统计，共开坝16坝次③。堵堵拆拆，年复一年，耗费了很大的人力和资金，还常常因拆堵不及时带来蓄、泄之间的矛盾。堵闭归江坝的经费材料开支很大。据1956、1957年两年堵闭7道归江坝实用主要材料有：料柴86000多担，稻草4700多担，柳橛2700多担，大竹缆10万丈，小竹缆1800多并（每并50～60米），草包6800多只，经费37.2万元④。

表5－15 淮河下游归江十坝基本情况表

坝名	有关年份坝长				1957年堵坝					
	1913年（丈）	1931年（丈）	1950年（米）	1960年（米）	设计标准			主要材料		经费（万元）
					顶宽（米）	坝顶高程（米）	河底高程（米）	芦柴（万公斤）	大缆（万米）	
拦江坝	28	29.5	97	110	6.5	6.2	-1	29.45	1.1	3.56
褚山坝	12	12	31	坝废	—	—	—	—	—	—
金湾坝	28	29	96	128	7	7.5	-3.5	22.79	1.2	3.05
东湾坝	30	33	115	113	6.5	6.5	1.5	16.57	0.97	1.92
西湾坝	30	30	89	84	6.5	6	—	14.28	0.71	1.92

---

① 水利部淮河水利委员会沂沭泗水利管理局编：《沂沭泗河道志》，中国水利水电出版社，1996年11月第1版，第288页。

② 《江苏省大型工程情况的汇报》（1961年9月28日），江苏省档案馆馆藏档案：3224-2-0847。

③ 扬州市水利局，《扬州水利志》，中华书局，1999年11月第1版，第128页。

④ 扬州市水利局，《扬州水利志》，中华书局，1999年11月第1版，第128页。

（续表）

坝 名	有关年份坝长				1957 年堵坝					
					设计标准			主要材料		经费（万元）
	1913 年（丈）	1931 年（丈）	1950 年（米）	1960 年（米）	顶宽（米）	坝顶高程（米）	河底高程（米）	芦柴（万公斤）	大缆（万米）	
凤凰坝	28	44	159	305	8	7	-1	163	13.98	11
新河坝	44	32	131	139	7	7	-1.3	43.39	3.1	5.26
壁虎坝	60	66	231	246	8	7	-1.4	144.6	12.33	10.5
老 坝	12	12	久闭不启		—	—	—	—	—	—
沙河坝	24	24	久闭不启		—	—	—	—	—	—

资料来源：扬州市水利局，《扬州水利志》，中华书局，1999 年 11 月第 1 版，第 128 页。

新中国成立后，1959 年 10 月开工兴建万福闸（见图 5－6），代替壁虎坝、新河坝和凤凰坝。万福闸位于扬州市东郊入江水道的廖家沟上，1962 年 12 月竣工。全闸 65 孔，每孔净宽 6 米，总长 466.8 米，总宽 141 米，工程总造价 1700 万元。

图 5－6　入江水道的控制性建筑物——万福闸（1962 年 12 月）①

该闸主要承担淮河入江流量的 65%，控制邵伯湖蓄水，解决仪征、邗江、扬州郊区 100 万亩农田灌溉用水等。之后，至 1969 年第二次大规模整治入江水道之前，又陆续兴建了邵仙闸洞、褚山洞、芒稻闸、运盐闸，“文革”时期又建

① 图片来源：扬州市水利局，《扬州水利志》，中华书局，1999 年 11 月第 1 版，图片部分。

成了太平闸和金湾闸，代替了褚山坝、拦江坝、东湾坝、西湾坝和金湾坝（湾头坝和沙河坝早已废除）。至此，“归江十坝”完全由新建的涵洞取而代之，结束了百余年归江坝拆拆堵堵的历史，形成了排洪、挡潮、蓄水、补给航运用水等灵活控制的归江工程。

总之，水利建设是新中国成立以来国家着重抓的一项基本工作，为的是消灭洪、涝、旱灾害的威胁，从根本上改变我国农业长久以来的靠天吃饭的落后局面。“大跃进”时期，国家对于水利建设的重视程度极高，投入了大量的资金用于水利基本建设，仅用于江苏省的水利投资就达6.86亿元，超过了1949—1957年投资的总和[①]。尽管这个时期的水利建设，不可避免地染上了“大跃进”的时代特征，造成了很多的遗留问题（这一问题将在下一章做专门阐述），但不可否认的是，江苏省投入了大量的劳力兴修农田水利，也取得了一定的成果：全省共完成土石方33亿公方，开挖大型河道1000余公里，建成大中型涵闸144座、小型9万余座，建成大中型水库103座、小型500余座，增加机电排灌近60万马力。那时兴建的全省骨干工程，如京杭运河苏北段、淮沭新河、新通扬运河、太浦河、望虞河等，以及建成的九圩港、王港等引排干河，淮阴闸、盐河闸、沭阳闸、九圩港闸、蔺家坝闸等大中型涵闸，奠定了全省水利系统的新格局；“淮水北调，分淮入沂”和“引江济淮，江水北调”两大跨流域调水工程，将沂沭泗水系、淮河水系与长江水系沟通，不仅解决了淮河下游出路不足的问题，而且实现了三大水系的互调互剂，开创了苏北水系的新局面。其中的许多工程保留了下来，并仍然发挥着作用。这种情况不仅在江苏，全国亦然。据统计，全国现有水库近8.6万座，其中蓄水量在1亿立方米以上的大型水库有445座，蓄水量在1千万至1亿立方米之间的中型水库有2782座，10万至1千万之间的小型水库有8.2万余座，这些水库有很大一部分是“大跃进”时期所兴建的。

① 《江苏省水利建设资料》（1961年12月25日），江苏省档案馆馆藏档案：3224-1-0118。

第六章 “大跃进”时期江苏水利建设的败笔
——梯级河网化运动

“水利大跃进”运动推动苏北水利建设迈入一个高速发展的时期，但是，这场运动不仅是成绩，更有巨大的消极方面。江苏在这一时期开展了一场声势浩大的梯级河网化运动，这场水利建设运动，是江苏“大跃进”运动的主要形式之一，造成了极大的浪费和损失，使全省农民付出了巨大代价，成为引发后来经济困难和大饥荒的原因之一。

第一节 浮夸性质的水利规划

梯级河网化运动，是依据“梯级河网化规划”所展开的。梯级河网化规划，是1958年8月至11月，江苏省出台的全省水利规划。前一章谈到了江苏的两个水利跃进规划，即“4月草案”和“7月提纲”。尽管这两个规划是根据中央极“左”方针的一步步确立而制定出台，但是，它们贯彻“跃进”思想，还没有达到“登峰造极”的程度。“7月提纲”出台后不久，又被一个新的、更加“跃进”的规划所代替。这个规划，以1958年8月20日召开的全省水利会议上的总结报告的形式表现了出来；11月，省水利厅根据“7月提纲”和8月全省水利会议的总结，对全省水利规划做了最后修订，名为《江苏省水利规划提纲》。

一、以梯级河网化为中心的“跃进规划”

1958年8月17日，北戴河政治局扩大会议召开，江苏省第一书记江渭清出席了会议。20日，他专门就大炼钢铁问题同省委通了电话，通报了会议精神，下达了贯彻会议精神的三点指示①。恰恰就在这一天，全省水利会议（以下简称

① 江渭清：《七十年征程——江渭清回忆录》，江苏人民出版社，1996年10月第1版，第425页。

“8月会议”）开幕，主题是讨论修订“7月提纲”，形成全省农田水利规划的定案。江渭清的指示虽然是针对钢产量问题的，但所反映出的“跃进”和“高指标”的精神，自然影响到8月会议的政治空气。省委书记刘顺元在开幕式上做了报告，号召以“水利带头，全面规划，农业基本建设，全面开花”为原则，“苦干三年，改变面貌”①。在历时8天的会议上，各地制订的计划竞相攀比，将规划任务不断修改，导致计划指标越吹越高。在27日的闭幕式上，时任江苏省水利厅厅长的陈克天，做了题为《江苏省水利会议的总结》的发言，坚持“7月提纲”中建设梯级河网化的总方向，根据各地讨论的结果，对水利工程的任务量进行了全面加码。这个总结，规定了“大跃进”时期全省农田水利建设的总体目标和任务，详细地阐述了水利建设的各项政策，并得到了省委的同意和中央的批准②，成为全省水利规划的正式文件被贯彻执行。因该文本形式成于“大跃进”的全面爆发时期，规划的内容也极其浮夸，充分体现了“大跃进”的时代特点，故笔者将其称为“跃进规划”。

“跃进规划”从九个方面阐述了梯级河网化建设的相关内容。这九个部分分别是：规划要求和标准，1958年冬至1959年春的任务安排，基本建设的投资问题，关于器材问题，关于体制下放和干部培训问题，大力推广先进工具，关于开展群众性水利科学研究工作，大搞电气化，以及全面规划、水利带头。这份“跃进规划”是“大跃进”时期江苏省梯级河网化建设的依据。

第一，关于规划的要求和标准问题。“跃进规划”关于“总的要求”的表述，与“7月提纲”的提法基本一致，要求“继续鼓足干劲，大干一冬春，全省实现水利化。达到：一年不雨保灌溉，日雨500公厘不成涝，千年洪水不出险，普植林带防台风，水力、风力、水面多利用，县、市、乡、社通车船”③。

关于水利各个方面的工程标准，由原来的6个增加到了8个，分别是：

（1）灌溉：每亩净灌溉水量单季稻600至800公方，双季稻1000至1200公方，旱作物单季200至250公方，双季400至500公方；经济林100公方。

（2）防涝：日雨500公厘不成涝，平原坡地就地拦蓄350公厘，还有150公厘在下雨开始起两天内平槽排出；圩区就地拦蓄400公厘，还有100公厘分两天

---

① 《省委刘书记在全省水利会议上的报告》（1958年8月20日），江苏省档案馆馆藏档案：322-1-0065。

② 8月会议的闭幕式上，省委书记惠浴宇代表省委向大会发出号召，鼓励全省一个冬春完成“跃进规划”。惠浴宇的讲话，使“跃进规划”成为省委的决定。10月5日，省水利厅副厅长熊梯云向中央农业部汇报了江苏省水利规划的制定及梯级河网化运动的情况，获得了中央的批准。

③ 陈克天：《江苏省水利会议总结》（1958年8月27日），江苏省档案馆馆藏档案：3224-1-0065。以下摘录的该规划的内容不再一一作注。

排出；能自流排出部分水量的地区，至少拦蓄350公厘；丘陵山区日雨400公厘不下山，还有100公厘清水下山。

（3）防洪：江、海、河、湖堤确保千年洪水，12级台风不溃决。

（4）地下水位控制：棉花地面以下2.5公尺，其他旱作物地面以下1.5公尺。

（5）防护林带：沿海及沙荒植林50行，沿湖防浪林带30～50行，干河20行，大沟12行，中沟6行，小沟3行。

（6）水力、风力：2公寸水头，1公尺潮差，每秒1公尺流速及2级风力，尽量利用加工发电。

（7）通航：省道通1000～2000吨轮船，县道通500～1000吨轮船，乡道通100～300吨轮船，社道通20吨木船。

（8）通路：结合水利新建道路，干河堤一河两路，路宽12～20公尺，最小弯道半径400公尺，干河以下，一河一路，路宽12公尺，最小弯道半径250公尺，干河结合公路干线，支河结合公路支线，中沟结合乡社道，乡道路宽12公尺，社道8公尺，小沟结合田间道路，宽4公尺，干支线上桥梁标准为汽10拖60级（能通行13吨汽车或60吨拖拉机），乡社道桥梁为汽8拖30级（能通行10吨汽车或30吨拖拉机）。

在水利建设的综合利用方面，在原来的“八结合”的基础上增加了两个“结合”，分别是“水力、风力发电与城市、工矿企业电力网相结合”和“工程设施与科学研究相结合”。

关于各种类型地区水利建设的规格，要求：

（1）丘陵山区：坡沟兼治，治坡为主。荒山绿化，耕地梯田化，尽量利用地形修水库、塘坝作拦沙坝，鱼鳞坑、环山开沟，长藤结瓜，沟、塘、库相连。要求库容有3层，下层是储备库容，经常储蓄一年不雨所需灌溉水量；中层是调节库容，供一般年份当年用水，边用边蓄；上层是非常库容，拦蓄暴雨。库容根据雨量、耕地及泉水等情况具体分析，一般要求：镇扬丘陵山区，每平方公里总库容60万～100万公方；徐淮50万～80万公方。如灌溉水量仍有不足，需引水上山或大井解决。

（2）平原坡地：实现“梯级河网化”就是开河成网，河深底平，按照地面高低分片分级控制。做到：一般按高低相差2公尺为一级，每级至少有一条大沟，左右相通成网，上下级间应做蓄水控制工程。网有“四网”：沟、塘、井、库相连成社网，大、中、小沟相通成乡网，干、支河相通成县网，江、海、湖、河、运相通成省网。深有“四深”：沟（河）深、塘深、井深、库深。平有“二平”，每个梯级河底平、沟底平。沟河规格附表。

（3）水网圩区：应按照河网化的要求，实行联圩并圩，改造原有河网，扩大圩内蓄水面积，结合控制地下水，预降内水位，并按照圩内地形高低加做隔堤和田埂，以便暴雨时，田间临时拦蓄，增加和改造原有抽水设备，一般要求圩内水面积至少在15%以上；要因地制宜，利用洼地挖深，既利拦蓄，又可以发展养鱼种植水生物。

“跃进规划”指出，全省的水利建设，各不同类型的地区，要按照上述“八大标准”进行施工，规划和建设过程中要做到“十个结合”，以达到“大跃进”时期水利建设的总体要求，“全面实现水利化”。

第二，关于1958年冬至1959年春的任务安排。按照上述要求和标准，全省需要开挖土方192亿立方米。要求1958年冬至1959年春，完成172亿立方米，包括大型工程20.4亿立方米、中小型农田水利工程151.6亿立方米。剩余的19亿立方米，主要是航道工程和部分大型工程，要求在1959年汛前完成。此外，尚需完成大中型建筑物257座，打机井36812眼，水力、风力发电138万千瓦，加工动力163万匹马力。“跃进规划”提出，所有工程任务，“应本着赶前不赶后的精神，提早施工，提前完成”，为此，要求全省动员劳动力990万人，在1959年元旦前完成总土方任务的50%，春节前完成80%，4月底全部完成。

关于工程效益的估计，“跃进规划”认为：完成上述所有工程后，全省将增加蓄水量227亿立方米；实现河网化面积72733平方公里；增加灌溉面积3514万亩，其中旱改水1175万亩；保证灌溉的面积7933万亩；水土保持控制面积7988平方公里；水力、风力发电138万千瓦，加工动力163万匹马力。“这样就可以使全省实现水利化、河网化”。

第三，关于基本建设的投资问题。在“8月会议”以前，初步安排的工程项目与投资经费计土方16.6亿立方米，大中型建筑物172座，总需经费4.5亿元。“8月会议”上，各地又增加些新的项目和投资经费，经初步统计，如按原来的工资标准，则共需增加经费1.5亿元。这样总投资将达到6亿元。会议明确指出，要国家拿出6个亿来支持江苏的水利建设，“这一要求是不可能解决的”，并提出在农业生产大跃进的形势下，“不需要也不应该再要国家拿出更多的经费投资”。因此提出了三条原则：“（1）要保证不突破省的计划投资数4.5亿元。（2）要保证跃进计划实现，要促进不能促退，不能因没有钱而削减工程任务。（3）要照顾到与兄弟省的差别不要太大”。

根据上述原则，“8月会议”对各类工程的投资范围和标准做了调整。

其一，土方工程投资补助范围为：

（1）凡土方在1000万方以上的防洪、排涝干河、灌溉总干渠工程，由省或地方投资补助；对一个县范围内的500万方以上，1000万方以下，施工条件特别困难的土方工程，每方补助先进工具费1分。对个别连年受灾，特别是今年又受灾的地区，可以适当补助。以专区为单位确定控制数，由专区掌握开支。

（2）土方工资标准适当降低。大运河、淮沭新河、洪泽湖防浪林、嶂山切岭、石梁河水库等5项工程，民工日工资所得由0.5元降为0.4元。其余1000万方以上的土方工程，一律改为0.3元。

（3）间接费用：1000万方以上的土方工程，按每公方0.7分计算，不再分成几种等级。专区可在总框子内，根据各项工程不同情况掌握。

（4）赔偿费用的开支，只限于房屋拆迁补助，土地青苗不再补偿。拆迁赔偿标准，一般每人平均为20元，极个别的可以到每人30元，在这个范围内，由专区统一掌握使用。

（5）凡属国家投资的工程（不包括每方补助先进工具费1分的工程），每公方补助先进工具费0.02元。

其二，建筑物工程投资补助范围为：

（1）不论防洪、排涝、灌溉工程，在主要堤防、河道及灌溉总干渠上的建筑物，孔径在15公尺，投资在30万元以上的工程，由省或地方投资补助，其他内部河道的控制建筑物，以及在30万元以下的建筑物工程，省不予补助，但内部河道上必要的船闸与地下涵洞，如因投资较大而工程又较集中，农业社负担确有困难的，可由省或地方投资补助。

（2）桥梁工程：省或地方投资工程中，涉及原有公路桥的扩建或改建，可以作为同一工程的附属工程处理，列入工程预算。

（3）建筑物土方工程的民工工资标准，与同段河道的土方工资标准相同，但也可以建筑物属国家投资，而河道土方由农业社自办的工程。普通工工资标准与民工工资标准同。

（4）间接费用定额：建筑物造价（不包括土方）在100万元以下的为10%，100万元以上至500万元的为9.5%，500万元以上的为9%。

其三，水库的投资补助标准为："水库蓄水量在1000万公方以上的，由省或地方投资或补助其建筑物，集中的房屋拆迁补偿以及部分间接费用。"

其四，水力发电除与国家投资的闸坝结合的以外，其他单独建站，造价在30万元以上的，由省或地方投资补助。

其五，机电灌排工程：徐州专区骆马湖、运河两岸、微山湖西，淮阴专区夏家湖、洪泽湖滨湖地区，由于流域性大型河道的治理，而影响到该地区的排水，必须新建机电灌排工程的，可以适当补助其机房以上的建筑物与机电设备的投资，其他地区均由农业社自办。

“跃进规划”指出，实施以上投资补助标准后，如果经费投资还不能平衡，则要求“各地还应将各项工资标准及费用标准再行降低”，并“以共产主义思想和共产主义风格来处理这个问题，能不给钱，就一律不给钱”。

第四，关于器材问题，“跃进规划”提出了“依靠群众，因陋就简，就地取材，以土代洋，自力更生”的办法，以解决工程器材和工具不足的问题。为此，具体提出了以下三点措施：

（1）对各种建筑物要大力贯彻“以土代洋，土洋结合，以土为主”的方针，提倡有什么材料，用什么材料，因此有些建筑物可以全部采取砖石结构。有些可采取拆旧闸建新闸，拆旧桥改新桥，能使用的旧有建筑物尽量加固使用，能采用临时措施就采取临时措施，没有木料，就利用什树，以减少物资供应量。

（2）依靠群众，大搞生产，掀起一个群众性的以土为主的生产运动，县县、乡乡、社社办水泥厂，建小高炉，生产水泥、生铁。

（3）现有器材，必须重点使用，首先满足一些重点建筑物。农田水利所需要的器材要广泛动员群众开展三献（献料、献计、献力），三自（自筹、自制、自用），三化（多样化、普遍化、简便化），三边（边创造，边改造，边使用）运动，将群众中的废钢铁、散石、碎砖、旧木料等都能物尽其用地利用起来，这样不但解决当前物资不足的困难，而且可以利用废品，降低工程成本。

第五，关于体制下放、干部培训的问题，要求闸坝管理所、水文测站和各个试验站等单位一律下放到县；并规定各地在短期内培训出大量的乡社工程员，如徐州专区就提出要训练乡社工程员 10 万人。

第六，关于推广先进工具的问题。“8 月会议”提出了全省工具改革的总要求：“车子挂帅，滚珠轴承当先锋，牛马驴骡齐出动，各种机械打冲锋”，要求土方工程要全部车子化，滚珠轴承化，消除肩挑人抬的方式。会议根据各地所报的初步计划，要求全省 1958 年冬至 1959 年春，计划推广的各种先进施工工具共 559 万件，其中四轮平车、双轮车、胶轮车、独轮车等 400 万辆。此外，要求农村里一切可以利用的动力，都应全部利用起来，如双轮双铧犁、拖拉机、牛、马、驴、骡等，用来挖土、运土、拖石磙压土。

第七，关于开展群众性水利科学研究工作方面，“跃进规划”要求各地应“指定专人负责，配备干部，培训技术力量，设置各项观测研究站点，特别要发动群众在大搞水利运动的同时，做到县、市、乡、社都有观测试验点来进行水文观测、灌溉试验水土保持、土壤改良等试验研究工作”。

第八，大搞电气化方面，要求在大搞水利的同时，“必须统一规划，密切结合，大搞农村电气化和加工站，凡是有条件的都应充分利用水力风力加工发电，并结合沼气发电，和城市电路构成一个农村的电气网”。

第九，要求农村的各项基本建设，要本着“全面规划，水利带头”的原则进行，要求水利部门“必须与有关部门取得协作和相互配合，器材供应上、民力动员上专区与专区之间，县与县、乡与乡、社与社之间，就要有共产主义风格，能相互支援，互通有无，特别是水利建设要牵涉到上下游左右岸，必须要有整体观点来安排自己所做的工程”。

以上便是“8 月会议”会议总结的主要内容，可见，跃进规划规定了“大跃进”时期江苏省水利建设的若干问题，其中心思想就是建设梯级河网化，实现“全省水利化”。

二、“跃进规划”充分体现了“大跃进”的时代特征

1958 年 11 月 27 日至 12 月 2 日，中央水利电力部、交通部和农业部联合召开了六省市（北京、河北、山东、河南、安徽、江苏）河网化规划座谈会。江苏省水利厅副厅长陈志定代表江苏出席了会议。会前，为向大会提交江苏省的梯级河网化规划，省水利厅根据“7 月提纲”和“跃进规划”的结构及内容，编制了《江苏省水利规划提纲》①（以下简称“11 月规划”）。

与“7 月提纲”相同，“11 月规划”也由九个部分组成，但各项任务和工程标准，都是按照“跃进规划”确定的。除规划要求和总任务外，基本建设的投资问题，亦是规划的重要内容。但“11 月规划”对此问题的表述，不如“跃进规划”详细。所以，笔者认为，“跃进规划”的“基本建设的投资问题”等内容，与“11 月规划”共同组成了江苏省河梯级河网化规划的全部内容。

梯级河网化规划相比较于“4 月草案”和“7 月提纲”，主导思想和内容并无大的差异，主要是在各项标准和任务指标上，一个比一个更“跃进”，集中体现了高指标、“浮夸风”和“共产风”的特点。

第一，规划对任务的制定，远远脱离了实际。经过几次的反复修改和不断加码，指标任务越吹越高。“7 月提纲”提出一个冬春开挖 173 亿立方米土方的任务，已经严重脱离了实际。然而，8 月会议上，又将土方任务拔高，增加到 192 亿立方米。这一指标在当时的生产力水平下是无法达到的。因此，要求增加劳力以保证任务的完成，更是将原计划动员人数的 147 万人，提高到了 990 万人！这

① 《江苏省水利规划提纲》这份文件，出现在六省市河网化规划座谈会的会议资料里。江苏省水利厅副厅长陈志定代表江苏出席了会议，向大会提交了这份文件。笔者据此推测，8 月会议上并没有重新制定规划，而是直接以陈克天的会议总结作为全省的水利规划。11 月，陈志定参加六省市河网化规划座谈会，因要向大会提交江苏省水利规划的材料，所以才重新整理了规划，形成了这份《江苏省水利规划提纲》。

一数字占到当时全省农村劳动力总数的66%①。正常情况下，农村组织冬春修水利，劳力一般维持在15%左右，若超过25%，就会影响正常的生产生活。可见，“跃进规划”的高指标风和“浮夸风”的特点相当明显。

第二，提出了“共产风”政策。“7月提纲”安排了4.5亿元的总经费，8月会议加码后，如按原来的工资标准，总投资将达到6亿元。但是，“跃进规划”提出，要国家增加投资“这一要求是不可能解决的”。因而要在“不突破省的计划投资数4.5亿元”的前提下，“保证跃进计划实现，要促进不能促退，不能因没有钱而削减工程任务”。根据这一原则，在8月会议上，代表们为了既要把工程做出来，又要把钱省下来而想尽办法。这些压缩开支的办法，就是我们在“跃进规划”中所看到的：调整工程投资范围和标准；依靠群众，解决器材问题。

具体来看，调整工程投资范围和标准，实际上就是“提高工程投资补助范围”和“降低工资标准”。之前的由省或地方投资补助的工程范围是：“县级干河土方在200万方以上的河道工程，蓄水量在200万公方以上的水库，造价在10万元以上的建筑物”②。“跃进规划”将上述标准依次调整为：土方在1000万立方米以上的干渠工程，蓄水量在1000万立方米以上的水库，造价在30万元以上的建筑物，造价在30万元以上的水力发电站；而其他工程一律由农业社自办；对于施工条件特别困难的土方工程，每立方米补助先进工具费1分钱。实际上，这笔钱到不了县里，更到不了民工手里，因为补助费用“以专区为单位确定控制数，由专区掌握开支”。

工资和赔偿费用方面，之前的工资标准“分别不同类型工程为每工日0.3～0.6元”，“跃进规划”更改为：“大运河、淮沭新河、洪泽湖防浪林、嶂山切岭、石梁河水库等5项工程，民工日工资所得由0.5元降为0.4元；其余1000万立方米以上的土方工程，一律改为0.3元”；赔偿费用，“只限于房屋拆迁补助，土地青苗不再补偿；拆迁赔偿标准，一般每人平均为20元，极个别的可以到每人30元”。在工资和赔偿费用的使用安排上，要“先解决先进工程补助费及必要的管理费用，工资到明年再结算”；赔偿费用，还是“由专区统一掌握使用”。这样压缩以后，如果经费投资“还不能满足时，各地还应将各项工程标准及费用标准再行降低”；同时提倡“以共产主义思想和共产主义风格”来处理经费问题，“能不给钱，就一律不给钱”。平均20元的拆迁补偿已经很低了，而且还拖欠民工的工资，甚至不给工钱、不给口粮，造成民力的滥用，“共产风”也暴露无遗。

---

① 截至1957年年底统计，江苏省乡村劳动力1501.33万人。见张义主编：《江苏农村经济50年(1949—1999)》，中国统计出版社2001年版，第91页。

② 《江苏省1958年水利工作报告和1959年工程安排（初稿）》，江苏省档案馆馆藏档案：3224-2-0547。

在建筑用料的安排上，“跃进规划”提出“依靠群众，因陋就简，就地取材，以土代洋，自力更生”的口号，号召动员群众开展“三献”（献料、献计、献力）、“三自”（自筹、自制、自用）、“三化”（多样化、普遍化、简便化）和“三边”（边创造，边改造，边使用）运动，“将群众中的废钢铁、散石、碎砖、旧木料等都能物尽其用”。这实际上就是平调农民的物资。

可见，梯级河网化规划明显地体现出“大跃进”的时代特征，成为农田水利运动设置高指标、大刮“浮夸风”和“共产风”的由来。

第二节　轰轰烈烈的梯级河网化运动

梯级河网化运动在实施过程中，经历了分类试点、全面跃进和调整收缩三个阶段。

一、分类试点

第一个阶段，从1958年4月至9月，是河网化的试点阶段。

为摸索河网化的建设标准和治理措施，在各级党委的直接领导下，全省首先进行了分类试点。4月至8月间，已选取了24个地区进行试点，“跃进规划”定稿后，又扩大到67处（其中，丘陵山区8处，平原坡地37处，低洼圩区22处），土地约130万亩①。

涟水县（现淮安市涟水县）王集乡，是经过县委反复研究确定的试点。当时，全乡有农业人口28606人，整劳动力和半劳动力共13626人，农业社23个，耕地面积105000亩。试点任务为：在3个月内，开挖大沟结合支渠2条，中沟结合斗渠5条，小沟结合农渠70条，渠堤结合道路，兴建建筑物343座，计划土方1550万立方米。全乡动员了19个公社、25000名农民于8月下旬开工②。尽管上工人数多，开工早，但因指标严重脱离实际，没有完成计划。至11月中旬，实做土方242万立方米③。

射阳县兴桥乡的规划步子迈得更大，提出“苦战三个月，元旦实现水利化”的口号，计划开挖大河3条、大沟7条、中沟31条、小沟422条，开挖土方共2200余万立方米。全乡开展了广泛宣传，动员了10000人（约占全乡总劳力的

---

① 《江苏省河网化试点初步总结》（1959年10月17日），江苏省档案馆馆藏档案：3224-1-0075。

② 高学富：《小雨、大雪不停工，冰冻三尺不觉寒，干、支、斗、农一起做，完成任务过元旦》（1958年8月），《江苏省水利会议报告、发言总结》，江苏省档案馆馆藏档案：3224-2-0502。

③ 陈克天：《江苏治水回忆录》，江苏人民出版社，2000年1月第1版，第283页。

90%）投入河网化建设。任务之大、动员面之广，在各试点地区比较突出。

昆山县（现昆山市）江浦圩是个老河网地区，总面积12120亩。试点工作为改造老河网，建设灌排新水系，计划拓浚2条中心大沟，改造中沟7条，新挖小沟61条，共计土方79万立方米，并建设120匹马力配套电力排灌站1座①。当时改圩只有2871人，靠他们的劳力，是无法完成任务的。于是，县委在全县动员2万多民力，帮助江浦圩完成试点工程。

尽管没有一个地区完成计划任务，但经过几个月的试点，说明梯级河网化建设是可行的。这一阶段，共完成大中沟916条，小沟5463条，并且相应地修圩筑渠、凿井修库、植林养鱼、开辟公路、航道等②。试点工作基本结束。

二、运动的全面开展

第二个阶段，从1958年9月至本年年底，是河网化全面开展的阶段。

8月会议之后，全省从上到下进行了紧锣密鼓的宣传和动员工作，促使梯级河网化运动在全省范围内全面展开。

9月初，省委在由地、市、县委第一书记参加的常委扩大会议上，对全省的梯级河网化建设进行了具体部署。随后，各县、乡都相继召开了“万人大会”，层层发动。如淮阴地区于9月22日至28日，在涟水县召开了全区水利工作扩大会议，组织各县市委第一书记到王集乡现场参观河网化的建设情况。这次会议，被誉为淮阴地区动员百万民力投入治水决战的誓师大会③。同时，各种宣传和动员口号一时间铺天盖地，“只准进攻，不准防御，更不准退却”④，“乘卫星、驾火箭，踢破地球冲破天”⑤。省水利厅也将“跃进规划”的要点绘制成大型彩色招贴画，印刷了几万幅，发到各个县、社、生产队，到处张贴，“做到家喻户晓”⑥。

经过前期的试点和宣传动员，运动迅速在全省大部分地区普遍展开。各大、中、小型工程纷纷投入施工。号称“十大骨干工程”的京杭运河、淮沭新河、新沂河、徐洪河、泰州引江河、新通扬运河、通榆河、太浦河、望虞河和芜沪运河相继开工。微山湖埝、邳苍分洪道、九圩港、临洪闸、王港闸等中型工程，以

---

① 修凌云：《组织千军万马向大自然全面突击彻底改变水利面貌》（1958年8月），《江苏省水利会议报告、发言总结》，江苏省档案馆馆藏档案：3224-2-0502。

② 《江苏省河网化试点初步总结》（1959年10月17日），江苏省档案馆馆藏档案：3224-1-0075。

③ 荀德麟主编：《淮阴五十年史（1949—1999）》，中共党史出版社，1999年12月第1版，第23页。

④ 《江苏省水利规划和当前运动的情况》（1958年11月23日），江苏省档案馆馆藏档案：3224-2-0383。

⑤ 朱永来：《苦干90天，为实现河网化和电气化而奋斗》，江苏省档案馆馆藏档案：3224-2-0502。

⑥ 陈克天：《江苏治水回忆录》，江苏人民出版社，2000年1月第1版，第286页。

及石梁河、小塔山、沙河、大溪等4座大型水库和安庆、金牛山等24座中型水库，也同期动工。至于各地打造河网梯级的大、中、小沟及涵、闸、桥等配套建筑物，更是遍地开花。

河网化运动是围绕着"四大环节"展开的。"四大环节"即大办红专大学、改进劳动组合、工具改革和自制土水泥。红专大学专门培养水利干部和积极分子，"边学习、边劳动"，上工地坐镇指挥，并主持劳动竞赛和擂台赛。在施工组织上，不论大、中、小型工地，全部实行组织军事化、行动战斗化、生活集体化的大兵团作战方式，民工吃住在工地。为提高工效，各工地要求"放下扁担，解放双肩"，开展了"车子挂帅，滚珠轴承当先锋，牛马驴骡齐出动，各种机械打冲锋"的工具改革运动。为解决建筑器材和物资缺乏等问题，各地公社大办工厂，纷纷建起小高炉，生产土制水泥和生铁；还发动群众捐献物资，使用替代品代替钢铁、木材等稀缺用料。

对于要在一个冬春内完成172亿立方米土方的任务，省里要求不折不扣地完成。但是，这个任务的制定完全是浮夸所致，根本不考虑实际情况，所以根本不可能完成。这两者之间的矛盾，促使吹嘘土方工效的现象迅速蔓延开来。规划中规定的土方日工效，干河为8立方米，农田水利为15～20立方米，已经严重脱离实际了，而各地的日工效却越吹越高，"突破20方，普遍开展30方、50方和百方运动"① 等浮夸口号比比皆是。高工效"卫星"不断放出，徐州的不牢河工地，放出了日工效100立方米的"卫星"。而当时全省实际的平均日工效，据当时的定额专家孙任国测算，仅2～3立方米左右②。如果说"跃进规划"集中体现了高指标和共产风，那么，浮夸风则在运动开展过程中暴露无遗。

我们选取淮沭新河的二河段工地和淮沭河工地为例，来看看"大跃进"运动时期，水利工地上是怎样的情景。之所以选择这两个工地，是因为具有代表性。二河段工地大搞先进工具改革；淮沭河段则大肆吹嘘土方任务，大放高效率卫星。

1958年4月，二河段土方工程动工时，"大跃进"运动已经全面展开。工程开工之初，一切还是风平浪静，11.8万水利大军按部就班地挖河、挑土，平均工效每人每天挖土1立方米左右。不久，突然从外省工地传来了"车子挂帅，滚珠轴承当先锋，牛、马、骡、驴齐出动，各种机械打冲锋"的口号，要求挖河、"挑土消灭肩挑人抬"。这就是"大跃进"时期全国普遍开展的"工具改革运

① 《关于当前全省水利运动情况的报告》（1958年11月12日），江苏省档案馆馆藏档案：3224-3-0733。

② 陈克天：《江苏治水回忆录》，江苏人民出版社，2000年1月第1版，第287页。

动”，并传闻某省一个水利工地搞“天上飞的”“地上爬的”，工效大大提高，每个民工一天能做几十立方米土方。

于是，二河工地也立即组织人员前去参观学习。原来，“天上飞的”，是用木头架子拉紧一道又一道的钢丝绳，利用索道的原理运土；“地上爬的”，是铺设简易铁轨，用四轮车推土。搞得确实热闹。

时任二河段工程处办公室主任的高鉴，后来回忆起这段经历时说：“大跃进”那股气势，的确鼓舞人，我们的心里都是热烘烘的；再说，右倾的帽子也太压人。所以参观回来后，我们就要求各县总队推广工具改革①。

于是，铺设轨道、架设木架、改造独轮车……江苏省的工具改革运动一夜之间闹得风风火火，从二河工地开始，很快在全省水利战线上开展起来。民工们推着改造的四轮车在工地上穿梭，绳索挂着的土筐在头顶上运送，觉得十分新鲜，干劲很大。但是时间一长，就暴露出问题来了：一是工效确实有些提高，但并不能达到宣传的每人每天几十方的挖土量；更为严重的是，由于新工具制作不精良，操作也不规范，频频引发工伤事故，整个工地每天伤几十人甚至上百人。但是，在那个“头脑发热”的年代，运动没有叫停。

1958 年 9 月开工的淮沭河工地，是“大跃进”运动的又一个典型缩影。在工程准备阶段和开工之初，铆足力量，动员了数十万人大肆兴工，工程却由于财力和物力的紧缺而被迫半道停工，留下了种种遗留问题。

淮沭河段的土方工程，全部由淮阴专区负责施工，总任务为 4450059 立方米。淮阴专区动员了 16 万余人，实际到工 12712 人②，于 1958 年 9 月 16 日全面开工。该段工程的施工，按照规划设计，采用束水漫滩的行洪方案，开挖东、西两道偏泓，挖河结合筑堤，堤距 1.4 公里，以达到排洪 3000 立方米/秒的设计标准。工地上依然推广使用“先进”工具，截至 12 月底，累计完成土方 2542990 立方米，实做工日总平均工效为 2.67 立方米③。

可是，这一时期的不少档案资料显示，工具改革运动开展以后，水利工地上大大提高了工效，不少工地上的日平均工效高达几十方，甚至上百方。而淮沭河段亦使用“先进”工具，为何日平均工效还不到 3 方呢？这一数据是 1959 年初淮阴市委向省委所报送的报告中提出的。是年，淮阴市因已无力承担维持工程继续进行的资金，不得已向省委打了报告，汇报了情况，请求省委增拨经费予以支

---

① 陈克天：《江苏治水回忆录》，江苏人民出版社，2000 年 1 月第 1 版，第 309 页。

② 中共淮阴市委员会：《关于报请增拨淮沭新河工程经费由》（1959 年 1 月 6 日），江苏省档案馆馆藏档案：3224-2-0473。

③ 中共淮阴市委员会：《关于报请增拨淮沭新河工程经费由》（1959 年 1 月 6 日），江苏省档案馆馆藏档案：3224-2-0473。

援。尽管不排除市委为了讨要资金，故意把平均工效往低里说的可能性，但是，考虑到当时的时代背景，要做与大放高产“卫星”背道而驰的事情，是要冒很大风险的。因此，笔者推断，淮阴市委的汇报是基本上符合实际情况的。这也印证，“大跃进”时期推广“先进”工具，使日工效达到几十方，甚至几百方的说法，完全是在大刮“浮夸”风的背景下吹嘘出来的。

正如上文所述，由淮阴地区全权负责的淮沭河段土方工程，进行到1959年年初，已经陷入了重重困难。这些困难，在淮阴市委给省委的一份报告中暴露无遗。

这份报告是1959年1月6日发出的，淮阴市因无力承担淮沭河段的工程经费，要求省委支援。报告称：至1958年12月底，淮阴市在淮沭河上已花去经费522800元（其中省拨补助经费252500元，由市、乡支出270300元），除已完成的2542990立方米土方外，尚余1907069立方米，需经费740547.6元。由于“大跃进”以后淮阴市在水利建设上投入了大量资金，仅梯级河网化一项，投资即达25万元，连同大型工程27万元，共支出经费52万元①，其他各种“大办”亦花费了大量资金，以致财力枯竭，故淮沭河段的剩余经费，已“实无力支援”，要求省委、省政府予以支援，增拨经费。

淮沭河工地不仅缺钱，而且少粮。据工程处统计，1959年1月初，工地库存粮只有5万多斤，连同各大队余粮，仅够维持12余万人吃两三天。

看来，淮阴地委实在是扛不住了，才在这“吹喜不报忧”的年代里，“迫不得已报请增拨经费”，向省里打了报告，说了实情。

尽管缺钱少粮，但淮沭河是当时的省重点工程，工程处想尽办法维持工程施工。他们动员后方捐粮支援工地，可筹集起来的粮食寥寥无几。民工们只能饿着肚子上工。就这样，这年6月，淮沭河段工程实在是维持不下去了，被迫停工。

第一期工程结束时，共完成土方3512万立方米，占全部土方的60%，河道虽然初具雏形，但全长130余公里的东西偏泓断面，大部分标准不足。其中，六塘河以上东偏泓最为显著，西偏泓还有1.8公里旱段②，不具备行水能力。

淮沭河段没有挖成，使“淮水北调，分淮入沂”不能发挥作用；再者，一条未挖完的河道，纵卧在境内，实在有损颜面，尤其是在“大跃进”的年代。在这种情况下，淮阴水利局于1959年11月，编制了《淮沭河第二期工程扩大初步设计》，计划继续开挖东、西偏泓，培修两道大堤，完成控制性建筑物的尾工。

① 中共淮阴市委员会：《关于报请增拨淮沭新河工程经费由》（1959年1月6日），江苏省档案馆馆藏档案：3224-2-0473。

② 淮阴专员公署水利局：《淮沭河第二期工程扩大初步设计》（1959年11月），江苏省档案馆馆藏档案：3224-3-1268。

尽管规划压缩了标准，“为了节约本期土方，故确定引河断面今年亦暂按五年标准开挖”①，却因随即到来的经济困难，再次被迫停工。这次施工，从1959年冬到1960年春，仅维持了一个冬春的时间。

淮沭河段土方工程，从1958年6月开工以后，至1960年春，“磕磕绊绊”进行了两期。第二期工程施工中，由于劳力占用较多及粮食缺乏等问题，又逢经济困难时期缩短基本建设战线，中途停顿缓建。河道有宽有窄、有深有浅，深浅从1.6米到3米不等；东西堤也有高有低、有强有弱，极不一致；还留有缺口数十处，东西偏泓最大的缺口宽有150米，最小的也有40米。经测算，行水能力只有15～45立方米/秒②，不具备分洪能力。

此后，1963年、1966年、1969年又先后做了三期工程，继续施筑东西大堤、开挖东西偏泓，前后共完成土方622万立方米。但是，仍有部分河道淤浅不通。自1958年施工以后至1969年，做做停停施工5次，总的来讲尚未达到原设计3000立方米/秒的设计标准，被当地群众称为“半拉子河”。

这条“半拉子河”，带来了很多遗留问题，给当地居民的生产和生活带来了诸多不便：

一是截断了河道。由于淮沭河的开挖，切断了原有的若干排水河道，相应地调整了排水系统，在淮沭河两侧开挖了渠西河、刘柴河、渠东河、五里大沟等南北向排水河道。其中，渠西河、刘柴河、渠东河以及淮涟灌区的二干渠都仅靠淮沭河两侧，造成2公里的宽度内有5条南北向的河道，给交通、生产带来了极大的困难。

二是占用了大量土地。淮沭河全线占地约15万亩（其中：淮阴市8万亩，泗阳3万亩，沭阳4万亩），全部挖压废土地约5万亩。河床内滩地总面积10万亩，其中可耕地约8万亩。全线穿过3个县市14个公社60个大队，河床范围内原有居民5万余人，房屋4.7万间。3年时间已动员拆迁9400户35000间，这些拆迁户多数系搭盖临时小棚（当地群众称为丁头屋、山门棚）居住，丁头屋只建了8000余间，远远不能满足拆迁户的居住需要。

三是切断了公路。全线切断原有道路，除沭宿公路、徐淮公路外，计有袁集至三村，渔沟至丁集，渔沟至五里，汤集至五里，汤集至徐溜，宋集至徐溜，钱集至里仁集，丁集至新集等8条可通过汽车及拖拉机的交通通道。虽计划在东、西偏泓上架设公路桥，但因工程的停工，没有架设，给社员出行带来很大不便。

① 淮阴专员公署水利局：《淮沭河第二期工程扩大初步设计》（1959年11月），江苏省档案馆馆藏档案：3224-3-1268。

② 高鉴：《关于淮沭新河遗留问题的调查报告》（1962年3月22日），江苏省档案馆馆藏档案：3224-3-1528。

河床内收的粮食向外运出，以及由外面运来的肥料，渡口的人、牛、车辆经常等候半天不能过河，严重妨碍了正常的生产活动。

不仅外出的公路被切断了，就连上地耕作也要蹚水。沿河约有150个生产队1万多劳力住在河床外面，耕地却在河床里面（因淮沭河采用的是行水方式，河床滩面仍可种地），从家到耕地一般都要跑3~5里，最远的10多里。群众反映："远田不富，吃饭跑路"。路途远其实还不是最大的困难，最严重的是，有些生产队附近没有船，也没有桥，到河床里面要跨过两三道河。特别是在汛期及灌溉期间，河水较深，没及头顶，只能游过去。那时没有泳衣，只能脱掉外衣和裤子过河。但男女有别，女社员们只好天未亮抢在男社员前面过河，晚上收工，也等男社员回去后再回家。还有些人不会游水，不小心丧命河中。几年间，仅淮阴市就淹死了40多人，淹死耕牛10余头。

"大跃进"时期，在水利建设方面，各地不顾实际力量，上马了一大批大中型工程，因超出了经济力量和劳力的限制，很多被迫中途下马。淮沭新河工程就是其中的典型。

三、运动的调整和收场

第三个阶段，从1958年底至1960年春，是运动由调整到收场的阶段。

这一过程，亦与国家的政治形势密切相关。从1958年11月初的郑州会议开始，到1959年7月中旬庐山会议之前，中共中央连续召开了一系列会议，对已暴露出严重问题的"左"倾思想进行了初步纠正。

郑州会议后，江苏立即着手于规划的调整。1958年12月4日，省委下达水利工作指示，要求"分别主要次要、轻重缓急，首先抓紧对河网化具有决定性的骨干要害工程（即中沟以上工程）"①，进行水利建设。

随后，省水利厅接连进行了两次调整。一次是在12月12日召开的各分区专管水利的地委书记和专员、局长会议上，要求在"方向不变，规格标准不动"的原则下，将任务缩减至63亿立方米，在工程布局上，"首先以保证淮沭新河为重点的29项全省关键性的灌、排工程先行上马"②。第二次是1959年1月16日召开的，由16个县专管水利的县长和公社党委书记参加的座谈会，将1959年的农田水利土方任务缩减到9.4亿立方米，并延长了工程时间，"到1961年可以基本完成，1962年扫尾"③。

---

① 《关于当前水利工作的指示》（1958年12月4日），江苏省档案馆馆藏档案：3011-2-0429。

② 《关于今冬明春水利任务安排的报告》（1958年12月26日），江苏省档案馆馆藏档案：3224-3-0734。

③ 《关于今春水利工程安排的报告》，江苏省档案馆馆藏档案：3224-2-0631。

这两次会议，对“跃进规划”的反思和任务的重新安排，是符合实际情况的，这段时间的水利建设，逐渐向正常的轨道上发展。但是，庐山会议的召开，打断了纠“左”的进程，全国形势继续朝着“左”的方向发展。

1959 年 10 月，水利电力部召开全国水利会议，提出为“力求提前实现农业发展纲要中对水利的要求”，建议“在三年内，组织三个大规模的水利建设高潮”，并号召必须依靠群众运动，“把右倾反透、干劲鼓足”，掀起水利更大的跃进。

这次会议之后，江苏省制订的冬春计划，充分贯彻了上述思想。“今冬明春（指 1959 年冬至 1960 年春——笔者注）的水利建设，应该遵循既定的河网化整体规划”，“继续鼓足干劲，横扫右倾，大搞群众运动”，“要求 1960 年基本消除一般旱涝灾害，保证农业生产继续跃进”①。但客观地讲，庐山会议之后的水利建设不像“跃进规划”时期那么严重脱离实际：计划动员民力 344.5 万人，占总劳动力的 21.6%，完成土方任务 13～15 亿立方米（包括田间土方工程）。这一方面是因为前期的初步调整使人们更加客观地认识到水利建设的客观规律；另一方面，从 1959 年冬开始的大饥荒逐渐蔓延，人们食不果腹，生活难以为继，使各项工作被迫紧缩战线。

从 1960 年起，随着全国性大饥荒的扩散，农田水利建设逐渐陷入十分困难的境地，不少在建工程中途下马，计划工程也被迫延期。6 月，迫于形势，中央下达指示决定控制农田水利建设的规模，要求“只搞续建工程和配套工程，不搞新建工程”；在动员劳力的数量上，限制“只能占农村劳动力总数的 1/3 或 1/4，绝对不准超过”②。江苏的水利任务也大大缩减，1960 年冬至 1961 年春，只做土方 3 亿立方米，劳力按 45～50 万人安排，“不得超过”③，“以挤出劳动力，加强农业生产战线”④。至此，轰轰烈烈的梯级河网化运动告一段落。此后，农田水利建设虽然每年都在进行，但是，像“大跃进”时期那种声势浩大的群众性的水利运动，几乎没再出现过。

---

① 《江苏省今冬明春水利建设计划（初稿）》，江苏省档案馆馆藏档案：3223-1-0075。

② 《中央关于水利建设问题的指示》（1960 年 6 月 12 日），江苏省档案馆馆藏档案：3224-3-1132。

③ 《关于今冬明春水利建设的意见》（1960 年 9 月 15 日），江苏省档案馆馆藏档案：3224-2-0688。

④ 《关于今冬明春水利规划的初步意见》（1960 年 8 月 25 日），江苏省档案馆馆藏档案：3224-2-0688。

第三节　对梯级河网化运动的评价

江苏省轰轰烈烈的梯级河网化运动，贯穿于“大跃进”的全面发作阶段，造成了极大的浪费和损失，成为引发后来经济困难和大饥荒的原因之一。

由于指标任务和工效定额制定得过高，再加上资金和建材的缺乏，很多河道没有挖足标准，有的甚至只挖了一部分，留下了很多“半拉子”河道。结果土地挖掉了，房子拆掉了，工程却没建起来，还把原来的水系也打乱了。大规模开展的联圩并圩，因发展过快，配套工程又未能及时跟上，不久便产生了内外排水矛盾。20 世纪 60 年代起，又刮起了一股“拆圩热”：1961 年，浦南片将 9 个大圩拆成 22 个圩，让出 13 条内河作为外河排水，1965 年又拆了 5 个大圩[①]。为解决水泥、钢材等建筑材料缺乏的突出问题，全省采取“依靠群众，因陋就简，就地取材，以土代洋，自力更生”的办法，建小高炉自制土水泥，大搞替代品。许多工程在施工时，“在混凝土中掺用塑化剂、加气剂、贝壳粉和白土；大木材省用，小木材拼用，劣材选用，非生产设备不用或少用木材等”[②]。但是土水泥厂根本无法制造高标号水泥，替代品更是不能保证工程的质量，因此，很多工程建成不久就暴露出了渗漏、裂缝甚至坍塌等一系列质量问题。这些遗留问题，经过多年的调整配套和加固重修，才逐步得到解决。

全省广大的农民在这场运动中承受了巨大的牺牲。当时中央提出水利建设要坚持“三主方针”，却片面地强调“自办为主”，工具、口粮、物资等等均发动群众自筹，平调了群众大量的物资；工程补助的范围一再提高，工资却一压再压，农民付出了巨大的劳动力，却得不到相应的报酬。为了腾出土地建工程，还占、拆了很多农民的田地和房屋，造成大批农民被迫迁移，甚至居无定所。据统计，“大跃进”时期，因水利工程占地，全省共拆毁民房 74 万间，拆迁移民 109 万人[③]。但是，由于国家经济能力和政策所限，大部分水利移民没有得到及时的安置，使他们的生产和生活无法保障，造成了很大的社会问题。这一遗留问题，一直到 20 世纪 60 年代中期，才在退赔工作中逐步得到解决。

---

① 江苏省地方志编纂委员会：《江苏省志·水利志》，江苏古籍出版社，2001 年 9 月第 1 版，第 226 页。

② 《江苏省 1958 年水利工作报告和 1959 年工程安排（初稿）》，江苏省档案馆馆藏档案：3224-2-0547。

③ 《退赔房屋安置移民工作会议纪要》（1962 年 9 月 28 日），《省委、省人委关于退赔房屋、安置移民工作会议纪要及做好破产退赔房屋工作、第一至第三批分配退赔房屋、专用物资和经费的通知》，江苏省档案馆馆藏档案：3072-2-1074。

更为严重的是，这场运动投入了大量的劳动力用于兴修水利，占用了大量的耕地，为随后到来的经济困难和大饥荒埋下了隐患。当时，大兴水利是压倒一切的任务，各地动员了大量的劳动力，抽调了参加农业生产的劳动力，使农村劳力极其紧张，影响了正常的农业生产活动，甚至庄稼成熟了都没有人收割，白白烂在地里。另一方面，土地被占用，直接导致耕地面积的减少。问题在1959年便暴露了出来，由于正常的农业生产得不到保障，作物播种面积减少，田间耕作粗放管理，作物收获不及时或不彻底，因而农作物产量锐减，农副业总产值比1958年降低了13.6%①。三年的农田水利建设，并没有立即实现农民们“鱼虾满河藕满塘，丰收粮棉堆满仓”② 的美好愿望，相反，接踵而来的便是大饥荒。

江苏省声势浩大的梯级河网化运动，前后仅维持了两年多的时间，就随着“大跃进”的结束而匆匆谢幕；但是，它留下来的经验和教训，至今仍然值得我们借鉴。

① 董辅礽主编：《中华人民共和国经济史》（上），经济科学出版社，1999年9月第1版，第377页。

② 《河网化，好处大》，《歌颂河网化》，江苏文艺出版社，1960年4月第1版，第6页。

第七章 江淮联动

——江都水利枢纽工程的建设

江都水利枢纽工程是一座驰名中外的大型水利枢纽工程，地处扬州市以东14公里的江都市区，位于京杭大运河、新通扬运河和淮河入江尾闾芒稻河的交汇处（见图7-1）。该工程以总装机49800千瓦的4座大型电力抽水站为主体，以京杭运河、新通扬运河、芒稻河为引水和输水干河，以芒稻闸、江都西闸、宜陵闸、宜陵北闸、邵仙闸洞、运盐闸等9座涵闸和五里窑船闸、芒稻船闸等4座船闸以及其他桥梁、高压输变电站等多项配套工程，形成的一个具有灌溉、排涝、泄洪、通航、发电、航运和提供城乡工业、生活用水和沿海垦区洗碱、冲淤等多种功能的水利枢纽。江都水利枢纽既是江苏省江水北调的龙头，又是国家南水北调东线工程的源头，对苏北地区的经济发展以及全国的调水工程，起到了巨大的作用。由于作用重大，江都水利枢纽工程是江苏省在国民经济调整时期上马的唯一的一项新建工程。

图7-1 江都水利枢纽工程概貌

第一节　站址的选择

引江灌溉抽引江水的部分，主要是依靠抽水动力，即电力抽水机站实现的。在“八级提水”的布局中，第一级抽水机站距离长江最近，抽引江水的任务，最主要是依靠一级站实现的。因此，一级站站址的选择，至关重要。“1960 年规划”提出将一级抽水机站设在万福闸下游廖家沟西侧，称滨江站。后来，出于抽引江水工程要辅助里下河地区排涝考虑，决定将滨江站移至江都。

一、最初的方案是滨江站

早在 1958 年编制的《江苏省水利规划提纲》，就提到要兴建邵伯抽水站和大汕子抽水站。邵伯抽水站建在邵伯镇南塘附近，主要是考虑利用盐邵河结合抽排里下河水，这在规划中也明确提到，抽水机站“灌排两用”。当时，引江规划虽然尚不成熟，但抽水机站结合里下河地区排涝的思想，为引江工程抽水机站的布站提供了思路。

这种思想，在引江规划中得到延续。1959 年下半年，省水利厅编制的《苏北引江灌溉工程规划意见》（即前文所提《引江规划意见》）指出：“就里下河地区而言，开辟引江灌溉工程不仅提高灌溉保证程度，也是根除涝灾，降低大面积地下水位，改善盐渍土壤的战略措施”，即抽引江水灌溉工程，一定要结合里下河地区（包括沿海垦区）排涝。《引江规划意见》又提出，抽水机要辅助排涝：“在总渠沿岸分散设抽水机站 2. 3 万匹马力灌溉总渠灌区，必要时抽水站也可辅助里下河区排涝。另在归江河道上设抽水站 1. 5 万匹马力，在高宝湖大汕子处设抽水站 2. 1 万匹马力，两级抽提江水 11 亿立方米，合流量 130 立方米/秒补给运河灌溉”①。

抽水机站既要抽引江水，还要辅助里下河地区排涝，其关键的问题就是选址。《引江规划意见》只是提到要建在“归江河道上”，但具体建在什么位置上呢？这一问题，亟待解决。当时，新通扬运河已经开挖，京杭运河苏北段正在施工，邵伯控制站已决定由集中控制改为分散控制，万福闸也在建设。从这个实际情况考虑，邵伯抽水站应移到归江水道和通扬运河、邵仙闸范围内。因此，“1960 年规划”计划将抽水站建于万福闸下游廖家沟西测，称滨江站。3 月，省

① 江苏省水利厅勘测设计院.《苏北引江灌溉工程规划意见》（1959 年），江苏省档案馆馆藏档案：3224-2-0661。

水利厅编报《第一期工程滨江抽水机站和高宝湖抽水机站设计任务书》，对滨江抽水机站和高宝湖抽水机站做了具体规划和设计，将滨江站作为江水北调的1级站抽提江水，直接入邵伯湖、高邮湖；在大汕子建2级站，抽水入高宝湖；蒋坝建3级站，抽水入洪泽湖。

为进一步研究一级站的设计及布置，1960年4月，省水利厅又编制了《江苏引江灌溉第一期工程滨江电力抽水站及高宝湖电力抽水站初步设计》，经水利电力部审查，以“（60）水电水工钱字第39号”批复，同意第一期工程滨江抽水站按设计方案施工，并以“（60）水电计年钱字第341号”转发国家计委，同意将苏北引江灌溉工程列入1960年水利基本建设第二步计划中安排。滨江站于是年冬季开始施工，计划装机1.25万千瓦。

当时，省水利厅没有独立的设计单位，所以临时抽调人员搞江都抽水站布局和设计数据等规划内容。不久，成立“江苏省水利厅基本建设工程队”，负责一站、二站的工程勘测、规划、设计等工作。

可见，抽水机站之所以选在滨江，一方面是根据已建工程的情况，另一方面可以结合里下河地区排涝。这一站址不能说是不理想，但是，后来出于统筹规划的全局，最终将站址移到了江都。

二、移址江都

1961年冬，滨江站动工开挖站塘后，扬州专署水利局向省水利厅发出电报，提出了一个新建议。电报称：里下河地势低，排涝不畅，地下水位高，对农业增产影响极大，即使做工程，还需大量的动力排涝。如结合解决动力设备，能否考虑将滨江抽水站移建于江都闸附近，既可抽引江水入高邮湖，又可使里下河一部分雨涝，经卤汀河、三阳河等河沟流向新通扬运河，利用抽水站抽排入长江。水利厅于4月27日复电：“滨江抽水站移建于江都闸附近结合里下河排水问题，我厅正在具体研究。如目前立即移建，拦江坝须南移，将影响长江至大运河间航运，今年汛期又不能发挥作用。考虑到今后江水北调仍需兴建，目前滨江站仍按原址施工。江都闸附近设站问题，今后再作安排”①。此后，扬州专署分管水利的副专员殷炳山带领一批技术干部，对沿江各港口逐一进行了实地勘察后，向省水利厅汇报，正式建议将滨江站建在江都县西南郊芒稻河东侧、新通扬运河北岸。经共同讨论，权衡利弊，这一建议得到水利厅的赞同。1960年冬，滨江站即停工待议。

1961年3月，五省一市平原地区规划会议决定江水暂不送到山东。一个月

① 转引自陈克天：《江苏治水回忆录》，江苏人民出版社，2000年1月第1版，第421页。

后，水利电力部副部长钱正英来江苏视察水利工作，在实地考察扬州、盐城、淮阴地区后，指示引江灌溉工程规划应与里下河地区、沿海垦区，以及高宝湖三个地区的规划进行全面考虑，统一安排，以综合解决灌溉、洗盐、改良水质和港口冲淤等问题，并指出射阳河以北可用淮水，以南用江水，实现江淮互济[①]。

根据这两点指示，省水利厅对抽水站站址又进一步进行了调查研究，最终采纳了扬州水利局的建议。同年8月，省水利厅基建局编制了《苏北引江灌溉第一期工程江都电力抽水站初步设计书（即滨江抽水站修正初步设计）》（以下简称《江都站初步设计》），对于原规划方案做了相应的调整：修改了送水路线，并决定将滨江抽水站移至江都，正式更名为"江都抽水站"："近期既不考虑向北送水至山东，则抽引江水不必经邵伯湖、高宝湖，并由入江水道翻入洪泽湖，再从灌溉总渠及淮沭河等输送至各灌区，工程大，路线远，水量损失多。如将站址由万福闸移至江都县仙女庙以南的芒稻河口，则可利用里运河直接向北送水，整理已挖未成的通扬河、通榆河向东送水，解决垦区的灌溉洗盐冲淤用水，并可结合里下河区排涝，送水路线顺，工程较经济，抽水设备利用率高。而原挖滨江抽水站部分基坑，将来仍可作为送水至山东的站址"[②]。

在这一指导思想下，《江都站初步设计》对建站进行了具体设计，确定江都抽水站共装机6.5万千瓦，设计流量为650立方米/秒，其中向北抽入里运河250立方米/秒，向东抽入新通扬运河400立方米/秒。工程项目包括建抽水站一座（包括主厂房、控制室、配电厂和送变电所等）、长900公里的上下游引河和其他附属工程（包括拦河坝、土山坝涵洞、沿岸筑堤等）。

值得一提的是，把江都抽水站建成一个综合性的枢纽工程的想法，在《江都站初步设计》中表现了出来。其中提到"江都抽水站是个抽、引、调、排和航运的水利枢纽"，并设计了这个枢纽工程的布局方案：

东线上，在新通扬运河以南开挖一条高水河，作为向东送水的河道，并接通砖桥附近已开挖的新通扬河；砖桥以西新通扬河为低水河，作为自流引江及结合里下河排水的河道；同时建闸3座：在新通扬河口建江都西闸，与已建成江都闸分别作为抽引江水及结合里下河排水的进水闸，在高水河上平行江都闸建江都南闸，平行江都西闸建退水闸，控制高水河的出水与退水。这两河三闸组成向东送水的枢纽，简称江都东站，装机共4万瓦。

西线上，向北入里运河的电力抽水站装机共2.5万千瓦，分设两个站。一个

---

① 参见陈克天：《江苏治水回忆录》，江苏人民出版社，2000年1月第1版，第317页。

② 《苏北引江灌溉第一期工程江都电力抽水站初步设计书》（1961年8月），江苏省档案馆馆藏档案：3072-2-0963。

设在江都闸下新通扬运河北岸，装机6400瓦；另一个设在老江家桥南250米芒稻河上，装机18600瓦，利用芒稻河上段抬高水位向北送水。向北至人字河分两路，一路由运盐河入邵伯湖，一路利用邵仙河加以整理入里运河，分别建拦江北闸及仙女闸加以控制，组成向北送水的枢纽，称为江都北站①。

这一修正设计，既可避免走一连串的湖泊洼地，工程省、水量损失少，还可向东送水解决滨海垦区用水问题，并结合里下河排涝，使江都水利枢纽成为能灌、能排、能引、能抽、能航、控制灵活、江淮调度自如的多功能的综合利用工程。

8月31日，省人委以"苏水鲍字第1201号"报告，向水利电力部报送了《江都站初步设计》。10月26日，水电部以"（61）水电规南字第109号"批复，同意"滨江抽水机站址移至江都县仙女镇（应为仙女庙镇——笔者注）以南芒稻河口，改名为江都抽水站；并同意利用里运河直接向北送水和整理已挖的通扬河、通榆河向东送水，以解决里下河地区及滨海垦区的灌溉、洗盐和冲淤的水源问题"。但要求在施工的同时，继续编制引江灌溉工程的全面规划："所送引江灌溉工程设计文件所依据的水利规划有些问题还须进一步研究"，所以要求"需按照1960年6月16日（60）水电水工钱字第39号批复的要求，编出规划文件（包括电源及电网规划），报我部审查"②，并在随文附上的审查意见中，提出了8点意见，供"进一步研究"时参考③。

根据水利电力部的这一要求，1962年2月，省水利厅对原来的规划进行了修正，确定1969年以前先送水至苏北灌溉总渠，需设两级电力抽水站，装机容量7.56万瓦，抽水450立方米/秒；根据引江灌溉工程要与三个地区规划相结合的要求，决定将原一级站滨江抽水机站移至江都，改名为江都电力抽水站；将原二级站高宝湖电力抽水站移至淮安，改名为淮安电力抽水站；并在通扬运河和通榆河交汇处建海安电力抽水站④。

这样，引江灌溉工程的第一级抽水机站移址江都的方案得到了批准，并正式更名为"江都电力抽水站"。

---

① 《苏北引江灌溉第一期工程江都电力抽水站初步设计书（装机6400瓦）》（1961年8月），江苏省档案馆馆藏档案：3072-2-0963。

② 《水利电力部批复苏北引江灌溉第一期工程江都抽水站（装机6400瓦）初步设计书》（1961年10月26日），江苏省档案馆馆藏档案：3072-2-0963。

③ 《对江苏省苏北引江灌溉第一期工程江都抽水站（装机6400瓦）初步设计书的意见》（1961年10月26日），江苏省档案馆馆藏档案：3072-2-0963。

④ 《江苏省苏北引江灌溉工程电力抽水站设计任务书补充说明》（1962年2月），江苏省档案馆馆藏档案：3224-3-1527。

为进一步补充和完善引江灌溉工程规划，1962年8月，省水利厅编报了《苏北引江灌溉工程规划报告》。《规划报告》肯定了要将江都抽水站建成一个枢纽的计划："布局上要考虑自流引江，结合里下河排水，和淮河丰水年份淮水东调的任务以及解决航运交通和地区灌溉排水的矛盾，因而需建控制和航运交通等建筑物，组成一个枢纽，称做江都枢纽工程"①，并基本同意《初步设计书》所设计的工程布局。

之前的规划虽然要将苏北地区"逐步连成完整的电网"，但是对于抽水机站所需要的供电来源和设施，却少有提及。水利电力部曾多次在批复意见中，要求补充相应的规划。"（61）水电规南字第109号"批复，要求"编出规划文件（包括电源及电网规划），报我部审查"②，"（62）水电规水字第269号"批复："抽水站所需电源和输变电工程，应提出规划"③。为此，省水利厅于1962年9月，提出了江都抽水站的正式设计文本，并在规划的题目中明确将其建成一个水利枢纽，即《苏北引江灌溉江都枢纽工程设计任务书》。该规划沿用之前提出了东、北两个方向的送水路线，但对组成枢纽工程的各控制梯级重新做了规划，计划北线兴建芒稻闸、芒稻船闸、运盐闸、邵仙节制闸和邵仙地下涵洞等5个控制性建筑物，在东线兴建江都西闸、宜陵闸和宜陵船闸的控制；对于电源和变电所的安排，指出："电源由扬州电厂和江南电网统一平衡调度，送变电需架设扬州至江都抽水站110千伏高压线和兴建装机46400瓦相应变电所"。整个枢纽工程计划分三期共7年（1963—1969年）完成。

1963年1月17日，国务院以国计曾字第49号，批复水利电力部所转报的《苏北引江灌溉江都枢纽工程设计任务书》，正式批准江都枢纽工程兴建，并同意将其列为水利电力部直属项目④。同时，水电部在2月对江都枢纽扩大初步设计的审核中，建议更名为"江都水利枢纽工程"⑤。

---

① 《苏北引江灌溉工程规划报告》（1962年8月），江苏省档案馆馆藏档案：3072-2-1077。

② 《对江苏省苏北引江灌溉第一期工程江都抽水站（装机6400瓦）初步设计书的意见》（1961年10月26日），江苏省档案馆馆藏：3072-2-0963。

③ 《水利电力部技术委员会对〈苏北引江灌溉工程规划报告〉及〈江苏省里下河水利规划补充资料〉的审查意见》（1962年11月23日），江苏省档案馆馆藏：3224-2-1074。

④ 《国务院关于苏北引江灌溉江都枢纽工程设计任务书的批复》（1963年1月17日），江苏省档案馆馆藏：3224-1-0151。

⑤ 《对江苏省苏北引江灌溉江都枢纽工程扩大初步设计书的审核意见》（1963年2月2日），江苏省档案馆馆藏：3224-1-0151。

第二节　工程的布局

江都水利枢纽，从1961年抽水站第一站开工，至1977年工程基本建成，前后耗时17年之久。该枢纽工程由4座大型电力抽水站、9座涵闸、4座船闸和其他配套工程组成。

一、主体抽水机站

江都抽水站由4座大型的电力抽水站组成，是整个枢纽工程的主体。4座抽水站分别以江都抽水站一站、二站、三站和四站命名，合称为江都抽水站，分布在江都市江都镇引江桥南，新通扬运河河口北岸，自西向东呈一字形、接近于等距排开。一站位于江都西闸下游242米处，西距芒稻河约750米；向东260米处为二站；再向东250米处为三站；四站位于三站东侧260米处，东距江都东闸430米。江都抽水站的主要功能是抽引长江水北上灌溉和抽排里下河地区的涝水，三站还可发电，是江水北调工程的“龙头”，也是国家南水北调东线工程的“起点”站之一。

江都四座抽水机站全貌图如图7-2所示。

二、配套建筑物

江都水利枢纽的配套建筑物，共有9座涵闸和4座船闸。其中，东线新通扬运河沿线共有6座涵闸和2座船闸，北线京杭运河沿线上有3座涵闸和2座建筑物。它们配合抽水站共同发挥作用。

（一）东线上的配套建筑物

江都西闸布设于江都市境内的新通扬运河河口，是新通扬运河的渠首工程，作为抽引江水北上京杭运河、自流引江入里下河和抽排里下河涝水的调节控制闸，并在三站发电时，开闸排泄淮河余水入江。

江都东闸布设于离江都西闸1.5公里处的新通扬运河上，是因原江都闸不能满足江水北调引排流量，被拆除改建而成江都东闸，与江都西闸一起控制自流引江、抽引江水、抽排里下河涝水和发电。

江都送水闸布设在四站上游出水渠道东侧距四站中心线400米处。冬春长江水位低，无法自流引江，利用江都抽水站的余力，抽引江水经送水闸入新通扬运河，向里下河补水。此闸实际运用时间极少（建闸后仅在1996年用过一次），工程效益不大，当时有不少人反对规划建此闸。

a）一站

b）二站

c）三站

d）四站

图 7－2　江都四座抽水机站全貌图①

① 图片来源：《江都水利枢纽志》编纂委员会：《江都水利枢纽志》，河海大学出版社，2004 年 8 月第 1 版，图片部分。

五里窑船闸布置在江都市宜陵镇西北五里窑附近，在新通扬运河与通扬运河交叉口以西约450米处的通扬运河上，与宜陵船闸对峙，是解决通扬运河江都镇段灌溉、排涝和通航问题的工程。原曾担负向新通扬运河以南通南地区送水的任务，自宜陵地下涵洞建成后，不再承担此任务。

宜陵船闸布设在宜陵镇以西三里窑附近，在新通扬运河与通扬运河交叉口以东500米处的通扬运河上，与五里窑船闸对峙于新通扬运河两岸。该工程主要解决新通扬运河自流引江与通扬运河灌溉、排涝和航运上的矛盾。

宜陵北闸布设在三阳河河口，三阳河是南水北调东线工程加力补水线（或里下河地区自流引江），里下河涝水经新通扬运河抽排入江，可防止新通扬运河高水入三阳河两岸洼地。

宜陵地下涵洞布设在宜陵船闸东侧，江都市宜陵镇以西的新通扬运河河底下，是通扬运河穿过新通扬运河的交叉建筑物，主要解决新通扬运河自流引江与通扬运河需水向南送水的矛盾。

宜陵闸布设在江都市宜陵镇东北1.5公里的新通扬运河上，主要作用是自流引江入里下河，解决新通扬运河上下游高低地之间引排和新通扬运河与通扬运河航运的矛盾。

芒稻闸建在芒稻河河口，其作用是：江都抽水站抽引江水北上时，关闸隔断江水；江都抽水站抽排里下河涝水时，开闸排涝入江；淮河发生洪水时，开闸排除淮河洪水。

（二）北线上的配套建筑物

芒稻船闸布设在江都市江都镇西的芒稻河上，芒稻闸西侧120米，与芒稻闸一起构成芒稻河与高水河交汇的控制工程，是沟通芒稻河通江航运的建筑物。该工程建成后即交由交通部门接管使用。

江都船闸（原称仙女船闸）建在江都镇西原芒稻河（现为高水河）和通扬运河的夹滩上，主要是沟通原芒稻河和通扬运河的航运。江都水利枢纽建设后，由于芒稻河北段成为江都抽水站向北送水的高水河，因此该工程1965年进行调向加固提高通航标准。江都船闸列入江都水利枢纽工程项目前后，一直由交通部门管理。

运盐闸建在江都市与邗江区交界的运盐河上，邵仙闸的西侧，北通邵伯湖，南接高水河，可向邵伯湖补水；也可排淮河洪水经芒稻闸入江；江都抽水站抽水北送时，关闸挡水。该工程是江都水利枢纽工程之一，也是淮河入江水道控制工程。

邵仙闸洞建在江都抽水站北约7.7公里的高水河上，闸底部为东西方向的地下涵洞，洞上接运盐河上段，通邵伯湖，下通邵仙河，与通扬运河衔接。上部为南北方向的节制闸，南接高水河上段、运盐河下段，与江都抽水站上游引河相接，北接高水河下段，在邵伯镇与京杭运河衔接，为高低水分流的立体交叉控制工程。邵仙洞作用为送淮水（邵伯湖水）入通扬运河，或江都面临集中暴雨时退涝水入邵伯湖。邵仙闸的作用为：江都抽水站抽水北送时，开闸放水；汛期排淮河洪水，经芒稻闸入江；原可通航，自建成邵仙套闸（见图7-3）后停航，从而解决了因邵仙闸过闸流速太大造成船只撞闸沉船的问题。

图7-3　邵仙套闸全貌①

东线和北线上的配套涵闸建筑物，配合四个抽水机站发挥作用，将抽水机站抽提上来的江水，分两路向北送出，从而实现江水北调的目的。

江都水利枢纽的配套建筑物及其设计数据，见表7-1所列。

① 图片来源：《江都水利枢纽志》编纂委员会：《江都水利枢纽志》，河海大学出版社，2004年8月第1版，图片部分。

表 7－1　1987 年江都水利枢纽配套建筑物一览表

路线	名称		顶高程（米）	底高程（米）	孔数（个）	总净宽（米）	设计流量（立方米/秒）	开、竣工日期	备注
新通扬运河线（自西向东）	江都西闸		9.0	−5.8	9	90	505	1963.6—1964.5	
	江都东闸		6.0	−7.0	13	78	550	1977.11—1978.3	
	江都送水闸		10.0	0	3	18	300	1977.12—1979.1	
	五里窑船闸		6.0	−2.5	—	135×12.3	—	1963.6—1964.5	
	宜陵船闸		6.0	−2.5	—	135×12.3	—	1964.10—1966.1	即三里窖船闸
	宜陵地下涵洞		—	—	3	10.5	40	1977.12—1978.5	
	宜陵北闸		6.0	−5.0	7	42	300	1974.11—1975.5	
	宜陵闸		6.0	−2.5	13	64	300	1963.3—1963.7	
京杭运河线（自南向北）	芒稻闸		10.5	−1.0	7	70	830	1964.9—1965.7	
	芒稻船闸		10.5	−3.0	—	135×12	—	1964.10—1966.5	
	江都闸		8.5	−3.5	10	80	—	1958.12—1959.8	1978 年拆除
	江都船闸		9.0	−2.5	—	95×10	—	1965.9—1966.5	加固时间
	运盐闸		10.5	−2.1	7	60	830	1965.10—1966.4	
	邵仙闸洞	闸	10.5	1.0	4	52	300	1963.5—1964.5	上为闸，下层为洞。邵仙洞 1999 年加固时改为 5 孔
		洞	0.5	−2.0	7	16.45	80		

备注：江都闸实际发生的最大流量为 474 立方米/秒。

资料来源：《江都水利枢纽志》编纂委员会：《江都水利枢纽志》，河海大学出版社，2004 年 8 月第 1 版，第 87 页。

第三节　巨大的经济效益

江都水利枢纽四个抽水机站先后投入使用后，结合河道、涵闸等配套工程，综合发挥了灌溉、排涝、泄洪、发电、供应城乡用水等多方面的作用。40多年来，江都水利枢纽工程共抽引江水北送1100亿立方米，抽排涝水320亿立方米，自流引江水东送1000亿立方米，泄洪9000亿立方米①，对于建设里下河和徐淮两大“粮仓”，促进苏北地区国民经济的发展，发挥了巨大的作用。

一、灌溉效益

抽引江水补给里下河地区的灌溉用水，是江都水利枢纽工程最先具有的作用。在里下河地区长期不雨、淮河水源不足的时候，江都枢纽可抽引长江之水，供给里下河地区，保证农田灌溉。这一方面的作用是十分显著的。

1964年冬至1965年6月底，苏北地区持续干旱，里下河地区雨水也特别少，淮河水源不足，影响部分农田栽插水稻。6月10日上午开始，江都水利枢纽工程第一、第二电力抽水机站开始抽水，开机23天，每天从长江抽引1000万立方米，通过输水河道，输送到大运河，灌溉里下河地区的江都、高邮两县沿运河自流灌区的80多万亩稻田②。

1966年到1967年，江苏省遇到了连续两年的干旱。1966年5月至8月，淮河、沂河来水很少，淮河断流221天，沂河也是无水下泄，洪泽湖、骆马湖干涸见底。一站、二站自1966年5月下旬开始到1967年7月开机413天，抽引江水37.7亿立方米北送灌溉，大大缓解了旱情的发展③。

1978年，江苏全省出现全年连续大旱的特大旱年，春旱接夏旱，夏旱接秋旱，降雨量仅及常年的40%，淮河断流218天。1979年，江苏又是春旱、夏旱相接。江都4座抽水机站自1978年4月上旬至1979年7月上旬全部投入抗旱。抗旱期间，扬州地区停止向一部分工厂供电，以保证江都站在运行期间有足够的电量④。江都4座抽水机站连续开机455天，抽引江水110.5亿立方米，为苏北地区提供了充足的抗旱水源。

---

① 数据来源：江都水利工程管理处网站：http：//www.jdslsn.com/Summary/80/2008-12/26045.shtml

② 《我国最大的江都电力抽水机站发挥作用》，《人民日报》，1965年6月26日，第2版。

③ 《江都水利枢纽志》编纂委员会：《江都水利枢纽志》，河海大学出版社，2004年8月第1版，第151页。

④ 陈克天：《江苏治水回忆录》，江苏人民出版社，2000年1月第1版，第597页。

1994年4月下旬至8月下旬，江苏省降雨量较常年同期少40%～50%，梅雨期雨量少于常年梅雨量80%～90%，加上长时间的持续高温，苏北地区又遭遇干旱。江都抽水站从4月28日开机，连续大流量、满负荷开机207天，向干旱严重的苏北地区补水56亿立方米。1994年冬苏北湖库蓄水严重匮乏。1995年又遇干旱年，4座抽水站安全运行273天，创年度连续运行的最高纪录，抽引江水66.6亿立方米，做出了巨大的贡献（见表7－2所列）。

表7－2　江都抽水站历年抽水量统计表（1961—2002年）

单位：亿立方米

年　份	抽水总量	抽引江水	抽排涝水		
			涝水总量	涝水入江	涝水北送
1963	0.995	0	0.995	0.995	0
1964	1.643	0	1.643	1.643	0
1965	12.121	2.453	9.668	9.668	0
1966	20.02	20.02	0	0	0
1967	17.71	17.71	0	0	0
1968	8.116	8.116	0	0	0
1969	5.562	0	5.562	5.562	0
1970	10.264	1.208	9.056	9.056	0
1971	8.497	6.191	2.306	2.306	0
1972	11.621	7.012	4.609	4.609	0
1973	10.635	10.14	0.495	0.066	0.429
1974	15.03	10.8	4.23	2.281	1.949
1975	3.11	2	1.11	0.824	0.286
1976	28	28	0	0	0
1977	31.8	28.57	3.23	0.81	2.42
1978	62.8	62.8	0	0	0
1979	56.27	47.67	8.6	4.57	4.03
1980	27.6	5.3	22.3	22.3	0
1981	36.48	29.5	6.98	3.582	3.398
1982	43.65	35.1	8.55	7.752	0.798
1983	29.66	20.5	9.16	6.39	2.77
1984	36.2	26.2	10	9.145	0.855

（续表）

年　份	抽水总量	抽引江水	抽排涝水		
			涝水总量	涝水入江	涝水北送
1985	15.33	5.13	10.2	7.85	2.35
1986	48.8	31.6	17.2	9.005	8.195
1987	21.68	2.08	19.6	18.59	1.01
1988	51.76	44.2	7.56	1.48	6.08
1989	38.09	26.67	11.42	7.249	4.171
1990	27.17	16.57	10.6	0.934	9.666
1991	44.03	16.78	27.25	23.103	4.147
1992	57.069	50.59	6.479	2.161	4.318
1993	33.77	18.01	15.76	11.346	4.414
1994	57.343	55.96	1.383	0	1.383
1995	68.222	66.61	1.612	0.092	1.52
1996	49.12	37.82	11.3	8.512	2.788
1997	45.74	41.27	4.47	3.069	1.401
1998	11.699	4.803	6.896	6.896	0
1999	65.84	60.56	5.28	0.98	4.3
2000	38.676	35.86	2.816	0.943	1.873
2001	68.45	66.52	1.93	0.489	1.441
2002	49.583	45.91	3.673	2.173	1.5
合计	1270.156	996.233	273.923	196.431	77.492

数据来源：《江都水利枢纽志》编纂委员会：《江都水利枢纽志》，河海大学出版社，2004年8月第1版，第269-270页。

二、排涝效益

除了抽引江水补给里下河地区的灌溉用水，在里下河地区积水受涝时，4座抽水机站可以以一昼夜抽水2500立方米/秒的速度排水入江，受益范围包括高邮、江都、泰县、兴化、泰州等5个县市①。

① 《贯彻执行毛主席“备战、备荒、为人民”伟大方针江都水利枢纽工程全部建成》，《人民日报》，1969年9月25日，第1版。

1965 年 6 月底到 8 月初，旱涝急转，江淮之间连降 8 次暴雨，强度大，来势猛。同年 8 月 20 日，又受强台风袭击，暴雨中心的大丰闸 24 小时降雨 672.6 毫米，里下河地区面平均雨量 905 毫米，兴化水位陡涨到 2.9 米，里下河地区受涝面积达 6000 平方公里。此时一站、二站迅速由抗旱转入排涝，持续 83 天，共抽排涝水 9.7 亿立方米，使兴化水位平均每日降低近 4 厘米，避免了像 1962 年大涝时里下河圩区几乎全面溃决漫溢的局面。1970 年秋，里下河地区连续降雨 40 天，已建成的 3 座抽水站连续开机 49 天，抽排涝水 9.1 亿立方米入江，保证了江都、高邮、兴化、泰州等 7 个县市的粮食增产增收。

1991 年夏，江苏遭受特大洪涝灾害袭击，里下河地区的兴化 56 天降雨量达 1302 毫米，比常年全年降雨量多 30%，是历史上最大的 1954 年梅雨量的 2.1 倍，同年 7 月 16 日最高水位达到 3.35 米，比历史上最高洪水位还高 0.27 米。面对极其严重的涝情，省、市对里下河地区采取了“上抽、中滞、下排”的综合措施，其中江都 4 座抽水站从 6 月 12 日开始，开机 66 天，抽排涝水 25.5 亿立方米。江都西闸采取加高通航孔门顶高度临时措施，挡住了长江高潮水位 6.45 米。这些措施不仅有效地控制了里下河地区水位上涨，还加快了退水速度。兴化水位由最高水位 3.35 米退至警戒水位 2 米仅用 24 天，比 1954 年从最高水位 3.08 米降至 2 米长达 96 天缩短了 72 天，大大减轻了这一地区的受灾损失。

三、泄洪效益

当淮河发生洪水时，根据水情调度，江都水利枢纽邵仙闸、运盐闸、芒稻闸等工程可排泄部分洪水入长江。1966 年至 2002 年，芒稻闸总泄量为 144.4 亿立方米（含运西地区涝水），1969 年 7 月芒稻闸最大泄洪流量曾达 1180 亿立方米/秒，当年泄洪量为 23 亿立方米，这显示了江都水利枢纽有关工程泄洪的功效。

江都水利枢纽泄洪路线主要有两条：一是由里运河经高水河上的邵仙闸，通过芒稻河河口上的芒稻闸排入长江。邵仙闸汛期可排淮水桃汛 300 立方米/秒；二是由邵伯湖经运盐河上的运盐闸通过高水河、芒稻闸入长江。运盐闸可排洪 830 ~900 立方米/秒。但该闸建成后，由于泄洪时闸下水流对高水河形成斜流速，影响通航，使用很少，历史上仅用几次，1991 年淮河大水时，7 月 8 日至 26 日曾泄洪约 2.3 亿立方米。

四、发电效益

江都水利枢纽工程遇淮河水较丰、有余水下泄时，在满足灌溉等用水的前提下，利用三站的可逆式机组倒转发电，尾水还可供里下河地区灌溉，也可排入长江。当水头 4 米时，可发电约 3000 万千瓦。从 1969 年至 2002 年，共发电

5480.2万千瓦时，既为工农业生产提供了电源，又为管理单位增加了收入。但是随着淮水北调，发电机遇日渐减少。

江都4座抽水站均装用同步电动机，据不完全统计，1964年到1982年根据供电部门的需要，曾代发无功电约47042.9万千瓦时，专发无功电约6655.7万千瓦时，改善了当时电网的供电质量。1982年以后，供电质量提高，供电部门已没有发无功电的要求。

总之，江都水利枢纽工程兴建以来，带来了巨大的经济效益。正如水利部水利经济研究会秘书长祁正卫为江都水利枢纽工程所写碑文描述的那样："观江都枢纽系统，引长江，连淮河，串湖泊，衔五百流量之江水，擎四十米之高程，越五百公里之坎坷，达淮北千万顷之渴沃，并吞吐淮河里下河之潦涝入江。从此，淮北旱涝无虞。流泉鸣处，垄亩平添锦绣，粮仓涌立；碧波荡时，街衢插翅腾飞，万象更新。此则江都水利枢纽工程之为也，其效其益，难述备矣。"

第八章　苏北地区水利建设中的社会动员

无论是大型水利工程的兴建，还是小型的农田水利建设，都涉及社会动员的问题。所谓的“社会动员”，就是最大限度地集中社会资源，通过公众运动的方式，使某项政治方针、社会政策或者公益计划，成为社会公共理想、公共意志、公共目标、公共行为的完整的实现过程。水利建设中的社会动员，包括水利民工的动员与组织、水利民工的劳动报酬问题、水利工程的土地征用问题、房屋拆迁的补偿问题，以及水利移民的安置问题。本章拟分别阐述20世纪50年代前期和中期、“大跃进”时期和国民经济调整时期，苏北地区的水利建设在社会动员方面的不同政策，从一个特殊的角度反映当代特定时期的时代特点，以及水利建设中各种身份的普通农民的不同遭遇。

第一节　水利民工的动员与组织

新中国成立之初，国家的各项基础建设战线都需要大量的劳动力。如何组织起数目庞大的民众参加基本建设，其中的社会动员是一个很重要的环节。

就水利建设来讲，民工几乎全部来源于农民。对水利民工的社会动员，可以分成两个阶段：第一个阶段，工程开工之前，号召农民报名参加水利工程，并使报名人数达到计划所需数量，然后将农民从家里带到工地上去；第二个阶段，工程开工后，组织民工进行施工，并保证工程在预算工期内完成。

从20世纪50年代苏北地区在水利建设中的社会动员可以看出，当时的社会动员水平是很高的，规模也是很大的。比如，新中国成立伊始进行的新沂河工程，第一期工程计划动员30万人，结果仅用了十余天的时间，新安、沭阳、宿迁、泗阳、睢宁、邳睢、涟水、淮阴、灌云等9个县，就动员了25万余名民工。1951年底进行的苏北灌溉总渠工程中，盐城、泰州两地原计划动员44万人，结果超额动员了46.3余万人，整个工程的上工人数，最高时达到了72万人①。可见，当时苏北地区的社会动员工作，做得十分成功。本节以新沂河工程和苏北灌溉总渠工程为例，来探究苏北地区社会动员的一般情况。

一、建国初期水利民工的上工动员

新中国成立之初，动员民工兴修水利，既有一定的有利条件，也有一定的难度：一方面国家刚刚解放，老百姓尤其是广大的农民，普遍沉浸在“翻身做主人”的喜悦当中，他们对于新中国的建设事业，大多是满怀热情的；另一方面，要在短期内动员起数十万的民力，也不是一件容易的事情。为此，苏北区党委和苏北行署，摸索出了一套社会动员的程序和方法。

为促使苏北地区的治水工作迅速开展起来，1949年11月13日，中共苏北地区党委、苏北行署与中国人民解放军苏北军区，联合发出《苏北大治水运动总动员令》（全文见附录文献一，以下简称《总动员会》），同日，苏北行署又颁布了《苏北治水人员奖惩条例》（全文见附录文献二，以下简称《奖惩条例》），以激发广大群众报名参加导沂工程的热情。《总动员令》是新中国成立以后苏北地区发出的第一个社会动员的命令，对于治水工作的开展、民工的动员，起到了非常重要的作用。

《总动员令》指出了苏北地区治水意义的重要性：“治水不仅是积极的为了解除水患，同时也是积极的为了变水害为水利，以便恢复与发展农业生产，进而为发展工业生产，变农业国为工业国打下坚实基础”，向民众说明苏北地区的治水工作，包括“在沂沭河与沿海垦区，按照今冬明春的计划，就要动员六十万人做八十个晴天的工，需粮食二万万多斤。在沿江沿运也有较大规模的工程，在各个专区内，也都有疏浚河流修筑涵闸等较小规模的工程”等工程，提出这些治水工程，是“苏北今冬明春压倒一切的中心工作”，并号召苏北广大的民工、技术人员、部队官兵、共产党员和青年团员、医生等各界团体和群众，“以紧张的战斗的姿态，组织一切力量，投进这一巨大的运动中去”②。

《总动员令》和《奖惩条例》发布后，11月22日，苏北区党委、苏北行署和苏北军区发布联合命令，宣布成立导沂工程的领导机构，即苏北导沂整沭工程司令部、政治部（以下简称导沂司令部、政治部），以全权负责苏北的导沂整沭工程的各个环节。

导沂司令部和政治部成立后，立即向全区宣传《总动员令》，组织各级党政

① 《十年来江苏省水利建设（草稿）》（1959年5月1日），江苏省档案馆馆藏档案：3224-2-0639。

② 《苏北大治水运动总动员令》（1949年11月13日），《新沂河年鉴》，文件部分，第1页。

部门学习、传达《总动员令》，并领导全区的动员工作。动员工作一般是由各级党委直接负责。各级党委在接到上级通知，明确任务之后，首先召开各地负责干部会议。会议主要是向各级负责干部介绍本工程的大概情况、工程内容和任务、开竣工的时间、需动员的人数、工资报酬等情况，使负责干部做到心中有数，以便动员工作的开展。

首先，各地区要制订出动员人数的计划，确定民工人数。

民工动员，并不是越多越好，而是要符合一定的比例。兴修水利的时间，往往是利用农闲，又不耽误农民的生产，因此，水利建设要遵守“春修春耕两不误”[①] 的原则。要遵循这一原则，关键的一点是要合理地确定动员人数。若动员人数偏少，可能会拖延工期；但动员人数偏多，就有可能因占用过多的劳力而影响春耕。为达到精工和照顾后方农业生产的平衡，苏北区党委认为，民工的动员面一般不能超过农业人口的5%。如劳动力较多和部分灾区，在保证精工的原则下，也可根据实际情况适当提高[②]；各地还可根据工程的需要、动员范围的大小与地区的远近、冬修与春耕配合的情况及工地广狭、工具数量等条件，对动员数量做出适当的调整。但是，不能偏离5%的比例过大。这个比例，便是各地确定动员人数的一个主要依据。如新沂河工程就根据这一原则，确定全部工程需要动员71万人，第一期工程需要30万人。

动员人数总数确定后，采取层层分配的方式，将动员人数确定到最小单位。苏北区党委先将人数根据5%的比例分配到各个专区，各专区再下达给所辖的各县；各县根据各村的劳动力数量，确定每个村所需动员的人数。这样，通过这种自上而下的方式，将动员人数布置给每个基层的村落组织。

各级单位动员人数确定以后，接下来就要召开动员大会了。动员大会的目的是告知广大农民要进行治水运动，并号召他们踊跃报名。为达到这一目的，各地还纷纷拟定了动员口号，制成条幅挂在动员大会的会场，或是鼓励农民传唱，做到人人耳熟能详。动员口号也能够很好地起到激励作用。动员口号一般要浅显易懂，朗朗上口，并要有鼓动性，能够打动人心。比如，新沂河工程就提出了以下口号：“扒河修堤，治水防灾，保证生产，人人有责”“扒河度灾荒”“天下农民是一家，合理扒河把身翻”“要想生产有保障，要将河道扒通畅”。各地区根据不同的具体情况，提出因地制宜的口号。如沭阳县动员高地民工到湖荡扒河时，提出的口号是“凹地受淹，高地负担”“凹地不收，高地担忧”；涟水县动员民

---

① 中央人民政府水利部：《关于水利春修工程的指示》（1951年3月15日），《苏北政报》，第二卷第四期，1951年4月10日刊行，第25页。

② 《关于如何正确的贯彻执行土方定额及保证民工工资所得的意见（草稿）》，江苏省档案馆馆藏档案：3224-2-0220。

工开挖一帆河时，提出“扒好公兴对一帆（两条河名）农民才能把身翻”的口号[①]。

各地的宣传大会形式不一，村委的动员大会往往很热闹，全村人几乎都来参加。有时候工程单位还会派出专门人员，负责辅助各地村委召开宣传大会。宣传大会上，村干部或是宣传员一般要向群众介绍工程情况、工程内容和任务等，更主要的是宣讲工资政策，这也是农民们比较关心的问题，宣传各项政策之后，会带领村民一起宣读宣传口号。有的地区还采用“诉苦水”的办法，找来受灾的农民，诉说受水灾的苦楚，并表明自己自愿参加治水运动，并在报名簿上签名，以带动别人报名。还有的地区开展了形式多样的报名竞赛，激励群众踊跃报名。

当然，并非所有的农村人口都能够动员到河工上去。半劳力和丧失劳动能力的非劳动力是不能够参加水利工程的。中央水利部就曾下达明确指示：“必须劝阻老、病、孕妇及儿童参加（兴修水利）”[②]。苏北区党委也制定了精工政策，要求民工必须强悍，严禁动员有传染病、慢性病者，以及老弱、孕妇、小脚妇女和儿童上工。因为如果动员老弱、残疾上工，不仅影响工程进度，拖累其他民工，还增加了发生工程事故的概率。比如，宿迁县在1950年春季沂河工上，古城大队某小队，共10个人，只有两个整劳动力，其余都是老弱、残疾。大队分给他们的任务是每天完成5方土，还是不能完成，工作效率极低，挣不到工资粮。因此，这两个整劳动力要求把他们分配到别的小队去，并保证每天可以完成7方土[③]。

除了动员民工外，工程还需配备一定的技术人员。由于当时技术人员奇缺，在技术人员的配备方面，也花了一番功夫。不少工程都是从全国各地招募技术工人；不少大专院校除了应届毕业生，还动员在校学生提前一年毕业，参加治淮；若人数还是不够，各专区便抽调各县建设科长、科员进行短期集训，使之在短时间内掌握基础的技术知识。

经过宣传和动员，广大农民特别是多年来深受水灾之苦的灾民，在了解到导沂是为了治水、了解到挖河能有公粮吃，对报名参加治河表现出了极大的热情。淮阴专区仅用了10天的工夫，就动员了9个县25万余民工参加导沂工程。

民工动员起来后，要把他们带到工地上去。当时，民工上河工，全部靠步行。往往以县为单位，由干部带领，统一带到工地上去。有的乡离工地比较远，

---

① 《关于如何正确的贯彻执行土方定额及保证民工工资所得的意见（草稿）》，江苏省档案馆馆藏档案：3224-2-0220。

② 中央人民政府水利部：《关于水利春修工程的指示》（1951年3月15日），《苏北政报》，第二卷第四期，1951年4月10日刊行，第25页。

③ 《如何动员与组织民工和提高工作效率》（1950年），江苏省档案馆馆藏档案：3067-3-1281。

为尽快赶到工地，民工每天要赶25公里路，还要抬着扁担，带着自备的工具和口粮，一连走上七八天，是十分辛苦的。途中，长长的行列自晨至暮，络绎不绝。

上工途中有时会出现各种突发状况。比如新沂河工程，由于准备时间短促，各大队事先没有安排行程路线，有时候，几个队民工走顶头，拥挤在一条小路上或一个河口，无法通过，为争路先走，有时还发生口角，甚至打架①。尽管如此，各县队还是在1949年11月20日左右陆续到达工地（见图8－1）。

图8－1　新沂河的民工动员，二十余万民工上河工（1949年11月）②

春耕和收获的季节，是农民一年当中最忙的时候。而农闲季节，占了一年中的大部分时间。新中国成立初，在农闲的时候，除了一部分从事副业生产的人家，大部分农民均不参加生产。因此，利用农闲季节，将农村中的闲散劳动力组织起来，从事建设事业，既能使农民的时间得到充分的利用，又能补充当时建设人员的不足。尤其是苏北地区因长期受水灾，且受灾面积广，灾民数量大。组织各灾区的农民兴修水利，还能够使他们赚取报酬，补贴家用，度过灾荒。

苏北地区的水利事业成绩斐然，这与民工的动员与组织工作是分不开的。各地党委在组织水利民工的实践中，取得了不少经验，但也存在着不少问题。

第一，动员与组织工作的经验。苏北各地区总结几年来的水利民工动员与组织工作，取得了不少经验，主要表现在以下几个方面：

一是动员人数合理。新中国成立初期，在动员人数的原则方面，贯彻得比较好。在新沂河和里运河整治工程上，动员人数占农业人口的比例，除淮阴和盐城两专区因水利任务大，动员比例较大（淮阴大部分在5%～6%，盐城个别县如

① 苏北导沂整沭工程司令部、政治部编印：《新沂河年鉴》，第90页。

② 图片来源：苏北导沂整沭工程司令部、政治部编印：《新沂河年鉴》，图片部分。本章以下图片未标注出处者，均摘录于此处，不再一一作注。

滨海达10%）外，其他一般均没有超过5%。这样，基本上做到了既不影响后方生产，又解决了农村中剩余劳动力的出路问题，同时也增加了农民的收入。例如，参加里运河整治工程的12万民工，除工地生活开支外，带回后方的就有200万元。

二是准备工作充分。例如，在1954年的治淮工程中，淮委第三施工总队，在开工前总、大队政工医务人员协助县做好民工组织和动员工作，对治水的意义，如何结合救灾，以及工程任务、时间、效益、工资单价和精工政策等，进行了深入的宣传教育。在民工动员集中后，对民工身体强弱、工棚材料、工具、寒衣等是否合乎要求，出工是否自愿，又进行了具体的检查。另外，总队大队的行政、工务人员配合出工的区乡的确定，工棚的搭盖及任务的分配，工段划分等，使民工到工后有住有吃有工做，克服了过去民工到工后窝工浪费的现象①。

三是动员对象比较明确。中央水利部对水利民工的动员对象有明确的规定，明令禁止动员老弱、病残、孕妇及儿童上河工。苏北地区在遵守水利部原则的基础上，进一步要求，一般要动员年轻力壮、无残疾、18～45岁的男性整劳动力上工②；并提出，动员时应首先考虑"老兵归队"，基本上做到固定化，防止经常轮换③。这样，既可以减少每季动员编组的麻烦，还能节约管理经费。

第二，动员与组织工作方面存在的不足。虽然大部分地区在动员与组织工作中，能够按照既定的原则进行，但是，也有个别地区贯彻得不好，影响了工程的正常进行。

一是领导干部不重视动员工作。有少部分地方，领导干部没有充分重视动员工作，在动员时，对群众的宣传教育不够，也不向群众讲清各项政策，导致农民表现消极，不愿报名。如1957年的春修工程中，据涟水县大队反映，在已动员上工的农民中，有15%～20%不肯上工，有的民工在路上消磨时间，两天只走了3里路，然后又返回家中，不愿上工；还有少数民工到工地后不做工，躲在当地群众家里打扑克④。还有一些过去参加过治水的老民工，不愿上工，或上工后要求定期换班。如丰县张集乡一个民工说："有福同享，有罪同受，扒河不光是俺的义务，服兵役还有定期哩！"

---

① 江苏省治淮指挥部：《一九五四年春季水利工程会议的修正报告》，江苏省档案馆馆藏档案：3224-2-0035。

② 《关于如何正确的贯彻执行土方定额及保证民工工资所得的意见（草稿）》，江苏省档案馆馆藏档案：3224-2-0220。

③ 《关于如何正确的贯彻执行土方定额及保证民工工资所得的意见（草稿）》，江苏省档案馆馆藏档案：3224-2-0220。

④ 江苏省水利厅：《关于1957年春修工程民力动员组织工作情况与今后意见》（1957年），江苏省档案馆馆藏档案：3224-3-0648。

二是部分地区存在着强迫命令或摊派现象。强迫命令和摊派，是被明令禁止的，但在有些地区，地方干部不愿做深入细致的动员工作，便采用这两种办法。比如，徐州专区就有部分县、区、乡，组织动员方法生硬。一种是把名单暗定下来，到上河工时，一面宣布、一面动员、一面强迫组织上工；另一种是逐级向下摊派，村里采取抽签、抓阄或聚众评论的办法，选出上工人选。这就造成群众不满，情绪低落。如该专区睢宁县有部分区、乡的农民，听说自己要上河工，就跑到别的地方躲起来。该乡有名的治水模范、青年突击队长周保庆，还没等自己报名，就被乡里暗定下来，心里不高兴，赌着一股气，于是就躲了起来。

还有个别地区在动员中，出现了徇私包庇的现象。如泗阳县里仁区傅扬社社长郇成珠，将自己的兄弟、侄子包庇在家中，就影响到十多个人上工。

三是有些地区提出的动员口号不切实际。部分在动员口号与内容上，背离政策，存在着严重的片面性。例如，淮阴专区在动员常备民工时，就吹嘘高工资诱惑群众，说常备民工每日 1.2 元，每月工资 36 元，还有剃头、洗澡、安家等费；有技术今后进工厂，进机关工作，回淮阴住大楼房。但没有说明常备民工应具备的条件，更没有正确贯彻工资政策，导致民工到工后劳动情绪不高，思想混乱，闹罢工、闹供应，影响了工程的正常进展。

四是部分地区动员对象不合要求。在精工政策方面，也有一部分地区没有认真执行，降低了民工条件。不少灾区为了赚取以工代赈工资粮，把老、弱、残疾以及病工等都动员到工地上去了。如滨海县五汛大队川港乡，病、弱民工占动员总数的20%。涟水县一帆河工地的 2.7 万民工，经复查超龄和有疾病的达 515 人。特别是宿迁、沭阳县，将残疾、退伍军人都动员来了。里运河工程民工到工以后，一次就精简去5000 人。

由于民工不精及工地上的安全卫生工作做得较差，结果造成21 名民工死亡，其中还包括2 名童工（16 岁）。

总之，新中国成立初期，苏北区党委摸索、总结出了一套行之有效的社会动员和组织方式，使导沂整沭、苏北灌溉总渠等大型水利工程，在较短时间内动员起足够人数的民工和技术人员，虽然存在一定的缺陷，但保证了工程的顺利开工。可见，当时的社会动员水平是相当高的。

二、工程的组织、管理与表彰

大型水利工程动辄动员数十万人参加施工。数目庞大的民工聚集工地，必须进行有秩序的管理；特别是当施工出现困难的时候，工地管理及政治上的领导显得尤为重要。新沂河工程的政治领导工作，可以说是新中国成立初期水利工程中做得比较好的。1949 年 11 月，成立了导沂司令部和政治部，负责新沂河工程的施工管理工作。

民工们到达工地后，为便于工程分工和施工管理，首先要将他们组编成队。苏北地区的做法是，一般以行政组织为单位，将各地民工组织起来：每个县是一个民工总队，称为沭阳总队、邳睢总队、淮阴总队等；以镇为单位，组成民工大队，比如灌云县的南城大队、淮阴县的吴集大队等；以乡或村为单位，组成民工中队；中队以下，再根据民工人数，划分成若干个小队或小组。

每个小队的人数，要根据工地的土质、运距等条件确定，一般以 15 人为宜。小队内要做到分工明确，合理分配挖土、推土和抬土的人数。当然，分工不是完全固定的，在做工时，可以根据具体情况及时调整。组编小队一般按照自愿组合为原则。在自愿组合的前提下，要尽量做到适当搭配，即每个小组要有一定数量的党团员，以便于领导；劳动力的强弱也要适当搭配，避免出现一整队均强或一整队均弱的情况。

在工程开工之初，为向全体民工讲解工程内容、管理条例、工资政策等内容，激发出全体民工的治水热情，工程单位一般会召开一场规模较大、隆重的开工典礼。新沂河的开工典礼是在 1949 年 12 月 6 日即第一期工程开工后不久召开的。

这一天，“导沂整沭工程开工典礼”在沭城城北公园广场举行。淮阴地委、淮阴专署、淮阴军分区等单位的代表，各工段的民工代表，以及附近的学校、农民等共 4000 余人参加了开工典礼。苏北区党委书记萧望东、万众一到会指示，华东水利部处长林平一，清江工会、商会代表，也远道而来参观。主席台前悬挂着“扒河（方言，即“挖河”—笔者注）模范”“治沂立功”等数十面红绿贺幛。

上午 10 时左右升旗仪式后，大会宣告开幕。大会主席高心泰致开幕词，讲解了导沂工程的重要意义，号召广大民工万众一心完成任务。中共苏北区党委书记萧望东等作出了具体指示。接着，民工代表李兰贞、王兆山等纷纷登台讲话，表示响应党和国家的号召，“多挖土方，多苦（方言，即“赚”—笔者注）工资”。

因时间关系，典礼没有结束，会场改在大众舞台于当晚继续进行。这时的会议热闹而又激烈，各队民工代表展开了宣战和挑战，千余名代表都表示争取做扒河模范。刚宣布开会，泗阳民工代表李万德，就走上台，向扒河模范王大锹挑战，保证多挖土方。王大锹接着登台应战，引起各县代表纷纷上台相互挑战竞赛。如沭阳民工“赵大叉”（原名赵金科）说：“我一叉，叉土 52 斤，我愿意和王大锹比一比”。挑战竞赛的人越来越多，会场气氛十分热烈。扒河还要讲究团队的共同协作，接下来又进行了总队与总队的挑战。泗阳总队的总队长徐润齐，代表泗阳向淮阴、沭阳、宿迁总队挑战。他问沭阳民工代表们敢不敢向三个队挑战，民工一致高呼："敢！"又问："如何做模范呢？"一片答声："努力干啦！"之后，其他总队也互相挑战。

图 8－2　导沂整沭工程开工典礼，左上角为支前特等功臣李兰贞讲话
1949 年 12 月 6 日拍摄

挑战之后，华东水利部处长林平一，向民工们提出了挖河的三点意见，要求按照工程标准堆土、挖河。最后，李广仁司令员宣读了司令部所发布的模范总队、大队、中队、分队和小队评选的 5 个条件，让民工们有奋斗的目标。

尽管经过动员和开工典礼的激励，民工们的治水热情很高。但是，在工程实施过程中，他们遇到了各种各样的困难。

一方面是气候原因。由于水利工程一般利用农闲季节施工，多是在冬季开工。新沂河工程于 11 月开工时，已是深冬。苏北的冬天天寒地冻，雨雪较多，天气恶劣。苏北灌溉总渠工程在开工后不久便遇上了一场风暴，接着又是一场大雪，气温骤降到-5℃左右，积雪最厚处达 0.3 米，雨雪低温天气持续了两周。苏北的水利民工有不少来自灾区，很多人没有棉衣、棉鞋，有的也是又破又旧，或者靠多穿几件单衣抵御严寒，在寒风中瑟瑟发抖。

另一方面，不少工段的土质不好，有的是砂姜硬土，有的是淌沙、稀淤。由于积水未消，土在低温中都上了冻，变成了冻土，铲都铲不动。雨雪过后，工地泥泞、堤堆泥烂，运土的小车推不上去，有时候还会翻车。

在饥寒交迫、又遇难方的情况下，有些民工连夜逃跑；在工的民工，情绪也受到很大的打击，导致整个工程几乎陷于停工。

在这种情况下，工地领导机构立即制定对策，或组织干部对民工进行政治教育，或提出各种各样的奖励政策，稳定人心，鼓舞干劲。

苏北灌溉总渠工程施工时，正值中国人民志愿军入朝作战时期。工地上打出了“治好淮河发展生产，增强抗美援朝力量，建设伟大的祖国”的口号，稳定民工遇到困难时候的情绪。1952 年 3 月 21 日，工地领导机构请来了志愿军归国代表团华东分团，先后做了 5 场报告，对民工进行爱国主义教育。听过报告之后，治水民工们深受感动，政治觉悟得到提高。滨海县临海等大队民工，用粪桶抬、刮板刮、木船装，甚至用手捧土；江都、高邮、宝应等县发挥群众的智慧，制造出啄缝、掏孔、棍撬等办法，制服了坚硬的砂姜。

新沂河工地上，导沂司令部和政治部根据工程进展情况，以及工地上出现的问题，也及时开展了各种形式的政治活动。

第一，形式多样的劳动竞赛。早在 12 月 4 日，导沂政治部就发出指示，提出政治工作的“中心环节是集中全力开展挖土竞赛运动”。之后，各总队在工程的各个阶段，及时地发动了各式各样的群众性劳动竞赛，形成一股股劳动热潮。

淮阴、泗阳等队，开展了“护旗夺旗摆擂台”活动。他们把旗子分为飞机、火车、汽车等几个等级，级别越高，表示挖土的数量越多，在全总队民工动员大会上，把旗子分别发给愿意护旗的大队，号召其他大队努力去夺取。在运动开展阶段，定期评定，若夺旗大队挖的土方数量超过护旗大队，则护旗大队就要把旗交出，以这种方法来促使民工多挖土方。

各总队还开展了立功竞赛活动。根据民工的做工表现，选出模范个人；根据各级队伍的做工数量，选出模范小队、中队。各级模范评选出以后，各总队用木板制成模范牌子，像路标一样，插在模范工段的附近，以鼓励民工向立功者学习。

劳动竞赛的发起，特别是对难工、难方工段的施工，激励很大。比如，沭阳、宿迁工段发起了打硪竞赛，嶂山切岭段的民工在劳动竞赛中，发明出了专门对付砂姜硬土的挖土方法，克服了困难，消灭了消极的施工情绪。

沭阳、宿迁工段的河堤，多为是沙土，培起大堤后，需要打硪以夯实（见图 8－3）。在 80 余里堤线上，民工们共架起了 800 架硪。根据土质的不同，工段的西部多用云硪与五奶硪（硪上有五块圆石像乳房，故称五奶硪）；工段东部绝大多数是用木硪和石硪，石硪是打场用的石磙，重达 300 斤以上。

打硪是件苦力活，需要数人共同合作。宿迁县的老硪工，有很多人打硪打了几十年，经验十分丰富。为使硪工做实，打硪时，石硪飞过他们的头顶多高。为保证硪工质量，他们还有自己的一套检验标准，就是在打过硪的地方，钻上眼放上水，若 20 分钟内水不消下去，才算合格①。通过制定这样的标准，检测土堤的

① 《战斗在沂河线上》，《人民日报》，1950 年 4 月 12 日，第 2 版。

夯实程度，以保证新沂河堤的质量。

图 8-3　新沂河工程，宿迁县的民工在打硪

嶂山切岭段可以算作是土方工程中最为艰辛的工段了。在地质查勘时，治水大队根据对一农户家里的水井的测量，认为嶂山最凹陷处没有坚硬的石层，可以在这里进行切岭。1949 年年底，嶂山切岭工程开始施工（见图 8-4）。

但是，开工以后，民工们发现马陵山是多年山石变化成的砂姜，坚硬无比。原来，查勘队在进行查勘时，由于当时没有大钻机，只能根据井壁土质来判断当地土质情况。无奈工程规划已经做好，临时改变路线不现实，所以，尽管嶂山工段的砂姜很难开挖，但也只能硬着头皮做下去。这段浩大的切岭工程任务，落在新安县 2.5 万民工的身上。切岭工段 40 公里长，需要凿开 300 万立方米土，才能使沂水顺畅地流过，工程任务十分艰巨。为完成这一艰难的任务，新安县县长李清溪亲自带队，和民工一起讨论工作计划。在连绵的春雨中，许多民工光着脚丫，向马陵山宣战。由于土质坚硬，开始的几天中，全队日平均效率只有 0.8 立方米左右，后来有了点经验，提高到 1.1 立方米。参加切岭的民工，还有 1190 余名妇女组成的妇女班，她们与男劳力一样做工，有名的柴大嫂，一天能挖 1 立方米多土①。

第二，评选劳动模范。在开工典礼上，大会公布了评选导沂模范的五大条件是：

① 《战斗在沂河线上》，《人民日报》，1950 年 4 月 12 日，第 2 版。

图 8－4　新沂河嶂山切岭工程，民工在开挖嶂山的砂姜硬土（1950 年春）

一、全体民工同志，都晓得扒河为自己，不怕天寒、土硬、泥烂，每人每天从头到尾平均能挖三方土以上。不但挖得快，而且河堆得牢靠，合乎标准。

二、全体民工同志都能做到节约救灾，响应萧政委的号召：多吃菜、多喝汤，有干有稀，每人每天不超出二斤半粮，一斤菜，连油盐菜顶多不超过二斤十两。达到每个民工同志除自己吃喝外，净得粮二十多斤带回家。不但自己吃饱饭，而且保证家中父母妻子有生活。

三、全体民工同志，都能注意卫生。不喝冷水，多喝开水，防湿防冻，减少疾病。个个生龙活虎，很少有病号。

四、全体民工同志都能认识到天下农民是一家，和当地父老处得好。不偷草、不偷菜、不踏青，不打人、不骂人、不赌钱、不调戏妇女名誉好，能得到住地群众好评。

五、全体民工同志都能时时刻刻注意防特务。听到谣言，能宣传揭发，发现嫌疑分子，能随时报告上级。当心保证粮草，保证有吃有烧，不被特务破坏，确保河工安全①。

“模范条件”公布后，大大激发了民工的劳动干劲，他们对照着五个条件，

① 苏北导沂整沭工程司令部、政治部编印：《新沂河年鉴》，第 238 页。

努力挖河，争取评上模范（见图8－5）。

图8－5　新沂河工程，民工们在挖土、挑土（1949年12月）

在导沂工地上，有一个名字轰动了整个淮阴专区，甚至全苏北，这个名字就是“王大锹”。“王大锹”原名王兆山，是沭阳章集区双河乡人。他的力气很大，别人挖土用脚蹬，他肩膀一使劲，锹就铲到土里了，三锹土刚装满一车，人称“三锹装满一车土，一人抵上三人挑”。同乡便给他取了个外号，叫“王大锹”。他早起晚归，干劲很大，带动了同乡的劳动热情。在他带动下的“王大锹民工班”，开工10天，就完成了一冬的任务，共挖土740立方米，成为全区第一个完成任务的光荣班。

第三，展示激励人心的奖品。导沂政治部还制定多种形式的奖励政策，开展奖励活动。比如，沭阳、宿迁等队，开展了插立功牌子与光荣记功旗的活动。就是把立功人的名字写到红纸上，贴到一块木牌子上，插在方塘边。记了功的民工，情绪更为高涨。

展示奖旗和奖品，更能直接地刺激民工多挖土方。一种方式是，总队把河工上的奖旗、奖品等，由附近学校的学生或其他人拿着，到河工上游行，让民工观看，并结合宣传鼓动工作，以鼓励民工争当模范、获得奖励的积极性。另一种方式是，直接由获得奖励的民工，带着奖品在工地上游行，展示给其他民工看。奖品的种类多样，主要有耕牛、小车、扁担、铁锹、钢笔等等。获奖的民工觉得很光荣，其他民工看得眼红，纷纷拼命挖土。比如导沂特等模范胡继胜，得到了一头牛，由队长牵着在工地上展示，于是便留下了这张珍贵的历史照片（见图8－6）。

此外，工地宣传员还制作宣传画报，出黑板报，在休息时播放广播，请来学生进行慰问演出等形式，丰富民工的业余生活。

第四，发起三十四万人齐上决心书活动。在春季工程民工遇到困难、情绪低落、效率降低的时候，政治部还发动了声势浩大的“决心签名”活动。

图 8-6　在新沂河工程中，获得奖励的民工带着奖品在工地上展示

所有参加施工的党员、团员、战士、工程技术人员、卫生员、供应员、勤杂人员、民工和妇女等共 34 万余人，有的是个人，有的以小队、小组为单位，纷纷写下各种形式的保证完成挖河任务的保证书，包括决心书、保证书、誓词、报告、呈文、承包单据、拟立功计划、函件等，保证扒好河（见图 8-7）。通过这一运动，转变了民工消极偷懒的情绪，工作效率又有提高。

图 8-7　各小队民工讨论出来的决心计划

笔者从《新沂河年鉴》所收录的决心书中，选取一二，作为本文附录（见附录文献三）。

在春季工程进入后期阶段的时候，不少民工出现了消极疲沓的情绪，为了鼓励民工完成最后的任务，同时也为了奖励导沂模范，1950 年 3 月 13 日，导沂工程庆功颁奖大会在沭阳隆重举行。

上午 8 时，1228 位导沂功臣、民工代表、干部，先后整队经过“导沂功臣门”进入会场。

9 时半，大会在升旗、奏乐、鸣炮声中开幕。大会主席张化远、司令部副司令员王通吾等讲话，总结已经完成的任务及取得的成绩，号召大家继续保持干劲，完成全部任务。接着李广仁报告了评选挖河模范的五大条件，宣读了评选出的导沂模范，共计特等功民工 3 名、干部 1 名；一等功民工 35 名、干部 13 名；团体一等功计中队 12 个、分队 9 个、小队 30 个；模范支部 2 个。大会还制作了导沂整沭工程“功臣榜”，如图 8－8 所示。

接着，在爆竹声中，沭阳中学、东关小学的同学代表，向功臣们献花，政治部高心泰向功臣们一一颁奖。王大锹模范民工班得到了黄牛、小车、铁锹等奖品，并授予王大锹个人“十县第一，淮海闻名”的大锦旗[①]。其他模范单位、支部、个人，也都分别得到了奖状、锦旗、毛巾、黄牛、小车、扁担、鞋子、纪念章、书籍等奖品（见图 8－9）。

颁奖仪式之后，如同开工典礼那样，民工代表们又开展了激励的挑战和竞赛。大会在热闹的气氛中结束。

总之，政治部开展了各式各样的活动，激励民工的劳动热情；广大的导沂民工，在条件十分艰苦的情况下，坚持工作，至 1950 年 5 月 20 日，春季工程全部竣工，基本挖成一条长 144 公里的新河道，并完成了骆马湖水库和小潮河河坝等相应的建筑物工程。

可见，工程开工以后，如何鼓励民工战胜施工中遇到的困难，保证工程的顺利进展，是一项很重要的工作。这期间，社会动员再次发挥巨大的作用。苏北地区的导沂工程和灌溉总渠工程中，工地的领导机构能够根据施工进展和出现的问题，及时发起各项行之有效的教育和激励政策，稳定了民工的劳动情绪，促进了工程的顺利进展。

---

① 苏北导沂整沭工程司令部、政治部编印：《新沂河年鉴》，第 240 页。

图8-8　导沂整沭工程“功臣榜”

图8-9　导沂工程庆功颁奖大会摄影，1950年3月13日于沭城

三、“大跃进”运动后期动员政策的调整

“大跃进”时期，在全省兴建梯级河网化的水利运动高潮中，民工的动员政策完全被抛弃了。仅就动员人数来说，最高时高达当时农村总人口的40%以上，严重影响了农业生产。这个问题，本文在第七章中已做详细阐述，这里不再赘述。但必须说明的一点是，“大跃进”运动中，动员过多的农民兴修水利，不仅仅是江苏一省的现象，其他省份也普遍存在，可想而知，这对农业生产的影响是多么大！

“大跃进”运动后期，各地饿死人的现象陆续发生，这引起了中共中央部分领导人的高度注意。在水利方面，水利部于1960年中期开始，调整了水利民工的动员政策。江苏省及时贯彻了水利部的这一决定。

针对“大跃进”时期各地在动员水利民工方面存在的动员面过大的问题，水利电力部于1960年5月下旬召开由冀、鲁、豫、皖、苏、鄂六省代表参加的水利工作座谈会，专门讨论了劳动力安排方面的问题。经过研究讨论，会议提出了水利工程劳动力安排方面的“三三制”原则，即以后水利建设的劳动力，分季节性民工、常备民工和专业技术工人三支队伍，以改变过去水利建设几乎完全靠冬春动员大量民工进行突击的做法①。

六省会议召开后不久，中共中央采纳了这一建议，并于同年6月12日，紧急下达了《关于水利建设问题的指示》。《指示》再次强调每年冬春用于水利和农村基本建设的劳动力必须遵守“三三制”或者“四一制”的规定，即在冬季的100天中，用于水利和农村基本建设的劳动力（包括为基建队伍服务的后勤人员），只能占农村劳动力总数的1/3或者1/4，绝对不准超过②。

这样，在中共中央的文件中，对于水利民工的动员数量作出了明确的指示，成为各地调整水利政策的一个依据。

1960年下半年，中共中央对“大跃进”以后“左”倾错误的调整势头，越来越明显。根据这种势头和“三三制”的规定，江苏也及时调整了水利民工的动员政策，提出了以下意见：

第一，要严格掌握民工上下工时间，保证春耕的正常开展。不脱离食堂的民工，一律要保证在1960年3月底全部下工；脱离食堂的民工，也应当做到绝大部分下工，投入春耕生产。只有少数大型工程和某些建筑物、机电排灌机房以及

---

① 水利电力部党组：《冀、鲁、豫、皖、苏、鄂六省今冬明春水利建设纲要》（1960年6月2日），江苏省档案馆馆藏档案：3011-2-0565。

② 中共中央：《关于水利建设问题的指示》（1960年6月12日），江苏省档案馆馆藏档案：3011-2-0565。

排涝河道的清除坝埂等工作，可以酌情留6万左右的民工，继续施工，至迟到6月底前分批下工。6月以后，只允许留下2万常备民工，组织常年施工。

表8－1　江苏省1960年冬至1961年春水利劳力总表

单位：人

专区别		动员民力总计	占总劳力的百分比（%）	未脱离食堂民力合计	已脱离公共食堂民力				施工专业队伍
					合计	占总劳力的百分比（%）	其中		
							以工代赈	常年施工	
苏北地区	徐州专区	185000	8.5	145000	40000	1.85	8700	7000	500
	淮阴专区	140000	6.3	105000	35000	1.58	5500	7000	500
	盐城专区	132800	8.8	112000	20800	1.39	3500	1000	500
	扬州专区	157100	8.2	120000	37100	1.79	20750	4000	500
	南通专区	125000	6.4	115000	10000	0.52	2500	1000	300
	小　计	739900	—	597000	142900	—	40950	20000	2300
苏南地区	镇江专区	110700	7.9	100000	10700	0.77	7550	—	150
	苏州专区	79800	5.1	76000	3800	0.25	—	—	150
	南京市	24500	6.1	20000	4500	1.12	1500	—	150
	无锡市	8700	3.6	8000	700	0.29	—	—	—
	小　计	223700	—	204000	19700	—	9050	—	450
全省总计		963600	7.1	801000	162600	1.21	50000	20000	5000

备注：专业施工队伍全省为5000人，除表列各专区人数外，省水利厅工程队2250人。

资料来源：中共江苏省水利厅党组：《关于今冬明春水利建设几个问题的请示报告》(1960年12月10日)，江苏省档案馆馆藏档案：3224-2-0668。

第二，在动员数量方面作出了新的规定。全省1960年冬至1961年春期间脱离公共食堂的民工，包括所有大中型岁修工程，以及为工程服务的杂工、后勤工和必须开采沙石的民工，共有16万人。根据省委1960年用于兴修水利等农田基本建设的劳动力，一般不得超过农村劳动力总数的5%～10%的规定，全省1960年冬至1961年春安排5万人兴修水利。这5万人，全部从已脱离公共食堂的16万民工中抽调，他们不脱离公社，就地施工，实行以工代赈。灾区由于劳动力体质较弱，口粮标准低，1960年冬1961年春一般应当休养生息，不做工程。但是，有些公社由于水旱灾严重，水利工程非办不可，而且又可以直接受益的，可以酌量安排。

第三，在劳力安排方面，应从生产小队的水利工程所需的劳动力开始，由下向上排队安排。首先安排不脱离食堂的民工，满足队、社兴建的农田水利工程所需要的劳动力。脱离食堂的民工，必须用于必办的大型工程的续建工程和农田水利配套的骨干工程。

第四，实行劳逸结合，保护劳动力。国家投资工程的民工，每天实行劳动8小时，保证睡眠8小时，吃饭、休息、学习、娱乐等8小时。会议要精简，必须开会时，会议时间一般不得超过两小时。实行民工每月放假2天的制度。国家投资的建设工程，由于劳动强度较大，一般不要动员妇女上工。如必须动员少数妇女上工时，也要照顾她们的生理特点，每月应当休假4天，生理期期间不做重活、不下水。国家规定的假日，工地都要放假，让民工好好休息和进行文娱活动。

第二节　水利民工的工资标准

水利民工的工资是一个比较复杂的问题。工资标准因工程性质的不同、地区的不同，千差万别。本文仅以新中国成立初期苏北地区的民工工资和“一五”计划时期治淮民工工资为例，研究水利民工的工资标准问题。关于“大跃进”时期的民工工资问题，因大刮“共产风”和“平调风”，省里不断压低甚至克扣民工工资，这在本文第七章已做具体论述，本节不再重复。

一、1949—1952年时期以工代赈的标准

1949年冬至1952年春，根据国民经济恢复时期一般农村的生活水平，结合因1950年淮河泛滥，灾区群众亟待救济的情况，确定了“以工代赈”兴修水利的原则。

国民经济恢复时期的治水工作，是与生产救灾工作紧密结合的。新中国成立伊始，面对全国严重的自然灾害，中共中央提出了“治水结合救灾”的口号，结合各地灾区群众亟待救济的情况，要求各灾区实行以工代赈的方式，大力兴修水利。在“以工代赈”的工资政策下，水利民工的工资不是货币，而是粮食。

“以工代赈”的工资政策，是苏北行署在1950年2月28日颁布的《关于加强生产救灾工作的紧急指示》中明确提出的。《紧急指示》称：

苏北用于治水的以工代赈粮食在2.5亿斤以上，是一笔巨大的数字……如果我们能密切结合救灾，将一切有劳力灾民组织到河工上去以工代赈，势将解决很大问题[1]。

---

① 《苏北人民行政公署关于加强生产救灾工作的紧急指示》（1950年2月28日），《苏北政报·创刊号》，第10页。

应该讲，在这种政策下，民工得不到货币报酬，而是换得口粮，从这种意义上来说，以工代赈带有义务劳动的性质。但是，以工代赈是根据国民经济恢复时期一般农村的生活水平，结合灾区群众亟待救济的情况确定的，它符合新中国在特殊时期的实际情况。

在以工代赈的工资政策下，实行“评分记工，按方给资”的分配方法。所谓“评分记工”，即根据土质、运距等条件，规定不同的土方单价。工地设置收方人员，负责计量每个民工挖土、运土的数量和负责工资粮的发放。在发放制度上，实行工完账结，不拖欠民工工资。这实际上是“多劳多得”分配制度的体现。

那么，在以工代赈政策下，民工的实际工资是多少呢？

在具体的工资数额上，1950 年冬季，中央水利部根据各地民工生活情况，提出每个民工的工资为 3800 元①/工日，供各地换算成粮食时参照执行②。按照这一标准，苏北地区导沂和垦区工程的工资标准，按照每土方 2. 4 斤粮食计算。这样，民工每天所做的土方，就是他们换取工资粮的依据。

但这里存在一个问题，由于土质有硬有软、运距有远有近，所以民工在挖不同工段的土方时，所付出的劳动力是不同的，还直接影响着工作效率。土质松软、运距近的土方，不仅省力，效率也高；反之，土质坚硬、运距远的土方，不仅费力，而且费时，效率必然低。既然没有办法要求所有的土质、运距都划一，为了体现公平原则，只有在土方标准上做文章。为此，苏北区党委制定了一个办法，即将所有土方换算的标准土方，以民工实际所做的标准土方，作为评工记分的标准。可见，标准土方的换算，是一个直接关系到民工劳动所得的重要问题。

标准土方的计算方法如下：

1. 具体研究出并规定每个正常的劳动力，在正常的工作时间以内，如 8 小时，一般的土质，如淤土，运距在 60 ~ 70 米，每天应做的土方。

2. 为便于土方的计量，一般规定，以独轮小车为容器，18 车的土方量即为 1 方土。

每人每天以推装满土的车 10 公里、空车 18 公里做标准来计算，则 65 米运距来回为 130 米，每天应推 153. 8 车，合 8. 54 方。如两人合伙，一推一挖，则每人为 4. 27 方，再减去拨粮草及做饭杂工 25%，则每人总平均效率为 3. 2 方。

再以抬筐做标准，两人抬一筐亦按满筐 10 公里、空筐 18 公里计算，则 65

① 此时采用的是旧币制。新中国成立初期使用旧币制。1955 年 3 月 1 日起发行的新人民币，1 元等于旧币制 10000 元。以下全部换算成新币制。

② 中央水利部党组：《关于发生在各地水利工程中三个严重问题的报告》（1953 年 7 月 10 日），江苏省档案馆：3011-2-0007。

米运距，每天应抬154筐。30筐为1方，合5.1方。两人合伙连挖带抬，每人应为2.55方，亦减去什工25%，按到工人数平均应为2方。

按照上述方法，据1950年灌云县开五图河的实际情况，同兴大队挖上层（表层）土时（没有水），运距55米，爬堆2.5米高，一般效率为5.1方。挖到2~3米深时（有水），一般为3.5~4方。盐城总队总平均为2.47方，运距为55米；射阳为2.35方。

这样，每个民工根据自己的做标准土方的多少，换取工资粮食。由于工作效率不一，民工所得也有差别。一般而言，若能达到平均效率，基本上能够满足民工的伙食和补偿衣服、工具的消耗；工作效率再高一点的，还可稍有剩余。

所以，由于实行“按方给资”的分配方法，以工代赈对于精壮的劳动力来说，解决实际生活困难的程度更大。比如邳睢县在1950年冬春水利工程中，动员的民工质量比较高，65516人，共得工资粮5180714斤，除满足其本人68天生活所需口粮以外，平均每人赚粮20~25斤，对于救灾来说，也起了直接支持作用。

新中国成立之初进行的新沂河工程，就是实行“以工代赈”政策。我们将新沂河1949年冬季工程中土方民工的工资情况列表，以反映民工“以工代赈”的收入情况（见表8-2所列）。

表8-2　新沂河1949年冬季工程土方、础方工资支出统计表

项目 总队	实方数（立方米）	折普通方（立方米）	每方标准（斤）	工资粮（斤）	透支粮（斤）	合计（斤）
新安	527875	1612334	2.25	3627763	3627762	3627763
沭阳	3111015	3111015	2.25	7777357	255529.5	8036739.5
宿迁	753350	756610	2.25	1891527	1003398.5	289495.5
泗阳	876524	876525	2.471	2191313	1413872	3605185
淮阴	963794	952356	2.5	2353772	1306275	3660047
邳睢	1264938	1264938	2.4	3162459.5	1726313	4888871.5
涟水	365031	527267	2.4	1265566.5	438995	1700742.5
合计	7862529	9101045	2.45	22269939	6144383	28464274

备注：“透支粮”系灾民体弱等原因做不多，粮食不够吃透支口粮。

数据来源：苏北导沂整沭工程司令部、政治部编印：《新沂河年鉴》，189页。

总之，以工代赈，工赈兼顾，结合救灾的方针，虽然范围不够普遍，但保证了青壮年灾民民工的体力；同时，导沂经费2亿斤粮食多数从外区运来且绝大部分用在本地，对稳定市场、度过严重灾荒，起到了很大作用。

这个时期，由于对土方工程的细致性与复杂性认识不足，以及缺乏具体资料，在土方单价的内容上也缺少系统、周密的分析研究。同时，1951年至1952

年两年，国家正处在经济恢复时期，民工一般带有义务性，除保证民工在工地上的必要消费外，剩余不多，或无剩余。因此，后方生产就要靠义务代耕来照顾。加之又缺乏施工管理经验，以致出工量大，劳力不齐，劳动组织又未能及时改进。在功效的拟定上，不仅未能逐年提高，相反有时还趋于下降①。民工工资收入既少，后方经济负担必然加重，已造成了民工拉动生产率增长的障碍。

二、1953—1957 年时期水利民工的劳动报酬

从 1953 年开始，随着国民经济的根本好转，沿淮农村也在土地改革的基础上开展了互助合作运动，农村的生产力与农民的生活水平都有了提高。为了进一步适应广大农村新的经济情况，治淮委员会于 1953 年春，取消了“以工代赈”制度，不再用粮食充当工资，工资形式改为货币；并对民工的劳动报酬的组成进行了补充，规定水利民工的劳动报酬由基本工资、补助工资及其他间接费用组成。至 1957 年年底，江苏根据生产力水平的发展及中共中央的有关决定，两次对民工的劳动报酬作出了调整。

（一）第一次调整（1953 年 5 月）

从 1952 年冬季开始，包括苏北地区在内的全国各地的水利民工的情绪越来越不稳定，主要是由于工资标准偏低。为了了解实际情况，中央水利部于 1953 年 3 月，派出了四个检查组到治淮工地与河北省的官厅水库工地，了解民工的生活情况，发现有三个方面的问题最为突出。

首先，与三年来国民经济恢复和发展的情况对比，治淮民工的工资标准的确偏低。治淮民工的每日所得，一般在 0. 38 元至 0. 45 元之间，这不能够满足民工的日常消耗。据调查，民工每天吃饭约需 0. 35 ~ 0. 4 元，加上衣服、鞋子和生活日用品消耗，即需 0. 45 ~ 0. 485 元。其他如工棚、工具、炊具、雨路病工的标准，也都偏低。例如，雨、病工资（因雨或病不能工作发给民工的补助费）每人每天 0. 3 元左右，是不够吃的②。

其次，各种土方定额规定是不够标准的，有些地方有偏高现象，造成民工劳动所得较规定标准更低。例如，1953 年年初，河南洪河工地标准工效（运距 70 米），订位 1. 7 方，而在运距远、土质坚硬等条件的加价上又存在不合理的地方，因而在运距 340 米处，民工一般效率折合标准方只能达到 1. 15 方。

再次，民工工资偏低，直接导致了后方负担过高。在这种工资低的情况下，

---

① 治淮委员会财务部：《治淮民工土方工资标准的改革》，《治淮汇刊 · 第三辑（1953 年）》，第 441 -442 页。

② 中央水利部党组：《关于发生在各地水利工程中三个严重问题的报告》（1953 年 7 月 10 日），江苏省档案馆馆藏档案：3011 - 2 - 0007。

民工出工后家中生产，一般是义务代耕，加以工棚、工具、炊具由工程单位补助太少，大部需由村中花钱购买，并花费大量运费或组织大量牲口与车辆运输，因此村的负担很重。根据河南几个村的调查，一般农户因治淮增加负担在20元以上，每人负担最高的达8元，最少的也在2～3元左右[①]。这造成前方水利民工和后方群众的严重不满。

由于工资过低，曾一度引发了治淮工地上的混乱现象。1952年年初，因治淮的要求迫切，民工治淮情绪饱满，同时复堤工程容易，工作效率高，没有因工资低而发生事故。但1952年冬情况发生了变化。是年冬，淮委对治淮民工的工资标准，进行了一次小的调整。每工日所得标准由0.38元提高到0.45元；到1953年春，再次调高至0.6元。但是0.6元的日工资，仍嫌不够。此时，问题即异常严重，不仅因工资过低，工具衣服的消耗无法补偿，连吃饭也不能得到一饱，而要自己掏腰包，所以群众纷纷逃避上工。同时，由于涝灾还仍然存在，普遍产生了不满情绪。

针对上述情况，水利部提出了“需考虑适当调整治淮工资标准”的要求，“求得下半年内提出一个较全面的土方工资办法”。

为具体研究治淮民工的合理工资标准，1953年5月25日，治淮委员会召开了第五次全体委员会议，着重研究了民工的工资标准问题。根据实际调查的情况，会议不仅对民工的工资标准作出了适当的调整，还以新工资标准为依据，改进了土方单价的计算方法，使工资的计算更为合理。

首先是提高了工资额。根据水利部的指示，会议着重研究了民工工资与民工组织问题，认为治淮是国家水利工程的重点建设事业，是恢复和发展淮河流域农业生产的一大关键，因此，工程的进行必须有助于淮河流域地区农业的恢复与发展，必须有助于正在农村中开展的互助合作运动，治淮工资必须有助于增长农民的收入。为此，会议提出适当调整工资、缩小出工数、取消义务代耕制、实行等价的互助等办法，以照顾农业生产的正确决定，对民工工资标准做了适当的调整；并明确指出了过去两年来“工资较低，出工逾量，无偿代耕，妨碍生产”的偏向，制定了“提高工资，减少出工，等价代工，刺激生产”的政策[②]。

那么，水利民工的日工资，定为多少才合理呢？经调查计算，一般民工每日所得不应低于0.7元，方能解决问题。其计算方法如下：

冬春两季，每个民工因治淮要延误耕作日29天，按互助组等价交换的中等

---

① 中央水利部党组：《关于发生在各地水利工程中三个严重问题的报告》（1953年7月10日），江苏省档案馆馆藏档案：3011-2-0007。

② 《谭震林、曾希圣、吴芝圃、管文蔚同志关于淮河水利问题的报告》（1953年6月），《治淮汇刊·第三辑（1953年）》，内部刊物，第1-6页。

工价每天6斤粮计算，为174斤。取消代耕后，此款必须由民工自己付出，因此民工在冬春季完工回家时，最少要积蓄工资粮180斤。每一民工，每月除去雨工、病工外，一般只能做25天工，每天0.7元，则每月17.5元。除去伙食、衣、鞋及其他日用品的消耗每日需0.5元，则每月共消耗15元。因此，每月剩余25元。冬春两季以6个月计算，共为15元，外加雨工补助粮10.5元，每月合计可积余25.5元，扣除代耕费18元外，也就结余不多了（7.5元）①。故需从0.6元提高到0.7元。可见，民工所得提高到0.7元，工资剩余除勉强可供一个农民最低生活费用外，同时还使之足够等价交付后方的代耕费用，从而把因治淮而形成的后方劳力负担予以解除。

其次，改进了土方单价的计算方法。1953年春季工程以前，土方单价是按"基本方"（或称为"标准方"）加成或加价来计算的。所谓"基本方"，就是指一方一般二级普通土（淤土），爬高2.5米，挖深2米，平运70米，确定了基本单价后，以此作为推算远运高程与难方的依据，然后按难方或远方来分别加成或加价②。

因为这个"基本方"是个假定的基础，而远方、难方又没有比较可靠的定额资料作依据，因此计算出来的土方单价难免没有偏高或偏低的缺点。由于"基本方"本身不易在实践中得到印证，所以无法检查单价的正确性有多大。三年来，计算方价的标准都是以基本方为基础，1953年春虽然改以实方计算，但推算的根据还是以基本方为出发点，主要是把虚方加成改为实方加价，本质并没有改变。由于对工效缺少正确的统计，以及实方与虚方的混淆不清，以致在修订方价时，也就缺乏足够的可靠资料了。

由于存在以上缺点，1953年，结合土方工程定额研究的初步成果，在工资标准上确定取消基本方计算，改以依整个工序来核算方价，从挖装、深程、高程、远运到卸土，各依定额，各订单价，同时，把土质的分类加多到11种，在工资查封表上更作进一步的分析为45级，另把加价差额大大缩小，使难方标准易于掌握，使之更加接近实际。这样，既解决了过去长期不能解决的效率计算问题，也打开了以后修改工资标准的途径。虽然由于土方工程的复杂性，定额所列效率还不够全部正确，但它已经指出了一条明确方向，今后可多结合经常不断的查定亲测来校正，对今后正确厘定民工土方单价提供可靠的分析资料。

改革后土方单价的计算方法是：

① 《谭震林、曾希圣、吴芝圃、管文蔚同志关于淮河水利问题的报告》（1953年6月），《治淮汇刊·第三辑（1953年）》，内部刊物，第4-5页。

② 《治淮民工土方工资标准的改革》，《治淮汇刊·第三辑（1953年）》，内部刊物，第442页。

治淮工程中的土方定额是采用时间定额。但土方定额是随着土质难以、运距远近、爬高挖深的高度和深度而变化的。土质难挖、运距远、爬高挖深大，每日所能完成的土方数就少；反之，完成土方数就多。所以，合理的土方定额必须根据不同的土质、挖装、平运、爬高、挖深、起卸等不同工序来分别决定，综合加以计算。1953 年冬季工程土质分别普通土、黏土、岗土、干淤土、淤泥、稀淤、流沙、小砂姜、中砂姜、大砂姜、砂姜盘等 11 种；每种土质又根据难易程度，酌情分为 3 级到 6 级，以便更能普遍地适合于各个工程实际情况。

例如：疏浚工程普通土挖装定额规定为 0.088～0.138 工日，那么，普通土挖装单价应为：

0.7×0.088＝0.0616 元，即每立方米土为 0.0616 元（一级普通土单价）

0.7×0.138＝0.0966 元，即每立方米土为 0.0966 元（三级普通土单价）

（0.0616+0.0966）÷2＝0.0791，即每立方米土 0.0791 元（二级普通土单价）①

其余平运、爬高、挖深、起卸等单价都以同种方法计算。整个土方单价就是根据各工序的个别单价综合计算得来的。例如，二级普通土，爬高 2 米，挖深 2 米，平运 60 米，每方的单价为：

0.0791（挖装单价）+0.0154（爬高单价）+0.0189（挖深单价）+0.1722（平运单价）+0.0655（起卸单价）＝0.3521 元

如果每天完成两方这样的土，就可得到工资 0.7042 元。

这种土方单价计算方法是比较科学、合理的。所以，土方单价的计算，从“基本方”加成加价，改为分工序综合计算，不仅打破了过去基本方的假定，而且工序划分明确，极易查出达不到定额的原因，从而加强劳动组织，改进操作方法和分工，以达到提高工效的目的。这是工资制度的一项改革，也可以说是民工工资工作的一大进步。虽然这种方法的计算比较复杂，但可根据施工定额事先算出各种土质的不同单价，综合编成土方单价查对表，就可大大简化手续。

这样，经过土方单价计算方法的改进，使民工的工资所得更为合理。经过这一次工资调整，扭转了过去“工资较低，出工逾量，无偿代耕，妨碍生产”的偏向，并对治淮工地的民工激发劳动热情、提高劳动生产率起了很大作用。

根据上述工资调整的方法，江苏省各治淮工地也对民工工资进行了改革和调整。至 1956 年 3 月，江苏省治淮总指挥部汇总各工地工资标准，编制了《江苏省治淮工程经费开支标准（汇编）》，作为全省治淮水利民工的劳动报酬标准。

① 《治淮民工土方工资标准的改革》，《治淮汇刊·第三辑（1953 年）》，内部刊物，第 443 页。

具体规定如下①：

第一，工资标准方面：

流域性工程的土方工资，每工日 0.7 元。

流域性的硪工和夯工，每工日 0.75 元，所需硪麻消耗由工程单位在工具补助费内报销。

杂工的工资，流域性工程的杂工每工日按 0.7 元和 0.75 元两级评定发给；常备民工做杂工者，一般在 0.7 元和 0.75 元所得基础上，制定计件工资单价；零星雇用的杂工，包括各管理处、管理所、仓库雇用的一般养护整修等杂工，结合当地工资情况确定单价，一般每工日以 0.6 元至 1 元为限。

误工的工资分为三种情况：一是土、石、硪方民工，一般按计件工资计发，原则上不发误工工资，但如果因计划不周、工地布置不妥等原因而造成的误工，可参照雨工补助标准支报误工补助（不满 2 小时者不发）；二是参加筑坝工程的民工，因进料关系而产生的不可避免的误工，按每小时 0.09 元计发误工工资；杂工，包括按日按件计资的杂工、常备民工的杂工和配合技术工作的杂工、搬运工，如因特殊事故和机械发生故障，且民工必须停留施工现场，且一时不能调做其他工作者，可按 0.09 元/时计发误工工资，不满半小时的不发；若因计划不周、工地布置不妥等原因而造成的误工，仍参照雨工补助标准支报误工补助（不满 2 小时者不发）。

加班加点的工资，土方民工及常备民工，加班加点工资按照标准工资的 150% 支付；土方工程中做杂项工作的杂工，或做搬运整理工作的杂工，因无固定工作时间，所以不计算加班加点工资。但如在法定假日或在规定每日工作时间以外必须继续做工的杂工，其工资应仍按照原日工资，以小时计算。

第二，补助工资方面：

路工补助：路工一律以 20 华里为基本里程，发路工补助 0.18 元，每增加 5 华里加发 0.045 元；每增加 10 华里加发 0.09 元。不满 20 华里者不发路工补助，增加里程不满 5 华里者不加发。路工里程，以乡政府为起点，工地以大队部为终点计算，往返工地均发补助。如途中遇雨不能行进时，在中途停留期间，按雨工标准计发。

雨工补助：在工作时间因风、雨、雪、雾、冰冻而误工，统称为雨工，每工日补助 0.4 元。但误工不足 2 小时，不发雨工补助；误工满 2 小时按 1/4 计发；满 4 小时按 1/2 计发；满 6 小时按 3/4 计发；满 8 小时按全日补助。若雨天能继续做工，或虽有其他自然气候限制，但影响不大，而能继续做工时，仍按原工资

① 江苏省治淮总指挥部：《江苏省治淮工程经费开支标准（汇编）》（1956 年 3 月），江苏省档案馆馆藏档案：3224-2-0153。

计发，不发雨工补助。

病工补助：民工因公负伤，应在工地医院或特约医院治疗，其诊疗费、住院费、就诊路费，均由工程单位负责，住院期间的膳费，由本人每日负担0.4元，超过0.4元的部分由工程单位补助，医疗期间的工资，按每日0.7元发给。民工因病或非因公负伤的，医疗办法同因公负伤的规定处理，医疗期间的工资按每日0.35元发给。以上两项病工的医疗时间以3个月为限，逾期未愈或致残的，应由工程单位根据交通情况，发给其返籍路费及途中膳宿费，并酌情发给一次性补助费30至60元。

省治淮总指挥部编制的这个工程经费开支标准，成为此后一个时期内治淮民工劳动报酬的标准。之后虽有调整，但都是在这一标准的基础上进行的。

（二）第二次调整（1956年9月）

1955年年底开始的农业合作化运动的高潮，促进全国水利建设较快的发展。各地水利民工的生产效率也有了显著的增长。根据治淮委员会的统计，1956年初土方定额的工效比1953年增长了30%以上，但民工的工资却维持在原有的0.75元的基础上，没有相应的增长。

在这种情况下，治淮委员会于1956年9月29日以（56）淮劳字第2230号文，颁布了《关于颁发民工工资标准的通知》，提出了关于提高治淮民工工资标准的意见：

第一，基本工资方面，规定大型水库工程的日工资标准提高到1.25元；大型河道工程，包括疏浚、筑堤、涵、闸、建桥等工程的日工资标准，提高到1元；小型农田水利工程的工资标准，由各省自行确定。

第二，辅助工资方面，规定：

1. 雨、雪工补助：每人每日0.5元，不足一日者按小时计（山东、河南如因大风沙不能进行工作者，按照标准补助）。

2. 路工补助：每10华里0.12元，以20华里为起算基数，每增5华里，增发补助费0.06元（不足20华里者不予补助）。

3. 病工补助：因公负伤按标准工资发给，因病、非因公负伤按标准工资50%发给。住工程单位所属医疗机构或特约医院治疗，其诊疗费、住院费、就诊路费均由工程单位负责，膳费自理，住院膳费超过原伙食标准的差额部分，由公家补助。

4. 休假补助：每人每日0.5元①。

① 水利部治淮委员会：《关于颁发民工工资标准的通知》（1956年9月29日），江苏省档案馆馆藏档案：3224-3-0606。

此外《通知》规定，在贯彻上述标准的基础上，各施工单位可按照设计预算定额适当调整工资标准，报经淮委批准后，未经同意不能擅自提高或降低。

该《通知》下发后，江苏省立即就此问题开展了调查和研究，决定对1956年冬的大型工程民工工资标准，结合本省的工程预算及施工定额情况，做出了以下调整：淮河流域性所建的大型防洪工程，如新洋港闸、里运河整治、串场河整治（包括阜宁腰闸和小中河闸）、沂北排涝地下涵洞工程，民工工资标准由每工日0.75元提高为0.85元。安河干河的治理工程，民工工资每工日0.65元提高为0.75元；安河的支河工程，按春季原来0.55元标准执行。高宝湖、白马湖复堤、渠北排涝工程统一调整为0.75元，东沙港进水闸按0.85元计发①。新的工资标准一律从1956年11月1日起执行。

第三节　土地征用的补偿标准与办法

建设水利工程，需要占用大量的土地。有些工程是在荒地、滩涂上兴建的，这部分工程不占用民地，不对群众生产、生活产生影响；但有些工程需建在人口、耕地密集的地方，尤其以水库、排洪灌溉河道工程为多，需要占用大量的耕地和民舍，这就是所谓的水利工程征用土地的问题。水利工程征用私人所有的土地，需要给予一定的补偿，并保证被征地者的生活能够维持。本节就来讨论中共中央和治淮委员会在水利工程征用土地补偿问题上的种种办法和规定。

一、1949—1952 年的补偿办法

新中国成立之初，在中央颁布相关的水利工程土地征用政策之前，华东局先行于1950年（具体时间不详）颁发了《华东区水利工程占用土地及损害农作物暂行处理办法草案》，对水利工程占用土地和毁损农作物的处理情况，做了明确的说明。

第一，因兴建水利工程征用私人所有土地的，按照以下办法处理：

土地属于地主所有者，不给代价；

土地属于富农所有者，依土地改革法第六条规定，分别予以征收或给予代价征用；

土地属于中（农）、贫（农）、雇农所有者，尽可能于当地依土地改革法征

① 中共江苏省水利厅党组：《关于调整今冬水利工程民工工资的报告》（1956年10月27日），江苏省档案馆馆藏档案：3224-2-0122。

收或没收之土地中补偿之。如一时不能补偿者，得先酌予生活上之补助，俟土地改革完成时补偿之，但得依其本人志愿，给予适当之代价；

土地属于生活困难之小土地出租者，或鳏、寡、孤、独、残疾人依该项工地为生活者，其办法亦与前款同①。

第二，因兴建水利工程而挖毁私人所有的土地，其处理办法是：挖毁之土地易于填平，填平后易于恢复耕种者，由政府发动当地群众，为之填平；挖毁之土地一时不易填平，或填平后亦一时不易恢复耕种者，依照本办法“征用土地”部分的办法处理。

第三，因兴建水利工程而毁损私人所有土地上的农作物，视不同情况按照下列规定分别予以处理：

农作物属于地主者，不予补偿；

农作物属于中贫雇农（包括佃中、佃贫农），依下列规定分别予以补偿：所毁损之农作物，不及种植面积百分之二十者，依其产量补偿百分之五十至百分之六十；所毁损之农作物超过种植面积百分之二十而不及百分之五十者，依其产量补偿百分之六十至百分之七十；所毁损之农作物超过种植面积百分之五十者，依其产量补偿百分之七十至百分之八十；

农作物属于鳏、寡、孤、独、残疾人者，其补偿办法与上项同；

农作物属于富农者，酌情处理；

农作物甫经种下者，按其种籽之成本予以补偿，不再进行毁损补偿。

征用土地的代价及毁损农作物的补偿，其费用均由该项水利工程的受益户合理负担；但若费用过高，受益户不能负担的，可呈报华东水利部批准由工程经费中支付。

可以看出，由于当时正处于土地改革时期，所以这一办法带有浓厚的阶级观点。

虽然华东局就水利工程征用土地问题制定了处理办法，但是，由于执行的范围小，又没有引起各地足够的重视，所以，在新中国成立后的最初几年里，水利工程征地问题没有得到很好的处理，以致各地群众性骚动事件时有发生。

例如，河南省四平、郾城两县之间的老王坡洼地蓄洪和四平县陈坡寨建闸工程，需占用大量的土地，并需迁移大量坟墓，施工单位原向群众承诺付给赔偿费用，但迟迟不给，后来又动员被征地户不要赔偿，结果引起群众不满，反对建

① 《华东区水利工程占用土地及损害农作物暂行处理办法草案》（1950 年），《苏北政报》，第二卷第二期，苏北人民行政公署办公厅编印，1951 年 2 月 10 日刊行，第 49 页。

闸。淮河中游引淝入濉工程征用了大量的土地，受损失比较多的有20个村，有的农民土地全部被毁，生活无着落。由于施工单位事先没有就调整土地问题向当地干部和群众作出解释和动员，引起了群众的极大不满，在定河线时，梅河区一个村的全体村民集体抗议，阻挠定河线，还撕毁了毛泽东画像，工程队无奈调整了河线，让出了好的土地，并宣布了赔偿标准，农民情绪才安定下来。淮委豫皖平原测量队在河南长葛县测量时，没有与县区政府联系，也没有向群众讲清做什么，就砍伐树木、毁坏青苗，也不赔偿，引起当地群众强烈反感，部分群众拆毁基点线三角标，阻挠施测①。

为了规范水利工程占用土地的有关问题，保障被征用土地者的利益，避免不必要的麻烦的产生，十分有必要制定统一的征地办法。同时，1953年春，土地改革基本结束，使华东局的处理办法已不再适用。

二、1953—1957年的补偿办法

在这种情况下，1953年11月5日，政务院第192次政务会议通过了《关于国家建设征用土地办法》（以下简称《办法》），就国家建设征用土地的相关问题，如征地原则、程序、办法、赔偿问题等都进行了说明，其主要内容如下：

第一，规定国家建设，包括国防工程、厂矿、铁路、交通、水利工程、市政建设及其他经济、文化建设所需征用的土地，应按照以下基本原则征用："即应根据国家建设的实际需要，保证国家建设所必需的土地，又应照顾当地人民的切身利益，必须对土地被征用者的生产和生活有妥善的安置。凡属有荒地、空地可资利用者，应尽量利用，而不征用或少征用人民的耕地良田。凡属目前并不十分需要的工程，不应举办。凡虽属需要，而对土地被征用者一时无法安置，则应俟安置妥善后再行举办，或另行择地举办"②。

第二，规范了征用土地的程序："应由用地单位本着节约用地的原则，提出征用土地计划书，按业务系统报经其上级领导机关批准后，依关于批准权限的有关规定，分别转请中央人民政府政务院或大行政区行政委员会或省、市、县人民政府核准公布征用之。"

关于批准权限的规定如下：

全国性的建设事业用地，经中央人民政府国家计划委员会核定，由中央人民

① 中央水利部党组：《关于发生在各地水利工程中三个严重问题的报告》（1953年7月10日），江苏省档案馆馆藏档案：3011-2-0007。

② 中央人民政府政务院：《关于国家建设征用土地办法》（1953年12月5日），江苏省档案馆馆藏档案：3011-2-0008。以下该《办法》内容皆引自此档案，不再一一作注。

政府政务院批准；

地方性建设事业，用地在五千亩以上或迁移居民三百户以上者，由大行政区行政委员会批准；用地不足五千亩而在一千亩以上者，或迁移居民不足三百户而在五十户以上者，由省（市）人民政府批准；用地不足一千亩，或迁移居民不足五十户者，由县人民政府批准。

《办法》对征用土地计划书的内容，也提出了要求：详细说明用地的属境、位置和数量，用地所涉及的户数和人口数，用地上的附着物和农作物，以及对土地被征用者的补偿安置计划，以防止随意滥用土地情况的发生。待补偿费发放后，用地单位需将征用的土地绘图造册，一式两份，送当地县（市）人民政府备案，一份由用地单位留存，一份交至县（市）人民政府备查。

第三，关于土地征用的办法，要求在征用之前，应先进行勘察、测量、钻探等工作，以确定土地是否可用，避免不必要的浪费。确定土地可用并按第二条规定上报获得审批后，用地单位应协同当地人民政府和中共党委，及时向当地人民群众进行解释工作，宣传对土地被征用者补偿安置的各项具体办法，动员被征用者尽快迁移。解释和宣传工作十分重要，可以消除群众的疑虑和顾虑，取得他们的配合，并可避免不必要的误会。

第四，关于被征用土地的补偿费用问题，《办法》规定由当地人民政府会同用地单位、农民协会及土地原所有人，或由原所有人推选的代表，共同评议商定，“一般土地以其最近三年至五年产量的总值为标准，特殊土地得酌情变通处理”。

第五，关于被征用土地上的附着物的处理办法是：被征用土地上的房屋、水井、树木等附着物及种植的农作物，亦按照第四条规定评议商定。因征用土地而须迁移坟墓的，必须事先通知坟主迁移，发给适当的迁葬费用，并按照当地的风俗习惯妥善处理；无主的坟墓由用地单位代迁；对烈士的坟墓更要妥善迁移，并应通知当地县（市）人民政府。

第六，修建工程需临时占用所征用范围以外的土地时，包括堆放材料及临时运输道路等，应与该项土地所有人协商临时借用，或订立契约临时租用。

此外，《办法》还规定了公共用地和城市用地等的征用办法，因与本文关系不大，故不作引述。为贯彻落实《办法》，中共中央于12月7日发布了《为贯彻政务院关于国家建设征用土地办法给各级党委的指示》，敦促各地在征用土地时，“必须严格遵守这个文件中的各项规定”，规定不按照《办法》办事者，“应以违法乱纪论处，在党内应严格追究有关党员的政治责任”①。

① 《中共中央为贯彻政务院关于国家建设征用土地办法给各级党委的指示》（1953年12月7日），江苏省档案馆馆藏档案：3011-2-0008。

应该指出，《办法》虽然明确规定了征用土地的原则、程序和方法等问题，也涉及了补偿问题，但关于具体的补偿标准，没有作出明确的规定，只是提出了一个大致的标准，“以其最近三年至五年产量的总值为标准”。

《办法》自1953年12月5日公布之日即行执行，在整个“一五”计划时期，关于水利工程征用土地的补偿政策，均按照《办法》规定的“以其最近三年至五年产量的总值为标准”处理。直到1957年10月18日，根据全国实行农业合作化运动这一新的情况，国务院全体会议第58次会议对《办法》进行了修正，经1958年1月6日全国人民代表大会常务委员会第90次会议批准，同日由国务院公布施行。新修订的文件名仍为《国家建设征用土地办法》（以下简称《新办法》）。

《新办法》除增加了关于征用农业社土地的赔偿办法外，其余关于征地的原则、程序、办法等，基本与上1953年《办法》一致。

第七条　征用土地，应该尽量用国有、公有土地调剂，无法调剂的或者调剂后对被征用土地者的生产、生活有影响的，应该发给补偿费或者补助费。

征用土地的赔偿费，由当地人民委员会会同用地单位和被征用土地者共同评定。对于一般土地，以它最近二年至四年的定产量的总值为标准；对于茶山、桐山、鱼塘、藕塘、桑园、竹林、果园、苇塘等特殊土地，可以根据具体情况变通办理。

遇有因征用土地必须拆除房屋的情况，应该在保证原来的住户有房屋居住的原则下给房屋所有人相当的房屋，或者按照公平合理的原则发给补偿费。

……

第八条　……征用农业生产合作社的土地，土地补偿费或者补助费发给合作社；征用私有的土地，补偿费或者补助费发给所有人。土地上的附着物和农作物，属于农业生产合作社的，补偿费发给合作社；属于私有的，补偿费发给所有人。

第九条　征用农业生产合作社的土地，如果社员大会或者社员代表大会认为对社员生活没有影响，不需要补偿，并经当地县级人民委员会同意，可以不发给补偿费。

征用农业生产合作社使用的非社会的土地，如果土地所有人不从事农业生产，又不以土地收入维持生活，可以不发给补偿费，但必须经本人同意①。

此外，《新办法》还具体规定了具体的安置办法：

---

① 《国家建设征用土地办法》（1958年1月6日），中共中央文献研究室编：《建国以来重要文献选编》（第十一册），中央文献出版社，1994年12月第1版，第11-12页。

第十三条　对因土地被征用而需要安置的农民，当地乡、镇或者县级人民委员会应该负责尽量就地在农业上予以安置；对在农业上确实无法安置的，当地县级以上任命委员会劳动、民政等部门应该会同用地单位设法就地在其他方面予以安置；对就地在农业上和其他方面都无法安置的，可以组织移民。组织移民应该由迁出和迁入地区的县级以上人民委员会共同负责。移民经费由用地单位负责支付①。

其实，在《新办法》开始修订并公布之前，各地还发起了一场关于征地补偿办法的讨论。1957 年 11 月，四川省就兴修水利占地赔偿问题给中央水利部发了一封电报，提出在农业合作化的背景下，水利征地经双方协商补偿后，不必再按 3 ~5 年的产量给予赔偿。电文主要内容如下：

我们觉得这个办法（指政务院 1953 年《关于国家建设征用土地办法》——笔者注）是 1953 年规定的，那时尚未合作化，对被占地农户的补偿费是应该的。现在已合作化了，除各个农业社对被占地社在移民和土地、房屋方面都作了必要的调剂，并给青苗、肥料、劳力补偿做到双方满意外，是否还要按照征用土地办法再给三年至五年的产量补偿？我们意见：兴修水利占地与其他经济部门征用土地是有区别的，就不再给其他补偿②。

中央水利部于 11 月 29 日以（57）水农计何字第 425 号文，将这封电文报送国务院第七办公室，建议各“省、专、县范围内群众性水利工程占地，均可按四川办法处理，只有国家投资的枢纽工程，仍可按 1953 年 12 月 5 日政务院公布的办法处理”③。除四川省的处理办法外，还提倡云南省的办法，即对占用个体农民、初级社社员及非受益的高级社的耕地，可按产量、土质及耕作条件通过双方协商，采用对换耕地办法解决。国务院于 1958 年 1 月 22 日，以农七习字 9 号文批复水利部，同意水利部意见，批示“合作社因各项农业基本建设所占用的土地，可根据当地情况参照四川、云南的办法处理”④。

四川省的这封电报，是在《新办法》修订之后且公布之前发出的。这就使中央认为，在农业合作化时期水利征地的赔偿，各地的意见与《新办法》的精

① 《国家建设征用土地办法》（1958 年 1 月 6 日），中共中央文献研究室编：《建国以来重要文献选编》（第十一册），中央文献出版社，1994 年 12 月第 1 版，第 12 页。

② 中央水利部：《关于兴修水利占用土地赔偿问题》（1957 年 11 月 29 日），江苏省档案馆馆藏档案：3224-2-0498。

③ 中央水利部：《关于兴修水利占用土地赔偿问题》（1957 年 11 月 29 日），江苏省档案馆馆藏档案：3224-2-0498。

④ 中华人民共和国国务院：《关于〈关于兴修水利占用土地赔偿问题〉的批复》（1958 年 1 月 22 日），江苏省档案馆馆藏档案：3224-2-0498。

神暗合，促使《新办法》的尽快公布施行。

《新办法》公布后，各地根据《新办法》的规定精神，参照几年来大型水利工程中征用群众土地的补偿规定，结合各自的具体情况，各省纷纷制定本省的征地补偿办法。江苏于1958年初（具体时间不详）公布了《江苏省水利工程征用土地补偿办法》。该办法由四个部分组成，分别是：总则、补偿标准及范围、征用土地计划及补偿费的审批权限、领导掌握上应注意的几个问题。

第一，"总则"指出，本办法是根据中央《新办法》及本省实际情况制订的，在既能贯彻勤俭治水的方针，又能照顾到群众切身利益的前提下，对被挖占土地的农业社和群众生产、生活的实际情况，分别予以妥善的安置和合理的补偿①。

第二，"补偿标准及范围"部分，规定了水利工程征用土地对土地、农作物、房屋拆迁和其他地面附着物的补偿范围及标准。

其一，关于土地的补偿分为以下五种情况：一是国家投资的大型流域性防洪工程，征用群众土地较多而又集中的，应按照《新办法》第七条规定进行补偿。二是地方投资（包括省投资）及地方投资国家补助的大、中型排涝干河、新开河道工程，挖、占、压、废群众土地的，原则上不予补助，如挖压面积过大，对群众生活影响较大的，可酌情补助，但补偿标准应低于大型流域性工程，以其最近1至2年的定产量总值发给。三是群众自办、国家投资群众直接受益的灌区工程、中小型水库、流域性工程中为了解决部分地区排灌问题的附属工程，以及小型农田水利工程，所挖废、压废的群众土地，国家一律不予补偿。四是征用群众耕作的国有、公有土地、市镇内没有收益的荒地，一律不予补助。五是对鱼塘、桑园、竹林、菜园、果园、棉垦地、芦苇地、柴滩等特殊土地的征用，可按土地受益情况评议补偿标准，并报省水利厅备案。

其二，对农作物的补偿，分三种情况：一是国家投资的大型工程征用土地上的农作物，按青苗成长情况，合理补偿。如系翻土、施肥、播种尚未长出幼苗的，只补偿工本费，但若被征户无法进行插社而是采取开荒的方式解决，所调剂的土地不能及时进行生产的，可按一季产量补偿；农作物已接近成熟的，应发动抢收，可只补偿损失部分，若因工程急需不能及时收割的，按照邻田同等土质土地的产量，补偿一季实际产量；对短时压践的农作物，应根据占用时间和实际情况予以补偿，影响生产季节不能播种的，按季产量补偿，占用时间超过一季以上的按季计算，但最多不得超过两年定产量的总值。二是地方投资以及国家补助的

---

① 《江苏省水利工程征用土地补偿办法》（1958年），江苏省档案馆馆藏档案：3224-2-0498。以下该办法内容皆引自此档案，不再一一作注。

大、中型排涝干河、新开河道工程，被挖占土地上的农作物，一般仅补助人工、种籽，如有特殊情况（挖压较多，直接影响群众生产生活的），可比照大型工程的补偿办法处理。三是群众自办、国家投资群众直接受益的灌区工程、中小型水库、流域性工程中为了解决部分地区排灌问题的附属工程，以及小型农田水利工程，所挖占土地上的农作物，国家一律不予补偿。

其三，房屋拆迁的补偿范围及标准是：群众自办和补助性的工程拆迁房屋，国家不予补偿；国家投资以及省投资的防洪、大型排灌、新开河道、水库等工程，需要拆迁的房屋，按照迁移的远近，在尽量利用旧料的原则下，补偿其损失的部分，补偿标准为：草房每间25～35元，平均不超过30元；瓦房每间40～60元，平均不超过50元。

第二，关于被征用土地上的其他附着物的补偿，分为三种情况：一是大型工程须迁移坟墓时，有主者应通知墓主自行迁葬，其补偿标准为一棺2元、两棺3元；无主坟墓由施工单位代迁；烈士坟墓必须会同当地人民委员会民政部门妥善迁移，不得随便处理。群众自办、地方投资以及群众自办国家补助的工程须迁移坟墓，由农业社及墓主自行迁葬，国家不予补偿，烈士坟墓仍按上述办法处理。二是大型工程拆除厕所、猪圈的，原则上不予赔偿，如系砖木结构、成本较大的，可酌情补偿部分迁砌费用；地方投资和群众自办的中小型工程拆迁的厕所、猪圈，国家一律不予赔偿。三是被挖占土地上的车棚、水井、树木等附着物，属群众自办的工程及直接为该地区农业生产服务的排涝、灌溉等工程，国家一律不予赔偿；大型工程由施工单位会同有关方面在尽量利用旧料的原则下，评定标准合理补偿（树木一般不予补偿，果树、茶树酌情补偿）。

第三，关于征用土地计划及补偿费的审批权限问题，要求按照《新办法》有关规定执行，不再赘述。

第四，在“领导掌握上应注意的几个问题”部分，着重交代了征用土地的处理程序，除办法里涉及的规定外，还应注意以下几项：一是须对被征用的土地进行丈量，并核对田亩底册，防止产生偏差；二是征用土地及迁移群众较多的，应在市、县、党委和人民委员会的统一领导下，建立专门的负责机构，慎重研究处理；三是应对被征地者进行妥善安置，尽量在附近的农业社予以插社；附近农业社无法安置的，应由当地人民委员会组织迁移至国有、共有荒地集体开荒生产；四是属于群众自办和国家补助及地方投资的工程，挖压、拆迁土地、房屋及其他地面附着物国家不予补偿的，应由各受益的县、乡和农业社对挖压、拆迁户给予适当补偿和妥善安置。

可见，江苏省的这一办法，在遵照中央《新办法》精神的基础上，结合本省工程情况，更加详细地指出了各种不同情况的征地赔偿的标准，并要求各施工单位严格遵守，重视征地的赔偿和安置工作。但遗憾的是，紧接着发生的“大跃进”运动，打乱了征地工作的正常进行。在“平调风”“共产风”泛滥的年代里，农民的私有财产，比如土地、房屋、生产工具、家具以及劳动力，大都被无偿平调，根本得不到应有的赔偿或是补助。本文以骆马湖水库工程的移民为典型，来展现“大跃进”时期在水利工程方面对农民的平调，这是下一节所要谈到的问题。

三、1960—1962 年补偿办法的调整

1960 年 7 月 5 日至 8 月 10 日，中共中央在北戴河召开工作会议，确定压缩基本建设战线，加强农业生产，以应付严重的经济困难局面。从 10 月开始，中共中央在农村进行整风整社，肃清共产风、浮夸风、强迫命令风、瞎指挥风和干部特殊化等“五风”，迈出了国民经济调整的关键一步。

在水利建设征用土地方面，随着调整局面的打开，江苏省重新制定了水利工程征用土地的办法，以规范征地工作，于 1960 年 11 月 1 日，出台了《江苏省水利建设工程征用土地及拆迁房屋补偿办法（草案）》。该办法共分 12 条，说明了制定本办法的依据、使用范围、修改权属等问题，规定了本省水利工程征地及拆迁的原则、审批权限、补偿范围和标准以及监督检查等事宜。择要摘录如下：

第四条，关于征用土地的审批权限问题，《办法草案》规定：

兴修水利征用土地时，须由批准本项建设工程计划的机关负责批准用地的数量，然后由用地单位会同县、市人民委员会或人民公社，编拟“征用土地计划书”及补偿、安置计划，连同批准的工程计划任务书，向当地县、市人民委员会申请核拨。凡用地在 300 亩以下或迁移居民在 30 户以下的工程，由县、市人民委员会批准，并报本委员会备案。批准权限不能下放，县以下无批准权。凡用地超过 300 亩，或迁移居民在 30 户以上的工程，必须报本委员会批准。如遇防汛抢险等紧急情况，事先来不及办理批准手续时，可以先行施工，同时尽快地补办征用土地的手续①。

第五条，关于征用土地补偿范围、办法及标准是：

1. 兴修的水利工程建设工程征用人民公社的土地，当地县、市人民委员会应尽量利用国有、公有土地调剂。如无法调剂的，或者调剂后对被征用土地单位的生产有影响的，应当由用地单位，按照 2 到 4 年常年产量的总值，发给补

① 《江苏省水利建设工程征用土地及拆迁房屋补偿办法（草案）》（1960 年 11 月 1 日），江苏省档案馆馆藏档案：3072-2-0880。以下该办法的内容皆引自此档案，不再一一作注。

偿费。

2. 桑园、果园、茶园、竹林、芦苇地、鱼塘、藕塘等特殊用地的补偿标准，原则上应按 2 到 3 年的总产值补偿。具体办法，可根据不同情况，专案协商处理。

3. 因堆放材料、搭盖工棚和铺设运输道路等，需要在短时间内占用的土地，应认真规划、精打细算、节约土地，并在工程结束后，全部退回原使用单位。占用期间，可按照当年定产量的总值补偿。

4. 土地挖压后，经过加工可以继续生产或改种者，交原生产单位平整加工，进行生产。为了鼓励社员广种多收，除发给征用土地补偿费外，其平整加工费用，可由国家酌予补助。

5. 国家兴修的水利工程建设工程，使用国用的荒地、滩地，一律不予补偿。

第七条，关于拆迁房屋的修建和补偿办法是：

1. 兴办水利工程需要拆迁的社员房屋，必须在编制“征用土地计划书”时，一并编列计划，上报批准。在施工以前，要切实安排好社员的住房，临时住房未安排好，旧房屋不得拆除。在水利工程开工的前后，有关地区和单位，还应当专人负责，协助拆迁户修建新房屋，保证所有拆迁户都有适当的房屋居住。

2. 拆迁的房屋，草房每间 40 元到 50 元，瓦房 60 元到 70 元。

除经费补助外，施工单位对被拆迁户修建房屋，还应当在人力、材料等方面给予必要的协助。旧房屋拆下来的材料，仍归原主，不折价抵算房屋补偿费；如旧料损坏，经过调查确实后，必须添补的部分木材、竹料，可列入水利物资计划中，国家酌予安排解决。这部分由国家补助的材料，应当折价，从房屋补偿费中扣除。

3. 对拆迁户，一般应采取就地安插的办法，如本地确实无法安插，需要集体拆迁的，其拆迁安置费和生产费，由国家酌情发给。

第八条，关于征用土地上的附着物，其补偿标准如下：

1. 征用土地需要迁移坟墓时，每座补助 3 元。有主者由墓主自行迁移；无主坟墓，由公社或用地单位统一迁葬，不得露天堆放。烈士墓尽量避免拆迁，必须拆迁时，由县、市人民委员会负责迁葬。迁移补助费在国家水利经费中补助。

2. 挖、压及淹没交通、邮电等设施及水井、车棚、畜舍等，可与有关单位具体协商处理。

第九条和第十条是关于征地经费的监督使用问题，国家征用土地和拆迁房屋的经费，应当全部由兴办水利单位支付，要求这笔经费要专款专用，一律不得移作他用，保证使所有补偿费和补助费，都要发到应得的单位或个人，防止层层克扣。县、市人民委员会和用地单位的上级机关，应当对已经征用的土地使用情况和补偿费的发放情况，经常进行检查。如果发现用地单位有违反本办法的规定，或浪费土地损害群众利益的现象，应该及时纠正，情节严重的，应追究责任，严肃处理。

该《办法草案》经江苏省人民委员会于1960年12月20日，以苏水惠字第540号文，通知印发各地试行。在试行期间，省委及各地委本着调整的态度，大都能够执行办法的规定，“基本上达到了节约用地，不拆或少拆房屋的要求；同时，对必须挖、压的少量土地和拆迁的房屋，一般也都按照规定予以妥善处理”①，全省的水利工程征用土地工作，重新步入了正常的轨道。

第四节　水利移民问题研究

由于部分水利工程的兴建需占用大量的民田，迫使工程范围内的部分或全部居民迁离原居住地，到别的地区安家落户。这部分因水利工程占地而被迫搬迁的居民，被称作水利移民。新中国成立后不久，国家即着手对大江大河的治理，这就不可避免地产生了水利移民。比如黄河三门峡水库移民、汉江丹江口水库移民、长江三峡移民，乃至目前正在进行的南水北调中线工程移民等等，都是中国当代史上规模较大的水利移民。历次水利移民的经验证明，对于水利移民来说，迁移安置的办法及政策，直接关系到他们迁置后的生产和生活状况。

考察当代苏北地区的水利移民，大致可以分为三个阶段：20世纪50年代中期，移民工作有条不紊，比较规范，这以洪泽湖蓄水工程的移民为代表；“大跃进”时期，搞“大呼隆”，不执行水利征用土地和迁移房屋的相关政策，安置工作也很粗糙，带来了严重的遗留问题，这以骆马湖水库工程的移民为代表；国民经济调整时期，开始进行退赔，可以石梁河水库移民为代表。关于国民经济调整时期江苏省的退赔政策，包括因兴修水利工程而平调民工的物资的处理及移民遗留问题的处理情况和退赔办法，南京大学的柳森在博士论文《江苏省国民经济调整（1960—1963）》中，已做详细的讨论，故本文不再论述。

一、20世纪50年代中期洪泽湖蓄水工程移民的安置

1954年1月24日至28日，淮委在洪泽湖蓄水位问题研究会议上，确定将洪泽湖蓄水位暂蓄到12.5米，以灌溉苏北农田2500万亩，服务于农业生产。由于湖水抬高，将淹没沿湖地区的部分农田和民舍，征地补偿和迁移问题需要解决，

① 江苏省人民委员会：《关于执行〈江苏省水利建设工程征用土地及拆迁房屋补偿办法（草案）〉需要注意的几个问题的通知》（1961年12月4日），江苏省档案馆馆藏档案：3072-2-0962。

由此产生了洪泽湖水库移民。洪泽湖水库移民，是新中国成立以后苏北地区进行的第一次规模较大的水利移民，由于这次移民有详细的计划遵循，又得到了地委、县委的重视，移民得到了比较妥善的安置，是移民工作做得比较好的一次。

洪泽湖沿湖有淮阴、泗阳、泗洪和盱眙 4 个县，洪泽湖蓄水后，4 个县均有面积不等的土地被淹。1954 年省委曾组织调查队、查勘组，搜集沿湖有关资料。据初步统计，洪泽湖蓄水至 12. 5 米时，泗阳被淹 7102 户 35274 人，183548 亩耕地；淮阴被淹 3489 户 18901 人，44209. 7 亩耕地；泗洪有 12425 户 51006 人，138503 亩土地；盱眙被淹 21934 户 10881 人，20260 亩地。全区共计被淹 25209 户 116062 人，386556. 7 亩土地①。

为了研究征地赔偿及拆迁补偿办法，做好移民工作计划，1955 年 5 月上旬，淮阴专区召开了洪泽湖蓄水垦殖移民工作会议，根据政务院 1953 年《关于国家建设征用土地办法》的规定，并结合洪泽湖沿湖 4 县的具体情况，会议制定了《洪泽湖蓄水垦殖移民工作计划草案》，提出了洪泽湖被淹居民的赔偿办法和迁移安置工作方案。

首先，本着“减少移民工作量，尽量将群众的损失减少到最小”的精神，会议制定出决定被淹户是否搬迁的原则，提出了三条标准：一是原来以经商、做小生意为主要收入来源，并能以此维持生活的，土地虽淹没在 60% 以上的，可以不搬。如淮阴顺河集土地被淹 60% 以上的有 1300 人，原计划全部迁移，但其中有一半以上是在集镇上依靠开饭店、做生意维持生活的，而不是以种田为主要生活来源，有的将耕地都出租给别人耕种。对于这种情况，只要补偿其淹没土地即可不搬。二是柴民、草民、渔民。原来依靠湖水为生的居民不要完全改业，因为以后还要有计划地发展湖上生产，他们仍可做原来的职业。这些居民也可不搬。三是被淹土地在 60% 以上，按规定应该搬家的，但在本地土地较多能够安置生产，并能解决长远生产生活的，也可尽量不搬。如除去淹没的土地，剩余土地每人平均仍在 3 亩地以上的，就可以不搬；淹地在 60% 以上，但搬走户剩余土地或本地公田荒地补助能够解决长远生产生活的，也可不搬。

在明确了以上是否搬迁的原则后，淮阴专区组织人员，对淹地范围内的居民逐户进行调查，以确定搬迁户数和人数。根据调查统计的数据，共有 25209 户 116062 人需要迁移，计划于 1955 年 6 月下旬先进行第一批迁移工作，共迁 20405 人，其中泗阳 5500 人，淮阴 2800 人，盱眙 2105 人，泗洪 10000 人②。

---

① 《洪泽湖蓄水垦殖移民工作计划草案》（1955 年 5 月 13 日），江苏省档案馆馆藏档案：3228－3－0185。

② 《洪泽湖蓄水垦殖移民工作计划草案》（1955 年 5 月 13 日），江苏省档案馆馆藏档案：3228－3－0185。

其次，会议制定了淹没土地的赔偿办法，规定：淹没土地在60%以上的，应动员迁移，妥善安排，全区共计7150户42184人；淹没土地在40%～60%的，应将迁移户剩余土地进行补偿，就地安置生产，全区共计6493户25974人，65487亩（内缺盱眙数字），平均2.5亩，迁移户在迁走后尚余35470亩（缺盱眙数字），连补偿共有100957亩，每人平均近4亩；淹没土地在20%～40%的，根据中央前政务院征用土地办法规定，按淹没土地3年到5年常年产量赔钱，组织其投入生产，全区4个县被淹92673亩（泗洪每亩按38.4元赔偿，盱眙每亩按25.2元赔偿，泗阳每亩按20.5元赔偿，淮阴每亩按36元赔偿计算），共需赔偿2951524.8元；被淹没土地在20%以下的，因未淹土地很多，对其生产、生活影响不大，经说服教育不予赔偿。

再次，会议提出了对迁移户的安置方案。据初步统计，全区共有25209户116062人需要迁移。经调查队的实地调查，发现泗洪、盱眙两县，因本县荒地公地较多，完全就地就近安置；淮阴、泗阳两县，在本县内无荒地安置，须有16909人迁到盱眙安置。因此安置区分配问题，除泗洪由本县妥善安置外，其余三县因安置区均在盱眙，故需统筹考虑，合理分配。分配时，根据安置区土质产量，按每人平均产量450斤到500斤分配土地，同时根据土地分布情况，尽量按县按乡适当集中。因此，分配如下：淮阴县迁移7067人，需土地27000亩，分别安置在：九里荒（马坝区）共有1.2万亩荒地可供安置，每人按3.7亩计算，可安置3244人；遗金湖（坝桥区）共有4000亩荒地可供安置，每人平均4亩计算，可安置1000人；黄龙乡烂草洼（仇河区）7900亩，可安置1800人；燕尖4100亩，除盱眙淮河港安置渔民需910亩外，其余3190亩淮阴可安置1000人。泗阳县迁移9842人，需土地33400亩，盱眙除马坝、仇河两区少数移民由本区自找荒地安置外，尚有4000人需统筹分配土地。金大圩、吴小圩两处15000亩，按每人3亩计算，泗阳安置4300人，盱眙安置660人；大小雨岭14000亩及大小公司山5000亩共19000亩，泗阳安插4500人，盱眙安插500人。淤家湖6000亩，盱眙安置509人，需田2500亩，余3500亩，泗阳安置1000人，洪小湖盱眙安置2000人①。

对于移民的搬运费，按照以下标准予以补助：凡迁移在20里路以内的，不发搬运费；20里到60里的，每人按0.5元至1元补助；60里到100里，按每人2元补助；100里到150里按每人3.8元补助；150里以上的，每人按4.8元补助。

① 《洪泽湖蓄水垦殖移民工作计划草案》（1955年5月13日），江苏省档案馆馆藏档案：3228-3-0185。

会后，洪泽湖蓄水工程的移民工作根据工作计划的安排于6月份开展，有步骤地展开。

第一步，各县就搬迁的宣传与动员工作，均作了研究与安排，并于6月上旬相继召开了移民干部会、代表会传达贯彻会议精神，之后又召开党团支部会、干部代表会、积极分子会，打通思想，训练骨干，进行摸底排队，逐层动员至群众。宣传动员围绕三点展开，一是向搬家户宣传洪泽湖蓄水的意义，说明洪泽湖蓄水是为了变水祸为水利，这次搬家是一劳永逸的，是为了搬到安全地点安居乐业，树立局部利益服从整体利益、目前利益服从长远利益的思想，纠正某些不正确的认识；二是宣传移民方针政策，主要是传达赔偿办法等，使移民逐渐转变了消极情绪，配合移民工作；三是讲解怎样做好移民安置工作，着重强调团结互助，响应政府号召，防止反革命分子造谣破坏，克服恋土思想和地域思想；并号召干部团员以身作则，起模范带头作用。同时，各县在宣传教育的过程中，还组织搬家户前往安置区参观，进一步解除思想顾虑。

第二步，动员部分移民兴修安置区的水利工程。移民安置地区，大多为低洼地区和荒地，需先进行土壤改良、农田水利建设和搭盖房屋等工作。淮阴区动员了一部分移民以及安置区的原住民，先行兴修必要的开荒、建圩、筑堤、盖房等工程，以便大批移民迁入后能尽快投入生产。安置区建房和农田水利建设的民力，每日可赚0.5元的工资①。

第三步，组织移民分批分期搬迁。大批搬迁工作从1955年9月份开始。淮阴区在移民工作会议上，原计划6月份第一批迁出2万人左右，但是，由于临近汛期，沿湖居民忙于抢收，准备工作未按时完成。所以在搬迁过程中调整了计划，至8月底各项准备工作就绪，9月份开始移民。迁移方法采取“先去劳动力盖屋后搬家，分批盖屋分批搬家，盖好一批搬一批”的方法进行，第一批先迁青壮年，盖屋整地。第二批移民于1956年迁入，共4936人，搭盖房屋3456间，赔偿土地36153亩②。

第四步，移民迁入后，淮阴专区还组织领导班子对移民进行走访。县委成立了洪泽湖蓄洪垦殖移民安置委员会，任命苏农、梁效、庄壮、程如淮、史化南、陈克俭、刘达三、仲达人等为委员，苏农为主任委员，梁效、庄壮为副主任委员。专区移民安置委员会在盱眙设立移民安置办事处，由专区和盱眙、泗洪、淮阴各县抽调干部组成，负责解决安置区的具体工作。移民安置后，安置委员会逐

---

① 《关于蓄洪移民工作的检查报告与今后意见》（1955年6月8日），江苏省档案馆馆藏档案：3228-3-0185。

② 《一九五六年度洪泽湖蓄水垦殖工程（移垦工程部分）初步设计》（1956年2月），江苏省档案馆馆藏档案：3224-1-0038。

户走访，检查移民的生活情况、生产情绪、与原住民的关系等，及时协调矛盾，解决各种问题，帮助移民尽快融入当地，尽快投入生产。

总之，由于制订了比较详细的移民计划，洪泽湖水库移民工作逐渐按计划、有步骤地进行。由于前期的准备工作做得较为妥当，没有出现大规模的影响群众生产、生活的现象。洪泽湖水库移民大都得到了比较妥善的安置。

二、"大跃进"时期骆马湖水库移民的遗留问题

江苏省淮北地区的骆马湖，原是沂河下游的一个天然湖泊。新中国成立后，根据沂沭泗流域规划，确定将骆马湖改建为常年蓄水库，调蓄沂河洪水，减轻下游排洪水道的压力。骆马湖改建水库后，减轻了沂沭泗下游的洪水灾害，并为徐淮地区的农业改制、发展农田灌溉等发挥了一定作用。但是，骆马湖改建水库造成48余万亩的土地被淹没，迫使12.2万沿湖居民搬迁。因当时处于"大跃进"的高潮时期，移民安置工作十分粗糙，使骆马湖移民在生产和生活上遭受了巨大的损失，一场退库还田风波也由此而起。

（一）骆马湖水库移民的安置及遗留问题

前文提到骆马湖水库改建的工程。骆马湖原为沂沭泗流域下游的平原水库，清朝道光元年（1821年）始有人居住。同治年间（1862—1874年），每年汛期，上游洪水汇注湖内，滩地均被淹没；秋冬水势渐消，滩地复又涸出。根据这一自然规律，沿湖居民形成了汛期拦蓄洪水，汛后退水种麦的耕作习惯，即所谓的"一水一麦"。这种耕作习惯被延续了下来。直到1958年骆马湖改建水库，湖区需全部淹没，因此沿湖居民必须全部迁出，形成了骆马湖移民。

移民有自愿性移民和非自愿性移民之别，因水利建设而迁移的人口属于后者。对于非自愿性的水利移民来说，迁移安置的政策直接关系到他们迁移后的生产和生活。骆马湖居民集体迁移时，正值"共产风""平调风"肆虐的1958年，迁移经费被平调、挪用；安置之后，又赶上了大饥荒和国民经济困难时期，再加上移民迁置本身所无法规避的矛盾，共同造成了骆马湖移民一系列的遗留问题。

骆马湖水库工程产生了两次移民。第一次是骆马湖改建水库时，湖区内居民的迁移。这次迁移工作于1958年夏季开始，共迁出湖区居民17497户78000人，其中宿迁县13388户51000人；新沂县4109户27000人①。淮阴地委采用内迁安置的方式，集中安置在本县的其他公社。宿迁县的移民集中安置在该县的新庄、来龙、侍岭、闰集、曹集、皂河、塘湖、黄墩、晓店等11个公社，新沂县移民

① 《关于骆马湖蓄水后遗留问题的调查报告》（1962年3月22日），江苏省档案馆馆藏档案：3224-3-1528。

集中安置在该县的棋盘公社等6个公社。这些公社被称为“骆马湖移民安置区”。

第二次移民是在1959年调高骆马湖蓄水位而产生的。这年10月，在骆马湖灌区建成后，为保证“旱改水”的大量用水，经过水文测算，省水利厅提出了“以骆马湖蓄洪水位26.5公尺挂帅”[①] 的意见。因此，26.5米等高线以下的居民，即皂河镇到宿迁废黄河滩地一带（全部属宿迁县），原有的4.4余万人口全部搬走[②]。这部分移民被称为“新骆马湖移民”，他们亦被安置在本县的其他公社。

具体的安置类型又有三种：一是整搬整迁型，即移民迁入安置区后保留原有的区、社、队名称，单独建制。仅以宿迁县老移民为例，以原来的建制单独建队的有18个生产大队。二是大分散小集中型，即取消移民原有的区、社，仅保留生产队（组）的建制，编入安置区的生产大队，骆马湖移民保留了182个生产小队，编入安置区的生产大队。单独建制的生产大队和小队共9046户39316人。三是分散安置型，即将移民原有建制全部打乱，分散插入安置区的生产队（组），其余的4334户10000余人就是被分散安置的[③]。

移民所带来的突出问题主要集中在以下几个方面：一是因多数移民被安置在土地贫瘠、水资源缺乏、生产力相对落后的地方，造成移民生产、生活较原有水平大大下降，甚至长期不能摆脱贫困；二是移民突然置身于陌生的环境，生活上不适应，耕作制度上不习惯；三是移民大量占用安置区的土地资源，使安置地区人口过于密集的矛盾激化，造成当地居民的不满，甚至产生激烈的矛盾；四是赔偿、安置的标准太低，移民无法恢复或发展生产，对前途感到渺茫，产生的思乡情结日益浓烈，甚至大批移民返回库区。

骆马湖移民迁置后，在短短的三四年时间里，逐渐暴露出一系列的问题，符合上述的种种表现。加上迁移时和安置后都处于特殊的历史背景，呈现出来的问题尤显复杂。安置后，骆马湖移民的生产和生活均受到了严重的影响。

首先，无安身之处是骆马湖移民首先面临的一个严峻问题。

1958年夏秋之际，正是“大跃进”的高潮时期，各项工作急躁冒进，只顾迈大步子搞工程建设，而忽视配套及遗留问题的解决。因此，在湖区居民集体迁移之际，尚未制定出详细的迁置工作规划；而且，当时正值“共产风”盛行之

---

① 《骆马湖拦洪蓄水规划意见》（1959年10月），江苏省档案馆馆藏档案：3224-2-0667。

② 《关于对宿迁县沿骆马湖堤岸居民需要拆迁安置工作的调查报告（初稿）》（1960年7月30日），江苏省档案馆馆藏档案：3224-1-0087。

③ 《中共宿迁县委关于骆马湖恢复一水一麦问题的请示报告》，江苏省档案馆馆藏档案：3224-3-1535。

际，国家主张水利建设以“自办为主”[①]，县委动员移民自己解决搬迁问题。在这种情况下，加之骆马湖汛后蓄水时间紧迫，移民安置区尚未建好，集体搬迁工作就开始了。

湖区原有房屋57672间，其中宿迁县47740间，新沂县9932间[②]，于1958年夏季居民集体迁移后全部拆除。迁移之后，没有分配到新房的移民就像是逃难的难民，四处寻觅安身之处。有的借住在当地居民家里，有的自己搭茅草屋，甚至还有人住在公共牛棚、猪圈里。生活得不到基本的保证。

针对越发严重的“共产风”和平调风，1960年11月3日，中共中央发布了《关于农村人民公社当前政策问题的紧急指示信》（即“十二条”），要求“彻底纠正”。规定“凡是从人民公社成立以来，县和县以上各级机关和企业、事业单位向社平调的，县和社向生产队平调的，以及县、社和队向社员个人平调的房屋、家具、土地、农具、车辆、家畜、家禽、农副产品和建筑材料等各种财物，都必须认真清理，坚决退还”[③]，并要求“县和县级以上各级机关和企业、事业单位，应该抱定决定，首先清理自己的一平二调，随清随退，即时兑现，做出示范，并且保证以后不再犯一平二调的错误”[④]。淮阴地委贯彻执行中共中央的决议，于12月20日发出通知，要求地、县市委对公社化以来所作出的各项决定，立即做一次全面检查，着重检查自己直接向下面平调的，或是由于自己的错误决定而造成下面平调的物资和现金。凡是过去没有算账退赔的，这次都必须彻底清理，坚决退赔[⑤]。

骆马湖移民的遗留问题，成为淮阴地区退赔工作的重中之重。1960年至1962年，国家发给骆马湖移民退赔款达40万元[⑥]，省委、县委几次拨款和材料供安置区建房，到1962年上半年为止，共为移民建房1.9万余间[⑦]。尽管如此，但由于移民数量大，退赔工作也不可能一蹴而就，仍然有很多移民的居住问题不能得到及时解决。

---

① 1958年3月21日，《人民日报》发表了题为《蓄水为主，小型为主，社办为主》的社论，确定将“以蓄为主，小型为主，自办为主”作为“大跃进”时期国家的治水方针。

② 《关于骆马湖蓄水后遗留问题的调查报告》，江苏省档案馆馆藏档案：3224-3-1528。

③ 《中共中央关于农村人民公社当前政策问题的紧急指示信》（1960年11月3日），《建国以来重要文献选编（第十三册）》，中央文献出版社，1996年5月第1版，第662页。

④ 《中共中央关于农村人民公社当前政策问题的紧急指示信》（1960年11月3日），《建国以来重要文献选编（第十三册）》，中央文献出版社，1996年5月第1版，第663页。

⑤ 《中共淮阴、宿迁地方史大事记（1948.12—1996.8）》，中国档案出版社，2000年3月第1版，第139页。

⑥ 《关于骆马湖蓄水后遗留问题的调查报告》，江苏省档案馆馆藏档案：3224-3-1528。

⑦ 《中共宿迁县委关于骆马湖恢复一水一麦问题的请示报告》（1962年6月27日），江苏省档案馆馆藏档案：3224-3-1535。

例如，来龙公社单独建制的 4 个大队，共 1443 户 6100 人，几年来共盖房子 2303 间，尚有 436 户 1950 人没房子住，还需要盖 892 间。其中耿陈大队，共有 336 户 1497 人，整个大队一共新盖了 326 间房子，仅安排了 59 户 265 人居住①。其余 277 户，有的老少三代挤在一间茅草屋里，有的两家住一间房子，有的借住在“老户”（即安置区本地居民）家里。即便如此，尚有 84 户 389 人还没有地方住。再如，曹集公社移民总数 717 户 2758 人，已建房屋 1354 间，其中有 80% 的房子是危房；尚余 204 户 710 人没有房子住，需要建房 406 间②。

不仅住房数量严重不足，即使是建成的房子，也有部分不能居住。由于 1958 年集中建房时，国家各项工作都在“大办”，木料、石料都用于大办水利，建房材料缺乏。一部分房子是用茅草搭建的，因墙基不稳、土质不好、苫草不足，部分房屋遇雨倒塌。据 1961 年的不完全统计，宿迁县移民区已建的 13000 多间房屋，几年来已倒塌 3000 多间；还有 5200 多间的土墙倒塌，成为危房；大部分露天漏雨、没有房门。

即使已经安置的移民，居住环境也十分不尽如人意。1962 年的一份调查报告这样描述安置区的景象：“远看光秃秃，门前无树，屋后无烟；近看房屋一条龙，山门棚丁头屋；盖了不少房子，歪歪斜斜，有倒塌危险，有生命安全的危险；进屋子，屋面四壁因家中置地锅，熏得漆黑；无门无户的为多数”③。

可见，由于移民安置工作的不完善，移民的居住环境十分恶劣，甚至还有部分人口无处安身。这样的情况下，移民对安置区无法产生“家”的感觉，更像是临时的借住地，无法从心理上归属于安置区，因此不能专心从事生产。

其次，生产、生活受到了严重的影响。

湖区移民的搬迁工作，是由移民自己完成的，不像现在的水利移民，会由政府部门组织车辆统一运送。那时县里也没有安排运输工具，骆马湖移民就是自带行李，三五成群地步行到安置区。调查报告是这样描述搬迁时的场面的：“居民拖拖拉拉搬了一冬一春。从湖滩到河边，从（湖区的）井儿头直到（安置区来龙灌区的）来龙庵，长达 50 华里，都是骆马湖搬家的人”④。而且由于时间紧迫，又没有运输工具，房料、柴草、农具、家具等搬运困难的家当，因不便携带，就被居民卖掉或烧掉了；加上当时正是“大跃进”和人民公社化运动的高潮时期，“平调风”猖獗，房料、家具、农具等大量被平调，当作木石料、废铁等用于水利建设和大炼钢铁等各种“大办”。湖区移民所带走的生产、生活资料

---

① 《关于骆马湖蓄水后遗留问题的调查报告》，江苏省档案馆馆藏档案：3224-3-1528。
② 《关于骆马湖蓄水后遗留问题的调查报告》，江苏省档案馆馆藏档案：3224-3-1528。
③ 《关于骆马湖蓄水后遗留问题的调查报告》，江苏省档案馆馆藏档案：3224-3-1528。
④ 《关于骆马湖蓄水后遗留问题的调查报告》，江苏省档案馆馆藏档案：3224-3-1528。

所剩无几。

以农具为例来看移民的损失情况。据宿迁县1962年春对10个移民大队的重点调查显示，原有的1000多辆大车基本用光了；中小型农具仅剩11798件，比原来的45307件减少了74%。例如安置到曹集公社的朱圩大队，农具的情况是，平均每325亩地1盘耙，12.5户1辆小车，3.5户1把锄头，38户一只筐，9户1把铁锹。又如来龙公社太平大队，原有大车40辆、小车28辆、犁78张、耙43盘、牛拉车皮筋85副；迁移后，大车仅剩4辆、小车12辆、犁28张、耙12盘、牛拉车皮筋一副也没有了；还有70%的人家没有锄头①。农具的缺乏，严重影响农业生产。

第三，湖区移民迁置后，生产生活尚未恢复，就爆发了全国性的大饥荒，使移民的生活雪上加霜。

宿迁县骆马湖区原有耕地面积约32万亩，大部分种植三麦。虽经常遭受水灾，但因历来"一水一麦"，土壤肥力较好，单产较高。在汛期到来之前，湖区居民集中抢收，每年收成尚能糊口。如以蓄水前的正常年景1957年为例，宿迁县骆马湖区三麦平均亩产量137斤，总产量4320万斤，占全县三麦总产量的39%；除去当年国家征购的510万斤后，剩余3810万斤，全年人均三麦产量747斤②。除去留够籽种、饲料等外，全年人均口粮可达400斤左右。

骆马湖蓄水以后，32万亩耕地全部淹没。移民安置后，因全省大力推广"旱田改水田"，改种水稻。当时"旱改水"正处于起步阶段，由于经验不足加上条件的不完全具备，水稻单产仅100斤左右③。随后粮食普遍大量减产，口粮标准大大降低。调查组对来龙公社两个移民大队的调查情况见表8－3所列。

表8－3　来龙公社移民大队迁移前后口粮数量对比表

移民大队	1957年粮食及口粮		1961年粮食及口粮		人均口粮减少%
	差出（万斤）	人均口粮（斤）	差进（万斤）	人均口粮（斤）	
长安大队	19.52	400	3.68	189	52.8
太平大队	19.20	420	3.84	180	57.1

资料来源：《关于宿迁县要求恢复骆马湖一水一麦问题的调查报告》（1962年7月16日），江苏省档案馆馆藏档案：3224-3-1535。

① 《关于骆马湖蓄水后遗留问题的调查报告》，江苏省档案馆馆藏档案：3224-3-1528。

② 根据《中共宿迁县委关于骆马湖恢复一水一麦问题的请示报告》中的表格计算而得，江苏省档案馆馆藏档案：3224-3-1535。

③ 《中共宿迁县委关于骆马湖恢复一水一麦问题的请示报告》，江苏省档案馆馆藏档案：3224-3-1535。

调查资料显示，1961 年的人均口粮比 1957 年减少一半以上；原来能够向国家提供商品粮，但因粮食减产，不能自给，只能靠国家救济。例如迁出后单独建队的 14 个生产大队，只有皂河公社龙岗大队粮食能够自给，其余大队均不能自给；保安公社永胜大队，自 1959 年以来，人均每年仅生产粮食 159.5 斤。1961 年的情况尤为严重，有 16 个大队的口粮达不到低标准的人均 44 斤，其中还有 6 个大队人均不足 30 斤[①]，终年食不果腹。

第四，如果说粮食的普遍减产，与自然灾害有更为直接的因果关系，那么，麦草的缺乏，则是由骆马湖蓄水这一单独原因而导致的。

湖区原来每年可收麦草 5000 斤左右，用作饲料和烧草。骆马湖蓄水后，这些麦草也没有了，耕牛的主要饲料大量减少，移民无草可烧。据宿迁县委书记反映，每年春节前后，县委的中心工作就是解决“人无草烧，牛无草吃”的问题[②]。

因为口粮匮乏，不可能拿出更多的粮食做饲料，社员只好想办法收集草料。一是县里组织人力在春雨之前突击割茅草挖草根，代替麦草做牛饲料；二是以高价向邻近的泗洪、沭阳等县买草。即便如此，饲料仍旧不足，耕牛数量大批减少。湖区移民原有耕牛 4000 多头，至 1962 年仅剩 2000 多头；比如来龙公社太平大队，原有耕牛 169 头，后来仅剩余 53 头。

因无草可烧，只能烧煤代替。1960 年，全县农村生活用煤 27513 吨，1961 年即增加到 74307 吨，1962 年夏收前继续增加到了 10 万吨[③]。为此，全县还组织了 1 万人专门做短途运输，拉生活用煤。那时，正是物资匮乏的年代，无疑加重了国家对农民生活用煤的负担。

第五，移民与当地居民之间的矛盾尖锐，互相埋怨。

土地是农民赖以生存的生产资料。由于没有新垦荒地，湖区移民到达安置区后，分得的土地全部是从当地居民原有土地中划分出来的。不仅分得的土地少，而且分到的都是土质差的地，移民觉得被当地居民欺负；而当地居民因把自己的土地分割出去而怨气十足。这是移民与当地居民矛盾激化的根源所在。

先来看移民。以宿迁县老移民为例，原人均耕地面积 6 亩左右；迁移后的人均耕地减少情况，据宿迁县对来龙公社三个移民大队的重点调查显示，均减少 60% 以上（见表 8－4）

---

① 《中共宿迁县委关于骆马湖恢复一水一麦问题的请示报告》，江苏省档案馆馆藏档案：3224－3－1535。

② 《关于骆马湖蓄水后遗留问题的调查报告》，江苏省档案馆馆藏档案：3224－3－1528。

③ 《中共宿迁县委关于骆马湖恢复一水一麦问题的请示报告》，江苏省档案馆馆藏档案：3224－3－1535。

表8-4　来龙公社移民大队迁移前后土地面积对比表

单位：亩

移民大队	1957年土地面积		1962年土地面积		1962年比1957年减少数	
	土地总面积	人均面积	土地总面积	人均面积	土地减少面积	人均减少%
长安大队	10796	6.68	2700	1.67	8096	75
太平大队	7686	6.00	2700	2.10	4966	65
民主大队	7480	6.80	2800	2.52	4680	63

资料来源：《关于宿迁县要求恢复骆马湖一水一麦问题的调查报告》（1962年7月16日），江苏省档案馆馆藏档案：3224-3-1535。题目为笔者根据表格内容所加。

可见，移民的人均耕地面积比原来大幅度减少，而且安置区都在薄岗土地带，土地贫瘠，难以耕作，还损坏了不少农具。如长安大队的社员反映："头两亩岗岭薄地，干死也吃不饱肚子。"新农大队的社员说："小队核算了，俺小队地少地孬，只好瞪眼看着别人翻身"①。他们认为，当地居民把不好的土地都分给了他们，好的留着自己耕种，因此觉得受了欺负，对当地居民意见很大。

而当地居民因耕地被占用，对移民的到来亦是牢骚满腹。例如，安置区来龙、曹集一带原来每人占地5亩，土地虽然贫瘠，但广种薄收，生活尚能糊口。而1959年以后，除被水利及其他建设挖压占用外，又划给骆马湖移民大量的土地，人均占有土地减少了一半（见表8-5）。

表8-5　保安公社接受移民前后土地面积对比表

单位：亩

安置区大队	1957年土地面积		1962年土地面积		1962年比1957年减少数		
	土地总面积	人均面积	土地总面积	人均面积	土地减少面积	其中：划给移民	人均减少%
保安大队	7597	5.92	2897	2.24	4700	3633	62
双蒋大队	4751	7.00	1960	2.74	2791	2513	61
王圩大队	8000	3.30	4500	1.70	3500	3350	48

资料来源：《关于宿迁县要求恢复骆马湖一水一麦问题的调查报告》（1962年7月16日），江苏省档案馆馆藏档案：3224-3-1535。题目为笔者根据表格内容所加。

收入随耕地面积的减少亦有降低。如保安公社保安大队354户1243人，1957年人均占有粮食519.5斤，平均分配纯收入33.47元；而1960年人均占有

① 《关于宿迁县要求恢复骆马湖一水一麦问题的调查报告》，江苏省档案馆馆藏档案：3224-3-1535。

粮食335.5斤，平均分配纯收入24.66元；1961年人均粮食下降到229斤，平均分配纯收入19.3元[①]。后两年的收入分别比1957年下降26%和42%。当地居民认为，他们是被湖区移民拖穷的，甚至有撵走移民的想法，如双蒋大队的社员说："移民不走，土地不还，永世别想过好日子"[②]。可见，因土地问题带来的移民与当地居民之间的矛盾是十分尖锐的。

总之，骆马湖移民在迁移的过程中遭受了很大的损失；安置后，由于爆发了大饥荒，又使生活雪上加霜，年年依靠国家救济才能维持生活。几年来，国家在财力、物力上也给予了骆马湖移民一定的救济与支持，从1959年至1962年，国家共拨给救济款213万元，建房安置费345万元，支持穷队款66.8万元，退赔款32.5万元，连同其他费用共达848.99万元。在物资方面，支持建房杉木421.28米，杂木29525支，毛竹54415根，苫房草85350担，砖25533方，瓦255307片；救济棉衣、单衣75500件，布252400尺[③]。但救济不能从根本上解决问题。骆马湖的移民把贫困生活的原因，归咎于骆马湖蓄水，加之对故土的思恋，民间产生了一种"骆马湖蓄水得不偿失"的说法，纷纷要求退水种麦。1962年前后，一股退库还田风应势而起。

（二）由遗留问题所引起的退库还田风波

1962年前后，宿迁县干群中掀起了一场退库还田风波，要求恢复骆马湖一水一麦，并出炉了一个"湖中湖"的方案。这场风波最终以1963年的一场暴雨而平息。

在骆马湖移民中，普遍存在这样一种认识：骆马湖蓄水淹没了大量的良田，造成粮食急剧减产，是导致他们迁置后生活贫困的主要症结所在。穷困的生活使他们感到悲观、失望，觉得没有生活奔头；加上与当地居民的矛盾冲突，以及对故土的留恋，回潮思想普遍存在。"就是骆马湖蓄水给搞穷了，要翻身，还是回老家种麦子，一麦抵三秋"[④]，是骆马湖移民的心愿。1960年起，骆马湖移民为了返回湖区，恢复一水一麦，组织了多次上访。

省委办公厅来信组一个月内接连收到了19封有关骆马湖水库问题的上访信。上访信清算"旱改水"的弊端，一致要求将骆马湖改为耕地种粮食。其中一封上访信是写给毛泽东的，宿迁县的移民代表张儒生、刘平一在信中写到，骆马湖蓄水是得不偿失的，以淹没32万亩的红淤上等良田，换来的效益仅仅是"只改到20万亩水稻，比旱作物的产量也还没有提高，湖里养鱼只够捕捉6个月仅几

① 《关于骆马湖恢复一水一麦问题的请示报告》，江苏省档案馆馆藏档案：3224-3-1535。

② 《关于宿迁县要求恢复骆马湖一水一麦问题的调查报告》，江苏省档案馆馆藏档案：3224-3-1535。

③ 《关于宿迁县要求恢复骆马湖一水一麦问题的调查报告》，江苏省档案馆馆藏档案：3224-3-1535。

④ 《关于骆马湖蓄水后遗留问题的调查报告》，江苏省档案馆馆藏档案：3224-3-1528。

十万斤，其他则无有收益”[①]。他们要求将骆马湖放水，改回耕地。写给毛泽东，是他们希望这件事能引起中央和地方的充分重视。水利电力部副部长钱正英阅后，批示“此信请江苏省委检查处理”。

新沂县也组织了集体上访。由于多次向县委反映没有得到解决，棋盘公社的加友、大墩、毛林、柳沟、筛子、张庙等6个大队，推选了9个代表，于8月23日乘车前往南京请愿。但他们并未到达南京，途中被连云港市公安局一警察发现，次日行至徐州车站时，被民政处劝阻，后由新沂县委派员领送回了原籍。临行前，9位移民代表反复请求，说他们请愿的路费是由全体社员卖鸡蛋凑起来的，这次请愿寄托了全公社的希望，请求省委帮助他们解决生活上的困难，并恢复骆马湖一水一麦[②]。新华日报驻徐州的记者任怀友写信向省委反映了这件事。

不仅普通群众对骆马湖蓄水怨声载道，部分干部对兴建骆马湖水库也产生了怀疑。如宿迁县县委领导班子中就存在两种意见，一部分同意恢复骆马湖一水一麦，一部分坚持蓄水和“旱改水”。两种意见争论激烈，反映到了淮阴地委和省委。

为解决这一问题，1962年夏，中共江苏省委委派农村工作部组成骆马湖调查组，到宿迁进行调查。调查组由农工部副部长刘伯英带队，由省水利厅代厅长熊梯云、副厅长王厚高、省委办公厅副主任王正、省水利勘测设计院院长高鉴等人组成。到达宿迁后，调查组分成两个小队，第一小队调查移民安置与生产情况，第二小队调查环湖上下游水利及湖泊洼地垦殖情况。经过为期半个月的调查，两队人马在宿迁县委召开了碰头会议。

第一小队目睹了骆马湖移民的生活处境，对骆马湖蓄水所带来的遗留问题深有感触。高鉴亲自执笔写了《关于骆马湖蓄水后遗留问题的调查报告》，提出了两条解决途径：一是将骆马湖全部放水，恢复“一水一麦”；但是这个方案将使17万亩稻改面积全部回旱，并且使已做工程全部作废，代价太大。因此主张实行第二个方案——“部分蓄水，部分种麦”，即将骆马湖水位控制在20米以下，沿湖20米以上的地区圈圩种麦，20米以下蓄水。

第二小队则强调了骆马湖蓄水后对“旱改水”、调剂运河水位等发挥的作用，肯定骆马湖水库的效益。

显然，调查组内部也形成了两种意见，问题仍未得到解决。

同年8月，省委再派农工部副部长黄以干带领调查组到骆马湖及上下游有关县作全面调查。调查组广泛征求了新沂、宿迁、沭阳、灌云、泗阳等的意见，认为骆马湖蓄水的效益是显著的，是关系到淮北几个县发展农业生产的大问题。接

① 《要求将骆马湖水库放水改耕地》（1961年5月11日），江苏省档案馆馆藏档案：3224-3-1414。
② 《新沂县灾区社员的思想动员》，江苏省档案馆馆藏档案：3224-2-1345。

着，黄以干参加了淮阴地委召集了由宿迁县委书记、县长参加的关于解决骆马湖问题的会议。经过争论，最后基本采纳了高鉴在前一次调查报告中所提出的意见，并加以完善，提出了这个折中的方案，即“湖中湖”。所谓“湖中湖”，就是在骆马湖上洼地圈小湖蓄水，小湖以外较高湖区，将原有圩区堤进行修整，加高培厚，圩内土地留作耕种。

1962 年 10 月 13 日，淮阴专署农水处以“淮水字（62）经 255 号”文，核转宿迁骆马湖围垦工程计划任务书初审意见的报告，确定在骆马湖地面高程 20.5 米高地圈四个圩，计土方 56 万立方米，面积 57.1 平方公里，耕地 7.6 万亩。围垦工程由堤、自排涵洞、排涝站、六运桃汛闸和生产桥等工程组成，计划于 1962 年 11 月上旬开工，1963 年 3 月中旬竣工。“湖中湖”方案就这样被确定了下来。

因骆马湖地区地势低洼，施工难度大，加上民工生活困难，“湖中湖”施工进度缓慢，未按计划完成。到 1963 年 5 月中旬，正值三麦抽穗时，“湖中湖”四个圩区土方才全部完成，配套建筑物也大部分完成。就在这时，5 月 29 日，沿中运河、废黄河、骆马湖一线普降大暴雨，湖水位迅速抬高，“湖中湖”新建的圩堤全线溃决，四个圩区全部淹没，7 万多亩三麦颗粒无收。“湖中湖”宣告失败，从此再也没有人提骆马湖退库还田的问题了。

退库还田风波失败后不久，“文革”爆发，骆马湖移民回湖问题便无人问津。于是，经过长年的生活，移民逐渐融入安置地区了；同时，“文革”以后，随着安置区社会经济的发展，移民的生产生活逐渐得到改善；更重要的是，骆马湖改建水库已成既定事实，也无法迁回居住，因此，骆马湖移民再也没有提出要回骆马湖区居住了。

时至今日，骆马湖改建水库已经过去了 50 余年。随着上中游地区水利工程的大批兴建，干旱年份上游来水亦随之大量减少，在不久的将来，骆马湖水库也许会面临着蓄不到水的困境。但无论如何，我们回过头去审视这 50 年，可以肯定，从对沂沭泗整个流域的治理来说，骆马湖改建水库的规划无疑是正确的。尽管兴建水库之初，存在着种种问题，但经过“文革”之后的调整，骆马湖水库的效益也是显著的。

一是沿骆马湖兴建的两道御洪防线，确保了沂沭泗下游的防洪安全。1952 年建成了皂河控制工程（包括节制闸、船闸、骆马湖南堤等工程），是骆马湖的第一道防线，确保骆马湖蓄水位 23 米不出险；1961 年建成的宿迁大控制工程，是二线控制，当骆马湖水位达到 24.5 米时，从一线控制退守二线控制，保证沂沭泗下游的防洪安全。二线控制是沂沭泗下游地区的重要防洪设施。

二是提供了沿湖及下游地区的灌溉水源。这一方面，骆马湖蓄水后即发挥了效益。1958 年秋骆马湖蓄水后，送水所及范围内兴修了大量的灌溉渠系，1959

年还建成了骆马湖灌区。灌区建成后，因配套工程未及时跟上等原因，造成灌区未能充分发挥效益。但是此后，随着灌区配套工程的不断完善，灌溉效益日趋显著。20 世纪 70 年代中期，提引骆马湖水灌溉的面积近 200 万亩，宿迁市 93.5% 的农田依靠骆马湖水灌溉①。

三是骆马湖毗邻中运河，对于调节中运河的航运水量，保证大运河的正常通航也有一定的作用。据水文实测记载，1960 年 2 月 1 日至 6 月 15 日的 135 天中，有 45 天运河上游来量仅 3 立方米/秒左右，其中还有 21 天断流。这期间，骆马湖补给运河水量，使皂河节制闸上水位保持在 20.2 米以上 145 天②，保证了运河的正常通航。

四是解决了宿迁以东、泗阳以北、沭阳以西地区人畜的饮用水问题。这一地区为岗地高氟水分布区，人畜吃水困难。骆马湖蓄水后，解决了这一地区的饮用水问题，保证了近 30 万人的饮用水安全。

五是对于骆马湖原居民来说，也有一定的好处。骆马湖地区因地势低洼，上游洪水、涝水均汇注湖区，承受来水面积广大，仅桃汛来水面积就达 11000 平方公里③，易涝易灾。因此，就给骆马湖"一水一麦"时期的保收带来很大的困难。骆马湖常年蓄水以前，居民生活有"三紧张"，即：汛期前抢收紧张，要在汛前收割；汛期防汛抢筑桩台紧张，以垫高宅基；汛后抢种紧张，保证三麦及时播种。宿迁县每年都要从外地动员大量人力支援湖区抢收；骆马湖大堤每年要投入大量的人力进行防汛，常年维持在 5000 人左右，大汛之年更多，如 1957 年达 2 万人④。骆马湖居民迁移后，清除了"三紧张"，可以安心生产，并缓解了骆马湖的防汛压力。

当然，骆马湖居移民也确实因此付出了巨大的代价，他们是这个工程的最大牺牲者。移民的遗留问题，主要是因为当时处于"大跃进"这一特殊的时代背景。移民工程带有严重的"共产风"和"平调风"，移民的家具、农具等大量被平调，使移民一贫如洗，生产、生活长期处于不安定的状态之中；安置工作的粗糙，使骆马湖移民没有得到很好的安置，有的甚至未被安置，移民在安置区没有归属感，始终把自己当作"外来人"；加之土地矛盾而激化的移民与原住民的紧张关系，加重了移民对故土的眷恋。为了为返回故土寻找适当的理由，他们把迁置后生产、生活上所遭受的困难，全部归咎为骆马湖蓄水所致，而完全忽视了自然灾害的因素，也是不客观的。

---

① 淮阴市水利志编纂委员会：《淮阴市水利志》，方志出版社，2004 年 7 月第 1 版，第 108 页。
② 《关于宿迁县要求恢复骆马湖一水一麦问题的调查报告》，江苏省档案馆馆藏档案：3224-3-1535。
③ 《关于宿迁县要求恢复骆马湖一水一麦问题的调查报告》，江苏省档案馆馆藏档案：3224-3-1535。
④ 《骆马湖蓄水问题资料》，江苏省档案馆馆藏档案：3224-3-1535。

综上所述，社会动员在当代苏北地区的水利建设中，是一个十分重要的环节。苏北地区水利建设中社会动员的对象，包括水利民工、被征地户和水利移民等，有的农民的身份是交叉的。一方面，苏北区的党政机关，通过宣传、教育，将那么多的农民动员到水利工地上、参加治水工程；在施工过程中，又采用各种奖罚、激励政策，组织民工统一施工，保证工程的顺利进展和按时完成。当然，农民上河工，最主要的动机是赚取工资。新中国成立伊始实行"以工代赈"的工资政策，以工资的形式向民工发放粮食，这种工资政策是适应当时救灾运动的要求的。1953年起，根据国民经济的恢复和发展水平，改发货币形式的工资，并适时地进行了两次调整，以保证除日常消耗外工资有结余。另一方面，各级党政机关又通过宣传、动员、颁布补偿政策等办法，动员工地范围内的居民搬家，腾出土地以利施工。20世纪50年代中前期，中共江苏省委根据中共中央精神所颁布的补偿标准和办法，对被征地户和搬家户给予了一定的补偿。总之，50年代中前期，苏北地区的社会动员工作是有序开展的，规模大、水平高，且行之有效。但是，"大跃进"运动的爆发，打乱了水利建设中社会动员的正常开展。超额动员民工，缩减民工工资，水利移民也得不到妥善的安置，还大规模地平调农民的物资，使得农民承受了巨大的损失。直到60年代初期，这些问题才得到解决，水利建设中的社会动员工作，才又重新回到了正轨。总之，苏北地区的广大农民，在当代苏北地区的水利建设中，做出了不可磨灭的贡献！

总之，1949—1966年间，苏北地区水利建设的成就是巨大的。截至1961年年底统计（缺1962—1966年统计资料），全省共完成土石方46.99亿立方米，完成国家投资11.83亿元；开挖和疏浚干支河道260多条，建成大、中、小型水库共583座，建成大中型涵闸169座、小型涵闸9万余座；增加机电排灌59.6万马力①。各骨干工程大都初具规模，江、海、港口大部分都有了涵闸控制，自流灌溉和机电排灌网逐步建成，使洪水有了安排，内涝有了改善，很大程度上改变了新中国成立前旱、涝、洪、碱、风、潮卤、淤等自然灾害经常交错发生的局面。

在流域和区域水系治理方面：治理淮河是苏北地区水利工作的重中之重。黄河夺淮，使淮河下游失去原有的入海出路，是造成淮河下游一切水利问题的根源所在，也是苏北地区制定治淮措施的最主要依据。为了解决洪泽湖以下淮水的出路问题，苏北地区先后开挖了苏北灌溉总渠、兴建了洪泽湖蓄洪工程、治理了入江水道、实施了"淮水北调"工程。这些重大水利工程的建设，形成了淮河流域"两湖三河"（"两湖"即洪泽湖、高宝湖，"三河"即苏北灌溉总渠、入江水

---

① 《江苏省水利建设资料》（1961年12月25日），江苏省档案馆馆藏档案：3224-1-0118。

道和淮沭新河）的控制局面，使淮河洪水除了“两湖”容蓄外，可以通过“三河”分别入海、入江和调入新沂河。这些水利工程不仅解决了淮河下游的出路问题，还实现了淮、沂沭泗两大水系的互调互剂。对沂沭泗水系治理的成败，直接关系着徐淮地区的农业生产。苏北地区对沂沭泗水系的治理，着重在于安排多条出路，开挖沂河和沭河单独入海的通道。对于里下河“锅底洼”的治理，则从治涝、防洪两个方面入手，调整腹地水系，兴建沿海挡潮大闸，建设“四港排水”工程，改变了里下河地区多灾易灾的历史状况。

“大跃进”运动对苏北地区的水利建设，产生了特殊的影响。一方面，1958—1960年，苏北地区兴建了一大批骨干工程，特别是“淮水北调”和“江水北调”两项大型跨流域调水工程的实施，将江、淮、沂沭泗三大水系沟通，实现了水源的互调互剂，奠定了全省水系的新格局；这个时期兴建的大量的水利工程，很大一部分保留了下来，至今仍在发挥作用。另一方面，水利方面所开展“梯级河网化”运动，是江苏省“大跃进”运动的主要场所之一，这场运动集中体现了“五风”的时代特征，不仅留下了很多遗留工程，更使广大的苏北农民遭受了极大的损失，并为随后到来的经济困难和大饥荒埋下了隐患。

除了水利工程本身外，社会动员在苏北地区的水利建设中，是一个非常重要的环节。中共苏北区党委、江苏省委，通过一套行之有效的社会动员方法，组织起数百万的农民兴修水利，动员规模之大、水平之高，在当代中国的社会动员方面，堪称典范。

尽管苏北地区在当代水利建设中，也有很多不足之处，比如动员过程存在个别的强迫命令和摊派现象，工资政策未严格贯彻执行，尤其是“大跃进”时期兴办“梯级河网化”运动，给全省农民带来了巨大损失，但当代苏北地区水利建设所取得的巨大成就，及其对全省农业生产状况的改变以及重大影响是不可否认的。时至今日，苏北地区应在现有水利设施的基础之上，吸取以往水利建设的经验和教训，继续改进和完善水利条件，为农业生产的发展提供更为有利的条件。

附　　录

附录一：文　献

文献一：

苏北大治水运动总动员令①

苏北空前规模的大治水运动现在已开始了！这是苏北全面解放以后，进入建设时期的一个伟大的开端，这是苏北今冬明春压倒一切的中心工作。我苏北全体党政军民必须动员起来，以紧张的战斗姿态，组织一切力量，投进这一巨大的运动中去！

治水是我苏北人民当前最迫切的要求。因为历年来，由于日寇与蒋匪的破坏所造成的水灾，带给苏北人民的苦难太深了，虽然苏北人民在已往对敌斗争中，也没有停止过对水灾的斗争，但在抗日战争与解放战争时期，敌人不仅占领了苏北主要的河道、海口与沿江，而且蓄意破坏沿河、沿海、沿江堤闸，使我们的治水工作受到极大的阻碍。现在，日寇、蒋匪所造成的水患还继续威胁着我们，我们今天就必须以最大力量来战胜它。

治水不仅是积极地为了解除水患，同时也是积极地为了变水害为水利，以便恢复与发展农业生产，进而为发展工业生产，变农业国为工业国打下坚实基础，因此苏北的大治水运动，也是新中国的伟大的建设事业的一部分。

这个治水工程，在苏北是全面的。首先在沂沭河与沿海垦区，按照今冬明春的计划，就要动员六十万人做八十个晴天的工，需粮食二万万多斤。在沿江沿运也有较大规模的工程，在各个专区内，也都有疏浚河流修筑涵闸等较小规模的工

---

① 资料来源：苏北导沂整沭工程司令部、政治部编印：《新沂河年鉴》，文件部分，第1页。

程。在工程进行中也会发生一些困难。但只要我苏北党政军民一致奋起，全力以赴，困难一定可以克服，治水一定可以成功。在过去的岁月中，苏北人民在千百倍于今天的艰难困苦的条件下，曾取得了抗日战争与解放战争的胜利，我们相信，只要我们继续发扬艰苦奋斗的精神，也一定可以在建设事业上得到光辉的成功。因此，我们号召：

一切参加治水工程的民工们！你们过去曾积极参加支前，赢得了战争的胜利；现在你们又是治水工程中的主力。你们的功绩伟大而光荣！你们要继续已往参战支前的精神、热情、勇敢、刻苦、勤劳，完成治水工程任务，保证发展与恢复生产，逐步达到丰衣足食；希望你们发扬英雄主义的精神，成为当前治水运动中的功臣！

一切参加治水工程的技术人员们！你们要高度发挥你们的技术才能，并吸收群众的经验，更好地来指导工程技术的进行，切实做到技术与人民结合，技术归于人民，全心全意地为人民服务，成为人民的工程师和工程员。

一切参加治水工程的部队指战员（官兵）们！你们一方面要维护工程所在地区的治安，镇压匪特的捣乱破坏，一方面又要亲身参加河工，发挥人民军队的本色。你们在战争中涌现了无数战斗英雄战斗模范，希望你们在治水运动中同样地涌现出无数模范与英雄！

一切参加治水工程的干部同志们！你们要严密地科学地组织工程的进行，各个部门应恪尽职责，密切配合民工部门，应组织和率领民工有效地进行工作，并且关心他们的生活，替他们解决困难。供应部门应保证粮食用具的及时供应，政工部门应有计划地进行政治教育，开展文娱活动，鼓舞工作热情，务必保证整个工程顺利地完成。

一切参加治水工程的共产党员青年团员们！你们在一切地方起带头作用和骨干作用，要树立起团结友爱、遵守纪律、刻苦耐劳、克服困难、完成任务的模范。

全苏北各人民团体及工、农、青、妇全体同胞们！过去你们在共产党领导下，万众一心，各人在不同的岗位上，努力支前和生产，保证了战争的胜利。现在苏北的建设时期到来了，大治水运动开始了，你们要继续已往的精神，在各种不同的岗位上，直接间接地贡献出各人最大的力量，你们除了直接参加开河筑堤以外，其他的工作如：运输河工粮草，贩运油、盐、菜蔬，磨面舂米，使工程上的民工生活不感困难，青壮年涌上河工，妇女老弱就要在家完成冬耕任务，进行副业生产，准备度荒，使工程上的民工安心做工。这许多工作都需要我们全体人民协力完成的。

我们号召城市和乡村的中西医生们！你们也要踊跃地组织起来，到工程上去，为参加治水工程的一切人员治病，指导他们如何注意卫生，保持身体的健康，更加发挥劳动的效能。这是你们为人民群众服务的良好时机，也是一件光荣的工作。

各级党委、政府全体同志们！你们当前的中心工作就是生产救灾，治水又是生产救灾的中心环节，必须抓紧这一环节，做好这一工作。要反对官僚主义作风，深入细致地动员与组织一切力量，投入治水运动中去；不进行治水工程的区域，要增强全局观念，加强苏北全体人民休戚相关互相依存的集体主义教育，反对狭隘的地方主义与本位主义，应该大力动员与组织一切力量到工程上去。

苏北空前规模的大治水运动已开始了！为了战胜目前苏北人民头上最大的灾害——水患，为了恢复与发展苏北的农业生产，全苏北党政军民一致动员起来，贡献出一切力量，完成这一光荣而艰巨的任务！

中共苏北区党委
苏北人民行政公署
中国人民解放军苏北军区司令部、政治部
1949 年 11 月 13 日

文献二：

苏北治水人员奖惩条例①

第一条　为全面动员人力物力，兴修水利，高度组织一切参加治水人员，发挥其积极性，坚决保证治水任务胜利完成，以期达到苏北区在两三年内恢复战前生产水平，特订定本条例。

第二条　凡苏北各级各部门各地区治水人员，不论干部或群众，个人或团体，在伟大的治水运动中有功或有过者，悉依本条例规定奖罚之。

第三条　一切治水干部有下列情形之一者，均应分别评功给奖。1. 深入动员教育，以身作则，推动大家，坚决完成任务者。2. 一贯积极任劳任怨，坚决克服困难完成任务者。3. 积极创造经验，推动全盘，成为治水中模范者。4. 大公无私，能服从整体利益者。5. 正确执行政策指示，及时汇报总结经验者，及时注意防奸反特，揭破谣言，追查奸细，有显著成绩者。

第四条　一切治水民工，有下列情形之一者，均应分别评功给奖。1. 自觉自愿，积极完成任务并能团结推动他们者。2. 吃苦耐劳，克服困难，起带头作用者。3. 真正大公无私，能团结友爱者。4. 爱护材料工具节省工资粮食，救济灾民者。5. 认真执行政策，遵守纪律，得到群众好评者。6. 防奸反特有显著成绩者。

第五条　各单位团体有下列情形之一者，均应分别评功给奖。1. 动员教育深入，组织严密，克服困难，坚决完成任务。2. 能掌握情况，争取立功，有计划地推行工作和及时解决问题者。3. 在工作中能创造经验并能起推动作用者。4. 从上到下干部与群众团结一致，全心全意为完成治水任务而努力者。5. 按时到工竣工，工程合乎标准者。6. 坚决服从指挥及时汇报总结经验者。

第六条　根据上列条件，各地各级治水机关党政军或群众团体，应依据实际情况，由上而下组织评功委员会，拟定具体办法，进行评功。

不论机关团体或个人，功分特等、一等、二等、三等四种，积四个三等功为二等功，积三个二等功为一等功，积三个一等功为特等功。

评功时间可按具体情况决定之，一般可在某一任务告一段落时或在总任务完成之后进行评功总结。

功不论大小，须经民主评议，由下而上，按级评定。特等功由苏北行署批准，一、二、三等功由县级机关评定报司令部或专署批准。

第七条　上列干部民工及各单位团体有功者，依据下列办法奖励之。1. 当

① 资料来源：苏北导沂整沭工程司令部、政治部编印：《新沂河年鉴》，第310页。

众表扬。2. 登报表扬通令嘉奖。3. 物质奖励（毛巾、鞋、袜、牙刷等）、奖旗、奖状、奖章等，晋级使用。

第八条　上列奖励办法，其第一项可由领导评功会议之机关当场执行之，第二项由区以上领导机关办理，第三、四项由县以上领导机关办理，第五项按人事任免之规定执行。

第九条　一切治水干部，凡犯有下列情形之一者，应视其情节轻重，分别予以惩处。1. 执行任务阳奉阴违或破坏政策者。2. 敷衍了事，不能及时完成任务，以致影响整个工程者。3. 自私包庇，欺压群众者。4. 强迫命令、作风恶劣，致民工逃跑者。5. 贪污粮草经费者。6. 不经请假“擅离职守”者。

第十条　一切治水民工，凡犯有下列情形之一者，应视其情节严重，分别予以惩处。1. 阴谋破坏，造谣惑众，鼓动或带民工开小差者。2. 有意逃脱开小差，抗拒治水任务者。3. 盗卖或破坏工程器材者。4. 调皮捣蛋、消极怠工者。5. 违反政策纪律，破坏治水工作者。

第十一条　各单位团体，凡犯有下列情形之一者，应按情节轻重，分别予以惩处。1. 动员粗糙，组织散漫，马虎从事不能完成任务者。2. 不能按时到工，工程又不合乎规定标准者。3. 不服从指挥，不积极完成任务者。4. 自私自利，互相包庇，影响工程者。5. 违反政策纪律或治水规章者。

第十二条　上列第九条干部违反其惩处办法如下：1. 当面或当众批评警告。2. 通令记过。3. 撤职或降级使用。4. 送司法机关惩办。

第十三条　上列第十条民工违反者，其惩处办法如下：1. 当面或当众批评、警告。2. 记过。3. 罚工或责令赔偿损失。4. 送司法机关处理。

第十四条　上例第一条单位团体违反，其惩处办法如下：1. 当众批评或警告。2. 罚工或责令赔偿损失。3. 其为首者严办交司法机关处理。

第十五条　上述第十二条、十三条、十四条之惩处办法，其批评、警告可由负责评检机关当众宣布。记过、罚工、赔偿损失，送司法机关处理，须由县以上机关办理。撤职降级使用，须按人事任免之规定执行。

第十六条　本条例自公布之日施行，如有未尽事宜，得随时修正补充之。

文献三：

说明：导沂整沭工程第二阶段，开展了“三十万人齐上决心书”运动。参加新沂河第二阶段工程的各级领导、各个单位，以及每个党员、团员、战士、工程技术人员、卫生、供应、勤杂、民工等所有人员共34万余人，都订立了决心书，全部决心书共数百万言。本文从中选择具有代表性的两份，摘录于后。

睢宁导沂总队部、政治处干部决心书[①]

我们为了提早完成上级交给我们的光荣伟大的导沂任务，我们除有计划地领导发动所属各单位干民自觉自愿搞起竞赛决心签名运动的热潮外，并根据不同的工作情况，订立具体计划，相互竞赛、挑战，克服工作中一切艰巨困难，有足够信心与决心，以作战的精神，百分之百地来完成以下条件：

一、保证所有干部民工，自始至终保持旺盛的情绪，开好龙沟，并按时结账，使民工节余工资粮及时带回家救灾。

二、保证把保卫工作做好，确保河工秩序安全。

三、保证做好卫生工作，少生流行病，即使有病，能随时医治，减少病员。

四、保证做好住地居民工作，搞好群众关系。

五、保证到工干部与民工打成一片，并帮助民工抬泥、挖土，通过扒河进一步转变干部作风。

六、保证贯彻各种制度。

七、保证民工粮草供应及时，所有粮草站所在地之护粮护草组织起作用，不使粮食遭到任何损失。

具决心书人　总队长　刘昭成
政委　刘永章
副政委兼政治处主任　纪凤来
秘书　刘捷军
组织科科长　刘怀远
青年科科长　齐震
卫生科科长　李立志
供应科科长　韩树民
财务科科长　朱保申
工程科科长　陈云枢
工程科副科长　朱保申
动员科科长　贾石华
动员科副科长　戴宏星

① 资料来源：苏北导沂整沭工程司令部、政治部编印：《新沂河年鉴》，第262页。

灌云南城大队部决心书①

为了庄稼不受淹，有衣穿，有饭吃，过好日子，同时为自己着想，为后代子孙生活幸福着想，我们南城大队全体党员、干部、民工、拐磨组等一千二百人，下最大决心，不怕一切困难，有信心地来完成这光荣而伟大的导沂任务，一定做到工程合标准，好天推泥，阴天抬泥，做到好天阴天不住手，加快速度，来争取苏北导沂的模范大队。现向首长们提出六条作保证，我们计划，如不遇雨天，再有五个晴天即完成全部工程。上级原布置我们的实测土方七万三千八百三十四公方土的任务，现已完成六万二千九百八十九公方，仅有一万零八百四十五公方土未做了。俟完工时请首长们亲来检查，特此签名作据。

附条件如下：

（一）坚决做到工程合标准，踩坯倒土，没巷口，队与队的分界处无裂缝，挖泥全部用“连坯里”“一锹死”办法。

（二）各堤马道一律不留半点散土，做到八光：堆光、马道光、塘口光、塘底光、堆顶堆坡光、龙埂光、龙沟通畅“子埝”光。

（三）做到清洁卫生，常晒铺草，常洗衣、不吃冷东西，厕所清洁，完工回家并把厕所填平。

（四）多挖方土多落粮，早完工早回家。

（五）不吵不闹，要团结和兄弟姊妹一样，并做到遵守三大纪律八项注意。

（六）争取在沂河工上立功做英雄，回去在生产救灾中做模范！

大队长	沉鹤鸣	文书	王宝如
大队副	陈宝玉	医生	武心泉
总支书记	吴志友	铁匠	孙晓东
青宣股长	戴洪模		徐开礼
动员股长	任兴贤	事务长	袁德全
工程股长	潘祥兴	炊事员	刘友权
工程员	赵开才	交通员	祝运南
供应股长	倪尔奎		王启荣
会计	王璧山		刘景任
	赵长佐		

① 资料来源：苏北导沂整沭工程司令部、政治部编印：《新沂河年鉴》，第264页。

附录二：表和图

表1　1953年1月江苏省行政区划表

辖区市	专区	县（市）
南京市	—	—
徐州市	徐州专区	新海连市、东海县、赣榆县、砀山县、华山县①、铜北县②、邳县、丰县、沛县、萧县③、淮北盐区④
	淮阴专区	清江市、淮阴县、泗阳县、沭阳县、灌云县、宿迁县、新安县⑤、睢宁县、邳睢县⑥、涟水县
	盐城专区	东台市、盐城县、射阳县、建湖县、阜宁县、淮安县⑦、滨海县、东台县、大丰县
	扬州专区	扬州市、泰州市、江都县、泰兴县、靖江县、兴化县、宝应县、高邮县、仪征县、六合县、江浦县、泰县
南通市	南通专区	海安县、如东县、如皋县、南通县、海门县、启东县、崇明县
常州市	镇江专区	镇江市、丹徒县、扬中县、丹阳县、高淳县、江宁县、句容县、溧水县、溧阳县、武进县、金坛县
苏州市	苏州专区	常熟市、无锡县、江阴县、常熟县、太仓县、昆山县、吴江县、宜兴县、吴县
无锡市	松江专区	松江县、上海县、嘉定县、宝山县、南汇县、川沙县、金山县、奉贤县、青浦县、嵊泗县⑧

说明：本表系根据《江苏省·地理志》（江苏古籍出版社，2001年12月第1版），第65页的相关内容改制。

---

① 1953年撤销，并入丰县、沛县和砀山三县。

② 1953年撤销，恢复铜山县。

③ 1955年，砀山、萧县划归安徽省，并将原安徽省宿县专区的泗洪和滁县专区的盱眙二县，划入本省，由淮阴专区领导。

④ 1953年撤销，并入新海连市。

⑤ 1953年更名为新沂县，从淮阴专区划入徐州专区。

⑥ 1953年与新沂、睢宁两县同时从淮阴专区划入徐州专区，不久撤销邳睢县，并入邳县和睢宁县。

⑦ 1954年划归淮阴专区。

⑧ 1953年将其划入浙江省。

表2 1956年冬季淮河流域基本建设工程完成情况

工程项目	开工日期		计划竣工日期	土方（立方米）		石方（立方米）		混凝土（立方米）		实做工日（工日）	到工人数（人）	
	计划	实际		计划	实际完成	计划	实际完成	计划	实际		技工	民工
治淮投资工程总计				29439974	8788783	29664	16690	22239	1417	5307874	937	311889
新洋港闸	1956. 9. 15	1956. 9. 23	1957. 5	2671991	1628543	—	3357	12600	—	1299679	515	23163
渠北排涝	1956. 11. 12	1956. 11. 13	1957	12184072	1703399	—	—	—	—	795865	—	112818
里运河治理	1956. 11. 1	1956. 11. 18	1957	6118819	934484	416	5571	1348	—	1168266	—	108340
阜宁腰闸	1956. 11		1957. 5	94320	—	—	—	—	—	—	—	—
高宝、白马湖复堤	1956. 11. 15	1956. 11. 15	1957. 5. 15	3772617	—	—	—	—	—	—	—	—

数据来源：《江苏省水利事业第二个五年计划（草案）》，江苏省档案馆馆藏档案：3224-2-0309。

表3　1950年至1957年江苏省淮、沂沭泗流域主要水利工程项目统计表

事业种类	投资来源	项目	开竣工日期	完成投资总额（千元）	完成实物量（公方）			完成建筑物（座）
					土方	石方	混凝	
排水	中央	1. 龙河疏浚	1951. 11. 16—1952. 6. 30	709	3900017	1218	287	桥6
排水	中地	2. 民便河疏浚及建桥	1953. 5—12 1954. 4—6	1640	3749810	455	78	桥26
排水	中地	3. 安河治理	1952—1957. 5	5216	15877027	4424	1508	桥5，涵13
防洪	中央	4. 洪泽湖蓄水处理	1954—1955	1225	940273	—	—	桥3，涵14
灌溉	中央	5. 洪泽湖蓄水垦殖	1955. 3—1957. 3	9050	7002920	5625	1036	桥39，涵17，闸1
防洪	中央	6. 三河节制闸及草坝拦河坝	1952. 10—1954. 6	28214	9335291	78251	51486	闸1
航道	中央	7. 高良涧船闸	1952. 10—1953	1433	233358	2318	3756	闸1
灌溉	中央	8. 高良涧进水闸	1951. 11—1952. 6	2542	246476	13970	9540	闸1
灌溉	中央	9. 灌溉总渠	1951—1953	22180	74080086	—	—	—
灌溉	中央	10. 灌溉总渠十二涵洞及引河	1952—1954	1550	1718，435	5550	4293	桥65，涵1
灌溉	中央	11. 运东分水闸	1951. 11—1952. 7	1900	330644	9822	7303	闸1
排水	中央	12. 排水渠	1952—1953	3264	11146727	—	—	—
排水	中央	13. 六垛北闸	1952. 10—1953. 5	1063	135368	2916	3510	闸1
灌溉	中央	14. 六垛南闸	1952. 10—1953. 10	1969	203411	5368	54577	闸1
航道	中央	15. 阜坎南船闸	1954—1955	1582	220308	3223	3509	桥1，闸1
灌溉	中央	16. 阜宁腰闸及小中河涵洞	1954. 4—1955. 6	5543	2386534	16040	13345	涵1，闸1
排水	中央	17. 射阳河闸（挡潮）	1956. 11—1957. 8	24781	11980345	164345	56352	桥11，涵2，闸1

（续表）

事业种类	投资来源	项目	开竣工日期	完成投资总额（千元）	完成实物量（公方）			完成建筑物（座）
					土方	石方	混凝	
排水	中央	18. 新阳港挡潮闸	1956. 9—1957. 9	15543	8027997	91783	33359	桥 16，闸 1
排水	中央	19. 沧河疏浚及闸	1954. 12—1955. 7	4766	6075405	11725	9912	桥 2，闸 1
排水	中地	20. 拼茶运河疏浚及闸	1954. 12—1957. 4	7424	10557376	11305	12038	桥 17，涵 9，闸 1
排水	地方	21. 东台河流域排涝	1955. 11—1957	3489	7474371	5981	4211	桥 30，闸 1
排水	地方	22. 东台方塘河疏浚	1956. 2—1956. 11	2982	6305128	—	—	桥 6
航道	中央	23 泰州船闸	1952. 9—1953. 12	820	238628	1201	1711	闸 1
航道	中央	24 仙女庙船闸	1952. 9—1953. 11	1321	210904	2969	3892	闸 1
灌溉	中央	25 邵伯节制闸	1952. 10—1953. 6	790	64998	4501	2948	闸 1
灌溉	中央	26 里运河治理	1956. 11—1957. 8	21196	17519257	28767	2137	桥 8，涵 1，闸 5
灌溉	中央	27 南干渠引河	1952—1953	859	3255365	—	—	涵 1
防洪	中央	28 运河复堤及石工	1949—1951	8057	8357399	176716	—	涵 22，闸 1
航道	中央	29 濉安船闸	1952. 9—1954. 3	1144	179476	2176	2448	闸 1
灌溉	中央	30 淮安节制闸	1952. 9—1954. 2	1056	281303	5373	2688	闸 1
航道	中央	31 淮阴船闸	1950—1951	1102	209366	3019	1633	闸 1
防洪	地方	32 杨庄活动坝	1952	682	—	—	—	
排水	中地	33 渠北排涝	1956. 11—1957. 8	16945	11828385	23290	20099	桥 14，涵 6，闸 29
灌溉	地方	34 渠南灌溉工程	1955. 11—1956. 2 1957. 2—6	2115	8723454	2469	3892	桥 41，涵 2，闸 14
灌溉	地方	35 渠北乌沙灌区	1957. 3—7	798	1811835	4055	1428	桥 13，涵 9
灌溉	地方	36 淮阴竹洛坝灌区	1957. 3—7	900	2127600	3371	1621	桥 15，闸 19

（续表）

事业种类	投资来源	项目	开竣工日期	完成投资总额（千元）	完成实物量（公方）			完成建筑物（座）
					土方	石方	混凝	
防洪	中央	37 六闸附近切滩及凤凰河疏浚	1955.3—11 1955.11—1956.11	10705	8533955	18	—	—
防洪	中央	38 高宝湖、白马湖复堤	1956.11—1957.8	7551	12137325	—	—	涵49
排水	地方	39 建设农场	1954—1956	1047	3544897	—	—	桥 3，涵1
排水	地方	40 上海农场	1954—1957	1983	3596354	1055	3520	桥3，涵6，闸1
排水	地方	41 大中农场	1954—1957	1412	4407552	4784	2516	桥2，涵2，闸2
排水	地方	42 苏北棉垦区	1952—1955	14151	26174475	18878	15915	桥 25，闸5

注：本表包括沂沭泗流域所建工程。

数据来源：《江苏省水利事业第二个五年计划（草案）》，江苏省档案馆馆藏档案：3224-2-0309。

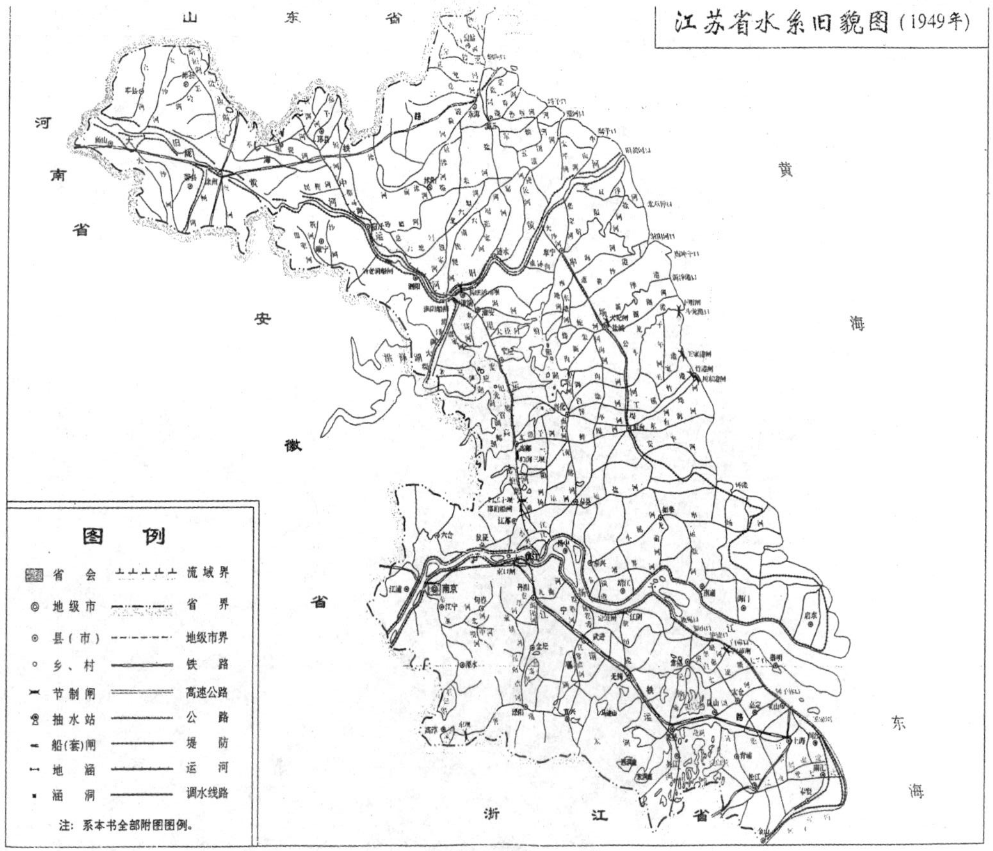

图1 江苏省水系旧貌图①

① 图片来源：江苏省地方志编纂委员会：《江苏省志 · 水利志》，江苏古藉出版社，2001年，图片部分。

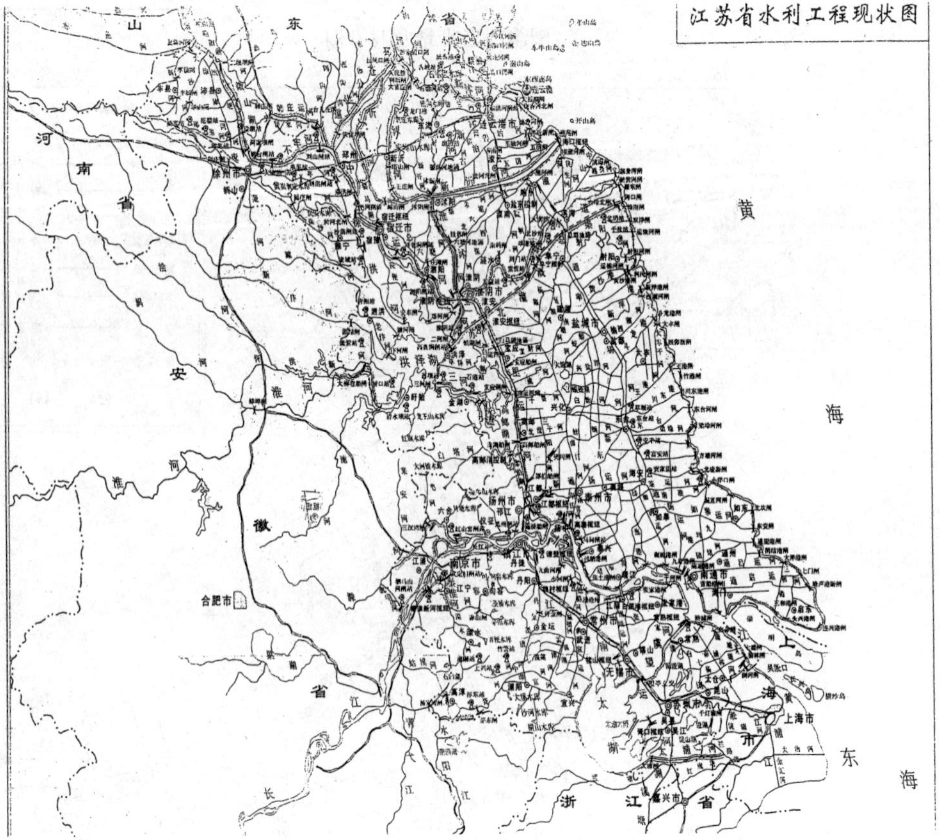

图2 江苏省水利现状图[①]

① 图片来源：江苏省地方志编纂委员会：《江苏省志·水利志》，江苏古籍出版社，2001年，图片部分。

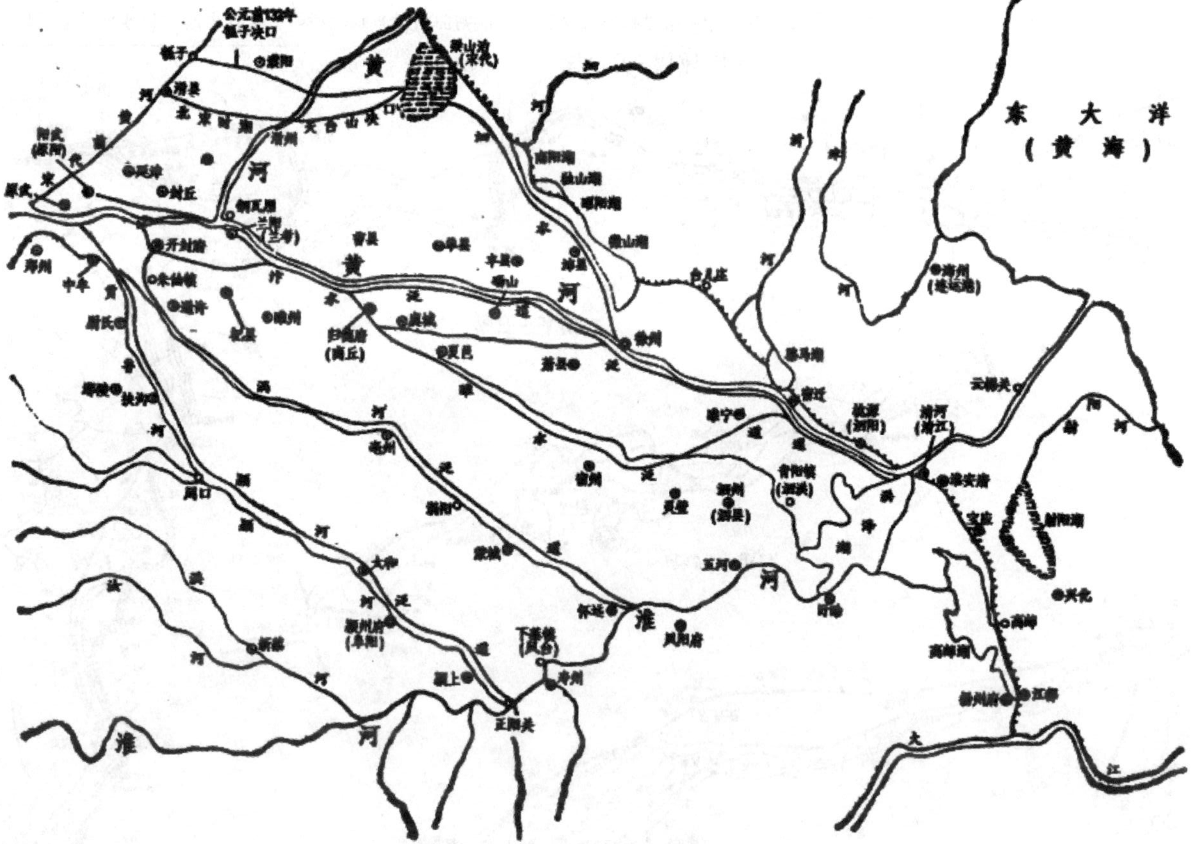

图3 黄河夺淮路线示意图①

① 图片来源：水利部淮河水利委员会、《淮河志》编纂委员会编：《淮河志》第二卷，《淮河综述志》，科学出版社，2000年9月第1版，第83页。

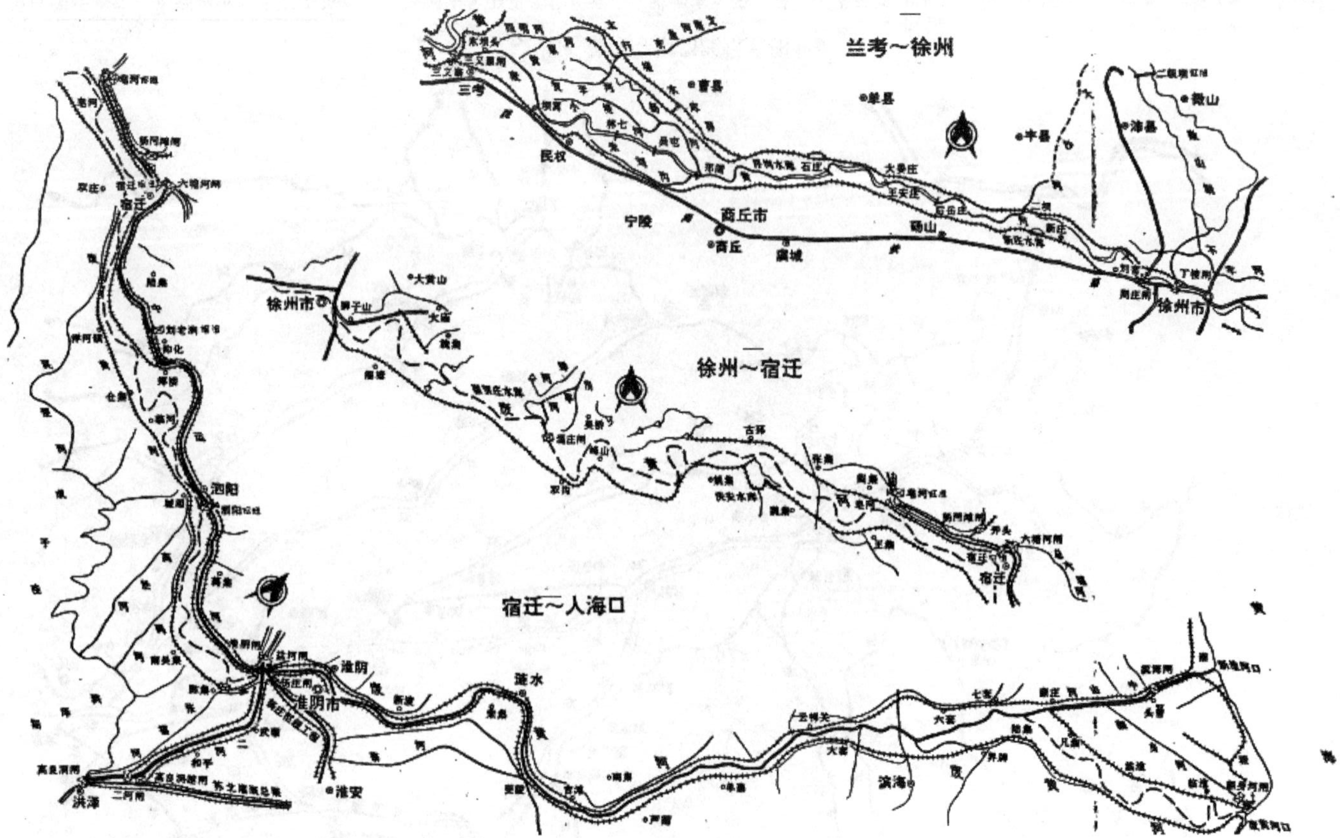

图4 废黄河水系图①

① 图片来源：水利部淮河水利委员会沂沭泗水利管理局编：《沂沭泗河道志》，中国水利水电出版社，1996年11月第1版，第293页。

附录三：表目录和图目录

表　目　录

图 目 录

参考文献

一、档案资料

江苏省档案馆馆藏档案:

[1] 江苏省水利厅档案，全宗号3224

[2] 中共江苏省委员会办公厅档案，全宗号3011

[3] 江苏省人民政府（含办公厅）档案，全宗号3072

[4] 中共苏北区党委档案，全宗号3001

[5] 苏北行署档案，全宗号3067

[6] 江苏省退赔办公室档案，全宗号3063

[7] 江苏省农林水办公室档案，全宗号3214

[8] 苏北治淮指挥部档案，全宗号3228

[9] 淮沭河工程指挥部档案，全宗号3230

[10] 苏北运河指挥部档案，全宗号3229

二、内刊资料

[1] 中共苏北区党委:《苏北情况汇编》，1952年。

[2] 苏北周刊社编:《苏北周刊》，1949年9-10月。

[3] 中共江苏省委办公厅编印:《江苏工作情况资料》，1955年。

[4] 江苏省委办公厅:《江苏省基本情况参考资料》，1957年。

[5] 江苏省编制委员会办公室:《江苏省行政概况、人口和人员编制统计资料》，1964年。

[6]《治淮汇刊》（第一至三辑），治淮委员会，治淮汇刊编辑委员会，内部刊物。

[7]《治淮汇刊》（第四至五辑），水利部治淮委员会，治淮汇刊编辑委员会，内部刊物。

[8] 苏北导沂整沭工程司令部、政治部编：《新沂河年鉴》，内部资料。

[9]《历次全国水利会议报告文件：1949—1957》，水利部办公厅 1957 年编印。

[10]《1958—1978 年历次全国水利会议报告文件》，《当代中国的水利事业》编辑部 1987 年 4 月编印。

[11] 中共江苏省委党史工作办公室、江苏省档案馆编：《中国共产党江苏省历次代表大会文献汇编（1927—1994）》（上、下），江苏省新闻出版局准内部印行，准印证号：苏出准印 JSE-002799。

[12] 中国社科院江苏分院哲学社会科学研究所历史研究室编：《江苏十年大事记（1949—1959）》，内部发行。

三、报纸

[1] 江苏省苏北人民行政公署秘书处编：《苏北政报》（第一期至第九期），1950—1951 年。

[2] 江苏省人民委员会办公厅编：《江苏政报》（第一期至第九期），1950 ~ 1958 年。

[3]《人民日报》，1949 ~1966 年。

四、文献汇编

[1] 中共中央文献研究室编：《建国以来重要文献选编》（第一至十四册），中央文献出版社，1992—1997 年。

[2] 张树军、齐生主编：《中国共产党八十年重大会议实录》（上、下），湖南人民出版社，2001 年版。

[3] 中华人民共和国国家农业委员会办公厅编：《农业集体化重要文件汇编（1958—1981）》（上、下册），中共党史出版社，1981 年版。

[4] 中共中央文献研究室编：《毛泽东文集》（第五至八卷），人民出版社，1997—1999 年版。

[5] 中共中央文献研究室编：《薄一波文选（1937—1992）》，人民出版社，1992 年版。

[6] 中共中央文献研究室编：《陈云传》（上、下），中央文献出版社，2005 年版。

[7] 曾希圣：《曾希圣文选（1939—1961）》，人民出版社，2008 年版。

[8] 邓子恢：《邓子恢文集》，人民出版社，1996 年版。

[9] 陶述曾：《陶述曾治水言论集》，湖北科学技术出版社，1983 年版。

[10]《京杭运河（江苏）史料选编》编纂委员会编：《京杭运河（江苏）史料选编》，人民交通出版社，1997 年版。

[11] 刘定汉主编：《当代中国的江苏》，邓力群主编《当代中国》丛书，中国社会科学出版社，1989 年版。

[12]《江苏水利大事记（1949—1985)》，江苏省水利史志编纂办公室 1988 年 7 月编印。

[13] 水利部淮河水利委员会，中国科学院南京地理与湖泊研究所合编：《淮河流域地图集》，科学出版社，1999 年版。

[14] 江苏省农业厅编：《江苏省里下河地区土壤调查报告》，江苏省农业厅，1957 年编印。

五、地方志

[1]《江苏省志·水利志》，江苏古籍出版社，2001 年版。

[2] 吴兴如主编：《江苏省水利测绘志》，河海大学出版社，1994 年版。

[3]《江苏省志·城乡建设志》，江苏人民出版社，2008 年版。

[4]《淮河志》第二卷《淮河综述志》，科学出版社，2000 年版。

[5]《黄河志》卷一《黄河大事记》，河南人民出版社，1991 年版。

[6]《淮河治理与开发志》，科学出版社，2004 年版。

[7]《淮河规划志》，科学出版社，2005 年版。

[8]《京杭运河志（苏北段)》，上海社科出版社，1998 年版。

[9]《洪泽湖志》，方志出版社，2003 年版。

[10]《沂沭泗河道志》，中国水利水电出版社，1996 年版。

[11]《江都水利枢纽志》，河海大学出版社，2004 年版。

[12]《淮阴市水利志》，方志出版社，2004 年版。

[13]《淮安市志》，江苏人民出版社，1998 年版。

[14]《高邮县志》，江苏人民出版社，1990 年版。

[15]《阜宁县志》，江苏科学技术出版社，1992 年版。

[16]《盐城县志》，江苏人民出版社，1993 年版。

[17]《徐州市志》，中华书局，1994 年版。

[18]《泗洪县志》，江苏人民出版社，1994 年版。

[19]《新沂县志》，江苏科学技术出版社，1995 年版。

[20]《宿迁市志》，江苏人民出版社，1996 年版。

[21]《南通县志》，江苏人民出版社，1996 年版。

[22]《射阳县志》，江苏科学技术出版社，1997 年版。

[23]《扬州市志》，中国大百科全书出版社上海分社，1997年版。

[24]《大丰县志》，江苏人民出版社，1989年版。

六、专著、论文集

[1] 中共中央文献研究室编：《毛泽东传（1949—1976）》，中央文献出版社，2003年版。

[2] 金冲及主编：《周恩来传（1949—1976）》，中央文献出版社，1998年版。

[3] 中共中央文献研究室编：《周恩来传（1949—1976）》，中央文献出版社，1998年版。

[4] 中共中央文献研究室编：《周恩来经济文选》，中央文献出版社，1993年版。

[5] 薄一波：《若干重大决策与事件的回顾》，中共中央党校出版社，1991年版。

[6] 陈克天：《江苏治水回忆录》，江苏人民出版社，2000年版。

[7] 水利部淮河水利委员会《淮河水利简史》编写组编著：《淮河水利简史》，水利电力出版社，1990年版。

[8] 王祖烈编著：《淮河流域治理综述》，水利电力部治淮委员会淮河志编纂办公室，1987年3月印。

[9]《治淮回忆录》，水电部治淮委员会1985年9月编印。

[10] 曹应旺：《周恩来与治水》，中央文献出版社，1991年版。

[11] 江渭清：《七十年征程——江渭清回忆录》，江苏人民出版社，1996年版。

[12] 丁群：《刘顺元传》，江苏人民出版社，1999年版。

[13] 惠浴宇：《惠浴宇文存》，江苏人民出版社，2009年版。

[14]《邓子恢自述》，人民出版社，2007年版。

[15] 李良玉：《李良玉史学文选》，合肥工业大学出版社，2001年版。

[16] 李良玉：《李良玉史学文存》，合肥工业大学出版社，2010年版。

[17] [美] 戴维·艾伦·佩兹著，姜智芹译：《工程国家——民国时期（1927—1937）的淮河治理及国家建设》，江苏人民出版社，2011年版。

[18] [美] 卡尔·A. 魏特夫著，徐式谷、奚瑞森等译：《东方专制主义：对于极权力量的比较研究》，中国社会科学出版社，1989年版。

[19] [美] 彭尼·凯恩著，郑文鑫等译：《中国的大饥荒：1959—1961》，中国科学出版社，1993年版。

［20］马俊亚：《被牺牲的“局部”——淮北社会生态变迁研究（1680—1949）》，北京大学出版社，2011 年版。

［21］行龙：《以水为中心的晋水流域》，山西人民出版社，2007 年版。

［22］王腊春、史运良、王栋、张兴奇等编：《中国水问题：水资源与水管理的社会研究》，东南大学出版社，2007 年版。

［23］王亚华：《水权解释》，上海人民出版社，2005 年版。

［24］吴海涛：《淮北的盛衰：历史成因的考察》，社会科学文献出版社，2005 年版。

［25］中共江苏省委党史工作办公室，江苏计划与经济委员会编：《六十年代国民经济调整（江苏卷）》，中共党史出版社，2000 年版。

［26］柳随年，吴群敢主编：《“大跃进”和调整时期的国民经济（1958—1965）》，黑龙江人民出版社，1984 年版。

［27］孟昭华：《中国灾荒史》，水利电力出版社，1989 年版。

［28］钱钢等主编：《二十世纪中国重灾百录》，上海人民出版社，1999 年版。

［29］骆承政等主编：《中国大洪水——灾害性洪水述要》，中国书店，1996 年版。

［30］夏明方等主编：《20 世纪中国灾变图史》（上、下），福建教育出版社、广西师范大学出版社，2001 年版。

［31］顾浩主编：《中国治水史鉴》，中国水利水电出版社，1997 年版。

［32］张念祖：《中国历代水利述要》，华北水利委员会图书室，1932 年版。

［33］郑肇经：《中国水利史》，商务印书馆，1939 年版。

［34］郑肇经：《中国之水利》，商务印书馆，1951 年版。

［35］沈百先等编：《中华水利史》，台湾商务印书馆，1979 年版。

［36］姚汉源：《中国水利史纲要》，水利水电出版社，1987 年版。

［37］姚汉源：《中国水利发展史》，上海人民出版社，2005 年版。

［38］水利水电科学研究院《中国水利史稿》编写组：《中国水利史稿》（上、中、下），水利水电出版社，1989 年版。

［39］江苏省革命委员会水电局编：《江苏省农田水利参考资料》，江苏省革命委员会水电局，1975 年版。

［40］郑肇经：《农田水利学》，中国科学图书仪器公司，1952 年版。

［41］彭雨新，张建民：《明清长江流域农田水利研究》，武汉大学出版社，1993 年版。

［42］水利部农村水利司编著：《新中国农田水利史略（1949—1998）》，中

国水利水电出版社，1999 年版。

[43] 汪家伦、张芳编著：《中国农田水利史》，农业出版社，1990 年版。

[44] 周魁一：《农田水利史略》，水利水电出版社，1986 年版。

[45] 罗兴佐：《治水：国家介入与农民合作：荆门五村农田水利研究》，湖北人民出版社，2006 年版。

[46] 张修真主编：《南水北调：中国可持续发展的支撑工程》，中国水利水电出版社，1999 年版。

[47] 林一山：《高峡出平湖：长江三峡工程》，中国青年出版社，1995 年版。

[48] 林一山等著：《功盖大禹》，中共中央党校出版社，1993 年版。

[49]《河网化：平原山区最完善的治水方法》，科普出版社，1958 年版。

[50] 阜阳专属水利电力局编：《淮北河网化歌谣》，上海文艺出版社，1959 年版。

[51] 沈益民等著：《中国人口迁移》，中国统计出版社，1992 年版。

[52] 葛剑雄：《中国移民史》，福建人民出版社，1997 年版。

[53] 朱学西：《中国古代著名水利工程》，商务印书馆，1997 年版。

[54] 吕元平：《水利工程概论》，水利水电出版社，1994 年版。

[55] 淮河水利委员会编：《中国江河防洪丛书·淮河卷》，中国水利水电出版社，1996 年版。

[56] 缪启愉：《太湖塘圩田史研究》，农业出版社，1965 年版。

[57] 姚汉源：《京杭运河史》，中国水利水电出版社，1998 年版。

[58] 陈桥驿：《中国运河开发史》，中华书局，2008 年版。

[59] 高峻：《新中国治水事业的起步（1949—1957）》，福建教育出版社，2003 年版。

[60]《当代中国水利基本建设》，水利电力部基本建设司，1986 年 6 月编印。

[61] 岑仲勉：《黄河变迁史》，中华书局，2004 年版。

[62] 黄河水利委员会编：《黄河水利史述要》，黄河水利出版社，1982 年版。

[63] 程有为：《黄河中下游地区水利史》，河南人民出版社，2007 年版。

[64] 长江流域规划办公室、《长江水利史略》编写组编：《长江水利史略》，水利电力出版社，1979 年版。

[65] 谭徐明主编：《中国灌溉与防洪史》，中国水利水电出版社，2005 年版。

[66]《中国大百科全书·水利》，中国大百科全书出版社，1993年版。

[67] 郑连第编：《中国水利百科全书·水利史分册》，中国水利水电出版社，2004年版。

[68] 崔宗培主编：《中国水利百科全书》第1—4卷，水利电力出版社，1991年版。

[69] 周一魁：《中国科学技术史·水利卷》，科学出版社，2002年版。

[70] 中国水利学会水利史研究会主编：《水利史研究会成立大会论文集》，水利水电出版社，1984年版。

[71] 中国水利水电科学研究院水利史研究室编：《历史的探索与研究——水利史研究文集》，黄河水利出版社，2006年版。

[72] 中国水利学会水利史研究会选编：《中国近代水利史论文集》，河海大学出版社，1992年版。

[73] 李仪祉原著、黄河水利委员会选辑：《李仪祉水利论著选集》，水利水电出版社，1988年版。

[74] 中国水利学会水利史研究会、江苏省水利史志编纂委员会编：《太湖水利史论文集》，1986年编印。

[75] 水电部治淮委员会、中国水利学会水利史研究会编：《淮河水利史论文集》。

[76] 农业部农田水利局编：《水利运动十年（1949—1959）》，农业出版社，1960年版。

[77] 农业部农田水利局编：《十年来农田水利建设成就：1949—1959》，农业出版社，1959年版。

[78] 水利水电部办公厅宣传处编：《现代中国水利建设》，水利电力出版社，1984年版。

[79] 水利部办公厅新闻宣传处编：《造福人民的事业——中国水利建设40年》，水利电力出版社，1989年版。

[80]《水利辉煌50年》编纂委员会编：《水利辉煌50年》，中国水利水电出版社，1999年版。

[81] 中华人民共和国水利水电部农田水利局编辑：《论水利高潮》，科学普及出版社，1958年版。

[82] 单树模等编著：《江苏省地理》，江苏教育出版社，1986年版。

七、学术论文

[1] 施立业、刘长生：《建国初期（1949—1957）淮河流域水灾救治研究》，

《安徽大学学报》，2008 年第 6 期。

[2] 于文善：《建国以来淮河流域水患灾害及治理》，《党史研究与教学》2005 年第 6 期。

[3] 王日根：《明清时期苏北水灾原因初探》，《中国社会经济史研究》1994 年第 2 期。

[4] 禤推翎：《当代广西水利建设述评（1950～1979）》，硕士学位论文，广西师范大学，2006 年。

[5] 王培华：《水利与中国历史特点》，《中国水利史研究》1999 年第 1 期。

[6] 周魁一：《略论水利史研究的现实意义》，《农业考古》1986 年第 2 期。

[7] 谭徐明、周魁一：《经世致用之学——当代水利史研究新进展》，《华北水利水电学院学报》2003 年第 4 期。

[8] 周魁一：《历史模型的理论与实践——以水利的历史研究为例》，《农业考古》1994 年第 3 期。

[9] 龚孟建：《社会学视野下的水利史观——以明清以来洪洞水利与社会变迁为例》，《山西水利》2009 年第 3 期。

[10] 王瑞芳：《大跃进时期农田水利建设得失问题研究述评》，《北京科技大学学报》2008 年第 4 期。

[11] 汪家伦：《浅谈农田水利史的几个问题》，《中国农史》1986 年第 1 期。

[12] 周魁一：《中国古代农田水利》，《农业考古》1986 年第 1 期。

[13] 吴海涛：《古代淮北地区的农田水利建设》，《中国农史》2002 年第 4 期。

[14] 汪家伦：《熙宁变法期间的农田水利事业》，《晋阳学刊》1990 年第 1 期。

[15] 牛建立：《华北抗日根据地的农田水利建设》，抗日战争史研究》2010 年第 2 期。

[16] 袁长极：《“大跃进”及三年困难时期的山东水利》，《春秋》1998 年第 6 期。

[17] 温福堂：《水利战线上大搞群众运动》，《中国农垦》1960 年第 1 期。

[18] 于升、葛春娱：《水乡泽国——江苏水利史寻踪及其启示》，《时代人物》2008 年第 4 期。

[19] 陈开源、周弘声：《南京水利建设 50 年及其主要经验浅探》，《唯实》1999 年第 12 期。

[20] 苑书耸：《晋冀鲁豫抗日根据地的水旱灾害与水利建设》，《华北水利水电学院学报》2009 年第 6 期。

[21] 张建民：《中国传统社会后期的减灾救荒思想述论》，《江汉论坛》1994 年第 8 期。

[22] 王规凯：《对中国水利史科学体系的初步设想》，《人民黄河》1984 年第 4 期。

[23] 周魁一：《略论水利史研究的现实意义》，《农业考古》1986 年第 2 期。

[24] 晏雪平：《二十世纪八十年代以来中国水利史研究综述》，《农业考古》2009 年第 1 期。

[25] 郭新立等：《试论治黄方略的历史演变》，《科技进步与对策》2003 年增刊。

[26] 李光泉：《论清初黄河治理的改革》，《求索》2008 年第 5 期。

[27] 邹逸麟：《试论我国运河的历史变迁》，《历史教学问题》1982 年第 3 期。

[28] 马正林：《中国运河变迁的基本特点》，《陕西师大学报》1978 年第 2 期。

[29] 王云：《近十年来京杭运河史研究综述》，《中国史动态研究》2003 年第 6 期。

[30] 金颖：《近代奉天省农田水利纷争及政府调解原则》，《社会科学辑刊》2010 年第 6 期。

[31] 高楠：《宋代用水纠纷述论》，《河北大学学报》2009 年第 3 期。

[32] 衷海燕：《清代珠江三角洲的水事纠纷及其解决机制研究》，《史学集刊》2009 年第 6 期。

[33] 赵国壮：《论晚清湖北的水利纠纷》，《华中师范大学研究生学报》2007 年第 3 期。

[34] 张建民：《人口运动与水利问题的历史反思》，《武汉大学学报》1988 年第 5 期。

[35] 陈伟：《我国水利水电工程移民安置现状及思考》，《中国水利》2010 年第 20 期。

[36] 李安峰：《“大跃进“期间农田水利建设中移民和伤亡抚恤问题——以昆明为中心考察》，《古今农业》2010 年第 2 期。

[37] 仲秋：《安徽 J 县水库移民后期扶持政策实施的调查与思考》，《河海大学学报》2010 年第 3 期。

[38] 魏先超：《水库移民遗留问题及处理措施初探》，《人民珠江》2010 年第 4 期。

[39] 程毅等：《水利水电工程征地移民实物调查及补偿问题的探讨》，《人

民长江》2010 年第 23 期。

[40] 李秀雯：《淮河流域省际边界水利工程治理概况》，《治淮》2001 年第 2 期。

[41] 陈克天：《洪泽湖的治理与开发》，《江苏水利》2000 年第 4 期。

[42] 郭剑平等：《江水北调工程社会经济分析》，《江苏水利》2001 年第 11 期。

[43] 汪家伦：《古代太湖地区的洪涝特征及治理方略的探讨》，《农业考古》1985 年第 1 期。

[44] 巴兆祥：《江淮地区圩田的兴筑与维护》，《中国农史》1997 年第 3 期。

[45] 魏嵩山：《丹阳湖区圩田开发的历史过程》，《历史地理》第 1 辑。（无）

[46] 缪启愉：《太湖地区的塘埔圩田系统的形成和发展》，《中国农史》1982 年第 1 期。

[47] 张芳：《宁、镇、扬地区历史上的坝塘水利》，《中国农史》1994 年第 2 期。

[48] 汪家伦：《古代太湖地区的洪涝特征及治理方略的探讨》，《农业考古》1985 年第 1 期。

[49] 魏新民：《试析三国两晋时期的江淮农田水利建设》，《农业考古》2008 年第 3 期。

[50] 尹北直、王思明：《李仪祉与江淮水利》，《工程研究——跨学科视野中的工程》2009 年第 4 期。

[51] 尹北直、王思明：《张謇"导淮"：中国近代水利史上的一个转折点》，《华北水利水电学院学报》2010 年第 2 期。

[52] 冯贤亮、林涓：《民国前期苏南水利的组织规划与实践》，《江苏社会科学》2009 年第 1 期。

[53] 刘一民：《抗战时期大后方的农田水利建设》，《求索》2005 年第 9 期。

[54] 李俊：《抗战时期国民政府水利建设述论》，《求索》2009 年第 12 期。

[55] 潘春辉：《清代河西走廊水利开发与环境变迁》，《中国农史》2009 年第 4 期。

[56] 周魁一：《水利建设在减轻今年淮河水灾中的作用》，《中国减灾》1991 年第 8 期。

[57] 朱显灵等：《我国"大跃进"时期农具改革运动考察》，《自然辩证法通讯》2009 年第 4 期。

八、期刊、网站

[1]《治淮》，水利部淮河水利委员会主办。

[2]《水利学报》，中国水利学会主办。

[3]《水利发展研究》，水利部发展研究中心主办。

[4]《中国水利》，中国水利报社主办。

[5]《江苏水利》，江苏省水利学会主办。

[6]《水利科技》，福建省水利厅、福建省水利学会主办。

[7]《江苏水利科技》，江苏水利科技编辑部，1980—1997 年。

[8]《江淮水利科技》，安徽省水利志编辑室、安徽省水利学会主办。

[9]《中国农村水利水电》，水利部中国灌溉排水发展中心、水利部农村水电及电气化发展局、武汉大学、中国国军灌排水委员会联合主办。

[10]《华北水利电力学院学报（社科版）》，华北水利水电学院主办。

[11] 江苏水利网：www. jswater. gov. cn

[12] 江都水利枢纽：www. jdslsn. com

[13] 淮沭新河管理处：www. hsxh. com

[14] 中国水势网：www. waterinfo. com. cn

后　　记

这也许是本文最难写的部分。在论文写作过程中，曾多次动笔写“后记”，但每每不能让自己满意。或许，只有此时此刻，在论文完成之际，在这静谧的夜晚，才能沉淀心情，将所有的情愫都宣泄出来吧！

毕业的季节，校园里满是身着学位服拍照留念的毕业生。镜头前，他们的笑容如花朵般的灿烂，但是，透过他们的笑容，我读到了和我一样的忧伤。是啊，就要离开生活了三年的南大，和博学又和蔼的老师们挥手道别，曾经朝夕相处的同窗也将各奔东西了。浓浓的离愁笼罩着校园。

最最舍不得离开的，就是我的导师李良玉教授。李老师是历史系出了名的严师，对学生有一套独有的训练方法。老师数十年如一日，专心治学，把全部的心思放在我们这些学生身上。我们每一个人的博士论文选题，都是经过老师慎重斟酌的。您手把手地教我们如何搜集资料，如何甄别、分析资料，如何把文章写得“出彩”。要达到您的标准，实在不是一件容易的事情。我的一篇万余字的小论文，反复修改，总是不能让您满意。于是，您数次找我谈话，一条一条地分析档案资料，帮我理清思路，启发我提炼观点，最终，文章改了8稿，才达标。可见，老师教导我们是多么的耐心。就这样，我们一个个“顽石”才获得了学术上的新生。当恨铁不成钢的时候，老师会很严厉地批评我们。幸运的时候，师母就会来“解救”我们。师母待我们真好，每次登门，或是沏杯热茶，或是端来新鲜的水果；老师谈话开始，师母便转身忙家务去了。

是严师，更是慈父。生活中的李老师却是如此的和蔼、慈祥，对我们的关心和照顾，可谓无微不至。我们和老师的见面，是频繁的，除了被老师找来谈话，就是吃大餐了。老师很是体恤我们这些外地的学生，平时，常常请我们吃饭，逢年过节，更把我们召集起来。老师请我们吃饭，吃到的不仅是美味佳肴，还能学到一点本领。老师说，缺少交际是一个弱点，聚餐礼仪能培养待人处世的能力。

在我找工作期间，老师投入了相当大的精力。没有头绪的时候，您比我更加着急，不时开导我、鼓励我；面对选择的时候，您帮我细数利弊。我是个缺乏主见的人，在面对选择的时候，总是犹豫不决，掌握不住方向。是您帮我分析各种利弊，分析我当前面临的实际情况和困难，以做出最优的选择；您告诫我，做选择不能只根据自己的喜好，而要考虑实际情况；您教诲我做事要灵活，不能刻板，并告诉我应变的方法，让我既有了前进的方向，又留下了余地。每次促膝长谈，与其说您是老师，倒不如说您更像父亲，因为只有父亲对自己的孩子，才能这样的上心。

您也是位重情的老师。每届弟子毕业的时候，您的心里也充满了依依的不舍。如今，您已桃李满天下。师恩如山，任何感激的语言都显得苍白无力。老师说过：带学生是我的职责，用不着感谢。这就是一位老师最朴实的心愿吧！能够在自己的学生生涯中，碰到李老师，三生有幸！

也不忍和所有的同门离别。

李老师的门下是一个大家庭，兄弟姐妹们来自五湖四海，身份也不一，除了像我这样的在校学生，大部分是各大高校的老师，也不乏企业、机关人士。可不管来自哪里，也不管身份高低，在这个家庭里，我们都能和睦相处，平等对话，更可贵的是能够互相帮助，而且是倾其全力。周宁、谭志云、荆世杰等诸位师兄，在我焦头烂额找工作的时候，给了我很大的关心和帮助。在我还没有开始找工作的时候，谭志云师兄就帮我联系单位，给了我很大的信心。周宁师兄几次三番向系里说情，帮我争取到了试讲的机会。

陈国庆、翟洪峰、皮学军三位师兄特别关心我的学业。已经毕业的陈师兄，经常发信息询问我论文进展如何，鼓励我要抓紧时间加油写作。翟师兄和嫂子也给帮了我很大一个忙，嫂子曾费了好多周折，托了好几个人，帮我联系上了水利专家周君亮老先生，我才有机会跟老先生做了访谈。皮师兄性格憨厚，我们喜欢喊他“老皮”，他可是收集资料的高手，他的资料装满了五六个移动硬盘；老皮很大方，有一次我找他拷资料，师兄恨不得把所有我能用到的书全部拷给我，反倒让我觉得很不好意思。

任玲玲老师总是照顾我们，有时候，还说点俏皮话，给我们打打圆场。张慧卿师姐帮助我调整论文初稿的格式，一篇格式乱七八糟的稿子，在师姐调整后，立马有了新的模样。施亚利师姐喜欢亲昵地称我“丫头”“傻师妹”；与爱谈学术的师兄相比，我们更愿意和师姐聊聊家常，倾吐心事。张成洁老师心善、谦虚，也很有天赋。写论文时，她总是能很快地理解老师的意思，一篇文章，我们往往要数易其稿，可张老师改两三稿就达标了。

陶海洋师兄每次来南京，我们就有口福了，师兄总要请我们去饭店大吃一顿，给我们改善生活。朱移山、唐旭斌两位师兄也是如此，但他们总是来去匆匆的。

龙观华、刘永春两位师哥是跟我一年拜师的。也正因为我们是同一年入学的，我管他俩叫“师哥”，以与早我们入学的师兄作区别。我很钦佩龙师哥，在边写作、边工作的情况下，初稿完成的时间比我短、成熟度比我高，比我努力、比我刻苦；不惑之年，还能有这股拼劲，实在令人佩服。聚会的时候，最喜欢听刘师哥讲故事，幽默、声情并茂，常常把老师和我们逗得捧腹大笑，师哥也要加油啊，希望您家的宝宝，将来也是个小博士。

邢恩源、尹涛、王小平三位师弟，是酒桌上的中坚力量。小平师弟酒品很好，老师都称赞。尹师弟则十分谦让，这倒也添了不少乐趣。邢师弟虽入学比我晚，但比我年长，为了表示尊重，我管他叫“师弟哥”，他也便管我叫“师姐妹”。

天资聪慧的周倩倩师妹，希望你在老师的教导下，会有不凡的成绩。茅坚鑫师弟曾经用了整整一个中午，牺牲了午休的时间，帮我修好了电脑，不知道师弟有没有嫌弃我的答谢之礼——“绝味鸭脖”呢？夏林师弟可以算是“多产作家”了，两年时间发表了三篇学术论文。老师还把他的一篇稿子当作大家的范文，这让我们自惭形秽。史星宇小师妹，乖巧可爱，蓬勃有朝气。看到你，我就回想起自己二十二三岁的年华。

还有已经毕业的柳森师兄、周艳敏、李娇娇两位师妹，你们工作、生活得还好吗？5月底，柳师兄到上海开会，趁机探望老师，我们有机会见了一面。师兄毕业两年了，似乎没有太大的改变，只是比以前更加的容光焕发。讲起目前的工作，和温馨的小家庭，师兄脸上洋溢着让人羡慕的喜悦。师兄说，之所以现在一切比较顺利，都得益于当年老师抓得紧呢！

就是这样子的。我们同门之间，就是这样互尊互敬，互帮互助。这里没有明争暗斗，没有笑里藏刀，有的都是人与人之间最纯洁的情谊。同门之间的这份情谊，对于我来说，是那么珍贵。再见了，各位同门，我的兄弟姐妹，以后见面的机会不像现在这么多了。这一别，不知何年会聚齐？我会记得各位的模样，记得大家在一起时的谈笑风生，也希望多年以后，大家还能记得这个名叫赵筱侠的爱笑又伤感的师妹（姐）。

在论文交付之际，还有太多的人需要感谢，他们在我的学习和生活中，给了我莫大的支持和帮助。

感谢周君亮老先生、江苏省水利厅的潘杰主任和江苏省社科院的王卫星教授。中国工程院院士、江苏省水利厅高级工程师周君亮老先生，参加过多项水利工程的设计，江都抽水站三、四站，就是他老人家设计的。2011年9月1日，在翟洪峰师兄的爱人孙玉芳老师的联系下，我有幸拜访了周老先生。周老不顾时年86岁的高龄，不辞辛苦地跟我谈了一个半小时。周老是无锡人，方言成为我们沟通的障碍。于是，周老一遍一遍地跟我解释，还让我做了录音。周老的访谈，对我的论文帮助很大。省水利厅厅长陈克天老先生所著《江苏治水回忆录》，就是周老向我推荐的。

我访问省水利厅的潘杰主任，是在没有人介绍的情况下，自己找上门的。尽管没有熟人介绍，当我作过自我介绍并说明来意后，潘先生十分热情地接待了我，向我介绍了有关江苏省水利方面的大量的实际情况，并提出了论文写作的思路。最后，还慷慨地赠予我两本书——《江苏省志·水利志》和《中国河湖大典·淮河篇（江苏部分）》。

江苏省社科院的王卫星教授，家中藏书丰厚。一次偶然的机会，见到了王教授，听说我做水利史，便说他有很多这方面的资料，几天后捎给了我。本文第三章的重要参考资料——《新沂河年鉴》，就是王教授赠我的。

我的论文是建立在大量的档案资料基础之上的，这自然要感谢江苏省档案局的各位老师的热情帮助。为收集档案，我曾在档案馆里待了一年半。这段时间里，接待厅的各位老师不厌其烦地帮我调档、归档、复印，丝毫没有埋怨我加大了他们的工作量。他们是：李宇主任、姜菊红女士、刘兢兢女士、郝向青女士、童林女士和黄展先生。在此衷心地感谢你们的帮助！

还要感谢历史系的所有老师和我的同学。感谢茅家琦、张宪文两位老先生对晚辈的关爱，感谢陈谦平、崔之清、刘相平、计秋枫、申晓云、朱宝琴、张海林、马俊亚、陈仲丹、张生、范金民、水涛、董国强、陈蕴茜、姜良芹、李力、曹大臣、杨骏、顾芗等诸位老师在学习上、生活上对学生的教导和帮助。课堂上，各位老师精彩的授课，不仅拓展了我的学术知识，更使我领略到了名师风采和南大的人文精神，受益匪浅。感谢历史系2009级各位同窗好友的陪伴，有了你们，让我在南大的学习和生活更加丰富多彩。车智慧，我的老乡，个子高高的你有着让人喜欢的性格，开朗、大方、实诚，所以我们比较谈得来，成了好朋友。尤其是论文攻坚阶段，我们一起背着电脑，奋斗在图书馆里，互相鼓励，你还担负着中午喊我起床的重任。一起努力过的日子，都有了回报，你也如愿以偿地留在了南京，祝福你。崔启明，有一颗聪明的脑袋，几乎没怎么复习，就顺利考上了博士，为人忠厚、责任心很强。说起来我们的关系还很特殊，既是同学，又是我的媒人。所以这三年，没少在你家蹭饭。

还有我的闺蜜好友王兴华。2011年4月，我动手写论文了，传来了你的喜讯——怀宝宝了。当初我们约定，一起努力，花10个月，你孕育一个孩子，我“孕育”一篇论文。如今，已为人母的你，仍然不忘隔三岔五地打电话询问我的情况。我打给你，你总是不接，挂掉后再给我打回来。你说，我挣工资，你还是个学生。你总是用赵本山、宋丹丹小品里的台词，激励我加油：“快点写吧，村头的厕所没有纸了。”遗憾的是，我没有满足你的愿望——毕业后回青岛，继续做邻居。但我相信，我们的友谊，不会因为距离而生疏。

人生旅途上，有几个知己，足够了。

想念爸爸妈妈了。这三年，女儿陪在二老身边的时间太短。每个周六晚上8点钟往家里打电话，是从上大一开始爸爸给我定下的规矩，现在亦如此。每到这个时间，爸妈总是雷打不动地在家里等我的电话。不管说什么，也不管说多长时间，末了，妈妈总是要叮嘱一句：多买肉和水果吃，不要怕花钱。以前总是嫌妈妈唠叨，妈妈就是用一句如此朴实的话，记挂着对女儿的思念和牵挂。

每每临近期末，妈妈总是迫不及待地问我什么时候回家。每次回家之前，爸爸总会给我制定出一个星期的菜谱，糖醋排骨、炭烤里脊、红烧猪蹄、炖三黄鸡、油煎小甜饼，还有煎刀鱼、焖黄花、萝卜炖虾、炒蛤蜊、大螃蟹、虾虎等各种各样的时令海鲜，都是我爱吃的，一个星期不重样。爸爸说，要利用假期在家的机会，像喂小猪一样地喂我，把我的身体养得更棒，回学校再去奋斗。于是，我总是一边猛吃海喝，一边迫不及待地诉说学校里的种种事情，回答爸妈的问这问那。这一刻，是多么的温馨！

我不是个让爸妈省心的孩子。小时候，生病了，打架了，考试不及格了，让爸妈操心的事情太多。长大了，还要担心我的前途和婚姻。爸爸头上的每一根白发，妈妈脸上的每一道皱纹，都是我给他们添上去的。为了让我手头更宽裕些，已近花甲，还有腰疾的父亲，退休后又找了份工作。每次劝他辞掉工作，在家里享享福，爸总说整天在家无所事事，太闲散。后来和爸说好，等我有了工作，就辞掉工作。这个日子，指日可待了。

让我聊以自慰的是，我完成了妈妈一个很大的心愿。妈妈初中毕业时，很想读高中。20世纪60年代，高中不是考的，自愿报名就能上。但由于那时家里穷，外婆没让妈妈读高中。妈妈便成了知青，下了乡。等返城后进了工厂，妈妈越来越感觉到学历高的益处：工作体面，工资高，受人尊敬。这么说，你也许会觉得我妈妈市侩，但这不恰恰就是一个普通人所追求的吗？所以当时，妈妈就暗下决心：只要我的孩子愿意上学，就算是砸锅卖铁也要供她上！我本科毕业的时候，妈妈把她的决心讲给我听，所以我考了研；硕士毕业后，面临就业与深造的十字路口，妈妈说，她的心愿寄托在我的身上。所以，我选择了去完成妈妈的心愿，继续读博。如今，博士毕业在即，我也找到了工作，即将成为一名高校老师。我想对妈妈说一句：妈妈，女儿没有让您失望！

父亲节将至，各大商场、网站开始以父爱的名义，搞各式各样的营销，但我知道，爸爸想要的父亲节礼物，并不是什么名贵的商品，而是女儿能陪在身边，聊聊天，吃顿饭足矣。父母的爱，是说不完的；父母的恩，也是报不完的，我很快又可以和父母生活在一起喽！

还要感谢我的爱人朱磊。两个山东人在南京相遇，这就是“千里姻缘”吧。在撰写论文的日子里，有段时间长期焦躁不安，性情大变，容易上火，爱发脾气。谢谢你，用宽厚的胸怀，容忍我的小脾气，包容我的无理取闹，耐着性子调节我的情绪。我知道，有段时间你很受委屈，可你即便是气得想踹桌子，也不忍对我高声讲话。认识这么久了，我们没有吵过一次架，不是因为我没有脾气，而是有你的包容和谅解。已过而立之年的你，成家育儿的愿望急切，但是，我也立下了“不拿学位就不结婚”的军令状。为此，你全心全意支持我的学业。每到周末，我知道，你很羡慕别的情侣，可以手拉着手游走于南京的大街小巷，饱览各个景点的绚烂风光，但你却按捺住心情，陪我泡在图书馆里，帮我整理资料。你说要等我，等我拿下博士学位。如今，婚期将至，我已做好了当新娘、为人妻的准备！

回过头来，当我走进小学的时候，自己还是个 7 岁的幼稚小丫头；如今，读完博士，已届而立之年。23 年的求学生活，给了我知识。我要感谢你们，感谢你们在我成长的道路上，给予我的关心和帮助。

铁打的营盘，流水的兵。对于南大来说，我不过是学生花名册上的一员，匆匆而来，又匆匆而去；而南大对我来说，是我改变命运的地方。它矗立在南京的繁华街区，任凭时过境迁、物是人非，依然保存着自有的沉稳和博爱。也正因如此，遍布海内外的莘莘学子，才会对母校有这样的情感和依恋。今年，恰逢南大建校 110 周年。天接云涛连晓雾，九万里风鹏正举，在此，衷心地祝愿母校的教育和科研事业蒸蒸日上！

晓雾渐开，文思未尽。罢了，罢了，掩卷而坐，就此搁笔吧！

赵筱侠

2012 年 6 月 14 日于南京大学陶园

补　　记

光阴荏苒，日月如梭。转眼间，从母校南京大学毕业已经4年有余。现在，博士论文终于就要出版了，我怀着一种异样的特别心情写下了这篇后记。

2012年，我和丈夫朱磊来到浙江海洋大学工作，日子过得有序而平静。然而，生活总是难免意外和不幸。去年4月30日，我的家庭突然遭遇重大灾难。那天晚上朱磊忽然晕倒，当即昏迷。突如其来的晴天霹雳，让我顿时陷入悲痛绝望的情绪之中。从此不得不把全部的时间和精力放在朱磊的治疗和护理上，放在家庭上，放在工作上，放在生活上。博士论文的出版就此搁置。

患难见真情。在我伤心绝望、最感无助的时候，我的老师、同门师兄妹、同事和朋友纷纷伸出了援助之手，一步步帮助我面对困难，面对逆境。事发后，李老师怕我想不开，经常给我打电话开导我，鼓励我；朱磊的情况稳定后，又常常询问情况，商量办法。去年7月，在李老师的提议和任老师、师兄妹们的组织下，李门弟子为我筹款。李老师和任玲玲老师、朱移山师兄、荆世杰师兄还专门来舟山探望朱磊和我们一家。今年11月，经老师再次提议，李门弟子再次为我筹款。兄弟姐妹们纷纷打来电话、发来邮件、短信和微信安慰我、劝导我。有老师和兄弟姐妹关心我，我不再感到孤单和无助。

感谢我和朱磊的所有同事。校领导对我家的情况高度重视，刘宏明书记、吴中平副书记、徐士元副校长第一时间赶来探望，吴常文校长等校领导纷纷表示慰问。人文学院、经济与管理学院、海洋科学与技术学院、后勤处、学生处、校工会、图书馆、人事处、思政部等部门的同事们同心并力，帮我求医问药，陪我日夜在医院守护，为我筹款，替我照顾家里，代我完成教学任务……看到同事们为我付出这么多，我实在过意不去，应军书记的话让我热泪盈眶，久久不能忘怀。她说：都是外地人，亲人不在身边，我们不帮谁帮？

朱磊的大学同学和原工作单位的同事，得知情况后为我们牵肠挂肚。山东师范大学99级历史系的全体同窗在翟士臣先生的组织下，南京审计学院国际审计学院在王燕飞女士的带动下，给予了我们各种形式的帮助和支持。虽然天南海北，相隔千里，大家的情谊近在咫尺！

借此机会，我要特别感谢一位好心人。2015 年 5 月，我收到了一份汇款单，署名为童世。我和朱磊都没有叫童世的朋友，我按照汇款单上的地址找过去打算登门拜谢，但地址不存在，寻访数次无果。直到现在，我仍不知道这位好心人的真实身份。“童世”，您在哪里？我多么希望能当面对您说一声：谢谢！

我还要感谢中国人民解放军第四一三医院的院领导，以及高压氧科的主任医师吴建国大校、护士长王巍巍女士和全体白衣天使。大医精诚，感谢你们用精湛的医术和精心的照料为我们留住了希望！

这么长的时间里，关心我、帮助我的人太多太多，它使生活的希望永在。

经历痛苦的磨难，越发感觉生活的美好，尤其是在南大读书的日子。幸得恩师垂爱，让我忝列门下以聆教诲，并结识了那么多真诚的兄弟姐妹。我常说，李老师是魅力型导师。他以独到的人格魅力，将我们近百名弟子始终凝聚在一起，每位李门弟子都有难解的南大情缘。

南京大学鼓楼校区，是我魂牵梦绕的地方。多少次，梦回南大！

赵筱侠

2016 年 12 月 12 日于舟山市浙江海洋大学海苑新村